普通高等教育“十二五”规划教材

# Access 基础教程（第四版）

主　编　于繁华　李　民

副主编　贾学婷　赵　东

## 内 容 提 要

本书是按照教育部文科专业大学计算机教学基本要求编写的教材，同时适用于教育部提出的非计算机专业计算机基础教学三层次的要求。

本书以 Access 2010 为环境，介绍了包括数据库基础知识、表、查询、窗体、报表、宏、VBA 和 Web 数据库等对象的功能及使用方法。为培养学生的数据库应用开发能力，还给出了一个利用 Access2010 开发数据库应用系统的综合实例。另外本书配套有相应的习题与实验指导书，以详尽细致的实验内容辅助读者对有关操作进行系统训练。

本书配套有《Access 基础教程（第四版）习题与实验指导》，以详尽细致的实验内容辅助读者对有关操作进行系统训练。

本书结构严谨、可操作性和实用性强，既可以作为高等学校非计算机专业的教材，也可以作为全国计算机等级考试考生的培训辅导参考书。

**本书配有电子教案，读者可以从中国水利水电出版社网站和万水书苑上下载，网址为：http://www.waterpub.com.cn/softdown/和 http://www.wsbookshow.com。**


图书在版编目（CIP）数据

Access基础教程 / 于繁华，李民主编. -- 4版. -- 北京 : 中国水利水电出版社，2013.8（2019.12 重印）
普通高等教育“十二五”规划教材
ISBN 978-7-5170-1072-2

Ⅰ. ①A… Ⅱ. ①于… ②李… Ⅲ. ①关系数据库系统－高等学校－教材 Ⅳ. ①TP311.138

中国版本图书馆CIP数据核字(2013)第168608号

策划编辑：石永峰　责任编辑：李　炎　加工编辑：于杰琼　封面设计：李　佳

| 书　名 | 普通高等教育“十二五”规划教材<br>Access 基础教程（第四版） |
|---|---|
| 作　者 | 主　编　于繁华　李　民<br>副主编　贾学婷　赵　东 |
| 出版发行 | 中国水利水电出版社<br>（北京市海淀区玉渊潭南路 1 号 D 座　100038）<br>网址：www.waterpub.com.cn<br>E-mail：mchannel@263.net（万水）<br>sales@waterpub.com.cn<br>电话：（010）68367658（营销中心）、82562819（万水） |
| 经　售 | 全国各地新华书店和相关出版物销售网点 |
| 排　版 | 北京万水电子信息有限公司 |
| 印　刷 | 三河市鑫金马印装有限公司 |
| 规　格 | 184mm×260mm　16 开本　18.75 印张　460 千字 |
| 版　次 | 2004 年 8 月第 1 版　2004 年 8 月第 1 次印刷<br>2013 年 8 月第 4 版　2019 年 12 月第 10 次印刷 |
| 印　数 | 52001—54000 册 |
| 定　价 | 36.00 元 |

# 前　　言

在《Access基础教程（第三版）》出版的五年时间里，本书入选了普通高等教育“十一五”国家级规划教材，很多高校选用此系列丛书作为非计算机专业学生的计算机应用基础课程方面的教材，并对教材体系提出了很多建设性意见。在充分考虑这些意见的基础上，并结合Access版本的升级与变化，我们对第三版教材做了较大篇幅的调整。

第四版主要的修改为：

（1）将本书的实例环境全面升级为Access 2010。

（2）调整第1章和第2章的顺序，有助于读者从数据库最基础的知识全面掌握Access 2010的功能与操作。

（3）第2章Access 2010基础中，介绍了Access 2010新特性及数据库的操作环境；在Web数据库中突出了Access对象变化及其创建过程，

（4）第3章中对新增数据类型做出了简要说明，同时对Access 2010新增的汇总行及其功能给出了实例，方便读者对新版本Access 2010的理解和掌握。

（5）第5章增加了Access新增布局视图的介绍，并对新版本Access 2010关于创建窗体的方法和过程给出了实例，供读者参考。

（6）第6章关于图表报表的创建方法，Access 2010做出了较大调整，本书以图表控件的形式来实例说明。

（7）第7章宏是本书变动相对较大的一章，在Access 2010中Microsoft对宏做出了重要变更，使得宏的设计更接近于代码的设计过程，同时新增了嵌入宏和数据宏，这是读者需要注意的。

（8）本书删去了《Access基础教程（第三版）》中的第7章“数据访问页”的内容，因为MicroSoft Office对Access基本对象设置及功能做出了调整，本书在第10章中对Web数据库进行了介绍。

本书配套有《Access基础教程（第四版）习题与实验指导》，以详尽细致的实验内容辅助读者对有关操作进行系统训练。

本书由于繁华、李民担任主编，贾学婷、赵东担任副主编。在编写过程中，王春艳、陈然、晏愈光、杨鑫、刘研、姜艳、孙英娟、孙晔、翟雷、张未名、孔祥营、朱海泉、赵宇、李晓宁、张志勇、肖明尧等也参与了书稿内容的讨论，并提出了许多宝贵的意见和建议，在此一并表示感谢！

由于作者水平有限，书中难免有不足之处，敬请读者批评指正。

编　者

2013年6月

# 目　　录

# 第 1 章 数据库基础知识

数据库技术是计算机领域的一个重要分支。在计算机应用的三大领域（科学计算、数据处理和过程控制）中，数据处理约占其中的 70%，而数据库技术就是作为一门数据处理技术发展起来的。在信息技术日益普及的今天，作为信息系统的核心技术和基础，数据库系统几乎触及到人类社会生活的各个方面，从企事业内部的信息管理到各行业的业务处理。随着计算机应用的普及和深入，数据库技术更是不断发展，应用范围不断扩大，如多媒体系统、企业管理、工程、统计、汽车工业等领域都在利用数据库技术。了解并掌握数据库系统的基本概念和基本技术是应用数据库技术的前提。本章首先介绍数据库系统的基础知识，并对基本数据模型进行讨论，特别是关系模型；然后介绍关系代数及其在关系数据库中的应用，并对关系规范化理论做出简要说明；最后较为详细地介绍了数据库的设计过程。

## 1.1 数据库系统的基本概念

### 1.1.1 数据、数据库、数据库管理系统

1. 数据（Data）

数据是数据库系统研究和处理的对象，从本质上讲是描述事物的符号记录。符号不仅仅是指数字、字母和文字，而且包括图形、图像、声音等。因此数据有多种表现形式，都是经过数字化处理后存入计算机能够反映或描述事物的特性。

2. 数据库（DataBase，简称 DB）

数据库是数据的集合，它具有一定的组织形式并存储于计算机存储器上，具有多种表现形式并可被各种用户所共享。数据库中的数据具有较小的冗余度、较高的数据独立性和扩展性。信息社会中，人们收集各种各样的数据后，对它们进行加工，借助计算机和数据库技术科学地保存和管理大量的复杂数据，以便充分利用这些数据资源。例如，为了方便地管理学生档案，可以把学生的有关信息，如学号、姓名、性别、出生日期、民族、政治面貌等存储在一个数据库的表对象中。

3. 数据库管理系统（DataBase Management System，简称 DBMS）

数据库管理系统是位于用户与操作系统之间的一层数据管理软件，属于系统软件。它是数据库系统的一个重要组成部分，是使数据库系统具有数据共享、并发访问、数据独立等特性的根本保证，主要提供以下功能：

（1）数据定义功能。

（2）数据操纵及查询优化。

（3）数据库的运行管理。

（4）数据库的建立和维护。

Microsoft Access 就是一个关系型数据库管理系统（简称 RDBMS），它提供一个软件环境，利用它用户可以方便快捷地建立数据库，并对数据库中的数据实现查询、编辑、打印等操作。

4. 数据库管理员（DataBase Administrator，简称 DBA）

由于数据库的共享性，因此对数据库的规划、设计、维护、监视等需要有专人管理，从事这方面工作的人员称为数据库管理员。其主要工作如下：

（1）数据库设计。DBA 主要任务之一是进行数据库设计，具体地说就是进行数据模式的设计。由于数据库的集成与共享性，因此需要有专门人员对多个应用的数据需求进行全面的规划、设计与集成。

（2）数据库维护。DBA 必须对数据库中的数据安全性、完整性、并发控制及系统恢复、数据定期转储等进行实施与维护。

（3）改善系统性能，提高系统效率。DBA 必须随时监视数据库运行状态，不断调整内部结构，使系统保持最佳状态与最高效率。当数据库运行效率下降时，DBA 需采取适当的措施，如进行数据库的重组、重构等。

5. 数据库系统（DataBase System，简称 DBS）

数据库系统通常是指带有数据库的计算机应用系统。它一般由数据库、数据库管理系统（及其开发工具）、应用系统、硬件系统、数据库管理员和用户组成。在不引起混淆的情况下常把数据库系统简称为数据库。

6. 数据库应用系统（DataBase Application System，简称 DBAS）

利用数据库系统进行应用开发可构成一个数据库应用系统，数据库应用系统是数据库系统再加上应用软件和应用界面组成，具体包括数据库、数据库管理系统、数据库管理员、硬件平台、软件平台、应用软件、应用界面，其结构如图 1.1 所示。

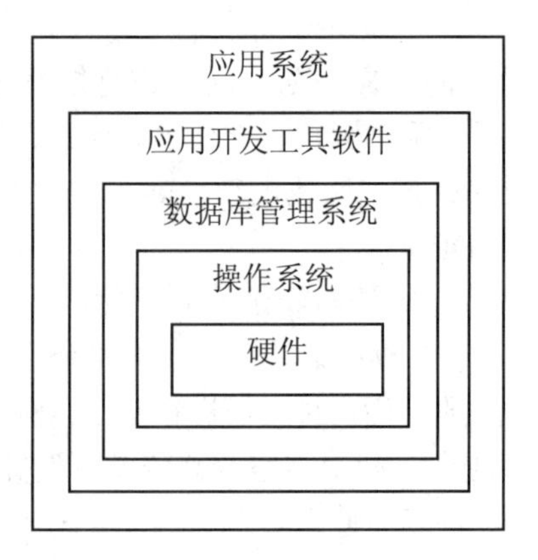


图 1.1 数据库系统软硬件层次结构图

### 1.1.2 数据库技术的发展

数据库技术产生于 20 世纪 60 年代后期，是随着数据管理的需要而产生的。在此之前，数据管理经历了人工管理阶段和文件系统阶段。20 世纪 60 年代，计算机技术迅速发展，其主要应用领域从科学计算转移到数据事务处理，从而出现了数据库技术，它是数据管理的最新技术，是计算机科学中发展最快、应用最广泛的重要分支之一。在短短的三十几年里，数据库技术的发展经历了三代：第一代为层次、网状数据库系统，第二代为关系数据库系统，第三代为以面向对象模型为主要特征的数据库系统。目前，数据库技术与网络通信技术、人工智能技术、面向对象程序设计技术、并行计算机技术等相互渗透，成为数据库技术发展的主要特征。

1. 第一代数据库系统——层次、网状数据库系统

数据库发展阶段的划分是以数据模型的发展为主要依据的。数据模型的发展经历了格式化数据模型（包括层次数据模型和网状数据模型）、关系数据模型两个阶段，并正向面向对象的数据模型等非传统数据模型阶段发展。实际上层次数据模型是网状数据模型的特例，层次数据库系统和网状数据库系统在体系结构、数据库语言和数据存储管理上均具有相同特征，并且都是在 20 世纪 60 年代后期研究和开发的，属于第一代数据库系统。

第一代数据库系统具有如下特点：

（1）支持三级模式的体系结构。三级模式通常指外模式、模式、内模式，模式之间具有转换功能。

（2）用存取路径来表示数据之间的联系。数据库系统不仅存储数据，而且存储数据之间的联系。在层次和网状数据库系统中，数据之间的联系是用存取路径来表示和实现的。

（3）独立的数据定义语言。层次数据库系统和网状数据库系统有独立的数据定义语言，用以描述数据库的外模式、模式、内模式以及相互映像。三种模式一经定义，就很难修改。这就要求数据库设计人员在建立数据库应用系统时，不仅要充分考虑用户的当前需求，还要充分了解可能的需求变化和发展。

（4）导航的数据操纵语言。层次数据库和网状数据库的数据查询和数据操纵语言是一次一个记录的导航式的过程化语言。这类语言通常嵌入某一种高级语言如 COBOL、Fortran、PL/1 中，其优点是存取效率高。缺点是编程繁琐，应用程序的可移植性较差，数据的逻辑独立性也较差。

第一代数据库系统的代表是：

（1）1969 年，IBM 公司开发的层次模型的数据库系统 IMS（Information Management System），它可以让多个程序共享数据库。

（2）1969 年 10 月，美国数据库系统语言协会 CODASYL（Conference On Data System Language）的数据库研制者提出了网状模型数据库系统规范报告，称为 DBTG（Data Base Task Group）报告，使数据库系统开始走向规范化和标准化。它是数据库网状模型的典型代表。

2. 第二代数据库系统——关系数据库系统

1970 年美国 IBM 公司 San Jose 研究室的高级研究员埃德加 • 考特（E. F. Codd）发表了论文《大型共享数据库数据的关系模型》，提出了数据库的关系模型，开创了数据库关系方法和关系数据理论的研究，奠定了关系数据库技术的理论基础，为数据库技术开辟了一个新时代。

20 世纪 70 年代，关系方法的理论研究和软件系统的研制均取得了很大成果。IBM 公司的 San Jose 实验室研制出关系数据库实验系统 System R。与 System R 同期，美国 Berkeley 大学也研制了 INGRES 数据库实验系统，并发展成为 INGRES 数据库产品，使关系方法从实验室走向了市场。

关系数据库产品一问世，就以其简单清晰的概念、易懂易学的数据库语言，使得用户不需了解复杂的存取路径细节，不需说明“怎么干”，只需指出“干什么”，就能操作数据库，从而深受广大用户喜爱。

20 世纪 80 年代以来，大多数厂商推出的数据库管理系统的产品都是关系型的，如 FoxPro、Access、DB2、Oracle 及 Sybase 等都是关系型数据库管理系统（简称 RDBMS），使数据库技术日益广泛地应用到企业管理、情报检索、辅助决策等各个方面，成为实现和优化信息系统的基本技术。

关系数据库是以关系模型为基础的，具有以下特点：

（1）关系数据库对实体及实体之间的联系均采用关系来描述，对各种用户提供统一的单一数据结构形式，使用户容易掌握和应用。

（2）关系数据库语言具有非过程化特性，将用户从数据库记录的导航式检索编程中解脱出来，降低了编程难度，可面向非专业用户。

（3）数据独立性强，用户的应用程序、数据的逻辑结构与数据的物理存储方式无关。

（4）以关系代数为基础，数据库的研究更加科学化，尤其在关系操作的完备性、规范化及查询优化等方面，为数据库技术的成熟奠定了很好的基础。

3．第三代数据库系统

第一代和第二代数据库技术基本上是处理面向记录、以字符表示为主的数据，能较好地满足商业事务处理的需求，但远远不能满足多种多样的信息类型处理需求。新的数据库应用领域如计算机辅助设计/制造（CAD/CAM）、计算机集成制造（CIM）、办公信息系统（OIS）等需要数据库系统能支持各种静态和动态的数据，如图形、图像、语音、文本、视频、动画、音乐等，并且还需要数据库系统具备处理复杂对象、实现程序设计语言和数据库语言无缝集成等能力。这种情况下，原有的数据库系统就暴露出了多种局限性。正是在这种新应用的推动下，数据库技术得到进一步发展。

1990 年高级 DBMS 功能委员会发表了《第三代数据库系统宣言》，提出了第三代数据库应具有的三个基本特征，并从三个基本特征导出了 13 个具体特征和功能。

经过多年的研究和讨论，对第三代数据库系统的基本特征已有了如下共识：

（1）第三代数据库系统应支持数据管理、对象管理和知识管理。以支持面向对象数据模型为主要特征，并集数据管理、对象管理和知识管理为一体。

（2）第三代数据库系统必须保持或继承第二代数据库系统的技术，如非过程化特性、数据独立性等。

（3）第三代数据库系统必须对其他系统开放，如支持数据库语言标准、在网络上支持标准网络协议等。

4．数据库技术的新进展

20 世纪 80 年代以来，数据库技术经历了从简单应用到复杂应用的巨大变化，数据库系统的发展呈现出百花齐放的局面，目前在新技术内容、应用领域和数据模型三个方面都取得了很大进展。

数据库技术与其他学科的有机结合，是新一代数据库技术的一个显著特征，从而出现了各种新型的数据库，例如：

- 数据库技术与分布处理技术相结合，出现了分布式数据库。
- 数据库技术与并行处理技术相结合，出现了并行数据库。
- 数据库技术与人工智能技术相结合，出现了知识库和主动数据库系统。
- 数据库技术与多媒体处理技术相结合，出现了多媒体数据库。
- 数据库技术与模糊技术相结合，出现了模糊数据库等。
- 数据库技术应用到其他领域中，出现了数据仓库、工程数据库、统计数据库、空间数据库及科学数据库等多种数据库技术，扩大了数据库应用领域。

数据库技术发展的核心是数据模型的发展。数据模型应满足三方面的要求：一是能比较真实地模拟现实世界；二是容易为人们所理解；三是便于在计算机上实现。目前，一种数据模型要很好地满足这三方面的要求是很困难的。新一代数据库技术则采用多种数据模型，例如面向对象数据模型、对象关系数据模型、基于逻辑的数据模型等。

### 1.1.3　数据库系统的特点

数据管理技术经历了人工管理、文件系统和数据库系统三个阶段，数据库技术是在文件系统的基础上发展起来的，以数据文件来组织数据，并在文件系统之上加入了 DBMS 对数据进行管理，其特点如下：

1. 数据的集成性

数据库系统的数据集成性主要表现在如下几个方面：

（1）在数据库系统中采用统一的数据结构，如在关系数据库中采用关系（在用户角度看来是二维表）作为统一结构方式。

（2）在数据库系统中按照多个应用的需要组织全局的、统一的数据结构（即数据模式、全局结构）。

（3）数据库系统中的数据模式是多个应用共同的、全局的数据结构，而每个应用的数据则是全局结构中的一部分，称为局部结构（即视图），这种全局与局部的结构模式构成了数据库系统数据集成性的主要特征。

2. 数据的高共享性与低冗余性

数据的集成性使得数据可为多个应用所共享，而数据共享又可极大地减少数据冗余，不仅减少了不必要的存储空间，更为重要的是可以避免数据的不一致性。所谓数据的一致性是指在系统中同一数据的不同出现场合应保持相同的值，减少数据冗余是保证系统一致性的基础。

3. 数据独立性

数据独立性是数据与程序间的互不依赖性，即数据库中的数据独立于应用程序而不依赖于应用程序。也就是说，数据的逻辑结构、存储结构与存取方式的改变不会影响应用程序。数据独立性包括：

（1）物理独立性。简单地说，物理独立性就是指数据的物理结构（包括存储结构、存取方式）的改变不影响数据库的逻辑结构，从而不会引起应用程序的变化。

（2）逻辑独立性。简单地说，逻辑独立性就是指数据的全局逻辑结构的改变不会引起应用程序的变化。

当然，数据独立性的实现需要模式间的映射关系作为保障。

### 1.1.4　数据库系统的体系结构

数据库系统的体系结构包括三级模式和两级映射，三级模式分别为外模式、概念模式和内模式；两级映射分别为外模式与概念模式间的映射以及概念模式与内模式间的映射，其抽象结构关系如图 1.2 所示。

1. 数据库系统的三级模式

数据模式是数据库系统中数据结构的一种表示形式，它具有不同的层次与结构方式。

（1）外模式（External Schema）。外模式又称为用户模式或子模式，是某个或某几个数据库用户所看到的数据库的数据视图。外模式是与某一应用有关的数据的逻辑结构和特征描述，也就是前面所介绍的局部结构，它由概念模式推导而来。概念模式给出了系统全局的数据描述，而外模式则给出每个用户的局部数据描述。对于不同的数据库用户，由于需求的不同，外模式的描述也互不相同。一个概念模式可以有若干个外模式，每个用户只关心与其有关的外模式，这样有利于数据保护，对数据所有者和用户都极为方便。

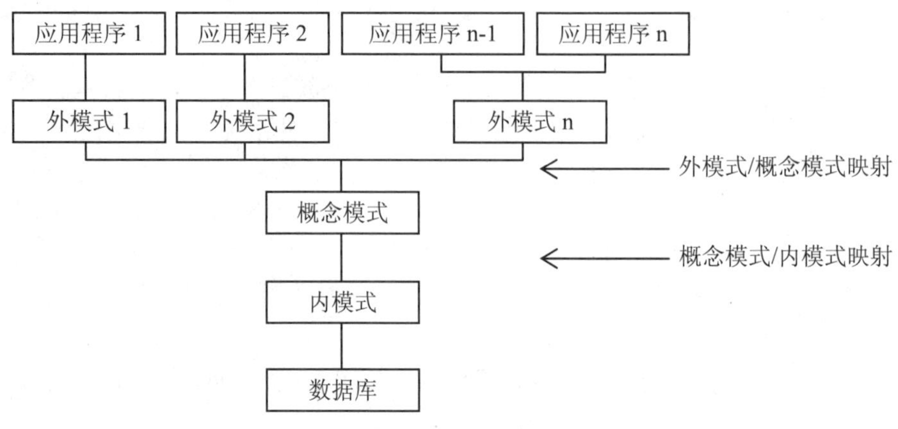


图 1.2 数据库三级模式结构

（2）概念模式（Conceptual Schema）。概念模式又称为模式或逻辑模式，它介于内模式与外模式之间，是数据库设计者综合各用户的数据，按照统一的需求构造的全局逻辑结构，是对数据库中全部数据的逻辑结构和特征的总体描述，是所有用户的公共数据视图。外模式涉及的仅是局部的逻辑结构，通常是概念模式的子集。概念模式是用模式描述语言来描述的，在一个数据库中只有一个概念模式。

（3）内模式（Internal Schema）。内模式又称为存储模式或物理模式，是数据库中全体数据的内部表示，它描述了数据的存储方式和物理结构，即数据库的“内部视图”。它是数据库的底层描述，定义了数据库中各种存储记录的物理表示、存储结构与物理存取方式，如数据存储文件的结构、索引、集簇等存取方式和存取路径等。内模式是用模式描述语言严格定义的，在一个数据库中只有一个内模式。

在数据库系统体系结构中，三级模式是根据所描述的三层体系结构的三个抽象层次定义的，外模式处于最外层，它反映了用户对数据库的实际要求；概念模式处于中间层，它反映了设计者的数据全局的逻辑要求；内模式处于最内层，它反映了数据的物理结构和存取方式。

2. 数据库系统的两级映射

数据库系统的三级模式是数据的三个级别的抽象，使用户能逻辑地、抽象地处理数据而不必关心数据在计算机中的表示和存储。为实现三个抽象层次间的联系和转换，数据库系统在三个模式间提供了两级映射：外模式与概念模式间的映射、概念模式与内模式间的映射。

（1）外模式与概念模式间的映射。该映射定义了外模式与概念模式之间的对应关系，保证了逻辑数据的独立性，即外模式不受概念模式变化的影响。

（2）概念模式与内模式间的映射。该映射定义了内模式与概念模式之间的对应关系，保证了物理数据的独立性，即概念模式不受内模式变化的影响。

## 1.2 数据模型

数据库中组织数据应从全局出发，不仅考虑到事物内部的联系，还要考虑到事物之间的联系。表示事物以及事物之间联系的模型就是数据模型。数据模型是用来抽象、表示和处理现实世界的数据和信息的工具，也就是现实世界数据特征的抽象。数据模型是数据库系统的核心和基础，现有的数据库系统均是基于某种数据模型的。

数据模型有三个基本组成要素：数据结构、数据操作和完整性约束。

（1）数据结构：用于描述系统的静态特性，研究的对象包括两类，一类是与数据类型、内容、性质有关的对象；另一类是与数据之间的联系有关的对象。

（2）数据操作：是指对数据库中各种对象（型）的实例（值）允许执行的所有操作，即操作的集合，包括操作及有关的操作规则。数据库主要有检索和更新两类操作。

（3）完整性约束：是给定的数据模型中数据及其联系所具有的制约和依存规则，用以限定数据库的状态及状态的变化，以保证数据的正确、有效和相容。

数据模型按不同的应用层次分成三种类型：概念数据模型、逻辑数据模型、物理数据模型。

概念数据模型简称概念模型，它是一种面向客观世界、面向用户的模型，与具体的数据库管理系统和计算机平台无关。概念模型着重于对客观世界复杂事物的结构及它们之间的内在联系的描述。概念模型是整个数据模型的基础，设计概念模型常用的方法是 ER 方法，也就是 E-R 模型（实体－联系模型）。

逻辑数据模型又称为数据模型，它是一种面向数据库系统的模型，该模型着重于数据库系统级别的实现。概念模型只有在转换成数据模型后才能在数据库中得以表示。数据库领域中过去和现在最常见的数据模型有四种：层次模型（Hierarchical Model）、网状模型（Network Model）、关系模型（Relational Model）和面向对象模型（Object Oriented Model），其中层次模型和网状模型统称为非关系模型。在关系模型出现以前，它们是非常流行的数据模型。非关系模型中数据结构的单位是基本层次联系。所谓基本层次联系是指两个记录以及它们之间的一对多（包括一对一）的联系，如图 1.3 所示。图中 $R_i$ 位于联系 $L_{ij}$ 的始点，称为双亲结点，$R_j$ 位于联系 $L_{ij}$ 的终点，称为子女结点。每个结点表示一个记录类型（实体），结点间的连线表示记录类型之间一对多的联系。

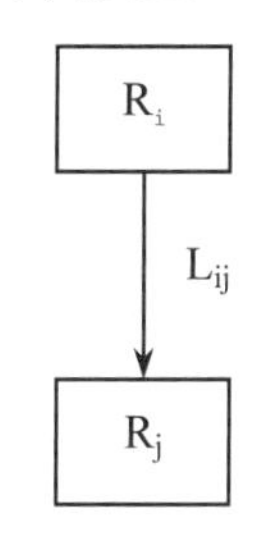

图 1.3　基本层次联系

物理数据模型又称为物理模型，它是一种面向计算机物理表示的模型，此模型给出了数据模型在计算机上物理结构的表示。

### 1.2.1　E-R 模型

概念模型是面向现实世界的，它的出发点是便于有效和自然地模拟现实世界给出数据的概念化结构。长期以来被广泛使用的概念模型是 E-R 模型，它于 1976 年由 Peter Chen 首先提出。该模型将现实世界的要求转化成实体、联系、属性等几个基本概念，以及它们之间的两种基本联接关系，E-R 模型可用图形直观地表示。

1．E-R 模型的基本概念

（1）实体。实体是客观存在并且可以相互区分的事物。实体可以是具体的人、事、物，如一个学生、一门课程、一本书；也可以是抽象的概念与联系，如学生与课程之间的联系，即学生选课的情况。凡是有相同属性的实体可组成一个集合，称为实体集，如“王立”、“李美”是学生实体，那么这个集合就是一个实体集。

（2）属性。实体有若干个特性，每个特性称为实体的一个属性。也可以说，属性是实体某一方面特征的描述，如学生实体包括学号、姓名、性别、院系等若干属性。每个属性可以有属性值，如（“200103001”，“王立”，“男”，“计算机”）。一个属性的取值范围称为该属性的值域，如“性别”的值为{“男”，“女”}。

（3）联系。联系是两个或两个以上的实体集间的关联关系的描述，如学生与课程实体间的选课关系。实体集间的联系类型有如下三种：

①一对一联系。假设有实体集 A 与实体集 B，如果 A 中的一个实体至多与 B 中的一个实体关联，反过来，B 中的一个实体至多与 A 中的一个实体关联，则称 A 与 B 是一对一联系类型，记为 1:1，如班级与班长。

②一对多联系。假设有实体集 A 与实体集 B，如果 A 中的一个实体可与 B 中多个实体关联，反过来，B 中的一个实体至多与 A 中的一个实体关联，则称 A 与 B 是一对多联系类型，记为 1:N，如班级与学生。

③多对多联系。假设有实体集 A 与实体集 B，如果 A 中的一个实体可与 B 中多个实体关联，反过来，B 中的一个实体也可与 A 中多个实体关联，则称 A 与 B 是多对多联系类型，记为 M:N，如学生与课程。

2. E-R 模型的表示方法

E-R 模型可以用一种非常直观的图来表示，称为 E-R 图。

（1）实体（集）。在 E-R 图中，实体用矩形来表示，在矩形内写上该实体（集）的名字，如图 1.4 中的学生、课程实体（集）。

（2）属性。在 E-R 图中，属性用椭圆形来表示，在椭圆形内写上该属性的名字，并用没有方向的线段与该属性所关联的实体（集）连接，如图 1.4 中的学号、姓名等属性。

（3）联系。在 E-R 图中，联系用菱形来表示，在菱形内写上联系的名字，并用没有方向的线段与该联系相关的实体（集）连接，同时在线段上表明联系的类型，如图 1.4 中的选课联系。

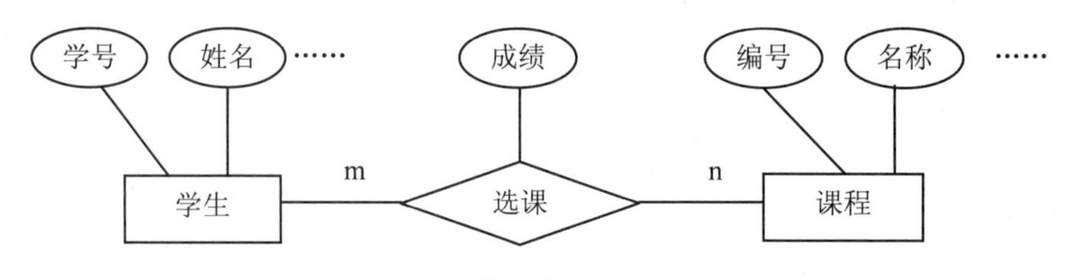


图 1.4　学生选课 E-R 图

### 1.2.2　层次模型

层次模型（Hierarchical Model）用树形结构来表示数据间的从属关系结构，其主要特征如下：

- 仅有一个无双亲的结点，这个结点称为根结点。
- 其他结点向上仅有一个双亲结点，向下有若干子女结点。

如图 1.5 所示的层次模型就像一棵倒置的树，根结点在上，层次最高；子女结点在下，逐层排列。同一双亲的子女结点称为兄弟结点，没有子女结点的结点称为叶结点。一所学校的人员数据库可以采用层次模型来表示，如图 1.6 所示。记录项学校是根结点，它有院系和行政部门两个子女结点。记录项院系是学校的子女结点，同时又是教师的双亲结点。记录项行政部门是学校的另一个子女结点，同时是工作人员的双亲结点。教师和工作人员是叶结点，它们没有子女结点。由学校到院系、院系到教师、学校到行政部门、行政部门到工作人员均是一对多的联系。

层次数据模型比较简单，结构清晰，容易理解。但由于现实世界中很多联系是非层次的，采用层次模型表示这种非层次的联系很不直接，只能通过冗余数据或创建非自然的数据组织来解决。

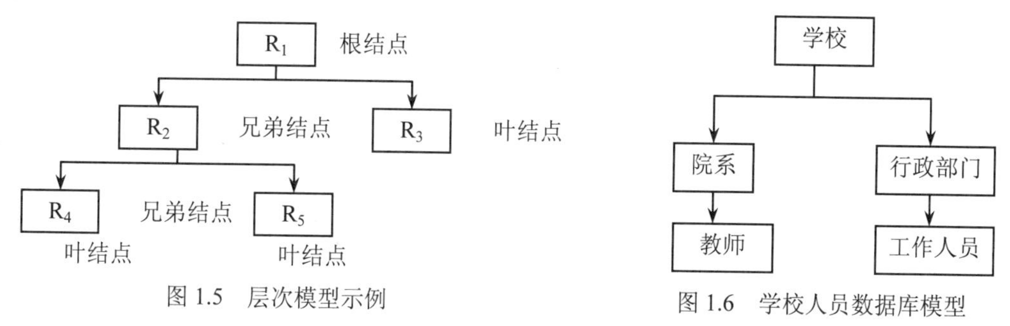


图 1.5　层次模型示例　　图 1.6　学校人员数据库模型

### 1.2.3 网状模型

网状模型（Network Model）是层次模型的扩展，呈现一种交叉关系的网络结构，可以表示较复杂的数据结构。其主要特征如下：

- 可以有一个以上的结点无双亲结点。
- 一个结点可以有多个双亲结点。

在网状模型中，子女结点与双亲结点的联系可以不唯一。因此，要为每个联系命名，并指出与该联系有关的双亲记录和子女记录。如图 1.7（a）中，$R_3$ 有两个双亲记录 $R_1$ 和 $R_2$，把 $R_1$ 和 $R_3$ 之间的联系称为 $L_1$，把 $R_2$ 和 $R_3$ 之间的联系称为 $L_2$；图 1.7（b）中 $R_1$ 和 $R_3$ 均无双亲，$R_4$ 和 $R_5$ 有两个双亲。

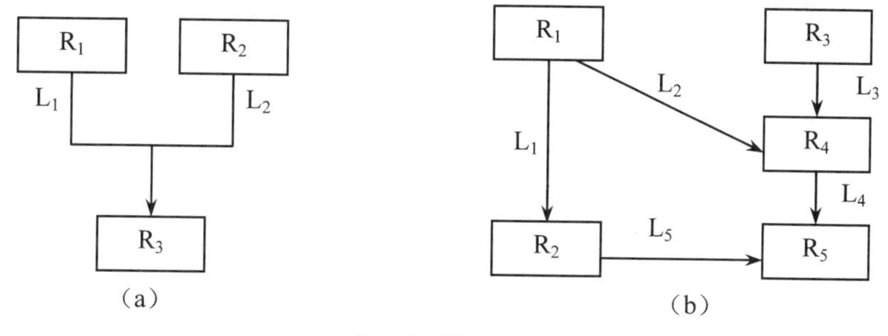


图 1.7　网状模型示例

学生选课数据库可以采用网状模型。学生选课时一个学生可以选修多门课程，一门课程也可以被多个学生选修，学生与课程是多对多的联系。尽管网状模型不支持多对多联系，但由于一个多对多联系可以转化为两个一对多联系，所以网状模型可以间接地描述多对多联系。可以在学生与课程之间建立一个联接记录“学生－课程”，把原来的多对多联系转化为“学生”与“学生－课程”、“课程”与“学生－课程”这两个一对多联系。图 1.8 是学生选课系统数据库网状模型。

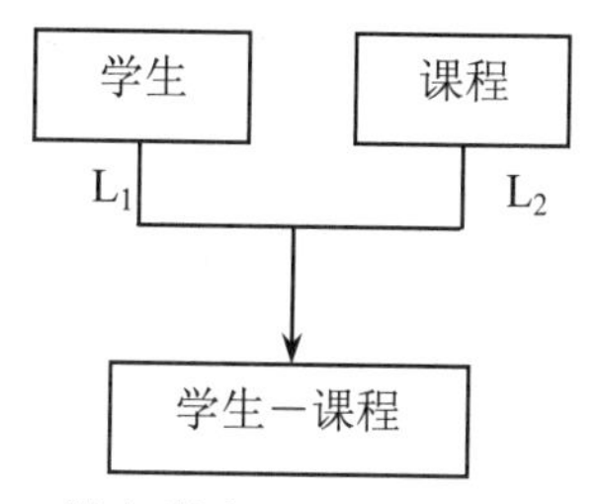


图 1.8　学生/学生－课程/课程网状模型

同层次模型相比，网状模型能更好地描述复杂的现实世界，但网状模型结构比较复杂，到达一个结点的路径有多条，用户必须了解系统结构的细节，对于开发人员的要求也较高。

### 1.2.4 关系模型

1970 年美国 IBM 公司 San Jose 研究室的高级研究员埃德加·考特提出了数据库的关系模型(Relational Model)。由于他的杰出贡献，他于 1981 年获得了计算机科学领域的最高奖项——图灵奖。

在我们的社会生活中，关系无处不在。如数之间的大小关系、人之间的亲属关系、商品流通中的购销关系等。在关系模型中表示实体间联系的方法与非关系模型不同。非关系模型是用人为的连线来表示实体间的联系，而关系模型中实体与实体间的联系则通过二维表结构来表示。关系模型就是用二维表格结构来表示实体及实体间联系的模型。关系模型中数据的逻辑结构就是一张二维表。如表 1.1 所示的教师档案表则是一个关系模型的例子。

表 1.1 教师档案表

| 教师编号 | 教师姓名 | 所属院系名称 | 所属专业名称 |
|---|---|---|---|
| 32 | 王平 | 信息技术学院 | 计算机 |
| 33 | 李立 | 信息技术学院 | 计算机 |
| 34 | 刘明明 | 数理学院 | 数学 |
| 35 | 王一民 | 数理学院 | 数学 |

关系模型的基本术语如下：

（1）关系（Relation）：二维表结构，如表 1.1 所示的教师档案表。

（2）属性（Attribute）：二维表中的列称为属性，Access 中称为字段（Field）。表 1.1 中有 4 列，则有 4 个属性（教师编号，教师姓名，所属院系名称，所属专业名称）。

（3）域（Domain）：属性的取值范围称为域。如表 1.1 中所属院系名称的域是该校所有院系名称的集合。

（4）元组（Tuple）：二维表中的行（记录的值）称为元组，Access 中称为记录（Record）。

（5）主码或主关键字（Primary Key）：表中的某个属性或属性组，能够唯一确定一个元组。Access 中的主码称为主键。如表 1.1 中的教师编号可以唯一确定一名教师，即是本关系中的主码或主关键字。

（6）关系模式：是对关系的描述。一般表示为：

关系名（属性 1，属性 2，…，属性 n）

一个关系模式对应一个关系的结构。例如上面的关系可描述为：

教师档案（教师编号，教师姓名，所属院系名称，所属专业名称）

关系模型的主要特点有：

（1）关系中每一数据项不可再分，也就是说不允许表中还有表。如表 1.2 所示的模型就不符合关系模型的要求。工资又被分为基本工资、岗位工资和补贴，这相当于大表中又有一张小表。

（2）每一列中的各个数据项具有相同的属性。

（3）每一行中的记录由一个事物的多种属性项构成。

（4）每一行代表一个实体，不允许有相同的记录行。

（5）行与行、列与列的次序可以任意交换，不会改变关系的实际意义。

表 1.2 表中有表示例

| 编号 | 姓名 | 出生日期 | 系别 | 职称 | 工资 | | |
|---|---|---|---|---|---|---|---|
| | | | | | 基本工资 | 岗位工资 | 补贴 |
| 32 | 王平 | 1965.3 | 计算机 | 副教授 | 1200 | 358 | 80 |
| 33 | 李立 | 1960.6 | 计算机 | 教授 | 1400 | 420 | 120 |

### 1.2.5 面向对象数据模型

面向对象模型（Object Oriented Model，简称 OO 模型）是近几年来发展起来的一种新兴的数据模型。该模型是在吸收了以前的各种数据模型优点的基础上，借鉴了面向对象程序设计方法而建立的一种模型。OO 模型是用面向对象观点来描述现实世界实体（对象）的逻辑组织、对象间限制、联系等的模型。这种模型具有更强的表示现实世界的能力，是数据模型发展的一个重要方向。目前对于 OO 模型还缺少统一的规范说明，尚没有一个统一的严格的定义。但在 OO 模型中，面向对象核心概念构成了面向对象数据模型的基础。OO 模型的基本概念如下：

（1）对象（Object）与对象标识（OID）。现实世界中的任何实体都可以统一地用对象来表示。每一个对象都有它唯一的标识，称为对象标识，对象标识始终保持不变。一个学生是一个对象，他的姓名、性别、年龄等构成了这个对象的属性，属性描述的是对象的静态特性。对象的动态特性可以用操作来描述，对象对某一事件所做出的反应就是操作，也称为方法（Method）。每一个对象可以认为是其本身的一组属性和它可以执行的一组操作。

（2）类（Class）。所有具有相同属性和操作集的对象构成一个对象类（简称类）。任何一个对象都是某一对象类的一个实例（instance）。例如学生是一个类，每个学生如李刚、王磊、刘小红等都是学生类中的对象。他们是这个对象类的具体实例，具有一些相同的属性如班级、学号等，但有不同的属性值如属于不同的班级、学号不同等。

（3）事件。客观世界是由对象构成的，客观世界中的所有行动都是由对象发出且能够被某些对象感受到，我们把这样的行动称为事件。在关系数据库应用系统中，事件分为内部事件和外部事件。系统中对象的数据操作和功能调用命令等都是内部事件，而鼠标的移动、单击等都是外部事件。

此外还有封装（Encapsulation）、类层次、消息（Message）等概念，这里不再详细介绍。

## 1.3 关系数据库系统

尽管数据库领域中存在多种组织数据的方式，但关系数据库是效率最高的一种数据库系统。关系数据库系统（Relation DataBase System，简称 RDBS）采用关系模型作为数据的组织方式，Access 就是基于关系模型的数据库系统。关系数据模型之所以重要，是因为它是用途广泛的关系数据库系统的基础。

### 1.3.1 关系模型的组成

关系模型由关系数据结构、关系操作和关系完整性约束三部分组成。

（1）关系数据结构。关系模型中数据的逻辑结构是一张二维表。在用户看来非常单一，但这种简单的数据结构能表达丰富的语义，可描述出现实世界的实体以及实体间的各种联系。如一个学校可以有一个数据库，在数据库中建立多个表，其中一个表用来存放教师信息，一个表用来存放学生信息，一个表用来存放课程设置信息等。

（2）关系操作。关系操作采用集合操作方式，即操作的对象和结果都是集合。关系模型中常用的关系操作包括如下两类：

1）查询操作：选择（Select）、投影（Project）、连接（Join）、除（Divide）、并（Union）、交（Intersection）、差（Difference）等。

2）增加（Insert）、删除（Delete）、修改（Update）操作。

（3）关系完整性约束。关系模型中的完整性是指数据库中数据的正确性和一致性，关系数据模型的操作必须满足关系的完整性约束条件。关系的完整性约束条件包括实体完整性、参照完整性和用户定义的完整性。其中实体完整性和参照完整性是关系模型必须满足的完整性约束条件，适用于任何关系数据库系统。用户定义的完整性是针对某一具体领域的约束条件，它反映某一具体应用所涉及的数据必须满足的语义要求。

### 1.3.2 关系运算的基本概念

关系运算的对象是关系，运算结果也为关系。关系的基本运算有两类，一类是传统的集合运算如并、差、交等，另一类是专门的关系运算如选择、投影、连接等。

假设有两个关系 R 和 S，它们具有相同的结构。

（1）并（Union）。R 和 S 的并是由属于 R 或属于 S 的元组组成的集合，运算符为“∪”，记为 R∪S。

（2）差（Difference）。R 和 S 的差是由属于 R 但不属于 S 的元组组成的集合，运算符为“－”，记为 R－S。

（3）交（Intersection）。R 和 S 的交是由既属于 R 又属于 S 的元组组成的集合，运算符为“∩”，记为 R∩S。

（4）广义笛卡儿积（Extended Cartesian Product）。关系 R（假设为 n 列）和关系 S（假设为 m 列）的广义笛卡儿积是一个（n+m）列元组的集合。每一个元组的前 n 列是来自关系 R 的一个元组，后 m 列是来自关系 S 的一个元组。若 R 有 $K_1$ 个元组，S 有 $K_2$ 个元组，则关系 R 和关系 S 的广义笛卡儿积有 $K_1 \times K_2$ 个元组。运算符为“×”，记为 R×S。

图 1.9（a）、图 1.9（b）分别是具有三个属性列的关系 R 和关系 S，图 1.9（c）为关系 R 与 S 的并，图 1.3（d）为关系 R 与 S 的交，图 1.9（e）为关系 R 与 S 的差，图 1.9（f）为关系 R 与 S 的广义笛卡儿积。

（5）选择运算。选择运算是在关系中选择符合某些条件的元组，其中的条件是以逻辑表达式给出的，值为真的元组将被选取。如要在教师档案表（如表 1.1 所示）中查询计算机专业的所有教师数据，就可以对教师档案表做选择操作，条件是“所属专业名称”=“计算机”。运算结果如表 1.3 所示。

| A | B | C |
|---|---|---|
| $a_1$ | $b_1$ | $c_1$ |
| $a_1$ | $b_2$ | $c_2$ |
| $a_2$ | $b_2$ | $c_1$ |

（a）R

| A | B | C |
|---|---|---|
| $a_1$ | $b_2$ | $c_2$ |
| $a_1$ | $b_3$ | $c_2$ |
| $a_2$ | $b_2$ | $c_1$ |

（b）S

| A | B | C |
|---|---|---|
| $a_1$ | $b_1$ | $c_1$ |
| $a_1$ | $b_2$ | $c_2$ |
| $a_2$ | $b_2$ | $c_1$ |
| $a_1$ | $b_3$ | $c_2$ |

（c）R∪S

| A | B | C |
|---|---|---|
| $a_1$ | $b_2$ | $c_2$ |
| $a_2$ | $b_2$ | $c_1$ |

（d）R∩S

| A | B | C |
|---|---|---|
| $a_1$ | $b_1$ | $c_1$ |

（e）R–S

| A | B | C | A | B | C |
|---|---|---|---|---|---|
| $a_1$ | $b_1$ | $c_1$ | $a_1$ | $b_2$ | $c_2$ |
| $a_1$ | $b_1$ | $c_1$ | $a_1$ | $b_3$ | $c_2$ |
| $a_1$ | $b_1$ | $c_1$ | $a_2$ | $b_2$ | $c_1$ |
| $a_1$ | $b_2$ | $c_2$ | $a_1$ | $b_2$ | $c_2$ |
| $a_1$ | $b_2$ | $c_2$ | $a_1$ | $b_3$ | $c_2$ |
| $a_1$ | $b_2$ | $c_2$ | $a_2$ | $b_2$ | $c_1$ |
| $a_2$ | $b_2$ | $c_1$ | $a_1$ | $b_2$ | $c_2$ |
| $a_2$ | $b_2$ | $c_1$ | $a_1$ | $b_3$ | $c_2$ |
| $a_2$ | $b_2$ | $c_1$ | $a_2$ | $b_2$ | $c_1$ |

（f）R×S

图 1.9　关系的传统集合运算举例

**表 1.3　选择运算举例**

| 教师编号 | 教师姓名 | 所属院系名称 | 所属专业名称 |
|---|---|---|---|
| 32 | 王平 | 信息技术学院 | 计算机 |
| 33 | 李立 | 信息技术学院 | 计算机 |

（6）投影运算。投影运算是在关系中选择某些属性列组成新的关系。这是从列的角度进行的运算，相当于对关系进行垂直分解。如要查询所有教师的姓名和所属院系名称，则可以对教师档案表做投影操作，即求教师档案表在教师姓名和所属院系名称两个属性上的投影。结果图 1.10（a）所示。

进行投影运算之后不仅会取消原关系中的某些列，而且还可能取消某些元组，因为取消了某些属性列后，就可能出现重复行，应取消这些完全相同的行。例如查询教师档案表中有哪些院系，即查询教师档案表在所属院系名称属性上的投影，结果如图 1.10（b）所示。表中原来有 4 个元组，而投影结果取消了重复元组，因此只有两个元组。

（7）连接运算。选择和投影运算的操作对象是一个关系，而连接运算需要两个关系作为操作对象，是从两个关系的笛卡儿积中选取属性间满足一定条件的元组。最常用的连接运算有等值连接（Equal Join）和自然连接（Natural Join）两种。

| 教师姓名 | 所属院系名称 |
|---|---|
| 王平 | 信息技术学院 |
| 李立 | 信息技术学院 |
| 刘明明 | 数理学院 |
| 王一民 | 数理学院 |

（a）

| 所属院系名称 |
|---|
| 信息技术学院 |
| 数理学院 |

（b）

图 1.10　投影运算举例

连接条件中的运算符为比较运算符，当此运算符取“=”时为等值连接。例如对图 1.9 中的关系 R 和 S 做等值连接操作，连接条件是 R.B = S.B，即在图 1.9（f）所示的两个关系的笛卡儿积中选取 R.B =S.B 的元组，得到的结果关系如图 1.11（a）所示。

自然连接是去掉重复属性的等值连接。自然连接属于连接运算的一个特例，是最常用的连接运算，在关系运算中起着重要作用。如图 1.11（b）所示是关系 R 和 S 做自然连接得到的结果关系。

| A | R.B | C | A | S.B | C |
|---|---|---|---|---|---|
| $a_1$ | $b_2$ | $c_2$ | $a_1$ | $b_2$ | $c_2$ |
| $a_1$ | $b_2$ | $c_2$ | $a_2$ | $b_2$ | $c_1$ |
| $a_2$ | $b_2$ | $c_1$ | $a_1$ | $b_2$ | $c_2$ |
| $a_2$ | $b_2$ | $c_1$ | $a_2$ | $b_2$ | $c_1$ |

（a）等值连接

| A | B | C | A | C |
|---|---|---|---|---|
| $a_1$ | $b_2$ | $c_2$ | $a_1$ | $c_2$ |
| $a_1$ | $b_2$ | $c_2$ | $a_2$ | $c_1$ |
| $a_2$ | $b_2$ | $c_1$ | $a_1$ | $c_2$ |
| $a_2$ | $b_2$ | $c_1$ | $a_2$ | $c_1$ |

（b）自然连接

图 1.11　连接运算举例

例如有学生成绩管理关系数据库，包括学生关系和选课关系。如表 1.4 和表 1.5 所示，将这两个关系进行自然连接，其结果如表 1.6 所示。

**表 1.4　学生表**

| 学号 | 姓名 | 院系 |
|---|---|---|
| 0001 | 王飞 | 计算机 |
| 0002 | 李一冰 | 计算机 |
| 0003 | 夏小山 | 计算机 |
| 0004 | 李明 | 计算机 |

**表 1.5　选课表**

| 学号 | 课程代码 | 成绩 |
|---|---|---|
| 0001 | 12 | 94 |
| 0001 | 13 | 89 |
| 0002 | 15 | 97 |
| 0003 | 12 | 90 |
| 0003 | 14 | 88 |

**表 1.6　学生关系与选课关系的自然连接**

| 学号 | 姓名 | 院系 | 课程代码 | 成绩 |
|---|---|---|---|---|
| 0001 | 王飞 | 计算机 | 12 | 94 |
| 0001 | 王飞 | 计算机 | 13 | 89 |
| 0002 | 李一冰 | 计算机 | 15 | 97 |
| 0003 | 夏小山 | 计算机 | 12 | 90 |
| 0003 | 夏小山 | 计算机 | 14 | 88 |

### 1.3.3　关系数据管理库系统的功能

关系数据库管理系统主要有 4 方面的功能：数据定义、数据处理、数据控制和数据维护。

（1）数据定义功能。关系数据库管理系统一般均提供数据定义语言 DDL（Data Definition Language），可以允许用户定义数据在数据库中存储时所使用的类型（例如文本或数字类型），以及各主题之间的数据如何相关。

（2）数据处理功能。关系数据库管理系统一般均提供数据操纵语言 DML（Data Manipulation Language），让用户可以使用多种方法来操作数据。例如只显示用户关心的数据。

（3）数据控制功能。可以管理工作组中使用、编辑数据的权限，完成数据安全性、完整性及一致性的定义与检查，还可以保证数据库在多个用户间正常使用。

（4）数据维护功能。包括数据库中初始数据的装载，数据库的转储、重组、性能监控、系统恢复等功能，它们大都由 RDBMS 中的实用程序来完成。

### 1.3.4　常见的关系数据库管理系统及分类

关系数据库有很多优点，包括有严格的理论基础、提供单一的数据结构、存取路径对用户透明等，因此关系数据库的使用非常普遍。目前，关系数据库管理系统（RDBMS）的种类很多，常见的有 Oracle、DB2、Sybase、Informix、Ingres、RDB、SQL Server、Access、FoxPro 等系统。

一个数据库管理系统可定义为关系系统，它至少支持关系数据结构及选择、投影和连接运算，这是对关系数据库系统的最低要求。按照 E.F.Codd 衡量关系系统的准则，可以把关系数据库系统分为如下三类：

（1）半关系型系统。这类系统大都采用关系作为基本数据结构，仅支持三种关系操作，但不提供完备的数据子语言，数据独立性差。如 FoxBase、FoxPro 就属于这类。

（2）基本关系型系统。这类系统均采用关系作为基本数据结构，支持所有的关系代数操作，有完备的数据子语言，有一定的数据独立性，并有一定的空值处理能力，有视图功能，它满足 E.F.Codd 衡量关系系统的准则的大部分条件。目前，大多数关系数据库产品均属于此类。如 DB2、Oracle、Sybase 等。

（3）完全关系型系统。这是一种理想化的系统，这类系统支持关系模型的所有特征。虽然 DB2、Oracle 等系统已经接近这个目标，但尚不属于完全关系型系统。

### 1.3.5　关系数据库管理系统——Access

Microsoft Access 是 Microsoft Office 组件中重要的组成部分，是目前较为流行的关系数据库管理系统。它具有大型数据库的一些基本功能，支持事务处理功能，具有多用户管理功能，支持数据压缩、备份和恢复功能，能够保证数据的安全性。

Access 不仅是数据库管理系统，而且还是一个功能强大的开发工具，具有良好的二次开发支持特性，有许多软件开发者把它作为主要的开发工具。与其他的数据库管理系统相比，Access 更加简单易学，一个普通的计算机用户即可掌握并使用它。

## 1.4　关系数据库标准语言 SQL

为了操作数据库中的数据，必须使用数据库管理系统软件支持的数据库语言。不同的关系数据库管理系统提供不同的数据库语言，称为该关系数据库管理系统的宿主语言。Access 的宿主语言是 VBA（Visual Basic Application），同时支持结构化查询语言 SQL（Structured Query Language）。SQL 被美国国家标准局（American National Standard Institute，简称 ANSI）和国际标准化组织（International Organization for Standardization，简称 ISO）批准采纳为关系数据库系统标准语言。目前，各种关系数据库管理系统均支持 SQL。

### 1.4.1 SQL 的特点

SQL 虽然被称为结构化查询语言，但是它的功能不仅仅包括查询。实际上 SQL 集数据定义、数据操纵、数据查询和数据控制功能于一体，充分体现了关系数据语言的优点，其特点如下：

1. SQL 是一种功能齐全的数据库语言

SQL 主要包括以下四类：

- 数据定义语言 DDL（Data Definition Language）
- 数据操纵语言 DML（Data Manipulation Language）
- 数据查询语言 DQL（Data Query Language）
- 数据控制语言 DCL（Data Control Language）

SQL 可以独立完成数据库中的全部活动，包括定义关系模式、录入数据以建立数据库、查询、更新、维护、数据库重构、数据库安全性控制等一系列操作，这就为数据库应用系统开发提供了良好的环境。

2. SQL 是高度非过程化的语言

SQL 不规定某件事情该如何完成，而只规定该完成什么。当用 SQL 进行数据操作时，用户只需提出“做什么”，而不必指明“怎么做”。因此用户无须了解存取路径，存取路径的选择以及 SQL 语句的操作过程由系统如何自动完成。这不但大大减轻了用户的负担，而且有利于提高数据的独立性。

3. SQL 语言简洁，易学易用

SQL 只用 9 个动词（CREATE、DROP、ALTER、SELECT、INSERT、UPDATE、DELETE、GRANT、REVOKE）就完成了数据定义、数据操纵、数据查询、数据控制的核心功能，语法简单，使用的语句接近于人类使用的自然语言，容易学习和方便使用。

4. 语言共享

任何一种数据库管理系统都拥有自己的程序设计语言，各种语言的语法规定及其词汇相差甚远。但是 SQL 在任何一种数据库管理系统中都是相似的，甚至是相同的。

### 1.4.2 SQL 的数据查询和数据操纵功能

Access 关系数据库管理系统把 VBA 作为宿主语言，同时全面支持 SQL，并允许将 SQL 作为子语言嵌套在 VBA 中使用。SQL 具有数据定义、数据操纵、数据查询、数据控制等功能。在 Access 中，主要在查询对象的创建过程中使用 SQL。以下主要介绍 SQL 语言的数据查询功能和数据操纵功能。

1. 数据查询

SQL 语言提供 SELECT 语句进行数据库的查询，其主要功能是实现数据源数据的筛选、投影和连接操作，并能完成筛选字段重命名、多数据源数据组合、分类汇总等具体操作。在 Access 中，使用 SQL 创建的查询有联合查询、传递查询、数据定义查询和子查询。这些将在

第 4 章详细介绍，这里只简单介绍 SELECT 语句的一般格式：

```
SELECT [ALL|DISTINCT] <目标列表达式>[,<目标列表达式>]...
FROM <表名或视图名>[,<表名或视图名>] ...
[WHERE <条件表达式>]
[GROUP BY <列名 1>[HAVING <条件表达式>]]
[ORDER BY <列名 2> [ASC|DESC]];
```

在以上 SELECT 语法格式中，大写字母为 SQL 保留字，方括号中的内容为可选项。句尾的分号“;”表示语句的结束。

该语句的功能是根据 WHERE 子句中的条件表达式，从指定的基本表或视图中找出满足条件的记录，并按 SELECT 子句中的目标列表达式选出记录中的目标列，形成结果表。如果有 ORDER BY 子句，则结果表要根据指定的<列名 2>的值按升序或降序排序。如果有 GROUP BY 子句，则将结果表按<列名 1>的值进行分组，该属性列值相等的记录为一个组。如果 GROUP 子句带 HAVING 短语，则只有满足指定条件的记录才会被输出。

例如 Access 中有如下 SQL 查询：

```
SELECT 课程设置表.课程代码, 课程设置表.课程名称, 课程设置表.学时, 课程设置表.学分
FROM 课程设置表
WHERE (((课程设置表.学分)>4))
ORDER BY 课程设置表.学时 DESC;
```

在此查询中，SELECT 为 SQL 语句保留字，其后紧接的为要获取的结果表中的字段名，共有 4 个字段，分别是“课程设置表”中的“课程代码”、“课程名称”、“学时”、“学分”。这 4 个字段之间用逗号分隔，表名与字段名间用圆点“.”分隔。FROM 保留字后跟着的是表名“课程设置表”，表示以上 4 个字段是从“课程设置表”中取出。WHERE 保留字后面跟着的是筛选条件，表示要筛选出的记录其“学分”应当大于 4 分。ORDER BY 保留字后面跟着的是一个字段名“学时”，表示筛选出的记录要按“学时”进行排序，DESC 保留字表示按“学时”降序排列。

SELECT 语句既可以完成简单的单表查询，也可以完成复杂的连接查询和嵌套查询。

Access 中所有的查询操作都可以采用 SQL 语句来完成。实际上在查询设计视图中建立一个查询对象就是生成一条 SQL 语句，在查询设计视图中对查询对象所做的任何修改都会导致对应的 SQL 语句发生变化。

2. 数据操作

SQL 的操作功能是指对数据库中数据的操作功能，包括数据的插入、修改和删除。

（1）插入数据。SQL 的插入语句是 INSERT，一般有两种格式。一种是插入一个元组，另一种是插入子查询结果。

插入一个元组的 INSERT 语句格式为：

```
INSERT INTO <表名> [(<列名 1>[ ,<列名 2 >…]) ]
VALUES (<常量 1> [ ,<常量 2 >…])
```

其功能是将新元组插入到指定表中。其中属性列 1 的值为常量 1，属性列 2 的值为常量 2，……。如果某些属性列在 INTO 子句中没有出现，则新记录在这些列上将取空值。

例如将一个新学生记录（学号：0005；姓名：高林；院系：中文）插入到学生关系表（学

号，姓名，院系）中。语句如下：

```
INSERT INTO 学生表 VALUES ('0005', '高林', '中文')
```

插入子查询结果语句的格式为：

```
INSERT  INTO <表名>  [(<列名 1> [, <列名 2 >…]) ] 子查询
```

其功能是将子查询的结果全部插入到指定表中。

（2）修改数据。SQL 的修改数据语句是 UPDATE，其格式为：

```
UPDATE <表名> SET <列名> =<表达式>
                    [, <列名> =<表达式> ] … [WHERE <条件> ];
```

其功能是修改指定表中满足 WHERE 子句条件的元组。其中 SET 子句用于指定修改方法，即用<表达式>的值取代相应的属性列值。如果省略 WHERE 子句，则表示要修改表中的所有元组。

例如将表 1.5 所示的选课表中所有学生的成绩减少 10 分，其命令为：

```
UPDATE 选课表 SET 成绩=成绩-10
```

（3）删除数据。SQL 的删除数据语句是 DELETE，其格式为：

```
DELETE  FROM <表名> [WHERE <条件> ];
```

其功能是从指定表中删除满足 WHERE 子句条件的所有元组。如果省略 WHERE 子句，表示删除表中的全部元组，但表的定义仍在字典中。即删除的是表中的数据，而不是表的定义。

例如删除学生表中的所有记录，其命令为：

```
DELETE  FROM 学生表
```

这条语句删除了学生表的所有元组，将使其成为空表。

# 1.5　关系数据库设计

在关系数据库应用系统的开发过程中，数据库设计是核心和基础。数据库设计是指针对一个给定的应用环境，构造最优的数据模式，建立数据库及其应用系统，有效存储数据，以满足用户信息存储和处理要求。针对一个具体问题，应该如何构造一个符合实际的恰当的数据模式，即应该构造几个关系，每个关系应该包括哪些属性，各个元组的属性值应符合什么条件等，这些都是应全面考虑的问题。在关系数据库设计时要遵守一定的规则，下面介绍数据库关系完整性设计和数据库规范化设计。

## 1.5.1　数据库关系完整性设计

关系数据库设计是对数据进行组织化和结构化的过程，核心问题是关系模型的设计。关系模型的完整性规则是对关系的某种约束条件，是指数据库中数据的正确性和一致性。现实世界的实际存在决定了关系必须满足一定的完整性约束条件，这些约束表现在对属性取值范围的限制上。完整性规则就是防止用户使用数据库时，向数据库中插入不符合语义的数据。关系模型中有三类完整性约束：实体完整性、参照完整性和用户定义的完整性。其中实体完整性和参照完整性是关系模型必须满足的完整性约束条件，被称作关系的两个不变性。

1. 实体完整性规则

实体完整性是指基本关系的主属性，即主码的值都不能取空值。在关系系统中一个关系通常对应一个表，实际存储数据的表称为基本表，而查询结果表、视图表等都不是基本表。实

体完整性是针对基本表而言的，指在实际存储数据的基本表中，主属性不能取空值。例如在教师档案表中，“教师编号”属性为主码，则“教师编号”不能取空值。

一个基本关系对应现实世界中的一个实体集，如教师关系对应教师集合，学生关系对应学生集合。现实世界中实体是可区分的，即每个实体具有唯一性标识。在关系模型中用主码做唯一性标识时，若主码取空值，则说明这个实体无法标识，即不可区分。这显然与现实世界相矛盾，现实世界不可能存在这样的不可标识的实体，基于此引入了实体完整性规则。

实体完整性规则规定基本关系的所有主属性都不能取空值，而不仅是主码整体不能取空值。如学生选课表中，“学号”和“课程代码”一起构成主码，则“学号”和“课程代码”这两个属性的值均不能为空值，否则就违反了实体完整性规则。

2. 参照完整性规则

现实世界中的实体之间往往存在某种联系，在关系模型中实体及实体间的联系都是用关系来描述的。这样就存在着关系与关系间的引用。

参照完整性规则的定义，假设 F 是基本关系 R 的一个或一组属性，但不是关系 R 的主码，如果 F 与基本关系 S 的主码 $K_S$ 相对应，则称 F 是基本关系 R 的外码。对于 R 中每个元组在 F 上的值必须或者取空值（F 的每个属性值均为空值）；或者等于 S 中某个元组的主码值。

例如，教师档案关系和院系关系中主码分别是教师编号、院系代码，用下划线标识。

教师档案（教师编号，教师姓名，院系代码，专业名称）

院系（院系代码，院系名称）

这两个关系之间存在属性的引用，即教师关系引用了院系关系的主码“院系代码”。按照参照完整性规则，教师关系中每个元组的“院系代码”属性只能取下面两类值：

- 空值，表示这位教师还未分配到任何一个院系工作。
- 非空值，此时取值必须和院系关系中某个元组的“院系代码”值相同，表示这个教师分配到该院系工作。

参照完整性规则规定不能引用不存在的实体。上例中如果教师关系中某个教师的“院系代码”取值不与院系关系中任何一个元组的院系代码一致，表示这个教师被分配到一个不存在的院系中，这与实际应用环境不相符，显然是错误的。

3. 用户定义的完整性

用户定义的完整性是针对某一具体关系数据库的约束条件，它反映某一具体应用所涉及的数据必须满足的语义要求。关系模型应提供定义和检验这类完整性规则的机制，其目的是用统一的方式由系统来处理它们，而不由应用程序来完成这项工作。

例如，在学生成绩表中规定成绩不能超过 100；在教师档案表（教师编号，教师姓名，所属院系名称，所属专业名称）中，要求教师姓名的取值不能为空。

### 1.5.2　数据库规范化设计

在数据库设计中，如何把现实世界表示成合理的数据库模式，一直是人们非常重视的问题。关系数据库的规范化理论就是进行数据库设计时的有力工具。

关系数据库中的关系要满足一定要求，满足不同程度要求的为不同范式。目前遵循的主要范式包括第一范式（1NF）、第二范式（2NF）、第三范式（3NF）和第四范式（4NF）等。规范化设计的过程就是按不同的范式，将一个二维表不断地分解成多个二维表并建立表之间的关联，最终达到一个表只描述一个实体或者实体间的一种联系的目标。其目的是减少冗余数据，提供有效的数据检索方法，避免不合理的插入、删除、修改等操作，保持数据一致性，增强数据库的稳定性、伸缩性和适应性。

1. 第一范式

前面讲过，关系中每一个数据项必须是不可再分的，满足这个条件的关系模式就属于第一范式。关系数据库中的所有数据表都必然满足第一范式。下面介绍如何将表1.7所示的学生成绩表规范为满足第一范式的表。

表1.7 学生成绩表

| 学号 | 姓名 | 课程代码 | 课程名称 | 学分 | 成绩 | | |
|---|---|---|---|---|---|---|---|
| | | | | | 平时成绩 | 考试成绩 | 总成绩 |
| 200103001 | 王立 | 001 | 英语 | 4 | 18 | 60 | 78 |
| 200103002 | 李美 | 001 | 英语 | 4 | 17 | 70 | 87 |
| … | … | … | … | … | … | … | … |

显然“学生成绩表”不满足第一范式，处理方法是处理表头使其成为只具有一行表头标题的数据表，如表1.8所示。

表1.8 处理成满足第一范式的学生成绩表

| 学号 | 姓名 | 课程代码 | 课程名称 | 学分 | 平时成绩 | 考试成绩 | 总成绩 |
|---|---|---|---|---|---|---|---|
| 200103001 | 王立 | 001 | 英语 | 4 | 18 | 60 | 78 |
| 200103002 | 李美 | 001 | 英语 | 4 | 17 | 70 | 87 |
| … | … | … | … | … | … | … | … |

2. 第二范式

在一个满足第一范式的关系中，如果所有非主属性都完全依赖于主码，则称这个关系满足第二范式。即对于满足第二范式的关系，如果给定一个主码，则可以在这个数据表中唯一确定一条记录。一个关系模式如果不满足第二范式，就会产生插入异常、删除异常、修改异常等问题。

例如在学生选课系统中构造如表1.9所示的数据表，表中没有哪一个数据项能够唯一标识一条记录，则不满足第二范式。该数据表存在如下缺点：

表1.9 学生选课综合数据表

| 学号 | 姓名 | 院系 | 课程代码 | 课程名称 | 学分 | 成绩 | 任课教师 | 职称 |
|---|---|---|---|---|---|---|---|---|
| 0001 | 王飞 | 计算机 | 12 | 数据库原理 | 5 | 94 | 张同 | 教授 |
| 0001 | 王飞 | 计算机 | 13 | C语言 | 6 | 89 | 林风 | 副教授 |
| 0002 | 李一冰 | 计算机 | 15 | 操作系统 | 6 | 97 | 刘国芝 | 副教授 |
| 0003 | 夏小山 | 计算机 | 12 | 数据库原理 | 5 | 90 | 张同 | 教授 |
| 0003 | 夏小山 | 计算机 | 13 | C语言 | 6 | 83 | 林风 | 副教授 |
| 0003 | 夏小山 | 计算机 | 14 | 编译原理 | 5 | 88 | 张欣欣 | 教授 |

（1）冗余度大。一个学生如选修n门课，则他的有关信息就要重复n遍，这就造成数据的极大冗余。

（2）插入异常。在这个数据表中，如果要插入一门课程的信息，但此门课本学期不开设，目前无学生选修，则很难将其插入表中。

（3）删除异常。表中李一冰只选了一门课“操作系统”，如果他不选了，这条记录就要被删除，那么整个元组都随之删除，使得他的所有信息都被删除了，造成删除异常。

处理表 1.9 使之满足第二范式的方法是将其分解成三个数据表，如表 1.10、表 1.11、表 1.12 所示。这三个表即为满足第二范式的数据表。其中“学生选课表”的主码为“学号、课程代码”，“学生档案表”的主码为“学号”，“课程设置表”的主码为“课程代码”。

表 1.10　学生选课表

| 学号 | 课程代码 | 成绩 |
|---|---|---|
| 0001 | 12 | 94 |
| 0001 | 13 | 89 |
| 0002 | 15 | 97 |
| 0003 | 12 | 90 |
| 0003 | 13 | 83 |
| 0003 | 14 | 88 |

表 1.11　学生档案表

| 学号 | 姓名 | 院系 |
|---|---|---|
| 0001 | 王飞 | 计算机 |
| 0002 | 李一冰 | 计算机 |
| 0003 | 夏小山 | 计算机 |

表 1.12　课程设置表

| 课程代码 | 课程名称 | 学分 | 任课教师 | 职称 |
|---|---|---|---|---|
| 12 | 数据库原理 | 5 | 张同 | 教授 |
| 13 | C 语言 | 6 | 林风 | 副教授 |
| 14 | 编译原理 | 5 | 张欣欣 | 教授 |
| 15 | 操作系统 | 6 | 刘国芝 | 副教授 |

### 3. 第三范式

对于满足第二范式的关系，如果每一个非主属性都不传递依赖于主码，则称这个关系满足第三范式。传递依赖是指某些数据项间接依赖于主码。在课程设置表 1.12 中，职称属于任课教师，主码“课程代码”不直接决定非主属性“职称”，“职称”是通过“任课教师”传递依赖于“课程代码”的，则此关系不满足第三范式，在某些情况下，会存在插入异常、删除异常和数据冗余等现象。为将此关系处理成满足第三范式的数据表，可以将其分成“课程设置表”和“任课教师名单”，如表 1.13 和表 1.14 所示。经过规范化处理，满足第一范式的“学生选课综合数据表”被分解成满足第三范式的四个数据表（学生选课表、学生档案表、课程设置表、任课教师名单）。

表 1.13　课程设置表

| 课程代码 | 课程名称 | 学分 |
|---|---|---|
| 12 | 数据库原理 | 5 |
| 13 | C 语言 | 6 |
| 14 | 编译原理 | 5 |
| 15 | 操作系统 | 6 |

表 1.14　任课教师名单

| 任课教师 | 职称 |
|---|---|
| 张同 | 教授 |
| 林风 | 副教授 |
| 张欣欣 | 教授 |
| 刘国芝 | 副教授 |

对于数据库的规范化设计的要求是应该保证所有数据表都能满足第二范式，力求绝大多数数据表满足第三范式。除以上介绍的三种范式外，还有 BCNF（Boyce Codd Normal Form）、第四范式、第五范式。一个低一级范式的关系模式，通过模式分解可以规范化为若干个高一级范式的关系模式的集合。

### 1.5.3 Access 数据库应用系统设计实例

按照规范化理论和完整性规则设计出能够正确反映现实应用的数据模型后，还要进行系统功能的设计。对于系统功能设计应遵循自顶向下、逐步求精的原则，将系统必备的功能分解为若干相互独立又相互依存的模块，每一模块采用不同的技术，解决不同的问题，从而将问题局部化，这是数据库设计中的分步设计法。下面以一个学生成绩管理系统为例，简单介绍数据库系统开发的方法。

1. *需求分析*

这是数据库应用系统开发的第一步。首先要详细调查要处理的对象，明确用户的各种要求，在此基础上确定数据库中需要存储哪些数据及系统需要具备哪些功能等。设计人员必须不断深入地与用户交流，才能逐步确定用户的实际需求，以确定设计方案。对于学生成绩管理系统来说，进行需求分析后，得到以下结果：

（1）用户需要完成数据的录入。学校开设新课程、新生入学、增加新院系、增加新教师、重新选课、统计期末统计成绩时都需要进行数据录入，并提交数据库保存。因此系统要包括以下数据表：院系表、专业表、教师档案表、学生档案表、课程设置表、学生选课表、学生成绩表和操作员档案表。

（2）完成数据的修改。当学生、教师、课程等情况发生变化或数据录入错误时，用户要进行数据的修改，以保证数据表中数据的正确性。

（3）实现信息查询。包括学生成绩查询、学生档案查询、学生选课查询、课程查询等。

2. *应用系统的数据库设计*

这是在需求分析的基础上进行的。首先要弄清需要存储哪些数据，确定需要几个数据表，每一个表中包括几个字段等，然后在 Access 中建立数据表。这一过程要严格遵循关系数据库完整性和规范化设计要求。学生成绩管理系统要创建 8 个数据表：

（1）院系表（<u>院系代码</u>、院系名称）。

（2）专业表（<u>专业代码</u>、专业名称、所属院系代码、所属院系名称）。

（3）教师档案表（<u>教师编号</u>、教师姓名、所属院系名称、所属专业名称）。

（4）学生档案表（<u>学号</u>、姓名、性别、出生日期、民族、政治面貌、职务、院系、专业、班级、籍贯、电话、不及格门数、照片备注）。

（5）课程设置表（<u>课程代码</u>、课程名称、学时、学分、类别、教师编号、教师姓名、开课单位、开课时间、选课范围、内容简介、备注）。

（6）学生选课表（<u>学号</u>、姓名、<u>课程代码</u>、课程名称、学分）。

（7）学生成绩表（<u>学号</u>、姓名、<u>课程代码</u>、课程名称、学分、成绩）。

（8）操作员档案表（<u>操作员编号</u>、操作员姓名、密码、权限）。

划线部分为各数据表的主键，各数据表的结构如表 1.15～表 1.22 所示。

表 1.15　院系表

| 字段名称 | 数据类型 | 字段大小 |
| --- | --- | --- |
| 院系代码 | 文本 | 6 |
| 院系名称 | 文本 | 40 |

表 1.16　专业表

| 字段名称 | 数据类型 | 字段大小 |
| --- | --- | --- |
| 专业代码 | 文本 | 6 |
| 专业名称 | 文本 | 40 |
| 所属院系代码 | 文本 | 6 |
| 所属院系名称 | 文本 | 40 |

表 1.17　教师档案表

| 字段名称 | 数据类型 | 字段大小 |
| --- | --- | --- |
| 教师编号 | 文本 | 6 |
| 教师姓名 | 文本 | 12 |
| 所属院系名称 | 文本 | 40 |
| 所属专业名称 | 文本 | 40 |

表 1.18　学生档案表

| 字段名称 | 数据类型 | 字段大小 |
| --- | --- | --- |
| 学号 | 文本 | 12 |
| 姓名 | 文本 | 12 |
| 性别 | 文本 | 2 |
| 出生日期 | 日期/时间 | |
| 民族 | 文本 | 10 |
| 政治面貌 | 文本 | 10 |
| 职务 | 文本 | 10 |
| 院系 | 文本 | 40 |
| 专业 | 文本 | 40 |
| 班级 | 文本 | 4 |
| 籍贯 | 文本 | 20 |
| 电话 | 文本 | 20 |
| 不及格门数 | 数字 | 整型 |
| 照片 | OLE 对象 | |
| 备注 | 备注 | |

表 1.19　课程设置表

| 字段名称 | 数据类型 | 字段大小 |
|---|---|---|
| 课程代码 | 文本 | 6 |
| 课程名称 | 文本 | 40 |
| 学时 | 数字 | 整型 |
| 学分 | 数字 | 整型 |
| 类别 | 文本 | 6 |
| 教师编号 | 文本 | 6 |
| 教师姓名 | 文本 | 12 |
| 开课单位 | 文本 | 40 |
| 开课时间 | 文本 | 6 |
| 选课范围 | 文本 | 20 |
| 内容简介 | 文本 | 40 |
| 备注 | 文本 | 30 |

表 1.20　学生选课表

| 字段名称 | 数据类型 | 字段大小 |
|---|---|---|
| 学号 | 文本 | 12 |
| 姓名 | 文本 | 12 |
| 课程代码 | 文本 | 6 |
| 课程名称 | 文本 | 40 |
| 学分 | 数字 | 整型 |

表 1.21　学生成绩表

| 字段名称 | 数据类型 | 字段大小 | 小数位数 |
|---|---|---|---|
| 学号 | 文本 | 12 | |
| 姓名 | 文本 | 12 | |
| 课程代码 | 文本 | 6 | |
| 课程名称 | 文本 | 40 | |
| 学分 | 数字 | 整型 | |
| 成绩 | 数字 | 单精度数 | 1 |

表 1.22　操作员档案表

| 字段名称 | 数据类型 | 字段大小 |
|---|---|---|
| 操作员编号 | 文本 | 4 |
| 操作员姓名 | 文本 | 12 |
| 密码 | 文本 | 10 |
| 权限 | 文本 | 20 |

3．应用系统的功能设计

根据需求分析，结合初步设计的数据库模型，设计应用系统的各个功能模块。学生成绩管理系统中具有 8 个功能模块。

（1）院系管理：包括院系的设置及相关资料查询。

（2）专业管理：包括专业的设置及相关资料查询。

（3）教师档案：包括教师档案的建立、修改及查询。

（4）学生档案：包括学生档案的建立、修改及查询。

（5）课程管理：包括课程设置及相关资料查询。

（6）选课管理：包括学生选课系统及选课资料查询。

（7）成绩管理：包括学生成绩的录入、修改及查询。

（8）系统管理：包括系统使用权限的设置、系统的说明、退出系统等。

4．系统的性能分析

软件初步形成后，需要对它进行性能分析，如果有不完善的地方，要根据分析结果对数据库进行优化，直到应用软件的设计满足用户的需求为止。

5．系统的发布与维护

系统经过调试满足用户的需求后就可以进行发布，但在使用过程中可能还会存在某些问题，因此在软件运行期间要进行调整，以实现软件性能的改善和扩充，使其适应实际工作的需要。

## 本章小结

本章概述了数据库的基本概念，并通过对数据库技术发展情况的介绍，概括了数据库技术发展的新方向。

数据模型是数据库系统的核心和基础，本章介绍了四种主要的数据模型：层次模型、网状模型、关系模型和面向对象模型。之后详细介绍了关系数据库的有关理论。

SQL 是关系数据库的标准语言，SQL 可以分为数据定义语言、数据操纵语言、数据查询语言和数据控制语言。在 Access 中，主要在查询对象的创建过程中使用 SQL，所以主要介绍 SQL 的数据查询功能和数据操纵功能。

最后通过一个 Access 数据库应用系统设计实例，介绍了关系数据库设计理论和方法，包括数据库关系完整性设计和数据库规范化设计理论。

## 习　题

1．数据库技术的发展经历了哪几代？请简述每一代数据库系统的特点。

2．数据库技术有哪些新的进展？

3．简述数据、数据库、数据库管理系统、数据库系统的概念。

4．简述数据模型的概念和数据模型的三个要素。

5．举例说明层次模型、网状模型的概念。

6．简述关系模型的概念和主要特点，并解释以下术语：关系、属性、域、元组、主关键字、关系模式。

7．解释对象、类和事件的概念。

8．简述关系模型的组成。

9．关系数据库系统有哪些主要功能？

10．简述关系数据库系统 Access 中的组成对象。

11．简述 SQL 的特点。

12．解释以下术语：实体完整性、参照完整性、用户定义的完整性。

13．简述第一范式、第二范式、第三范式的概念。

14．有如下教师情况记录表：

| 教师编号 | 姓名 | 职称 | 系别 | 系主任 |
|---|---|---|---|---|
| 0104 | 王可 | 教授 | 中文 | 刘力 |
| 0111 | 周大明 | 讲师 | 数学 | 江维 |
| 0120 | 张佳丽 | 副教授 | 计算机 | 马小军 |
| 0122 | 张旭东 | 副教授 | 计算机 | 马小军 |

它符合哪一种类型的规范化形式？如果不符合第三范式，请将其处理成符合第三范式的关系。

15．选择一个你所熟悉的数据处理系统，初步设计相关数据表。

# 第 2 章　Access 2010 基础

随着信息技术的发展，我们进入了一个崭新的时代。为了能掌握更新、更全面的信息，需要对信息进行有效的存储、管理，以便灵活、高效地运用、处理信息。Access 便是一种理想的数据库管理系统，利用它可对已有的数据库进行操作，也可在此基础上进行数据库的开发和设计。Access 操作简单，易于学习和使用。

## 2.1　Access 2010 简介

Access 2010 是 Office 2010 办公系列软件中的一个重要组成部分，主要用于数据库管理，随着版本的一次次升级，现已成为世界上最流行的桌面数据库管理系统。

在 Windows 3.x 时代，Access 2.0 第一次被作为 Office 4.3 企业版的一部分，它将所有数据库对象全部封装于同一个文件中，且对宏、VBA 及 OLE 技术提供了很好的支持，加上丰富的数据库管理的内置功能，对数据完整性提供了有力的保障，而且更易于维护，因而受到小型数据库最终用户的关注。Access 保持了 Word、Excel 的风格，它在作为一种数据库管理软件的开发工具时，具有当时流行的如 Visual Basic 6.0 所无法比拟的生产效率，所以倍受青睐，且越来越广泛地被应用于办公室的日常业务中。

Access 历经多次升级改版，从 Access 2.0 逐步升级到 Access 2010。从 Access 2000 开始，Access 除保留了原有的特色功能外，还增加了一种全新的功能——数据工程（ADP），并对 ADO 提供了全面的支持，这更使 Access 超越了简单的桌面型数据库管理系统，而成为一种高效的 RAD 工具。此外，Access 还加强了对 ActiveX、多媒体、Unicode、Internet 等新技术的支持且操作越来越简单，使它能够取代曾独步这一领域的同是微软出品的 Fox 家族产品。

Access 与其他数据库开发系统之间相当显著的区别是可以在很短的时间里开发出一个功能强大而且相当专业的数据库应用程序，并且这一过程是完全可视的，如果能给它加上一些简短的 VBA 代码，那么开发出的程序决不比专业程序员开发的程序差。

无论是从应用还是开发的角度看，Access 2010 数据库管理系统都具有许多优势。

## 2.2　Access 2010 基本对象

Access 2010 作为一个数据库管理系统，实质上是一个面向对象的可视化的数据库管理工具，采用面向对象的方式将数据库系统中的各项功能对象化，通过各种数据库对象来管理信息，Access 2010 中的对象是数据库管理的核心。Access 2010 中包括 6 种数据库对象，分别是表、查询、窗体、报表、宏和模块。

（1）数据表。数据表是关于特定实体的数据集合，由字段和记录组成。一个字段就是表中的一列，每个字段存放不同的数据类型，具有一些相关的属性。用户可以为这些字段属性设定不同的取值，来实现应用中的不同需要。字段的基本属性有字段名称、数据类型、字段大小等。一个记录就是数据表中的一行，记录用来收集某指定对象的所有信息。一条记录中包含表中的每个字段。如图 2.1 所示的教师档案表中有 4 个字段，字段名分别为教师编号、教师姓名、所属院系名称、所属专业名称。

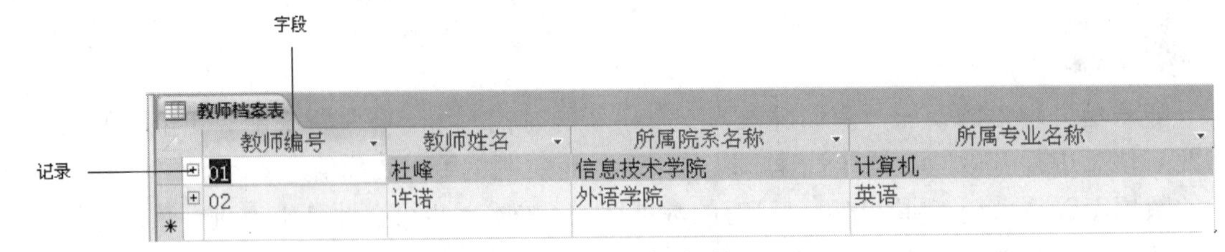


| 教师编号 | 教师姓名 | 所属院系名称 | 所属专业名称 |
|---|---|---|---|
| 01 | 杜峰 | 信息技术学院 | 计算机 |
| 02 | 许诺 | 外语学院 | 英语 |

图 2.1　教师档案表

一个数据库所包含的信息内容都是以数据表的形式来表示和存储的，数据表是数据库的关键所在。为清晰反映数据库的信息，一个数据库中可以有多个数据表。如学生成绩管理系统中包括院系表、专业表、教师档案表、学生档案表、课程设置表、学生成绩表等数据表。

（2）查询。查询是数据库的核心操作。利用查询可以按照不同的方式查看、分析数据。也可以利用查询作为窗体、报表的记录源。查询的目的就是根据指定条件对数据表或其他查询进行检索，筛选出符合条件的记录，构成一个新的数据集合，从而方便用户对数据库进行查看和分析。Access 中的查询包括选择查询、参数查询、交叉表查询、操作查询和 SQL 查询。如图 2.2 所示是一个选择查询的结果，是在学生档案表中查询所有男同学的情况。

所有男同学

| 学号 | 姓名 | 性别 | 出生日期 | 民族 | 政治面貌 | 职务 | 所属院系 | |
|---|---|---|---|---|---|---|---|---|
| 1111215032 | 李东宇 | 男 | 12月27日1994 | 汉 | 团员 | 班长 | 外语学院 | 英 |
| 1102436055 | 胡佳 | 男 | 01月25日1994 | 汉 | 团员 | | 数理学院 | 数 |
| 1231124018 | 孙豪宇 | 男 | 10月30日1995 | 满 | 党员 | 生活委员 | 信息技术学院 | 通 |

图 2.2　选择查询结果

（3）窗体。窗体是数据信息的主要表现形式，用于创建表的用户界面，是数据库与用户之间的主要接口。在窗体中可以直接查看、输入和更改数据。通常情况下，窗体包括五节，分别是窗体页眉、页面页眉、主体、页面页脚及窗体页脚。并不是所有的窗体都必须同时包括这五个节，可以根据实际情况选择需要的节。设计一个好的窗体可建立友好的用户界面，会给使用者带来极大方便，使所有用户都能根据窗体中的提示完成自己的工作，可方便用户使用数据库，这是建立窗体的基本目标。

（4）报表。报表是以打印的形式表现用户数据。当想要从数据库中打印某些信息时就可以使用报表。通常情况下，我们需要的是打印到纸张上的报表。在 Access 中，报表中的数据源主要来自基础的表、查询或 SQL 语句。用户可以控制报表上每个对象（也称为报表控件）的大小和外观，并可以按照所需的方式选择所需显示的信息以便查看或打印输出。

（5）宏。宏是指一个或多个操作的集合，其中每个操作实现特定的功能，如打开某个窗体或打印某个报表。宏可以使某些普通的、需要多个指令连续执行的任务通过一条指令自动完成、是重复性工作最理想的解决办法。例如，可设置某个宏，在用户单击某个命令按钮时运行该宏打印某个报表。

宏可以是包含一个操作序列的一个宏，也可以是若干个子宏的集合所组成的宏。子宏对应于以前版本中的“宏组”，是一系列相关宏的集合，其功能主要是便于对数据库进行管理。

（6）模块。模块是将 VBA（Visual Basic for Applications）的声明和过程作为一个单元进行保存的集合，即程序的集合。模块对象是用 VBA 代码写成的，模块中的每一个过程都可以是一个函数（Function）过程或者是一个子程序（Sub）过程。模块的主要作用是建立复杂的 VBA 程序以完成宏等不能完成的任务。

模块有类模块和标准模块两个基本类型。窗体模块和报表模块都是类模块，而且它们各自与某一窗体或某一报表相关联。标准模块包含的是通用过程和常用过程，通用过程不与任何对象相关联，常用过程可以在数据库中的任何位置执行。

## 2.3　Access 2010 的新特点

从 Office 2007 开始，Microsoft 对其组件产品的整体风格与功能做了较大变更。Access 2010 不仅继承和发扬了以前版本的功能强大、界面友好、易学易用的优点，而且有重要的改进，主要包括智能特性、用户界面、Web 数据库、新的数据类型、宏的改进和增强、主题的改进、布局视图的改进以及生成器功能的增强等。这些增加或改进的功能，使得原来十分复杂的数据库管理、应用和开发工作变得更为简单、方便。

（1）智能特性。Access 2010 的智能特性表现在很多方面，简单地说，智能特性就是用户在执行一些操作时，系统能给出更多的提示信息和帮助。如图 2.3 所示，当用户在窗体中一个文本框“控件来源”属性的“表达式生成器”中输入“=iif”后，系统将给出该函数的使用说明。尤其对于初学者来说，这将会有极大的帮助。

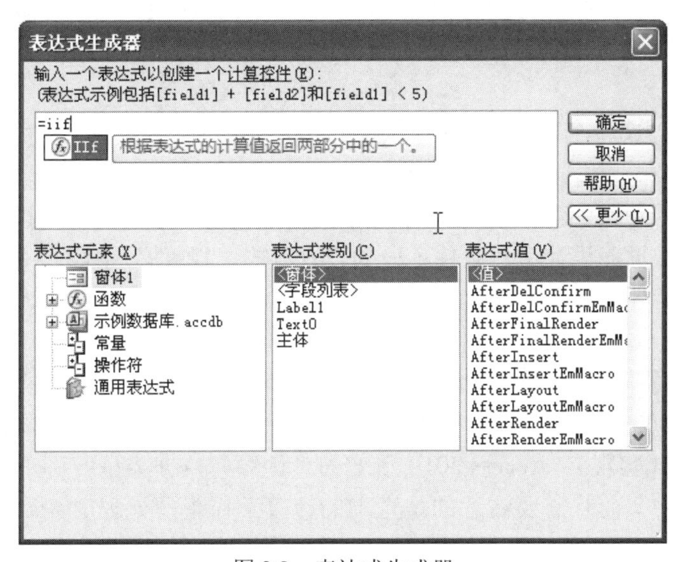


图 2.3　表达式生成器

（2）用户界面。对于熟悉了 Access 2000/2003 的用户而言，了解和掌握 Access 2007/2010 新的用户界面需要一定的时间和适应过程，但熟悉后，其诸多新特性和改进将使用户对数据库的操作更为方便。Access 2010 将 Access 2003 的“菜单栏”、“工具栏”和“数据库窗口”调整为“功能区”的选项卡、“组”和“导航”窗格，如图 2.4 所示。其中“功能区”为图中上方的带状区域，类似于 Access 2003 的“菜单栏”和“工具栏”的组合；在各选项卡下的“组”中，系统提供的功能性命令按钮更加醒目、直接。

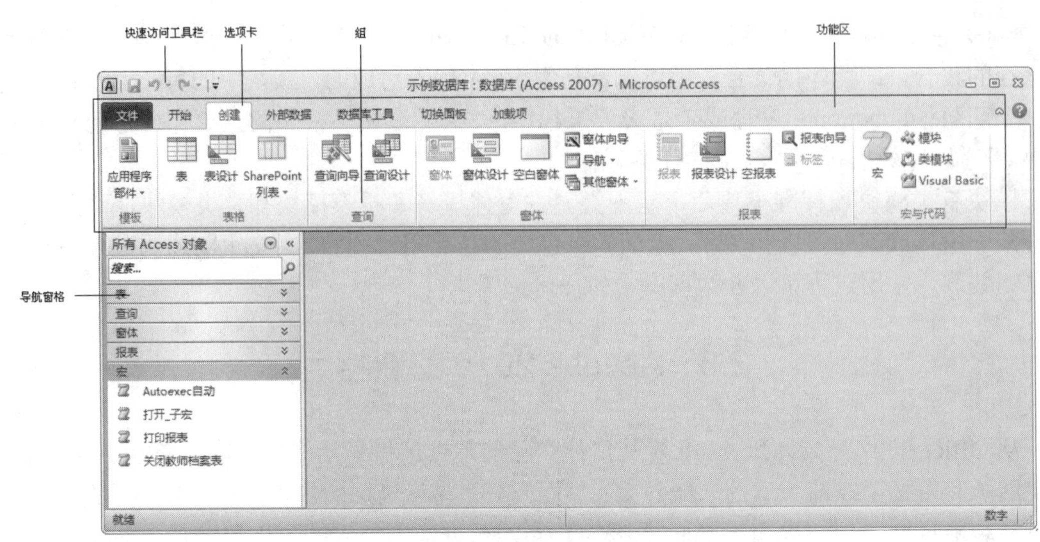


图 2.4　Access 数据库窗口

（3）Web 数据库。Access 2010 取消了 Access 2000/2003 版本中的“页”（或数据访问页、Web 页），但新增了 Web 数据库功能，这是 Access 2010 的新特色之一。它极大地增强了通过 Web 网络共享数据库的能力。另外，它还提供了一种将数据库应用程序作为 Access Web 应用程序部署到 SharePoint 服务器的新方法。

SharePoint Services 是用作企业门户站点以及内部协同办公的基于 Web 方式的平台，它和 MS Office 紧密结合，提供包括文档、数据管理在内的各类功能。需要注意的是，Web 数据库是一个独立的数据库环境,对于对外发布的数据库而言这是一个针对安全性等方面考虑的重要改进。

（4）新增数据类型。Access 新增了“附件”和“计算”字段数据类型。

1）附件。“附件”数据类型可以将图像、电子表格文件、文档、图表和其他类型的支持文件附加到数据库的记录中，这与将文件附加到电子邮件非常类似。还可以查看和编辑附加的文件，具体取决于数据库设计者对附件字段的设置方式。“附件”字段和“OLE 对象”字段相比，有着更大的灵活性，而且可以更高效地使用存储空间，这是因为“附件”字段不用创建原始文件的位图图像。

2）计算。“计算”数据类型可以实现原来需要在查询、控件、宏或 VBA 代码中进行的计算。在 Access 2003 以前版本中，不建议将经过计算后的内容作为字段设计在表中（需要时可通过查询等方式实现）。Access 2010 新增的“计算”数据类型实际上是将查询的功能整合到表的设计过程中，而且需要注意的是查询的计算工作量及处理时间要远远超过表的处理过程。例如，在表 1.2 所示的例子中，可以考虑在数据库对应的表中增加“工资”字段，其数据类型设置为“计算”，输入表达式为“=[基本工资]+[岗位工资]+[补贴]”，系统将自动完成其计算过程。

（5）宏的改进。Access 2010 中宏是变动较大的一部分，除了新增部分宏操作外，又将 Access 2000/2003 中宏的设计过程朝着 VBA 的设计过程做了调整，使用户对程序设计有了预先的了解和准备。同时，提出了子宏（相当于“宏组”）、嵌入宏和数据宏的概念，其中嵌入宏增强了宏的附属关系（不再单独保存，与所附属的对象一起保存）；数据宏与 Microsoft SQL Server 中的“触发器”类似，使用户能在更改表中的数据时执行编程任务，这是以前老版本中所没有的特性。用户可以将宏直接附加到特定事件中，如“插入后”、“更新后”、“删除后”、“更改前”和“删除前”，也可以创建通过事件过程来调用的独立宏，但数据宏绝对是一个重要的改进，使得用户对应用程序的控制提前到“表”工作范畴中来。

（6）布局视图。Access 2003 以前版本中没有布局视图。Access 2010 的布局视图在诸多对象的设计过程都存在，而且功能更加强大。例如在窗体的布局视图中，窗体实际正在运行，因此看到的数据与使用该窗体时显示的外观非常相似。除此之外，用户还可以在此视图中对窗体设计进行更改，效果立即呈现，既直观又方便。需要注意的是，布局视图是唯一可以用来设计 Web 数据库窗体的视图。

在布局视图中允许用户类似于拆分、合并单元格一样来拆分、合并字段，尤其在报表中，这种对字段进行拆分和合并的操作，给数据的重新组织带来了极大的方便。

（7）文件格式。新的 Access 文件采用的文件扩展名为.accdb，取代 Access 以前版本的.mdb 文件扩展名。.accde 是用于处于“仅执行”模式的 Access 2010 文件扩展名，取代了 Access 以前版本的.mde 文件扩展名。.accde 文件删除了所有源代码，因此.accde 文件用户只能执行 VBA 代码，而不能修改这些代码，这是在应用系统发布前做的准备工作（或从安全性角度所做的考虑）。

（8）汇总行。汇总行是 Access 2010 新增的功能，它简化了对行计数的过程。在老版本中，必须在查询或表达式中使用函数来实现对行的计数。在 Access 2010 中，可在表的数据表视图中简单地通过功能区的“合计”命令来实现。

汇总行与 Excel 电子表格非常相似。显示汇总行时，不仅可以进行计数，还可以从下拉列表中选择其他聚合函数（如：SUM、AVERAGE 和 MAX），进行求和、平均值、求最大值等操作。

## 2.4 Access 2010 的操作环境

熟悉 Access 2010 的操作环境是用户由 Access 2000/2003 过渡到 Access 2010 必须经历的过程，由于从 Access 2007 开始 Microsoft 对其办公自动化产品 Office 做了重要的改进，在操作环境、系统功能等方面有了很多变化，用户需要一定的时间和实际操作来达到这一方面的要求。本节仅就 Access 2010 的操作环境进行简要介绍。

1. *启动* Access 2010

启动 Access 2010 的方式与启动 Windows 下的一般应用程序相同，一般来说有如下四种方式：

（1）“开始”菜单→程序→Microsoft Office→Microsoft Access 2010。

（2）桌面快捷方式。

（3）打开已建立的 Access 2010 数据库。

（4）Access 2010 可执行程序。

2. *退出* Access 2010

退出 Access 2010 的方式与退出 Windows 下的一般应用程序相同，一般来说有如下五种方式：

（1）单击标题栏的“关闭”按钮。

（2）在功能区“文件”选项卡下，单击“退出”命令（注意：退出 Access 与关闭当前数据库不同，“关闭”仅关闭当前打开的 Access 数据库，但不退出 Access 2010）。

（3）使用快捷键 Alt+F4。

（4）在标题栏双击控制菜单图标。

（5）在标题栏单击控制菜单图标，从弹出的快捷菜单中选择“退出”命令执行退出操作。

3. 操作界面

通过打开一个已建立的 Access 2010 数据库启动 Access 2010 后，其操作界面基本上如图 2.5 所示。与 Microsoft 公司众多新产品一样（尤其是 Office 2010 其他组件产品），Access 的工作界面包括标题栏、选项卡功能区、状态栏、导航栏和数据库对象窗口等部分。

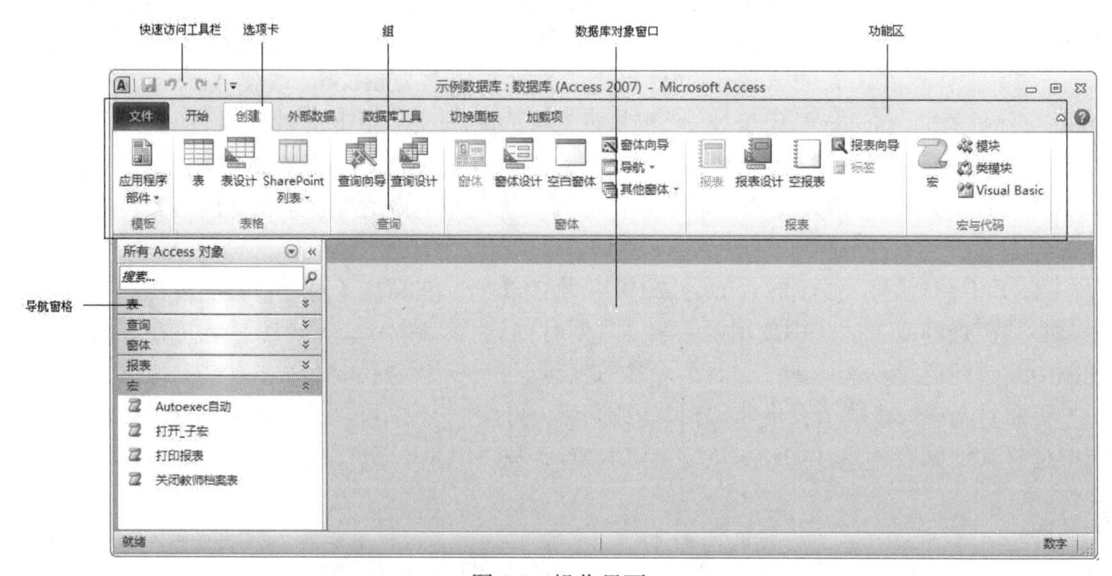


图 2.5 操作界面

（1）标题栏。“标题栏”位于 Access 操作界面的最上方，用于显示当前打开的数据库名称。最右侧显示“控制框”，包括最小化、最大化（还原）和关闭三个按钮，这是标准的 Windows 程序的组成部分。

（2）快速访问工具栏。快速访问工具栏是一个可自定义的工具栏，它包含一组独立于当前显示的功能区上选项卡的命令，通常安排一些常用的命令，如“保存”等。该工具栏位于窗口标题栏的左侧（位置可调整），用户可自定义快速访问工具栏中的内容，方法是在功能区“文件”选项卡下单击“选项”命令，打开“Access 选项”对话框，在如图 2.6 所示的“Access 选项”对话框中单击左侧窗格中的“快速访问工具栏”命令按钮，在打开的“自定义快速访问工具栏”窗格中设计新的内容。

（3）功能区。Access 2010 的功能区整合了 Access 2003 以前版本的“菜单栏”和“工具栏”，以选项卡的形式组织安排系统的功能。每个选项卡下包括若干组，每个组中包括若干命令按钮。

1）“文件”选项卡。“文件”选项卡是 Access 2010 新增加的一个选项卡，其结构、布局和功能与其他选项卡有很大差异。在“文件”选项卡下，包换左右两个窗格，左侧窗格由“保存”、“信息”、“打印”、“保存并发布”、“帮助”和“选项”等命令按钮组成；右侧窗格则显示选择不同命令后的具体细节。在“文件”选项卡下，用户可对数据文件进行各种操作和设置。

图 2.6　“Access 选项”对话框

- 信息：“信息”窗格提供了“查看应用程序日志表”、“压缩并修复数据库”和“用密码进行加密”三项命令，如图 2.7 所示。单击“查看应用程序日志表”按钮，打开一个名为“USysApplicationLog”的表，在该表中记录了当前数据库的应用错误，用户可据此进行数据库设计的调整。“压缩并修复数据库”有助于防止并校正数据库文件问题。单击“用密码进行加密”按钮，系统会提示“要设置或删除数据库密码，必须以独占方式打开数据库”，用户可以按照消息框中的提示信息，完成密码的设置。

图 2.7　“文件”选项卡“信息”窗格

- 最近所用文件："最近所用文件"窗格显示最近打开的数据库文件，单击文件名称后的 按钮，可以把该文件固定在左侧窗格的打开列表中，方便用户的使用。
- 新建："新建"窗格是启动 Access 2010 后的首界面，用户可根据需要进行选择，以完成新数据库的创建。
- 打印："打印"窗格是打印 Access 报表的操作界面，在此窗格中包括"快速打印"、"打印"和"打印预览"三个按钮。
- 保存并发布："保存并发布"窗格是保存和转换 Access 数据文件的环境，如图 2.8 所示，该窗口分为三个窗格，中间的窗格包括"文件类型"和"发布"组，其中"文件类型"下包括"数据库另存为"和"对象另存为"命令，"发布"组下有"发布到 Access Services"命令。右侧窗格中显示对应中间窗格每个命令的下一级命令信息。

图 2.8 "保存并发布"窗格

- 选项：单击"选项"命令后会打开如图 2.9 所示的"Access 选项"对话框，用户可在该对话框中对系统的操作环境进行详细设置。

2）"开始"选项卡。"开始"选项卡包括"视图"、"剪贴板"、"排序和筛选"、"记录"、"查找"、"文本格式"和"中文简繁转换"7 个组，如图 2.10 所示。"开始"选项卡用来对数据库对象进行常用操作，当打开不同的数据库对象时，这些组的显示状态是不同的，主要呈现"可用"和""禁用"两种状态。

3）"创建"选项卡。"创建"选项卡下包括"模板"、"表格"、"查询"、"窗体"、"报表"和"宏与代码"6 个组，如图 2.11 所示。"创建"选项卡是创建数据库各种对象的工具。

4）"外部数据"选项卡。"外部数据"选项卡包括"导入并链接"、"导出"和"收集数据"3 个组，如图 2.12 所示。通过该选项卡可实现内外部数据交换的管理和操作。

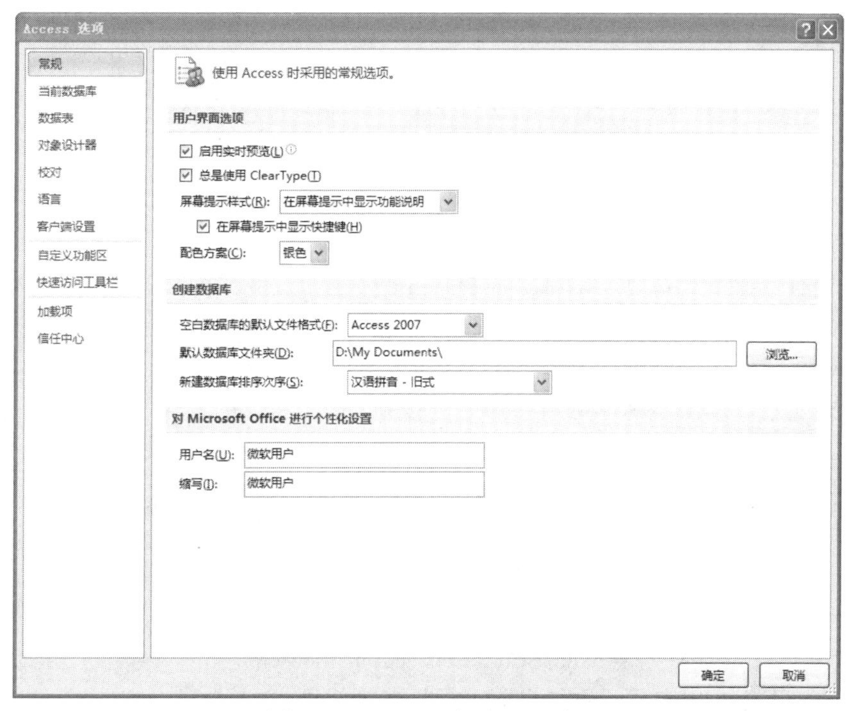


图 2.9　“Access 选项”对话框

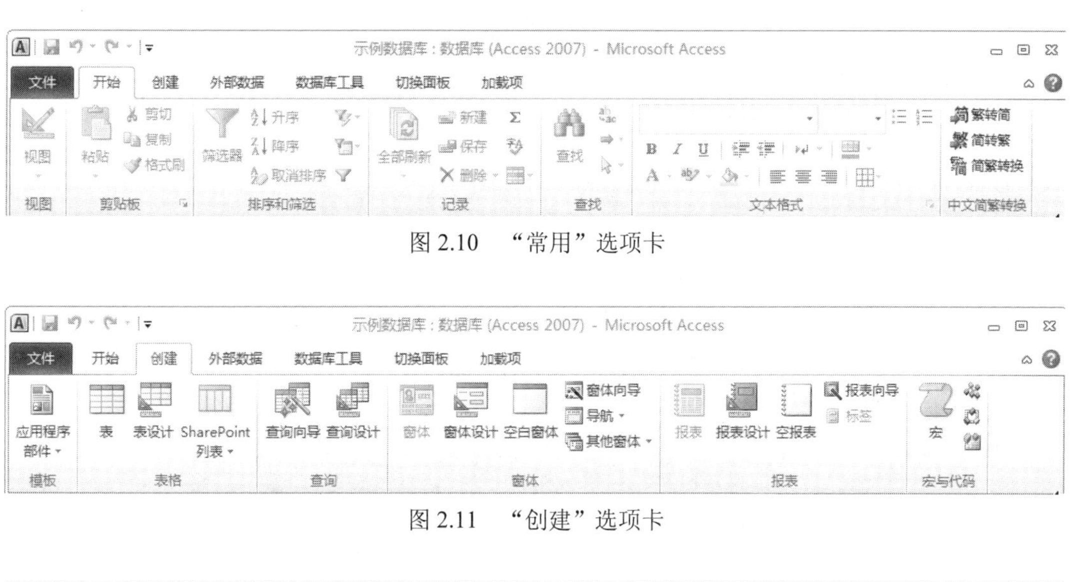


图 2.10　“常用”选项卡

图 2.11　“创建”选项卡

图 2.12　“外部数据”选项卡

5）“数据库工具”选项卡。“数据库工具”选项卡包括“工具”、“宏”、“关系”、“分析”、“移动数据”和“加载项”6 个组，如图 2.13 所示。该选项卡提供了管理数据库的后台工具。

图 2.13 “数据库工具”选项卡

（4）“导航”窗格。在打开的数据库窗口左侧显示的内容为“导航”窗格，如图 2.14 所示。在“导航”窗格中，以数据库对象分组的形式组织并管理数据库的所有对象，组内容以折叠或展开形式显示，单击组名称导航条后方的按钮可切换折叠或展开状态。

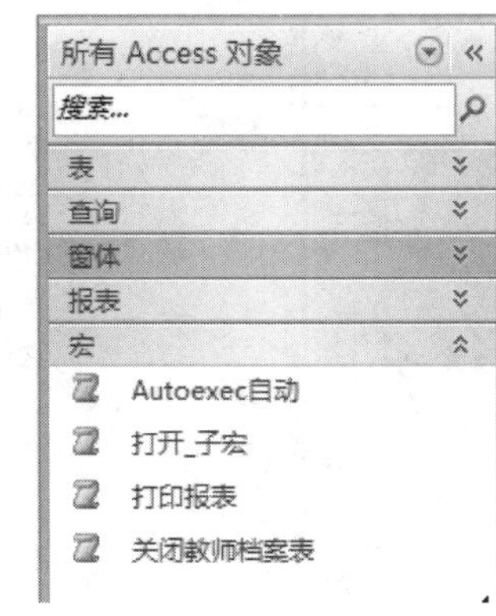


图 2.14 “导航”窗格

（5）对象工作区。Access 2010 的对象工作区是用来设计、编辑、显示以及运行数据库对象的区域，对所有 Access 对象的操作都是在工作区中进行的，其操作结果也显示在工作区中。如图 2.5 中所示的“数据库对象窗口”即为“对象工作区”。

（6）状态栏。“状态栏”是 Microsoft 系列产品的一贯风格，显示在窗口的最下方，用来显示系统当前运行状态等信息。

## 2.5 创建数据库

Access 提供了两种创建数据库的方法，即使用模板创建数据和创建空白数据库。其中使用模板创建数据库包括可用模板（样品模板、我的模板、最新打开的模板等）和 Office.com 模板两大类，如图 2.15 所示。

图 2.15 数据库模板

1. 使用模板创建数据库

使用模板是创建数据库最快捷的方式，但前提是能找到与新建数据库最接近的模板样式。下面仅以“样本”模板中的“学生”为例，介绍使用模板新建数据库的过程。

（1）在功能区“文件”选项卡下，单击“新建”按钮，打开如图 2.15 所示的数据库模板窗口。

（2）单击“样本模板”按钮，打开样本模板窗口，从中选择“学生”，在右侧窗格中确定“文件名”及存盘路径，如图 2.16 所示。

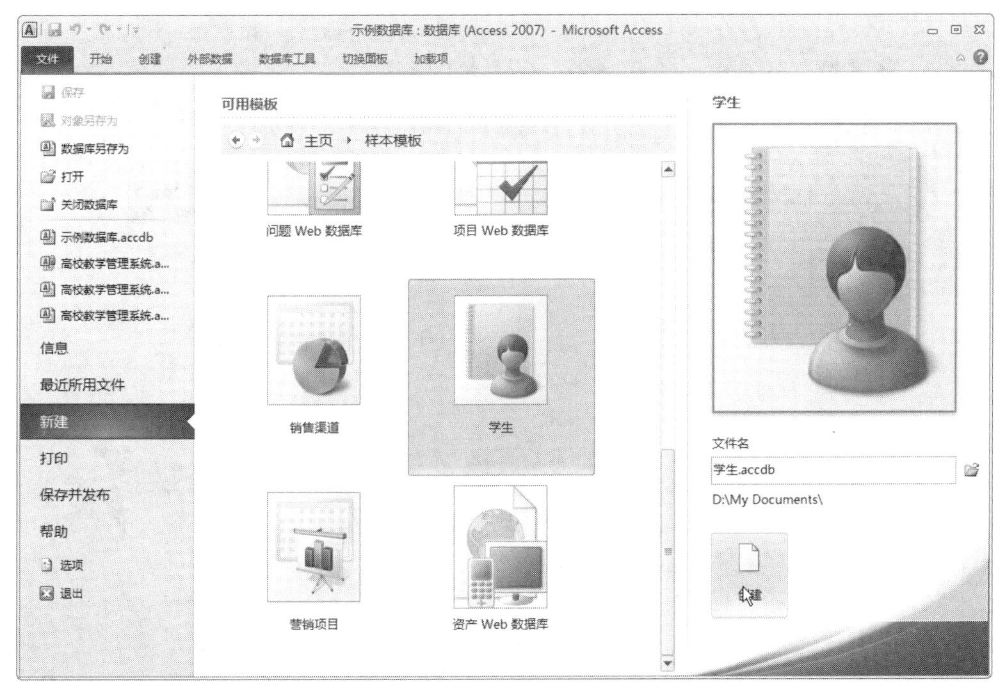


图 2.16　样本模板“学生”

（3）单击“创建”按钮，经过一段时间后系统完成数据库的创建，并打开如图 2.17 所示的窗体布局视图，根据预先设计和需要完成相应的设计工作。

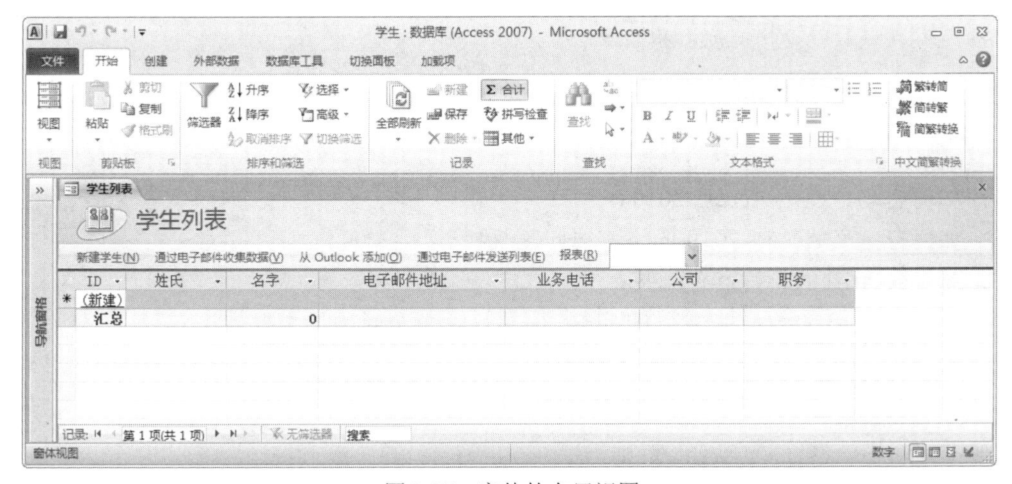


图 2.17　窗体的布局视图

2. 创建空白数据库

很多情况下用户新建数据库需要自行设计（或没有合适的模板可供参考），这时需要创建空白数据库。其过程如下所示：

（1）在如图 2.15 所示的窗口中单击“空数据库”，并在右侧窗格中确定“文件名”及存盘位置。

（2）单击“创建”按钮，打开如图 2.18 所示的“表 1”数据表视图，根据预先设计和需要完成空白数据库中第一张表的设计工作。

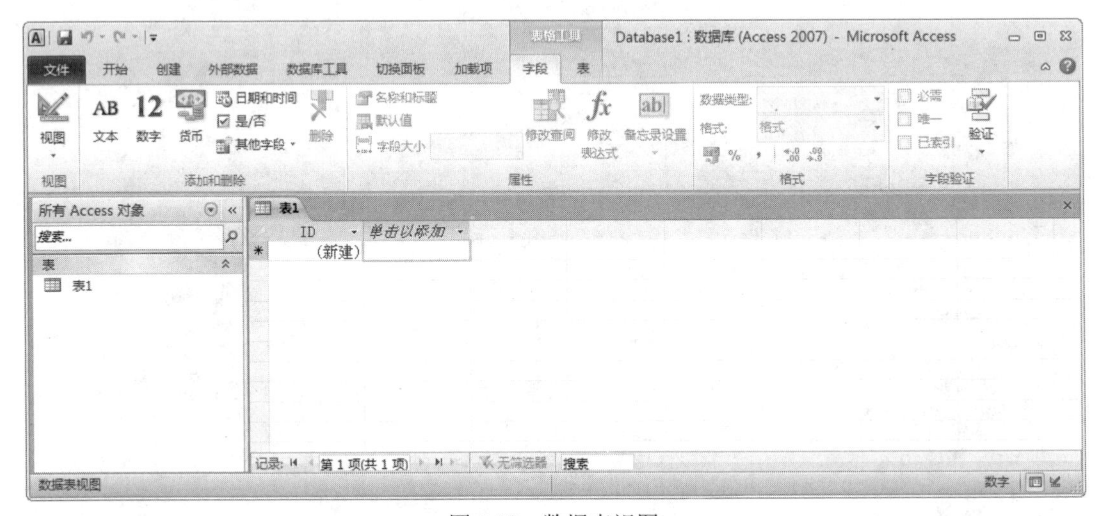


图 2.18 数据表视图

（3）继续完成其他数据库对象的设计。

## 本章小结

本章简单介绍了数据库管理系统 Access 2010 的启动和退出、Access 2010 数据库的操作环境和新特点，特别是 Access 2010 中的数据库对象的描述。通过 Access 2010 的界面浏览，以图例的方式分别介绍了其操作界面的构成及各选项卡下的组内容。对初学者而言，本章是对 Access 2010 的一个熟悉和适应的过程。

## 习 题

1．如何启动、退出 Access 2010？
2．如何自定义 Access 2010 的快速访问工具栏？
3．Access 2010 的新特点有哪些？
4．Access 2010 的数据库对象有哪些？简单说明每个对象的主要用途。
5．如何在 Access 2010 中创建新数据库？

# 第3章　表

表是 Access 数据库的基础，所有的原始数据都存储在表中，是数据库中所有数据的载体，其他数据库对象，如查询、窗体、报表等都是在表的基础上建立并使用的。

本章将详细介绍表的创建方法，包括构成表的字段的数据类型、字段属性的设置，表的编辑和表间关联关系的创建。

## 3.1　创建表

创建表包括构造表中的字段、字段命名、定义字段的数据类型和设置字段属性等内容。在现有的数据库中创建表有以下几种方法：

- 使用数据表视图创建表
- 使用设计视图创建表
- 使用 SharePoint 列表创建表

其中，使用 SharePoint 列表创建表是通过关联 SharePoint 网站的方式，实现本地数据库与网站数据之间的导入和链接，本章不做过多介绍。

除以上三种方法外，获取外部数据的“导入”和“链接”方法也可在数据库中创建表，具体内容详见 3.6 节。

1. *使用数据表视图创建表*

以表 1.15 所示院系表为例，使用数据表视图创建表的过程如下。

（1）在如图 3.1 所示的当前数据库窗口功能区上的“创建”选项卡下“表格”组中，单击“表”按钮，出现如图 3.2 所示的“表格工具”窗口，这时将创建名为“表 1”的新表，并在“数据表”视图中打开。

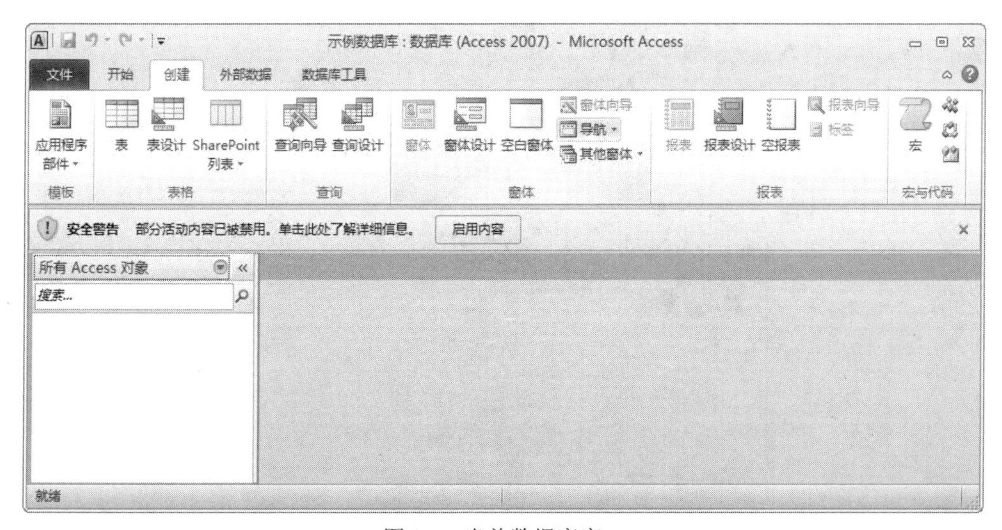


图 3.1　当前数据库窗口

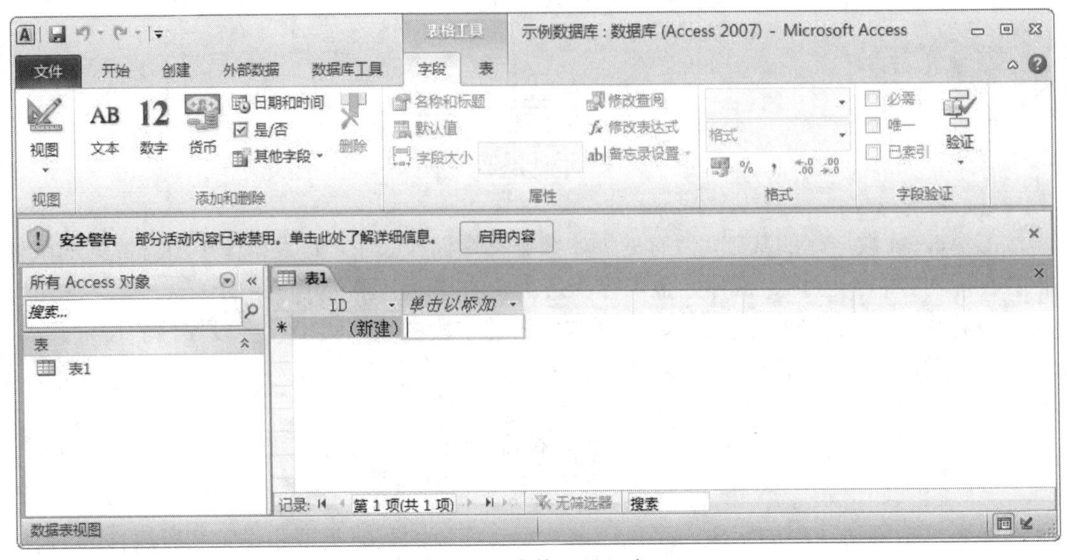


图 3.2 “表格工具”窗口

（2）选中“ID”字段列，在“表格工具/字段”选项卡下的“属性”组中，单击“名称和标题”按钮，如图 3.3 所示。

（3）打开“输入字段属性”对话框，如图 3.4 所示，修改字段的名称为“院系代码”，单击“确定”按钮，返回数据表视图，结果如图 3.5 所示。

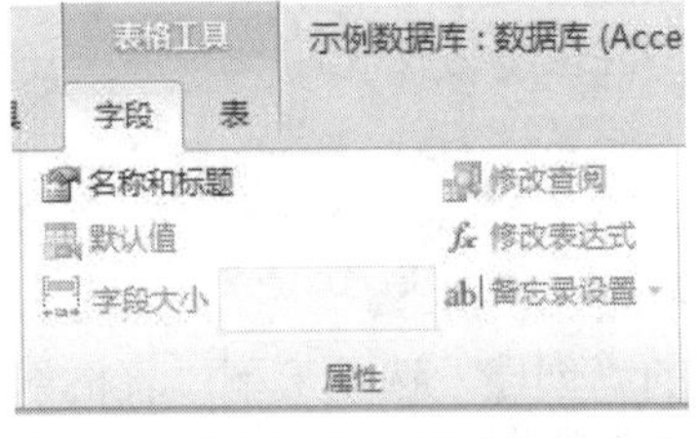


图 3.3 “表格工具/字段”选项卡

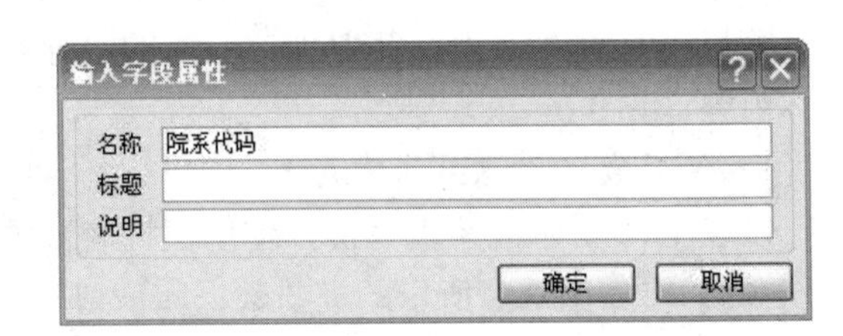


图 3.4 “输入字段属性”对话框

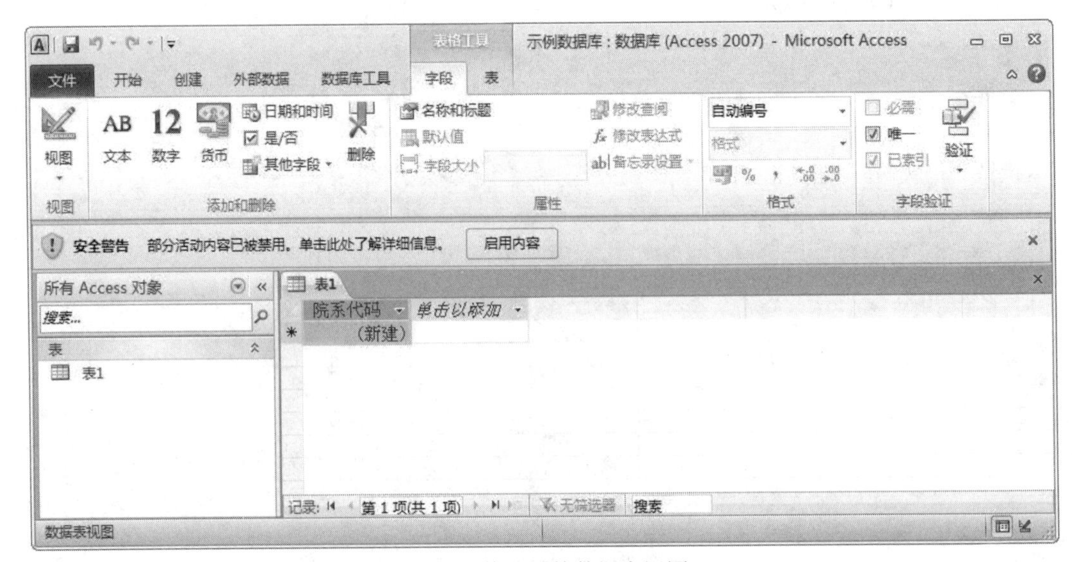


图 3.5 修改后的数据表视图

（4）在“表格工具/字段”选项卡下的“格式”组中将数据类型改为“文本”，将“属性”组中的“字段大小”改为 6，如图 3.6 所示。

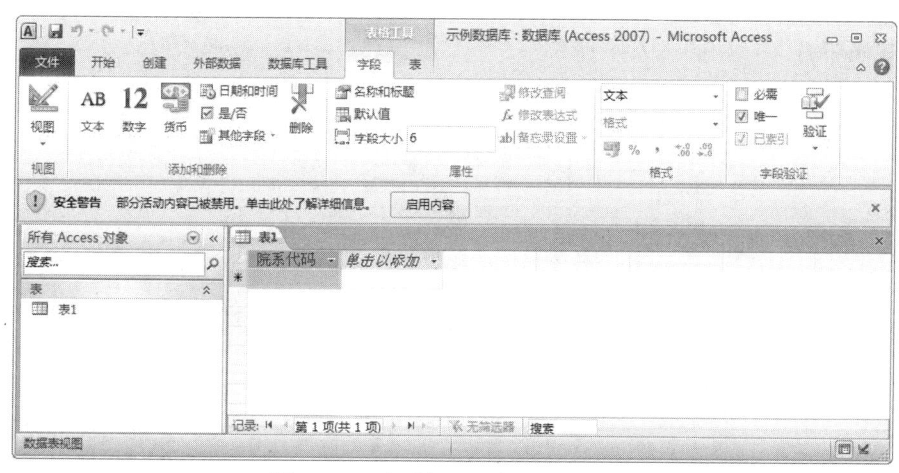


图 3.6　“院系代码”字段设置完成

（5）单击数据表视图中“院系代码”字段后的“单击以添加”按钮，在弹出的快捷菜单中选择字段的数据类型为“文本”，将反显的默认字段名称“字段 1”修改为“院系名称”，按回车键确认修改，将“属性”组中的“字段大小”改为 40（或重复步骤（2）～（4）完成“院系名称”字段的创建与设置），结果如图 3.7 所示。

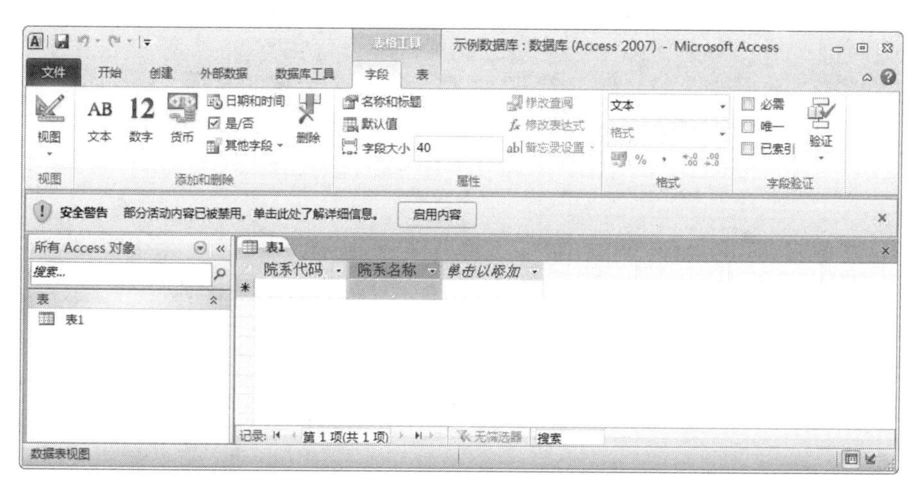


图 3.7　“院系名称”字段设置完成

（6）单击快速访问工具栏中的“保存”按钮，在弹出的如图 3.8 所示的“另存为”对话框中，输入表的名称“院系表”，单击“确定”按钮，完成“院系表”的创建。

如需同时输入数据，可在标有“*”号的行中键入值即可。

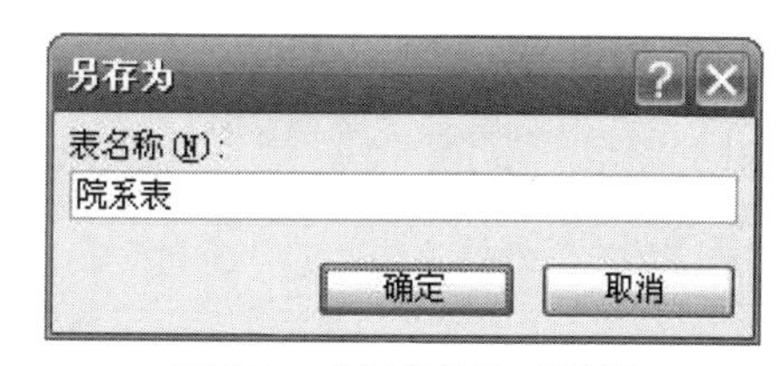


图 3.8　“另存为”对话框

2. 使用设计视图创建表

创建表结构、修改字段数据类型和设置字段属性最直接、最方便的方法是通过设计视图来完成，下面以表 1.16 所示专业表为例，说明使用设计视图创建表的过程。

（1）在如图 3.1 所示的当前数据库窗口中选择功能区上的“创建”选项卡下的“表格”组，单击“表设计”按钮，这时将在“表格工具/设计”选项卡中出现名为“表 1”的新表，并在设计视图中打开，如图 3.9 所示。

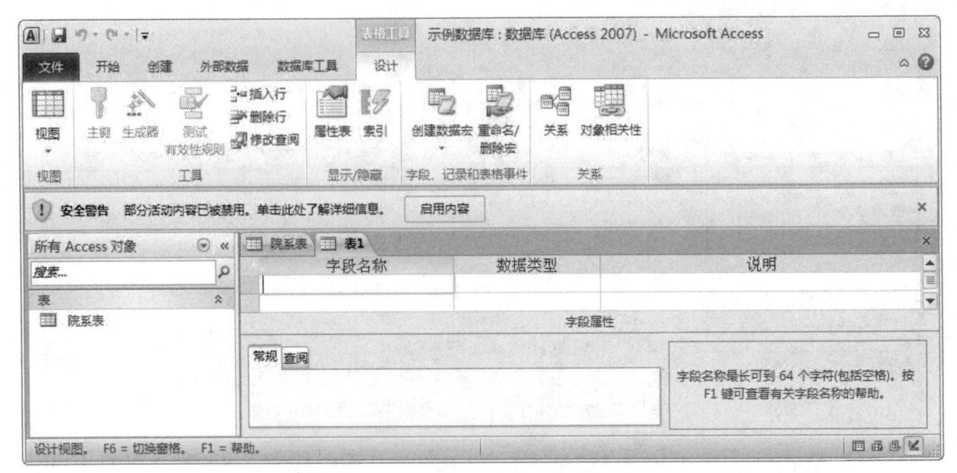


图 3.9 “表格工具/设计”选项卡

（2）根据表 1.16 所示专业表的结构，在设计视图的字段名称列下第一个空白行中输入“专业代码”，数据类型列下选择“文本”，在字段属性区“常规”选项卡下的“字段大小”属性框中输入 6，如图 3.10 所示。

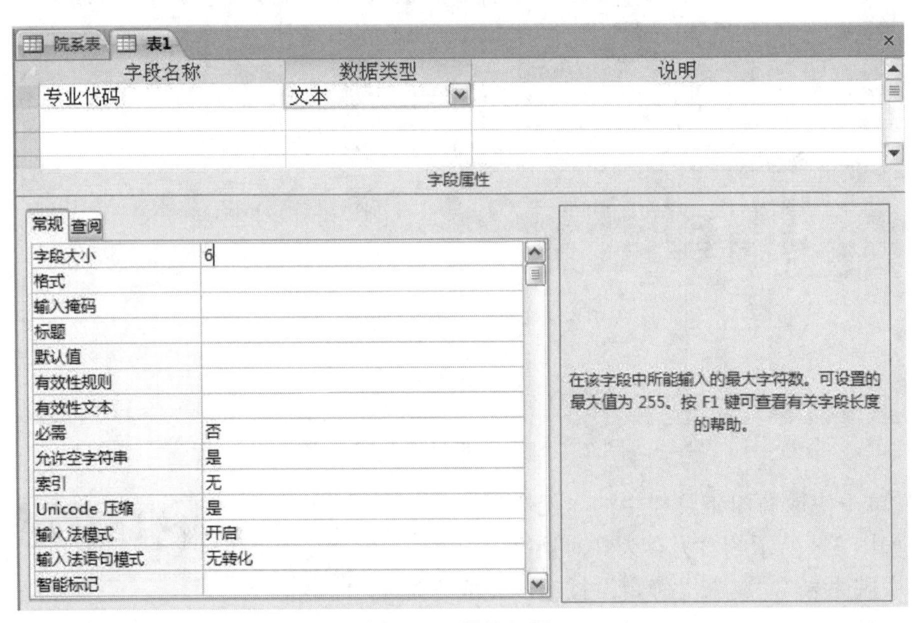


图 3.10 设计视图

（3）根据表 1.16 所示专业表的结构，重复步骤（2）完成其他字段的设计。

（4）右键单击“专业代码”字段，在弹出的如图 3.11 所示的快捷菜单中选择“主键”。

（5）单击快速访问工具栏中的“保存”按钮，在弹出的如图 3.12 所示的“另存为”对话框中输入“专业表”，单击“确定”按钮，完成“专业表”的设计。

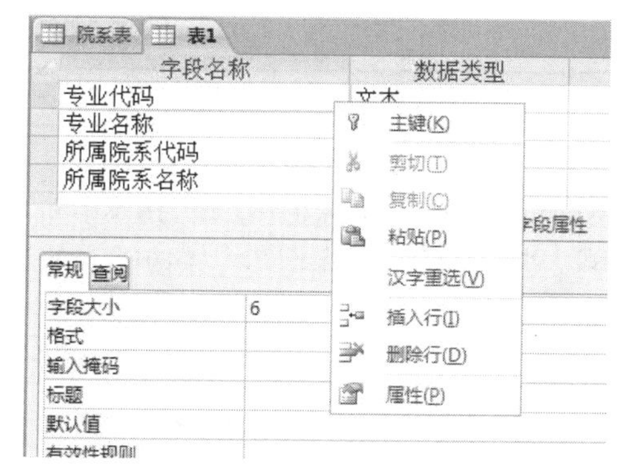


图 3.11　快捷菜单

图 3.12　“另存为”对话框

（6）设计完成后的“专业表”设计视图如图 3.13 所示。

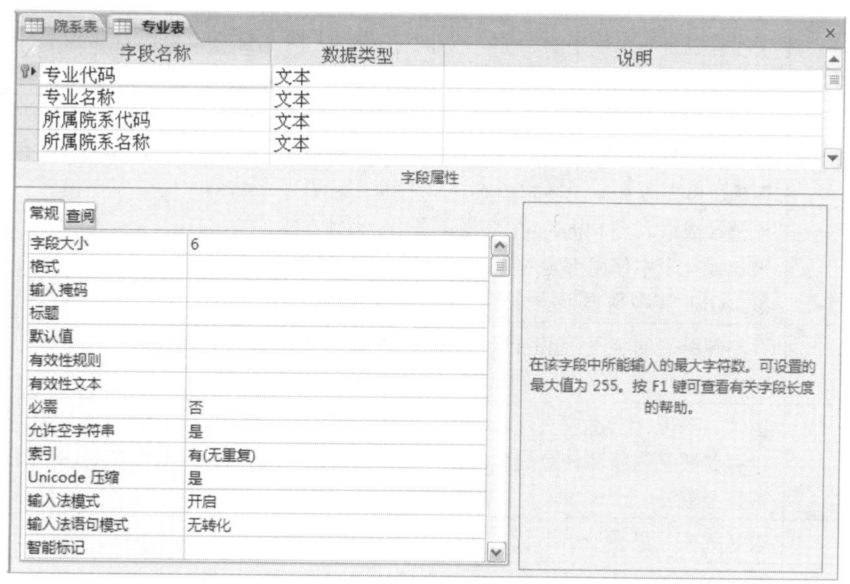


图 3.13　设计完成后的“专业表”设计视图

## 3.2　数据类型和字段属性

### 3.2.1　数据类型

表 3.1 总结了 Access 中使用的所有字段数据类型、用法及占用的存储空间。

表 3.1　字段数据类型表

| 数据类型 | 用法 | 大小 |
|---|---|---|
| 文本 | 文本或文本与数字的组合，例如地址。也可以是不需要计算的数字，例如电话号码、零件编号或邮编 | 最多 255 个字符。Microsoft Access 只保存输入到字段中的字符，而不保存文本字段中未用位置上的空字符。设置“字段大小”属性可以控制输入字段的最大字符数 |

续表

| 数据类型 | 用法 | 大小 |
|---|---|---|
| 备注 | 长文本及数字，例如备注或说明 | 最多 64,000 个字符 |
| 数字 | 可用来进行算术计算的数字数据，涉及货币的计算除外（使用货币类型）。设置“字段大小”属性定义一个特定的数字类型 | 1、2、4 或 8 个字节，16 个字节仅用于“同步复制 ID”（GUID） |
| 日期/时间 | 日期、时间或日期时间组合 | 8 个字节 |
| 货币 | 是数字数据类型的特殊类型（等价于具有双精度属性的数据类型），输入数据时不必键入美元符号和千位分隔符，默认小数位数为 2 位 | 8 个字节 |
| 自动编号 | 在添加记录时自动插入的唯一顺序号，与记录永久关联，不会因删除记录重新编号 | 4 个字节，16 个字节仅用于“同步复制 ID”（GUID） |
| 是/否 | 字段只包含两个值中的一个，例如“是/否”、“真/假”、“开/关”等 | 1 位 |
| OLE 对象 | 在其他程序中使用 OLE 协议创建的对象（例如 Microsoft Word 文档、Microsoft Excel 电子表格、图像、声音或其他二进制数据），可以将这些对象链接或嵌入到 Microsoft Access 表中。必须在窗体或报表中使用绑定对象框来显示 OLE 对象。OLE 类型数据不能排序、索引和分组 | 最大可为 1 GB（受磁盘空间限制） |
| 超链接 | 存储超链接的字段。超链接可以是 UNC 路径或 URL | 最多 65,535 个字符 |
| 附件 | 图片、图像、二进制文件、Office 文件。是用于存储数字图像和任意类型的二制文件的首选数据类型 | 对于压缩的附件为 2GB，对于未压缩的附件大约为 700KB |
| 计算 | 表达式或结果类型是小数 | 8 个字节 |
| 查阅向导 | 创建允许用户使用组合框选择来自其他表或来自列表中的值的字段。在数据类型列表中选择此选项，将启动向导进行定义 | 与主键字段的长度相同，且该字段也是“查阅”字段，通常为 4 个字节 |

字段类型的选择是由数据决定的，定义一个字段类型，需要先分析输入的数据。可从两个方面来考虑，一是数据类型，字段类型要和数据类型一致，数据的有效范围决定数据所需存储空间的大小；二是对数据的操作，例如可以对数值型字段进行加操作，但不能对“是/否”类型进行加操作。通过这两方面的分析决定所选择的字段类型。

下面仅以表 1.18 所示学生档案表中部分字段数据类型的设计为例，说明选择的过程。

“学生档案表”中“学号”和“电话”两个字段都定义为“文本”类型，而不是数值型，是因为对电话和学号不需要进行算术计算，所以定义为“文本”类型更合适一些。

性别字段可以定义为“文本”类型、“是/否”类型或“数字”类型之一。此字段只需两个数据“男”和“女”，所以可以将它定义为“文本”类型，直接输入“男”或“女”，显示直接，同时也方便后续查询、窗体、报表等对象中实例值的理解；也可以定义为“是/否”类型，用“真”来表示“男”，用“假”来表示“女”，但在按性别字段进行统计计算或报表显示的过程中，需理解“-1”表示“真”值，“0”表示“假”值，显示不够直接；当然也可以定义为数值型，用“1”表示“男”，用“0”表示“女”，同样也存在显示不够直接、不方便理解等方面的问题。三种类型比较来看还是定义为“文本”类型合适些。

照片字段定义为“OLE 对象”类型。在该字段输入的是学生的图像，需要借助外部设备（如数码相机）来采集图像信息。

个人简历字段主要是一些文本数据，但没有定义为“文本”类型，是因为“文本”类型存储空间为 255 个字符，而“备注”类型为 65,535 个字符，由于个人简历字段输入的文本信息通常都较大，所以定义为“备注”类型更合适。

### 3.2.2 字段属性

在定义字段的过程中，除了定义字段名称及字段的类型外，还需要对每一个字段进行属性说明。

1. 字段大小

在如图 3.14 所示的“数据类型”下拉列表框中选择所需要的类型，此时窗口下方“常规”选项卡如图 3.15 所示。该选项卡是对字段属性的设置，从中选择“字段大小”属性框。

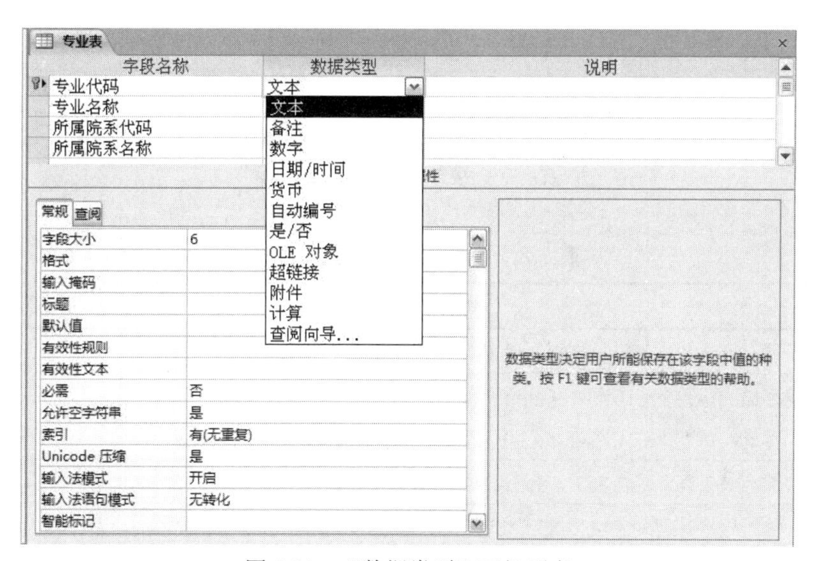


图 3.14 “数据类型”下拉列表

常规 查阅

| 字段大小 | 12 |
| --- | --- |
| 格式 | |
| 输入掩码 | |
| 标题 | |
| 默认值 | |
| 有效性规则 | |
| 有效性文本 | |
| 必需 | 否 |
| 允许空字符串 | 是 |
| 索引 | 有(无重复) |
| Unicode 压缩 | 是 |
| 输入法模式 | 开启 |
| 输入法语句模式 | 无转化 |
| 智能标记 | |

图 3.15 “常规”属性选项卡

对于文本字段，该属性是允许输入数据的最大字符数。

对于数字字段，将字段设置为数字型，单击“字段大小”属性框，单击会出现如图 3.16 所示的下拉列表，选择不同数字类型其操作范围也不同。不同数字类型的操作范围如表 3.2 所示。

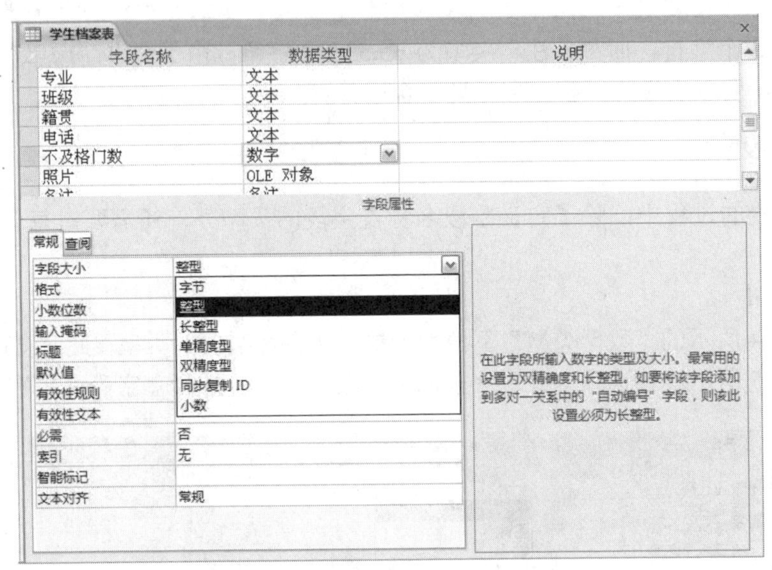


图 3.16 “数字”类型“字段大小”

表 3.2 “数字型”数据相关指标

| 设置 | 说明 | 小数位数 | 存储量大小 |
|---|---|---|---|
| 字节 | 保存 0～225（无小数位）的数字 | 无 | 1 个字节 |
| 小数 | 存储$-10^{38}-1$～$10^{38}-1$（.adp）范围的数字<br>存储$-10^{28}-1$～$10^{28}-1$（.mdb）范围的数字 | 28 | 12 个字节 |
| 整型 | 保存–32,768～32,767（无小数位）的数字 | 无 | 2 个字节 |
| 长整型 | （默认值）保存–2,147,483,648～2,147,483,647 的数字（无小数位） | 无 | 4 个字节 |
| 单精度型 | 保存–3.402823E38～–1.401298E–45 的负值，1.401298E–45～3.402823E38 的正值 | 7 | 4 个字节 |
| 双精度型 | 保存–1.79769313486231E308～–4.94065645841247E–324 的负值，1.79769313486231E308～4.94065645841247E–324 的正值 | 15 | 8 个字节 |
| 同步复制 ID | 全球唯一标识符（GUID） | N/A | 16 个字节 |

2. 格式

可以统一输出数据的样式，如果在输入数据时没有按规定的样式输入，在保存时系统会自动按要求转换。格式设置对输入数据本身没有影响，只是改变数据输出的样式。若要让数据按输入时的格式显示，则不要设置“格式”属性。

预定义格式可用于设置自动编号、数字、货币、日期/时间和是/否等字段，对文本、备注、超链接等字段没有预定义格式，可以自定义。

下面具体介绍预定义格式，如表 3.3 至表 3.5 所示。

表 3.3　日期/时间预定义格式

| 设置 | 说明 |
| --- | --- |
| 常规日期 | （默认值）如果数值只是一个日期，则不显示时间；如果数值只是一个时间，则不显示日期。该设置是“短日期”与“长日期”设置的组合<br>示例：94/6/19 17:34:23，以及 94/8/2 05:34:00 |
| 长日期 | 与 Windows“控制面板”中“区域设置属性”对话框中的“长日期”设置相同<br>示例：1994 年 6 月 19 日 |
| 中日期 | 示例：94-06-19 |
| 短日期 | 注意：短日期设置假设 00-1-1 和 29-12-31 之间的日期是 21 世纪的日期(即假定年从 2000 到 2029 年)。而 30-1-1 到 99-12-31 之间的日期假定为 20 世纪的日期（即假定年从 1930 到 1999 年） |
| 长时间 | 与 Windows“控制面板”中“区域设置属性”对话框中的“时间”选项卡的设置相同<br>示例：17:34:23 |
| 中时间 | 示例：5:34 |
| 短时间 | 示例：17:34 |

表 3.4　数字/货币预定义格式

| 设置 | 说明 |
| --- | --- |
| 常规数字 | （默认值）以输入的方式显示数字 |
| 货币 | 使用千位分隔符；对于负数、小数以及货币符号，小数点位置按照 Windows“控制面板”中的设置 |
| 固定 | 至少显示一位数字，对于负数、小数以及货币符号，小数点位置按照 Windows“控制面板”中的设置 |
| 标准 | 使用千位分隔符；对于负数、小数以及货币符号、小数点位置按照 Windows“控制面板”中的设置 |
| 百分比 | 乘以 100 再加上百分号（%）；对于负数、小数以及货币符号，小数点位置按照 Windows“控制面板”中的设置 |
| 科学记数法 | 使用标准的科学记数法 |

表 3.5　文本/备注型预定义格式

| 符号 | 说明 |
| --- | --- |
| @ | 要求文本字符（字符或空格） |
| & | 不要求文本字符 |
| < | 使所有字符变为小写 |
| > | 使所有字符变为大写 |

“是/否”类型提供了 Yes/No、True/False 以及 On/Off 预定义格式。Yes、True 以及 On 是等效的，No、False 以及 Off 也是等效的。如果指定了某个预定义的格式并输入了一个等效值，则将显示等效值的预定义格式。例如，如果在一个是/否属性被设置为 Yes/No 的文本框控件中输入了 True 或 On，数值将自动转换为 Yes。

在“常规”选项卡中单击“格式”框空白处，在下拉列表中选择预定义格式，例如“是/否”类型，选择后结果如图 3.17 所示，可以设置输入格式。

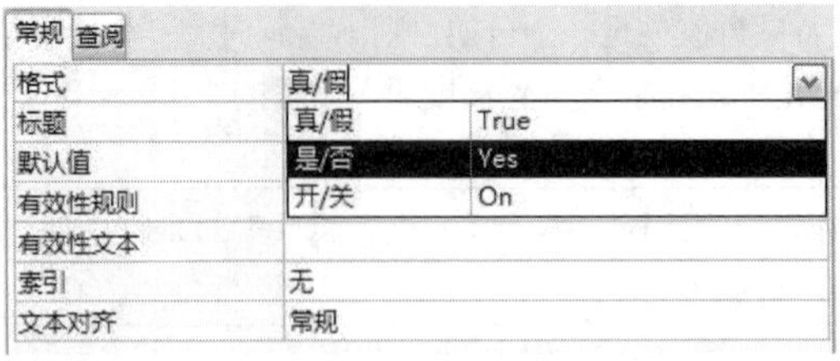

| 常规 | 查阅 |
| --- | --- |
| 格式 | 真/假 |
| 标题 | 真/假　True |
| 默认值 | 是/否　Yes |
| 有效性规则 | 开/关　On |
| 有效性文本 | |
| 索引 | 无 |
| 文本对齐 | 常规 |

图 3.17　“是/否”类型预定义格式对话框

除了以上的预定义格式外，用户也可以在格式属性框中输入自定义格式符来定义数据的输入形式，例如将“出生日期”的格式属性定义为“mm\月 dd\日 yyyy”，如图 3.18 所示，则数据表视图中显示的输出形式将会是“10 月 30 日 1995”，如图 3.19 所示。其中 mm 表示两位月份，dd 表示两位日期，yyyy 表示四位年份。更多的内容请参考 Access 帮助。

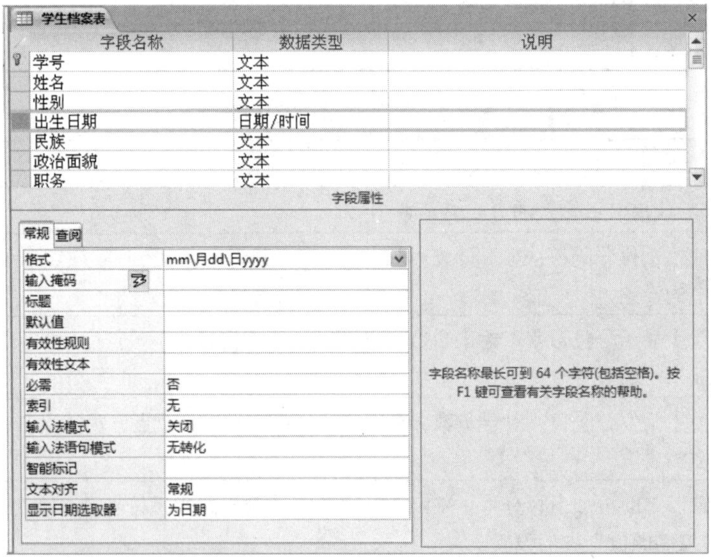

学生档案表

| 字段名称 | 数据类型 | 说明 |
| --- | --- | --- |
| 学号 | 文本 | |
| 姓名 | 文本 | |
| 性别 | 文本 | |
| 出生日期 | 日期/时间 | |
| 民族 | 文本 | |
| 政治面貌 | 文本 | |
| 职务 | 文本 | |

字段属性

| 常规 | 查阅 |
| --- | --- |
| 格式 | mm\月dd\日yyyy |
| 输入掩码 | |
| 标题 | |
| 默认值 | |
| 有效性规则 | |
| 有效性文本 | |
| 必需 | 否 |
| 索引 | 无 |
| 输入法模式 | 关闭 |
| 输入法语句模式 | 无转化 |
| 智能标记 | |
| 文本对齐 | 常规 |
| 显示日期选取器 | 为日期 |

字段名称最长可到 64 个字符(包括空格)。按 F1 键可查看有关字段名称的帮助。

图 3.18　自定义“出生日期”字段的“格式”属性

学生档案表

| 学号 | 姓名 | 性别 | 出生日期 | 民族 | 政治面貌 | 职务 | |
| --- | --- | --- | --- | --- | --- | --- | --- |
| 1021325014 | 海楠 | 女 | 12月15日1992 | 汉 | 团员 | | 管理 |
| 1031124012 | 张雪 | 女 | 04月06日1993 | 汉 | 党员 | 学习委员 | 信息 |
| 1102436055 | 胡佳 | 男 | 01月25日1994 | 汉 | 团员 | | 数理 |
| 1111215032 | 李东宁 | 男 | 12月27日1994 | 汉 | 团员 | 班长 | 外语 |
| 1221315011 | 王红 | 女 | 09月17日1994 | 满 | 团员 | | 数理 |
| 1231124018 | 孙鑫宇 | 男 | 10月30日1995 | 满 | 党员 | 生活委员 | 信息 |

图 3.19　“出生日期”字段的显示输出形式

3. 输入法模式

输入法模式用来设置在数据表视图中为字段输入数据时，中文输入法是否处于开启状态。它的基本选项有“开启”,“关闭”和“随意”三种，“开启”表示在输入数据时，中文输入法处于开启状态；“关闭”表示在输入数据时，中文输入法处于关闭状态，也就是说输入法状态是英文；“随意”表示在输入该字段数据时，输入法状态保持在原有状态，也就是说与上一字段的输入法状态一致。用户可以根据表中字段的数据类型和字段内容的具体情况进行该属性的设置，以减少输入数据过程中切换输入法造成的时间浪费。

4. 输入掩码

输入法模式用来设置字段中的数据输入格式，可以控制用户按指定格式在文本框中输入数据，输入掩码主要用于文本型和时间/日期型字段，也可以用于数字型和货币型字段。

前面讲过“格式”的定义，“格式”用来限制数据输出的样式，如果同时定义了字段的显示格式和输入掩码，则在添加或编辑数据时，Microsoft Access 将使用输入掩码，而“格式”设置则在保存记录时决定数据如何显示。同时使用“格式”和“输入掩码”属性时，要注意它们的结果不能互相冲突。

首先选择需要设置的字段类型，然后在“常规”选项卡下部单击“输入掩码”属性框右侧的[...]，即启动输入掩码向导，如图 3.20 所示。对于学生表中的出生日期字段将它设置为短日期型，单击“下一步”按钮，在弹出的如图 3.21 所示的对话框中将占位符设置为“_”，然后单击“下一步”按钮，再单击“完成”按钮，返回的设计视图如图 3.22 所示。设置完成后在添加数据时，出生日期字段显示情况如图 3.23 所示。

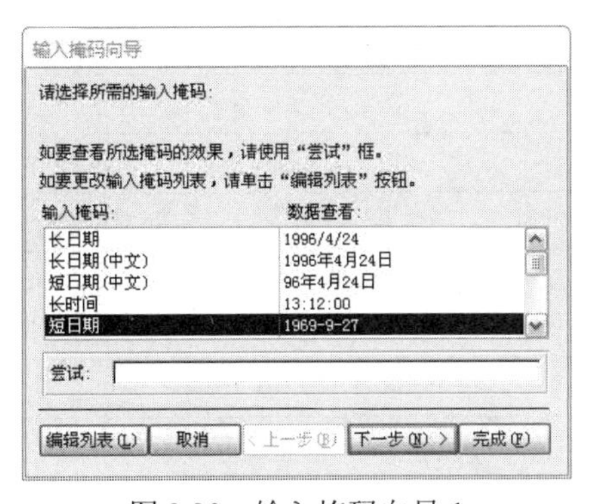


图 3.20　输入掩码向导 1



图 3.21　输入掩码向导 2



图 3.22　“学生档案表”设计视图

| 学号 | 姓名 | 性别 | 出生日期 | 民族 | 政治面貌 | 职务 | |
|---|---|---|---|---|---|---|---|
| 1021325014 | 海楠 | 女 | 12月15日1992 | 汉 | 团员 | | 管理 |
| 1031124012 | 张雪 | 女 | 04月06日1993 | 汉 | 党员 | 学习委员 | 信息 |
| 1102436055 | 胡佳 | 男 | 01月25日1994 | 汉 | 团员 | | 数理 |
| 1111215032 | 李东宁 | 男 | 12月27日1994 | 汉 | 团员 | 班长 | 外语 |
| 1221315011 | 王红 | 女 | 09月17日1994 | 满 | 团员 | | 数理 |
| 1231124018 | 孙鑫宇 | 男 | 10月30日1995 | 满 | 党员 | 生活委员 | 信息 |

图 3.23 “学生档案表”数据表视图

上面介绍的是利用向导来创建“输入掩码”，也可以不用向导手工输入掩码。表 3.6 列出了有效的输入掩码字符。

表 3.6 输入掩码字符表

| 字符 | 说明 |
|---|---|
| 0 | 数字（0～9，必选项；不允许使用加号+和减号-） |
| 9 | 数字或空格（非必选项；不允许使用加号和减号） |
| # | 数字或空格（非必选项；空白将转换为空格，允许使用加号和减号） |
| L | 字母（A～Z，必选项） |
| ? | 字母（A～Z，可选项） |
| A | 字母或数字（必选项） |
| a | 字母或数字（可选项） |
| & | 任一字符或空格（必选项） |
| C | 任一字符或空格（可选项） |
| .,:;-/ | 十进制占位符及千位、日期和时间分隔符（实际使用的字符取决于 Windows“控制面板”的“区域设置”中指定的区域设置 |
| < | 使其后所有的字符转换为小写 |
| > | 使其后所有的字符转换为大写 |
| ! | 输入掩码从右到左显示，输入掩码的字符一般都是从左向右的。可以在输入掩码的任意位置包含叹号 |
| \ | 使其后的字符显示为原义字符。可用于将该表中的任何字符显示为原义字符（例如，\A 显示为 A） |
| 密码 | 将“输入掩码”属性设置为“密码”，可以创建密码输入项文本框。文本框中键入的任何字符都按原字符保存，但显示为星号（*） |

5. 标题

在“常规”选项卡下的“标题”属性框中输入文本，将取代原来字段名称在数据表视图中显示。例如将“院系”字段的“标题”属性设置为“所属院系”，如图 3.24 所示，则数据表视图中显示输出的形式如图 3.25 所示。

6. 默认值

添加新记录时的自动输入值，通常在某字段数据内容相同或含有相同部分时使用，目的在于简化输入。

7. 有效性规则

限定字段输入数据的范围，若违反“有效性规则”，将会显示“有效性文本”设置的提示信息，至到满足要求为止，设置该属性可以防止非法数据的输入。例如将“出生日期”字段的

“有效性规则”属性设置为“>=#1990-1-1#”，如图 3.26 所示，则在输入数据的过程中“出生日期”字段只能输入 1990 年以后的日期（含 1990 年）。

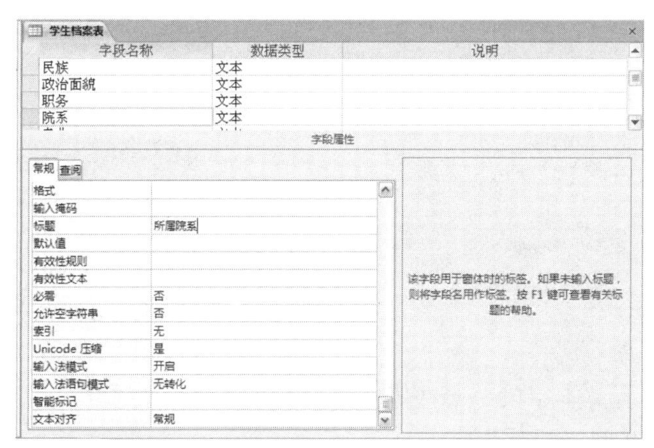


图 3.24　设置“院系”字段的“标题”属性

学生档案表

| 学号 | 姓名 | 性别 | 出生日期 | 民族 | 政治面貌 | 职务 | 所属院系 | 专业 |
|---|---|---|---|---|---|---|---|---|
| 1021325014 | 海楠 | ☐ | 12月15日1992 | 汉 | 团员 | | 管理学院 | 图书馆 |
| 1031124012 | 张雪 | ☐ | 04月06日1993 | 汉 | 党员 | 学习委员 | 信息技术学院 | 计算机 |
| 1102436055 | 胡佳 | ☑ | 01月25日1994 | 汉 | 团员 | | 数理学院 | 数学 |
| 1111215032 | 李东宁 | ☑ | 12月27日1994 | 汉 | 团员 | 班长 | 外语学院 | 英语 |
| 1221315011 | 王红 | ☐ | 09月17日1994 | 满 | 团员 | | 数理学院 | 计算数学 |
| 1231124018 | 孙鑫宇 | ☑ | 10月30日1995 | 满 | 党员 | 生活委员 | 信息技术学院 | 通讯 |

图 3.25　“院系”字段的显示输出形式

学生档案表

| 字段名称 | 数据类型 |
|---|---|
| 学号 | 文本 |
| 姓名 | 文本 |
| 性别 | 文本 |
| 出生日期 | 日期/时间 |
| 民族 | 文本 |
| 政治面貌 | 文本 |
| 职务 | 文本 |

字段属性

常规　查阅

| 格式 | mm\月dd\日yyyy |
|---|---|
| 输入掩码 | 0000-99-99;0;_ |
| 标题 | |
| 默认值 | |
| 有效性规则 | >=#1990-1-1# |
| 有效性文本 | |

图 3.26　设置“出生日期”字段的“有效性规则”属性

8. 有效性文本

当用户的输入违反“有效性规则”时所显示的提示信息。例如将“出生日期”字段的“有效性文本”属性设置为“提示：请输入 1990 年（含）以后的日期!”，如图 3.27 所示，则在输入数据的过程中如果出现错误将显示如图 3.28 所示的消息框。

9. 必填字段

此属性值为“是”或“否”。设置为“是”时，表示此字段值必须输入，设置为“否”时，可以不填写本字段数据，允许此字段值为空。

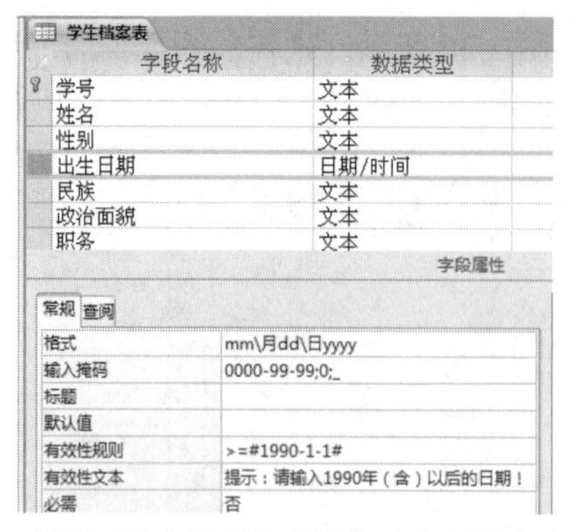

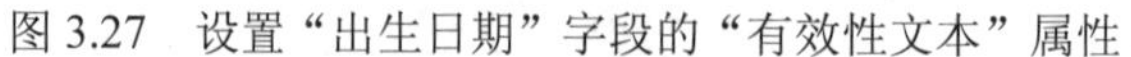

图 3.27　设置“出生日期”字段的“有效性文本”属性

图 3.28　输入错误时出现的消息框

10．允许空字符串

该属性仅用来设置文本字段，属性值仅有“是”或“否”选项，设置为“是”时，表示该字段可以填写任何信息，包括为空。

下面是关于空值（Null）和空字符串之间的区别。

（1）Microsoft Access 可以区分两种类型的空值。在某些情况下，字段为空可能是因为信息目前无法获得，或者字段不适用于某一特定的记录。例如，表中有一个“数字”字段，将其保留为空白，可能是因为不知道学生的电话，或者该学生没有电话号码。在这种情况下，使字段保留为空或输入 Null 值，意味着“不知道”。键入双引号输入空字符串，则意味着“知道没有值”。

（2）如果允许字段为空而且不需要确定为空的条件，可以将“必填字段”和“允许空字符串”属性设置为“否”，作为新建的“文本”、“备注”或“超链接”字段的默认设置。

（3）如果不希望字段为空，可以将“必填字段”属性设置为“是”，将“允许空字符串”属性设置为“否”。

（4）何时允许字段值为 Null 或空字符串呢？如果希望区分字段空白是信息未知或没有信息，可以将“必填字段”属性设置为“否”，将“允许空字符串”属性设置为“是”。在这种情况下，添加记录时，如果信息未知，应该使字段保留空白（即输入 Null 值），而如果没有提供给当前记录的值，则应该键入不带空格的双引号（""）来输入一个空字符串。

11．索引

设置索引有利于对字段的查询、分组和排序，此属性用于设置单一字段索引。属性值有三种，一是“无”，表示无索引；二是“有（重复）”，表示字段有索引，输入数据可以重复；三是“有（无重复）”，表示字段有索引，输入数据不可以重复。

12．Unicode 压缩

在 Unicode 中每个字符占两个字节，而不是一个字节。在一个字节中存储的每个字符的编码方案将用户限制到单一的代码（包含最多 256 个字符的编号集合）。但是，因为 Unicode 使用两个字节代表每个字符，因此它最多支持 65536 个字符。可以通过将字段的“Unicode 压缩”属性设置为“是”来弥补 Unicode 字符表达方式所造成的影响，以确保得到优化的性能。Unicode 属性值有两个，分别为“是”和“否”，设置“是”表示本字段中数据可能存储和显示多种语言的文本。

由于默认情况下，Access 数据类型都将 Unicode 压缩属性设置为“是”，所以如果某文本字段大小设置为 10 时，无论汉字、数码还是英文字母最多输入个数都是 10。

# 3.3　字段编辑操作

表创建好以后，在实际操作过程难免会对表的结构做进一步的调整，对表结构的调整也就是对字段进行添加、编辑、移动和删除等操作。对表结构的调整通常在表设计视图中进行，如果当前状态为数据表视图，可以通过在功能区“表格工具/设计”选项卡下的“视图”组中单击视图按钮切换到设计视图。

1. 添加字段

在设计视图中打开要调整的表，用鼠标选中要插入行的位置（在选中字段前插入），如图3.29所示，然后单击功能区“表格工具/设计”选项卡下“工具”组中的插入行按钮，在插入空白行中进行新字段设置。也可将鼠标指向要插入的位置，单击右键，如图3.30所示，在快捷菜单中选择“插入行”。另外也可以在数据表视图中选择要添加新字段的位置，右击鼠标在快捷菜单中选择“插入字段”，可以在选中列前插入新字段，如图3.31和图3.32所示。

学生档案表

| 字段名称 | 数据类型 |
|---|---|
| 学号 | 文本 |
| 姓名 | 文本 |
| 性别 | 文本 |
| 出生日期 | 日期/时间 |
| 民族 | 文本 |
| 政治面貌 | 文本 |
| 职务 | 文本 |

图3.29　选择插入字段位置

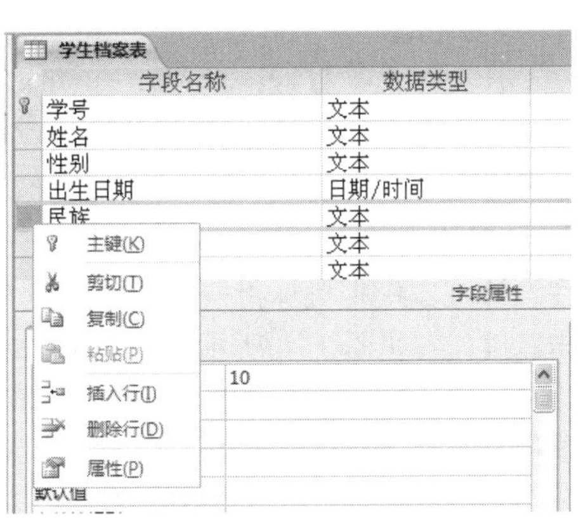

图3.30　快捷菜单

图3.31　数据表视图插入字段

学生档案表

| 学号 | 姓名 | 性别 | 出生日期 | 字段1 | 民族 | 政治 |
|---|---|---|---|---|---|---|
| 1021325014 | 海楠 | 女 | 12月15日1992 | | 汉 | 团员 |
| 1031124012 | 张雪 | 女 | 04月06日1993 | | 汉 | 党员 |
| 1102436055 | 胡佳 | 男 | 01月25日1994 | | 汉 | 团员 |
| 1111215032 | 李东宁 | 男 | 12月27日1994 | | 汉 | 团员 |
| 1221315011 | 王红 | 女 | 09月17日1994 | | 满 | 团员 |
| 1231124018 | 孙鑫宇 | 男 | 10月30日1995 | | 满 | 党员 |
| * | | | | | | |

图 3.32　数据表视图插入字段效果

2. 更改字段

更改字段主要指的是更改字段的名称。字段名称的修改不会影响数据，字段的属性也不会发生变化。当然数据类型、字段属性也可以进行修改，其操作同创建字段时一样。

在设计视图中选择需要修改的字段，然后输入新的名称。或者在数据表视图中选择要修改字段，鼠标右击在快捷菜单中选择“重命名字段”，如图 3.31 所示。若字段设置了“标题”属性，则可能出现字段选定器中显示文本与实际字段名称不符的情况，此时应先将“标题”属性框中的名称删除，然后再进行修改。

3. 移动字段

在设计视图中把鼠标指向要移动字段左侧的字段选定块上单击选中需要移动的字段，如图 3.29 所示，然后拖动鼠标到要移动的位置上放开，字段就被移到新的位置上了。另外可以在数据表视图中选择要移动的字段，然后拖动鼠标到要移动的位置上放开，也可实现移动操作。

4. 删除字段

在设计视图中把鼠标指向要删除字段左侧的字段选定块上单击选中需要删除的字段，之后单击右键，在如图 3.30 所示的快捷菜单中选择“删除行”。或者选择要删除的字段，然后单击“工具”组上的删除行按钮，也可以删除字段。另外也可以在数据表视图中选择要删除字段，鼠标右击，在快捷菜单中选择“删除字段”，如图 3.31 所示。

## 3.4　主键和索引

### 3.4.1　主键

前面在表的创建过程中已经提到过主键，每张表创建后应该设定主键（特殊情况除外），用它唯一标识表中的每一行数据。关系型数据库系统的强大，在于它可以通过查询、窗体和报表以便快速地查找并组合保存在各个不同表中的信息。要做到这一点，每个表应该包含这样的一个或一组字段，这些字段是表中所保存的每一条记录的唯一标识，此信息称作表的主键。指定了表的主键之后，为确保唯一性，Microsoft Access 将禁止在主键字段中输入重复值或 Null。

1. 主键的基本类型

（1）自动编号主键。当向表中添加一条记录时，可以将自动编号字段设置为自动输入连续数字的编号。将自动编号字段指定为表的主键是创建主键的最简单的方法。如果在保存新建的表之前没有设置主键，此时 Microsoft Access 将询问是否创建主键，如图 3.33 所示。如果回答“是”，Microsoft Access 将为新表创建一个“自动编号”字段作为主健；如果回答“否”，则不建立“自动编号”主键；如果回答“取消”，则放弃保存表的操作。

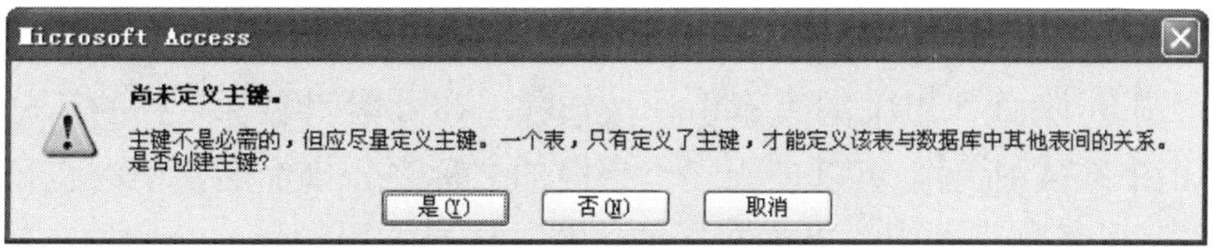

Microsoft Access

尚未定义主键。

主键不是必需的，但应尽量定义主键。一个表，只有定义了主键，才能定义该表与数据库中其他表间的关系。
是否创建主键？

是(Y) 否(N) 取消

图 3.33 尚未定义主键消息框

**注意**：在实际使用的过程中要根据具体的情况来决定是否由 Access 自动设置主键，通常表的主键都是预先设定好的，所以基本上不采用由 Access 自动设置主键。

（2）单字段主键。如果字段中包含的都是唯一的值，例如 ID 号或学生的学号，则可以将该字段指定为主键。如果选择的字段有重复值或 Null 值，Microsoft Access 将不会设置主键。通过运行“查找重复项”可以找出包含重复数据的记录。如果通过编辑数据仍然不容易消除这些重复项，可以添加一个自动编号字段并将它设置为主键，或定义多字段主键。

（3）多字段主键。在不能保证任何单字段都包含唯一值时，可以将两个或更多的字段设置为主键。这种情况最常用于多对多关系中关联另外两个表的表。

2. 设置或更改主键

（1）定义主键。在设计视图中打开相应的表，选择所要定义为主键的一个或多个字段。如果选择一个字段，请单击字段选定块。如果要选择多个字段，请按下 Ctrl 键，然后对每一个所需的字段单击字段选定块，然后单击功能区“表格工具/设计”选项卡下“工具”组中的“主键”按钮。

（2）删除主键。在设计视图中打开相应的表，单击当前使用的主键的字段选定块，然后单击功能区“表格工具/设计”选项卡下“工具”组中的“主键”按钮。

**注意**：此过程不会删除指定为主键的字段，它只是简单地从表中删除主键的特性。在某些情况下，可能需要暂时地删除主键。

### 3.4.2 索引

对于数据库来说，查询和排序是常用的两种操作，为了能快速查找到指定的记录，经常通过建立索引来加快查询和排序的速度。建立索引就是要指定一个字段或多个字段，按字段的值将记录按升序或降序排列，然后按这些字段的值来检索，比如利用拼音检索来查字典。

选择索引字段，可以通过要查询的内容或者需要排序的字段的值来确定索引字段，索引字段可以是“文本”类型、“数字”类型、“货币”类型、“日期/时间”类型等，主键字段会自动索引，但 OLE 对象、超链接和备注等字段不能设置为索引。

1. 创建单字段索引

在设计视图中打开表。在窗口上部单击要创建索引的字段。在“常规”选项卡上的窗口下部单击“索引”属性框内部，然后单击“有（有重复）”或“有（无重复）”。单击“有（无重复）”选项，可以确保这一字段的任何两个记录没有重复值。关于索引属性值，在前面已经介绍过。

2. 创建多字段索引

在进行索引查询时，有时按一个字段的值不能唯一确定一条记录，比如学生表，按“班级”检索时就有可能几个人同为一个班，这样“班级”字段的值就不唯一，就不能唯一确定一个学生记录，可以采取“班级”字段+“出生日期”字段组合检索，即先按第一字段“班级”进行检索，若字段值相同时再按“出生日期”字段值进行检索。

下面介绍具体设置多字段索引的方法。在设计视图中打开表，单击功能区“表格工具/设计”选项卡下“显示/隐藏”组中的“索引”按钮。在“索引名称”列的第一个空白行，键入索引名称，如图 3.34 所示。可以使用索引字段的名称之一来命名索引，也可以使用其他合适的名称。在“字段名称”列中，单击向下的箭头，选择索引的第一个字段。然后在“排序次序”中选择升序或降序，在“字段名称”列的下一行，选择索引的第二个字段（该行的“索引名称”列为空）。重复该步骤直到选择了包含在索引中的所有字段（最多为 10 个字段）。多字段索引可以重新设置主键，也可以在“索引”对话框的主索引栏中重新设置。

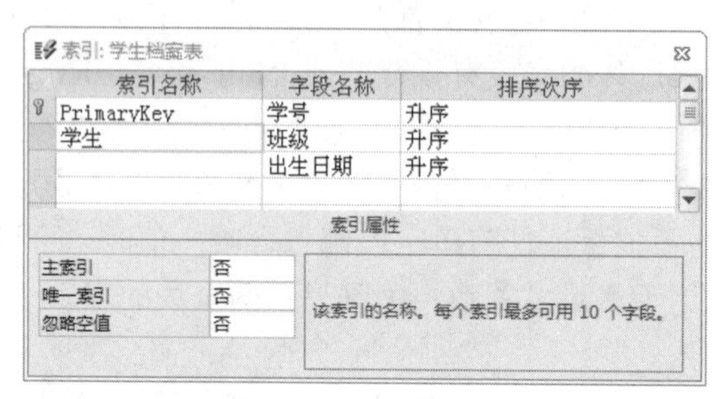


图 3.34　索引窗口

创建索引后，可以随时打开“索引”对话框进行修改，若需要删除可以直接选择要删除的索引字段鼠标右击，在弹出的快捷菜单中选择“删除行”。删除索引字段不会影响表的结构和数据。

## 3.5　表的联接

在一个数据库中，表与表之间存在联系，表之间的联系是通过表之间相互匹配字段中的数据来实现的，匹配字段通常是两个表中使用相同名称的字段。在数据库的操作中，通常情况下都需要多表联合来操作，不可能在一个表中创建需要的所有字段，为此就需要把多个表联合起来。

表之间的关系分为三类：一对一关系、一对多关系和多对多关系。

（1）“一对一”关系。若有两个表分别为 A 和 B，A 表中的一条记录仅能在 B 表中有一个匹配的记录，并且 B 表中的一条记录仅能在 A 表中有一个匹配记录。

（2）“一对多”关系。在一对多关系中，A 表中的一条记录能与 B 表中的许多记录匹配，但是 B 表中的一条记录仅能与 A 表中的一条记录匹配。

（3）“多对多”关系。多对多关系中，A 表中的一条记录能与 B 表中的许多记录匹配，并且 B 表中的一条记录也能与 A 表中的许多记录匹配。此关系的类型仅能通过定义第三个表（称作结合表）来完成，多对多关系实际上是使用第三个表的两个一对多关系。

### 3.5.1　定义表之间的关系

#### 1. 一对一关系的创建

假设在“学生选课管理系统”数据库中还有“优秀学生表”，用来保存优秀学生记录，有“学号”、“姓名”、“院系”、“专业”四个字段，“学号”字段为主键。下面以“学生档案表”和“优秀学生表”为例，定义表与表之间的一对一关系。

（1）首先关闭所有打开的表，不能在已打开的表之间创建或修改关系。

（2）单击功能区“数据库工具”选项卡下“关系”组中的“关系”按钮。

（3）如果数据库没有定义任何关系，将会自动显示“显示表”对话框，如图3.35所示。如果需要添加一个关系表，而“显示表”对话框却没有显示，请单击“显示表”按钮。如果关系表已经显示，直接跳到步骤（5）。

（4）选中需要编辑关系的表，然后单击“添加”按钮或双击要编辑关系的表，将表添加到关系窗口，然后关闭“显示表”对话框，如图3.36所示。

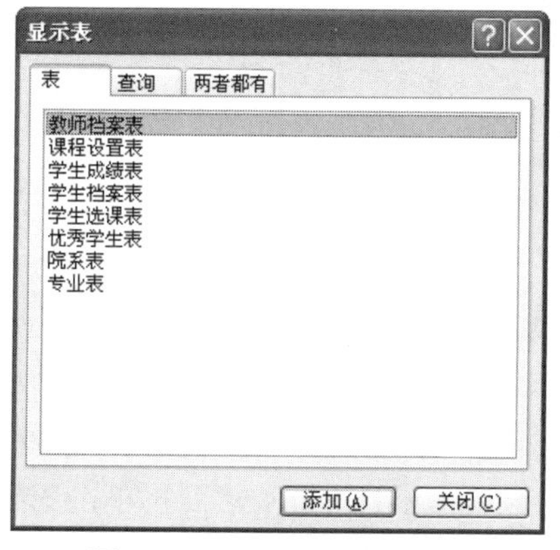


图3.35 “显示表”对话框

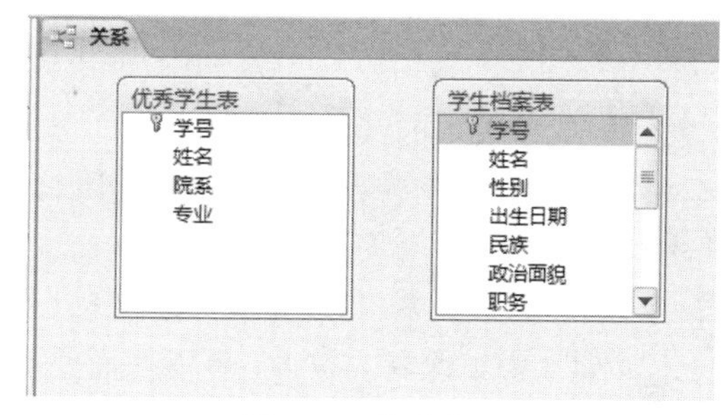


图3.36 关系窗口

（5）从某个表中将需要的相关字段拖动到其他表中的相关字段上，弹出“编辑关系”对话框，如图3.37所示。如果表中已有数据，且要实施参照完整性，一对一的关联关系一定要从主表中将相关字段拖到关联表中的相关字段上，然后选中“实施参照完整性”复选框，否则可能会出现错误提示。

在大多数情况下，表中的主键字段将被拖动到其他表中的名为外键的相似字段中（经常具有相同的名称）。相关字段不需要有相同的名称，但它们必须有相同的数据类型（有两种例外的情况，这两种情况请参阅3.5.3节中的参照完整性定义），并且包含相同类型的内容。

（6）显示“编辑关系”对话框，检查显示在两个列中的字段名称以确保正确性，必要情况下可以进行更改。

（7）选中“实施参照完整性”复选框，单击“新建”按钮创建关系。在关闭“关系”窗口时，Microsoft Access将询问是否保存此关系配置。无论是否保存此配置，所创建的关系都已保存在此数据库中。新建的关系如图3.38所示。

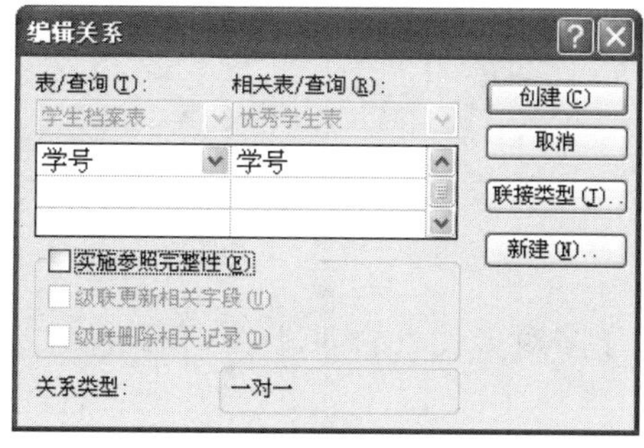


图3.37 “编辑关系”对话框

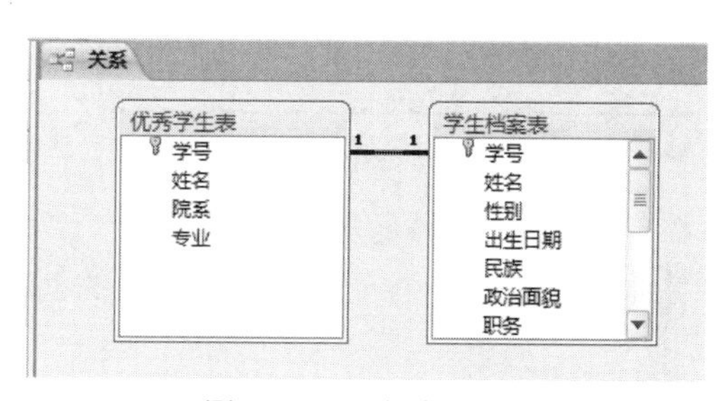


图3.38 “关系”窗口

**注意：**在上面的例子中，“学生档案表”是主表，而“优秀学生表”是关联表，所以一定要从“学生档案表”的字段列表中将“学号”字段拖拽到“优秀学生表”的“学号”字段上才够创建如图 3.38 所示的实施了参照完整性的 1:1 关联关系；如果反向操作则会出现如图 3.39 所示的错误提示。

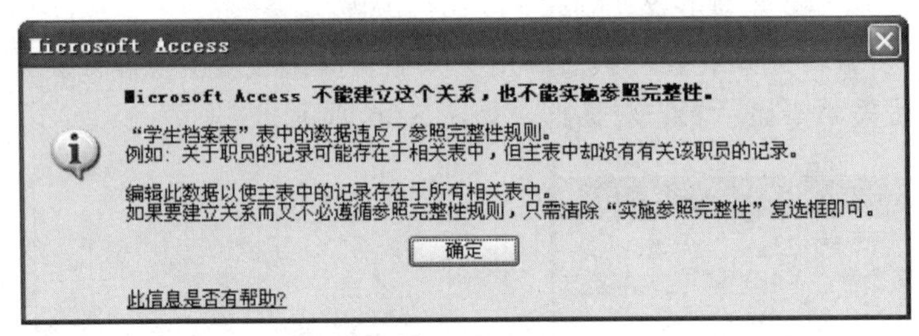


图 3.39 错误提示

对于一对一关系的其他操作：

（1）如果需要查看数据库中定义的所有关系，请单击功能区“关系工具/设计”选项卡上“关系”组中的“所有关系”按钮 所有关系。如果只要查看特定表所定义的关系，请单击表，然后单击功能区“关系工具/设计”选项卡上“关系”组中的“直接关系”按钮 直接关系。

（2）如果要更改表的设计，可以在需要改变的表上单击鼠标右键，然后再单击“表设计”。除表外，查询也可以创建关系，但是参照完整性并不在查询中实现。

（3）如果要在表和它本身之间创建关系，请将表添加两次。这种情况在相同的表中进行查询时很有用。

2. 一对多关系的创建

下面以“学生档案表”和“学生选课表”为例，介绍一对多关系的创建过程。

“一对多的关系”创建过程与“一对一的关系”创建过程基本相同，只是在第（5）步时弹出如图 3.40 所示的“编辑关系”对话框（注意：这个对话框下边“关系类型”显示的是“一对多”）。设置好的关系如图 3.41 所示。如果要实施参照完整性，一定要保证多方表中的记录在关联字段上的数据包含在一方表的关联字段列中，否则会出现错误提示。

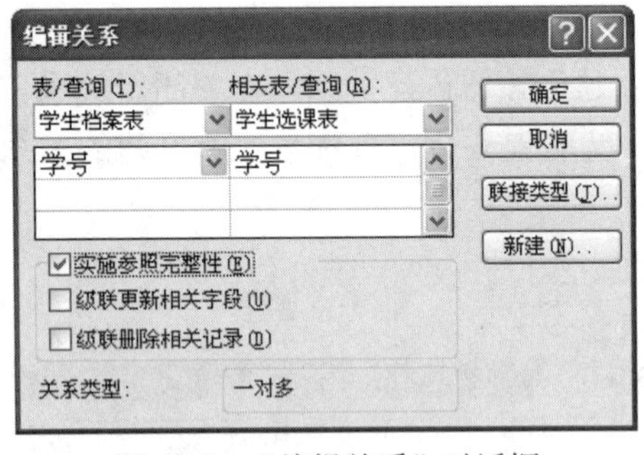


图 3.40 “编辑关系”对话框

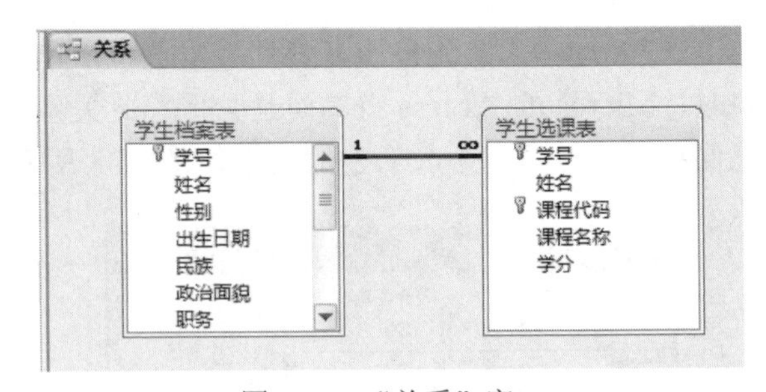


图 3.41 “关系”窗口

3. 多对多关系的创建

上面介绍的是一对一和一对多关系的创建，关于多对多关系的创建必须借助第三个表来完成。

（1）创建或加入称作结合表的第三个表，并将其他两个表中定义为主键的字段添加到这个表中。在结合表中，主键字段和外键的功能相同。可以像在其他表中那样将其他的字段添加到结合表中。

（2）在结合表中，将主键设置为包含其他两个表中主键的字段。

例如，在“学生选课管理系统”数据库中“学生档案表”和“课程设置表”之间的多对多关系需要通过“学生选课表”来实现（一名学生可以选修多门课程，一门课程可以有多名学生选修），结果如图 3.42 所示（未实施参照完整性）。

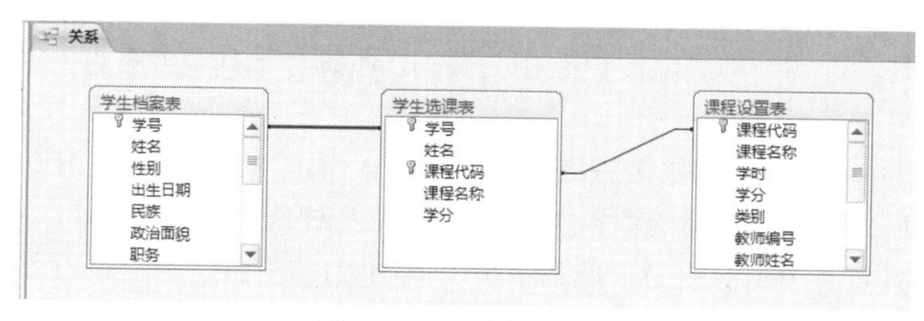


图 3.42 “关系”窗口

### 3.5.2 编辑关系

在创建关系时涉及到联接类型，接下来介绍什么是联接类型及其分类。

1. 联接类型

联接类型指查询的有效范围，即对哪些记录进行选择，对哪些记录执行操作。联接类型有内部联接、左外部联接和右外部联接三种。系统默认的为内部联接。

（1）内部联接。联接字段满足特定条件时，才合并两个表中的记录并将其添加到查询结果中。

（2）左外部联接。将两个联接表中左边的表中的全部字段添加到查询结果中，右边的表仅当与左边的表匹配时才添加到查询结果中。即无论左边的表是否满足条件都添加。

（3）右外部联接。将两个联接表中右边的表中的全部字段添加到查询结果中，左边的表仅当与右边的表匹配时才添加到查询结果中。即无论右边的表是否满足条件都添加。

联接的具体操作为单击功能区“数据库工具”选项卡下“关系”组中的“关系”按钮，打开“关系”窗口，双击两个表之间的连线的中间部分，打开如图 3.40 所示的“编辑关系”对话框，单击“联接类型”按钮，在如图 3.43 所示的“联接属性”对话框中进行类型选择。

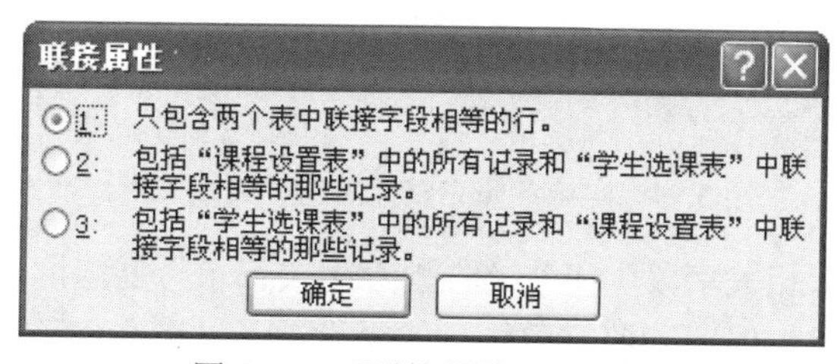


图 3.43 “联接属性”对话框

2. 编辑关系

（1）关闭所有打开的表，因为不能修改已打开的表之间的关系。

（2）单击功能区“数据库工具”选项卡下“关系”组中的“关系”按钮 关系 。

（3）如果没有显示要编辑的表的关系，请单击功能区“关系工具/设计”选项卡下“关系”

组中的“显示表”按钮，并双击每一个所要添加的表。

（4）双击要编辑关系的关系连线。

（5）设置关系的选项。有关“关系”对话框中特定项目的详细内容，请单击问号按钮，然后单击相应的项目。

### 3.5.3 参照完整性定义

参照完整性是一个规则系统，Microsoft Access 使用这个系统以确保相关表中记录之间关系的有效性，并且不会意外地删除或更改相关数据。在符合下列全部条件时，用户可以设置参照完整性：

（1）来自于主表的匹配字段是主键或具有唯一索引。

（2）相关的字段都有相同的数据类型。但是有两种例外的情况，自动编号字段可以与“字段大小”属性设置为“长整型”的数字型字段相关；“字段大小”属性设置为“同步复制 ID”的自动编号字段与一个“字段大小”属性设置为“同步复制 ID”的 Number 字段相关。

（3）两个表都属于同一个 Microsoft Access 数据库。如果表是链接表，它们必须都是 Microsoft Access 格式的表，并且必须打开保存此表的数据库以设置参照完整性。不能对数据库中的其他格式的链接表设置参照完整性。

当实施参照完整性后，必须遵守下列规则：

（1）不能在相关表的外键字段中输入不存在于主表的主键中的值。但是，可以在外键中输入一个 Null 值来表示这些记录之间并没有关系。

（2）如果在相关表中存在匹配的记录，不能从主表中删除这个记录。

（3）如果某个记录有相关记录，则不能在主表中更改主键值。

如果要 Microsoft Access 为关系实施这些规则，在创建关系时请选择“实施参照完整性”复选框。如果已经实施了参照完整性，但用户的更改破坏了相关表规则中的某个规则，Microsoft Access 将显示相应的消息，并且不允许进行这个更改操作。如图 3.44 所示是选择了“实施参照完整性”复选框后的关系窗口。

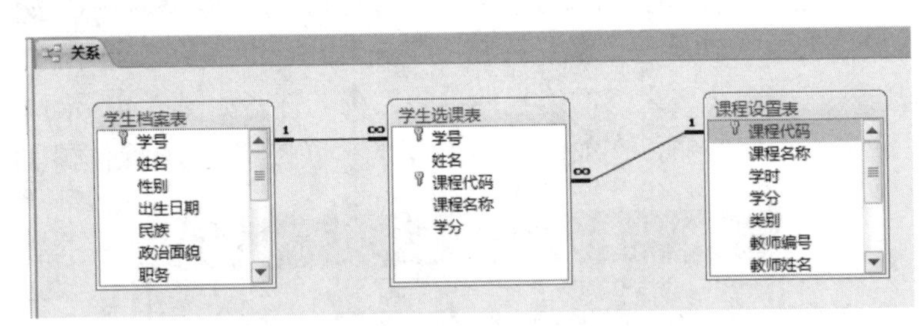


图 3.44 实施参照完整性后的“关系”窗口

通过设置“级联更新相关字段”和“级联删除相关记录”复选框，可以忽略对删除或更改相关记录的限制，同时仍然保留参照完整性。如果设置了“级联更新相关字段”复选框，在主表中更改主键值时，将自动更新所有相关记录中的匹配值。如果设置了“级联删除相关记录”复选框，删除主表中的记录时将删除任何相关表中的相关记录。

**注意：**只有选中“实施参照完整性”后，“级联更新相关字段”和“级联删除相关字段”才会变为可选状态。

# 3.6　输入和编辑数据

当数据库的表结构创建好以后，就需要往表中添加数据了。一个表有了数据才是一个完整的表。本节介绍对数据的基本操作，即添加数据、修改数据、删除数据、查找/替换数据等操作。

## 3.6.1　数据的输入

1. 直接输入数据

在数据表视图中打开相应的表，即可向表中输入数据。

2. 获取外部数据

用户可以将符合 Access 输入/输出协议的任一类型的表导入到数据库表中，既可以简化用户的操作、节省用户创建表的时间，又可以充分利用所有数据。可以导入的表类型包括 Access 数据库中的表，Excel、Lotus 和 dBase 或 FoxPro 等数据库应用程序所创建的表，以及文本文档、HTML 文档等。下面以导入 Excel 表格“操作员档案表.xlsx”为例说明导入的过程和操作步骤。

（1）打开数据库。

（2）在功能区的“外部数据”选项卡下“导入并链接”组中单击 Excel 按钮，打开如图 3.45 所示的“获取外部数据-Excel 电子表格”对话框。

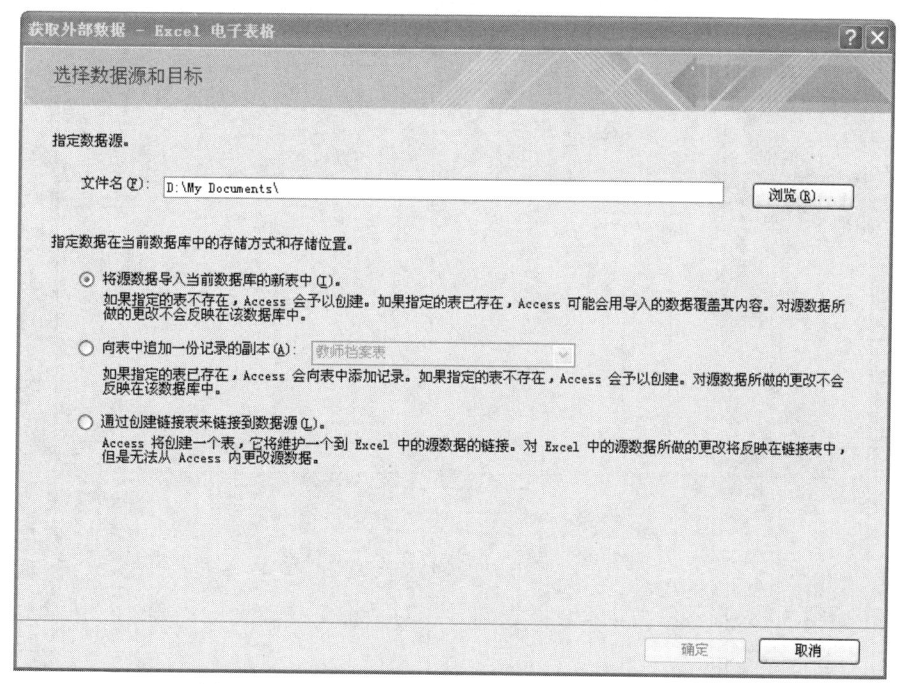


图 3.45　“获取外部数据-Excel 电子表格”对话框

（3）选择“将源数据导入当前数据库的新表中”单选按钮，单击“浏览”按钮，弹出如图 3.46 所示的“打开”对话框，找到文件保存位置并选中要导入的文件，单击“打开”按钮，返回到如图 3.45 所示的“获取外部数据-Excel 电子表格”对话框。

图 3.46 “打开”对话框

（4）单击“确定”按钮，打开如图 3.47 所示的“导入数据表向导”对话框 1，选择合适的工作表或区域，单击“下一步”按钮。

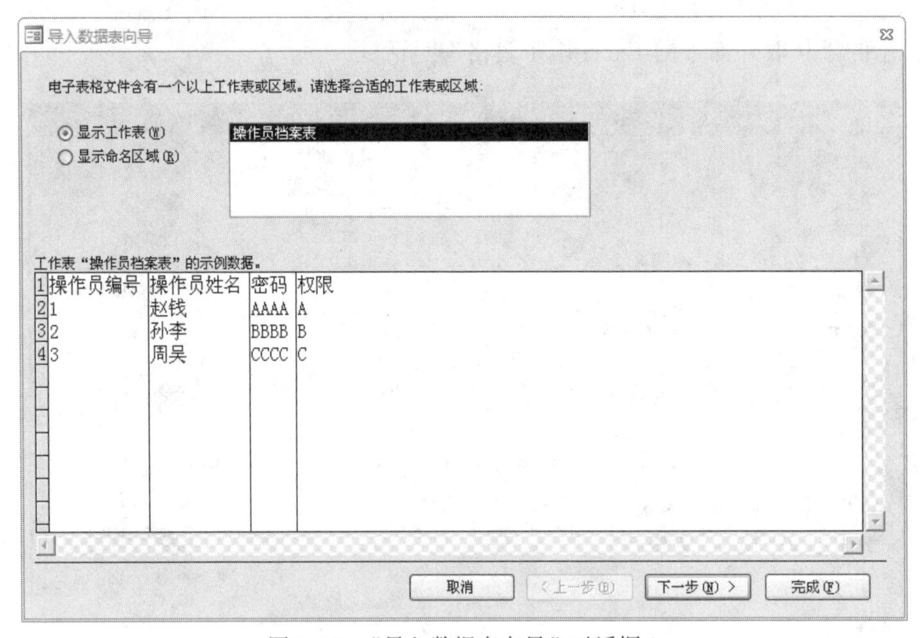


图 3.47 “导入数据表向导”对话框 1

（5）在如图 3.48 所示的“导入数据表向导”对话框 2 中，选中“第一行包含列标题”复选框，单击“下一步”按钮。

（6）在如图 3.49 所示的“导入数据表向导”对话框 3 中，可以对表的字段选项做调整，包括字段名称、数据类型、索引，单击“下一步”按钮。

（7）在如图 3.50 所示的“导入数据表向导”对话框 4 中可进行主键的设置，这里选“我自己选择主键”单选按钮，并从字段列表中选择“操作员编号”，单击“下一步”按钮。

图 3.48 “导入数据表向导”对话框 2

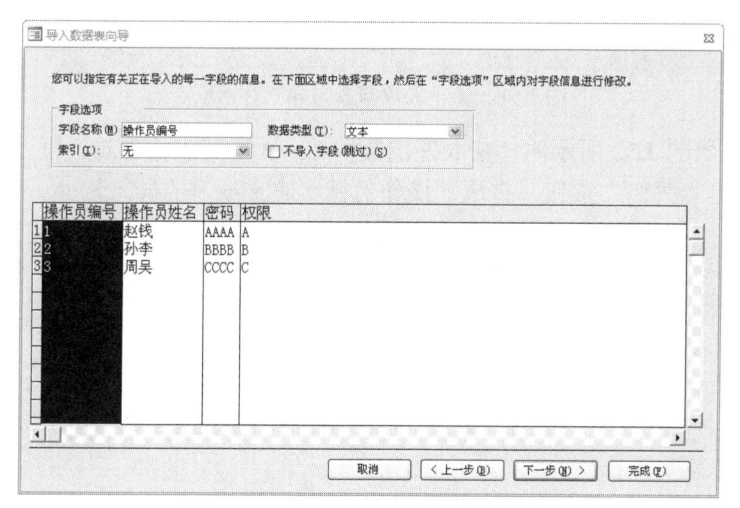


图 3.49 “导入数据表向导”对话框 3

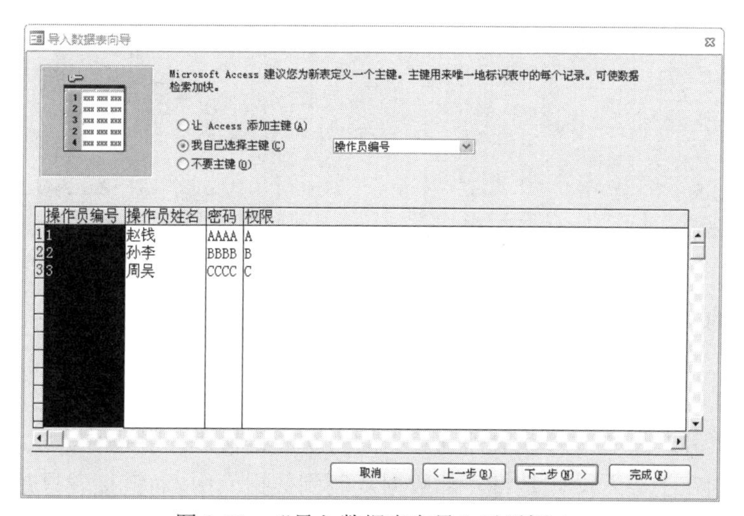


图 3.50 “导入数据表向导”对话框 4

（8）在如图 3.51 所示的“导入数据表向导”对话框 5 中确定导入表的名称，单击“完成”按钮。

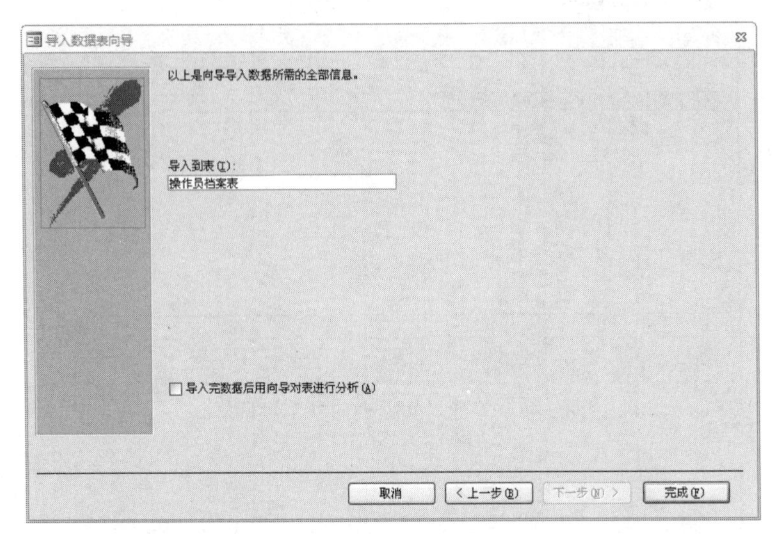


图 3.51 “导入数据表向导”对话框 5

（9）返回到如图 3.52 所示的“获取外部数据-Excel 电子表格”对话框，可以选择是否保存导入步骤，单击“关闭”按钮，完成“操作员档案表.xlsx”的导入。

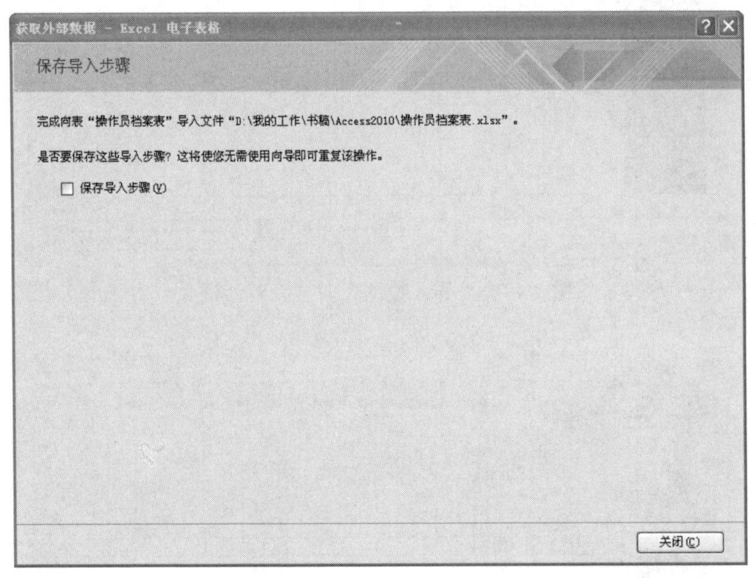


图 3.52 “获取外部数据-Excel 电子表格”对话框

由于导入表的文件类型不同，操作步骤也会有所不同，用户应该按照向导的提示来完成导入表的操作。

3. 链接表

除了导入数据外，还有一种获取外部数据的方法叫链接表，其操作方法与导入基本相同，但两者的主要区别在于导入操作是将外部数据复制到数据库中，而链接表只是在数据库中创建一个指引元，由它指向数据库外的数据。下面同样以链接 Excel 表格“操作员档案表.xlsx”为例说明链接表的过程和操作步骤。

（1）打开数据库。

（2）在功能区的“外部数据”选项卡下“导入并链接”组中，单击 Excel 按钮，打开如图 3.45 所示的“获取外部数据-Excel 电子表格”对话框。

（3）选择“通过创建链接表来链接到数据源”单选按钮，单击“浏览”按钮，弹出如图 3.46 所示的“打开”对话框，找到文件保存位置并选中要链接的文件，单击“打开”按钮，返回到如图 3.53 所示的“获取外部数据-Excel 电子表格”对话框。

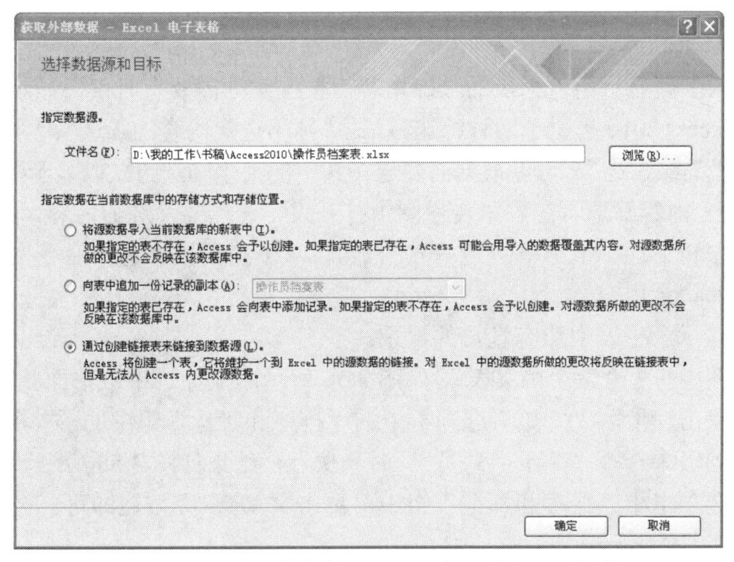


图 3.53 “获取外部数据-Excel 电子表格”对话框

（4）后续步骤参照导入表的过程。

（5）完成表的链接后会出现如图 3.54 所示的消息框，单击“确定”按钮。链接后对象列表如图 3.55 所示，从图标上可以看出链接表与其他表的区别。

图 3.54 “链接数据表向导”消息框

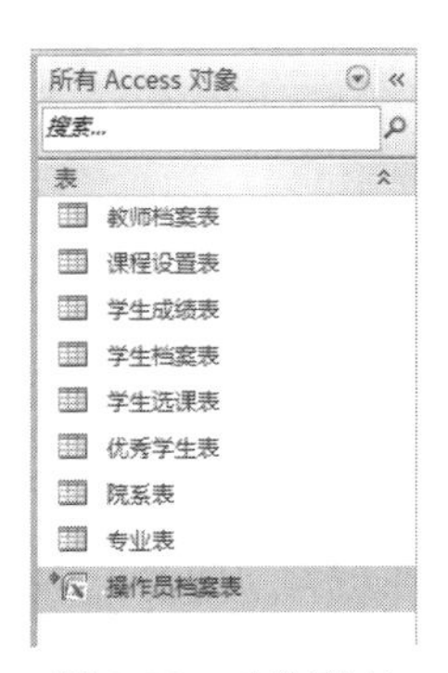


图 3.55 对象列表

## 3.6.2 编辑记录

### 1. 添加记录

若需要向表中追加新记录，可以在数据表视图中打开表，在标有“*”的空白行中键入记录即可。

2. 删除记录

在数据表视图中打开表，单击要删除记录前面的记录选定块完成记录的选定，然后右击鼠标，在弹出的快捷菜单中选择“删除记录”命令。

3. 复制记录

打开数据表视图，单击要复制记录前面的记录选定块完成记录的选定，然后右击鼠标，在弹出的快捷菜单中选择“复制”命令。选择要复制到的目标行，右击鼠标，在弹出的快捷菜单中选择“粘贴”命令。

**注意**：复制记录在设定主键的情况下不适用，因为会导致重复值的问题。

4. 筛选记录

在数据表视图中会显示所有记录的全部内容，根据实际需要有时仅需显示一部分字段或一部分记录内容，Access 2010 提供了四种筛选方法：“基于选定内容的筛选”、“按窗体筛选”、“使用筛选器筛选”、“高级筛选”。可以根据需要选择其中的某个筛选方式以显示需要的内容。

（1）基于选定内容筛选。在数据表视图中打开表，选择要筛选的内容，在功能区“开始”选项卡下的“排序和筛选”组中单击 选择 按钮，从下拉列表中选择命令执行，窗口中仅会显示出满足要求的记录内容。

下面的实例显示学生表中所有党员的记录。

在数据表视图中打开“学生档案表”，如图 3.56 所示用鼠标选中政治面貌字段值为“党员”的单元格，然后单击功能区“开始”选项卡下的“排序和筛选”组中的 选择 按钮，在如图 3.57 所示的下拉列表中选择“等于‘党员’”命令执行，结果如图 3.58 所示。若要取消筛选在功能区“开始”选项卡下“排序和筛选”组中，单击 切换筛选 按钮即可。

学生档案表

| 学号 | 姓名 | 性别 | 出生日期 | 民族 | 政治面貌 | 职务 |
|---|---|---|---|---|---|---|
| 1021325014 | 海楠 | 女 | 12月15日1992 | 汉 | 团员 | |
| 1031124012 | 张雪 | 女 | 04月06日1993 | 汉 | 党员 | 学习委 |
| 1102436055 | 胡佳 | 男 | 01月25日1994 | 汉 | 团员 | |
| 1111215032 | 李东宁 | 男 | 12月27日1994 | 汉 | 团员 | 班长 |
| 1221315011 | 王红 | 女 | 09月17日1994 | 满 | 团员 | |
| 1231124018 | 孙鑫宇 | 男 | 10月30日1995 | 满 | 党员 | 生活委 |
| * | | | | | | |

图 3.56 筛选前的“学生档案表”

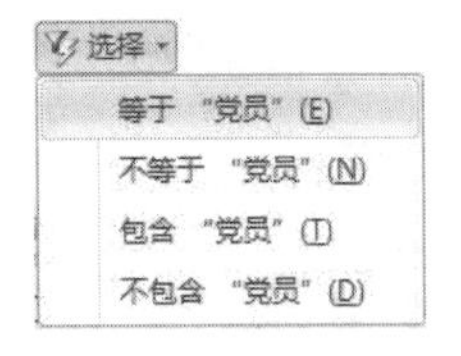


图 3.57 “选择”下拉列表

学生档案表

| 学号 | 姓名 | 性别 | 出生日期 | 民族 | 政治面貌 | 职务 |
|---|---|---|---|---|---|---|
| 1031124012 | 张雪 | 女 | 04月06日1993 | 汉 | 党员 | 学习委员 |
| 1231124018 | 孙鑫宇 | 男 | 10月30日1995 | 满 | 党员 | 生活委员 |
| * | | | | | | |

图 3.58 筛选后的“学生档案表”

（2）按窗体筛选。在数据表视图中打开要筛选的表，在功能区“开始”选项卡下“排序和筛选”组中，单击 高级 按钮，从如图 3.59 所示的下拉列表中选择“按窗体筛选（F）”命令执行，进入到如图 3.60 所示的按窗体筛选模式。

可以为显示数据表或任意子数据表指定准则（即显示特定记录时的限制条件）。每个子数据表或子窗体都有自己的“查找”和“或”选项卡。单击要用于指定条件的字段，并要求记录筛选集合中的所有记录都必须满足该条件。

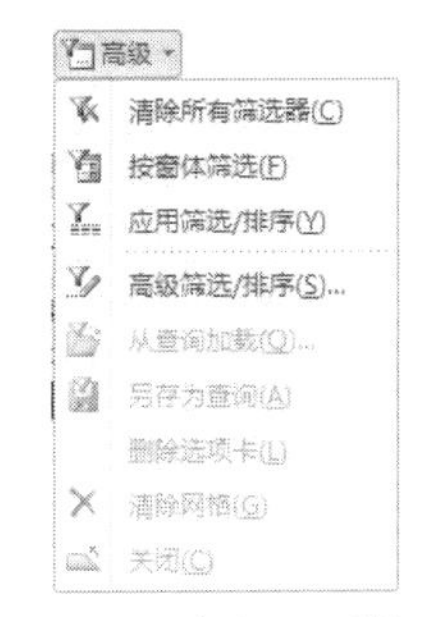


图 3.59 “高级”下拉列表

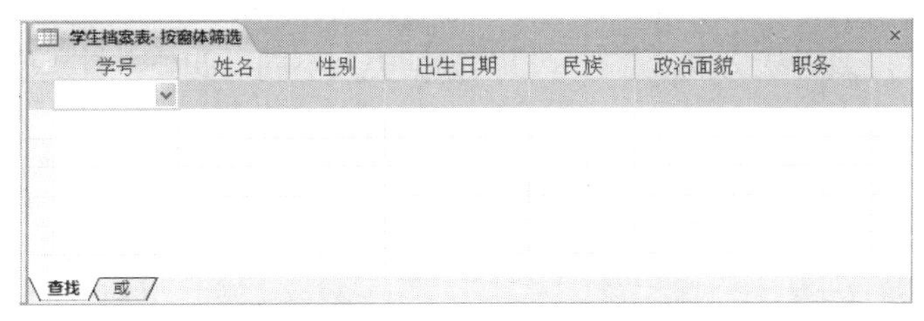


图 3.60 “按窗体筛选”窗口

要建立显示条件，可以从字段列表中选择要搜索的字段值（如果列表中包含该值）或在字段中键入需要的值。要查找选中或没选中某个复选框、切换按钮或选项按钮的记录，可单击相应的复选框或按钮，直到它处于所需的状态。如果要恢复其之前的状态，使之不能作为准则来筛选记录，可继续单击复选框或按钮，直到变为灰色为止。若要查找某一特定字段为空或非空的记录，可以在字段中输入 Is Null 或 Is Not Null。也可以使用条件表达式查找记录，即在适当的字段中键入表达式或使用表达式生成器来建立表达式。例如筛选“院系”为“信息技术学院”的学生记录，可以在“院系”字段下的单元格中输入“信息技术学院”。

如果在多个字段中指定筛选值，则筛选结果将仅返回那些同时满足所有这些值的记录。要指定筛选出只满足部分字段值的记录，可以单击要筛选的数据表中的“或”选项卡，并输入相应的准则，筛选将返回包含“查找”选项卡上所有指定值的记录，或第一个“或”选项卡上所有指定值的记录，或第二个“或”选项卡上所有指定值的记录，以此类推。

设置完筛选字段后，在功能区“开始”选项卡下“排序和筛选”组中，单击切换筛选按钮执行筛选，此按钮也可作为取消筛选按钮。

下面的实例显示学生表中所有院系为“信息技术学院”的记录。

1）在数据表视图中打开“学生档案表”，单击功能区“开始”选项卡下“排序和筛选”组中的高级按钮。

2）从如图 3.59 所示的“高级”下拉列表中选择“按窗体筛选（F）”命令，在“所属院系”列下的单元格中选择“信息技术学院”，如图 3.61 所示。

图 3.61 “按窗体筛选”窗口

3）在功能区“开始”选项卡下“排序和筛选”组中，单击切换筛选按钮执行筛选，结果如图 3.62 所示。

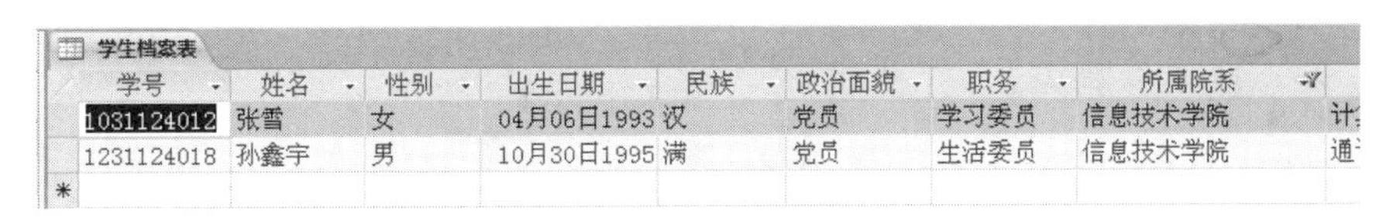

学生档案表

| 学号 | 姓名 | 性别 | 出生日期 | 民族 | 政治面貌 | 职务 | 所属院系 | |
|---|---|---|---|---|---|---|---|---|
| 1031124012 | 张雪 | 女 | 04月06日1993 | 汉 | 党员 | 学习委员 | 信息技术学院 | 计 |
| 1231124018 | 孙鑫宇 | 男 | 10月30日1995 | 满 | 党员 | 生活委员 | 信息技术学院 | 通 |
| * | | | | | | | | |

图 3.62 “按窗体筛选”结果

（3）使用筛选器筛选。筛选器提供了一种灵活的方式。它把所选定的字段列中所有不重复的值以列表显示出来，用户可以逐个选择需要的筛选内容。除 OLE 对象和附加字段外，所有字段类型都可以应用筛选器。具体的筛选列表取决于所选字段的数据类型和值。

操作方法为在数据表视图中打开表，将光标定位到筛选条件所在的列下，单击功能区“开始”选项卡下“排序和筛选”组中的筛选器按钮，打开如图 3.63 所示的筛选器菜单，从列表中选择筛选条件，或者从文本筛选器（根据数据类型不同，此处会有变化）下一级菜单中选择命令执行。

图 3.63　筛选器菜单

下面的实例显示学生档案表中院系不是“信息技术学院”的记录。

1）在数据表视图中打开“学生档案表”。

2）将光标定位到“所属院系”字段列下。

3）单击功能区“开始”选项卡下“排序和筛选”组中的筛选器按钮，打开如图 3.64 所示的筛选器菜单，将列表中“信息技术学院”前的复选框勾掉，如图 3.65 所示。

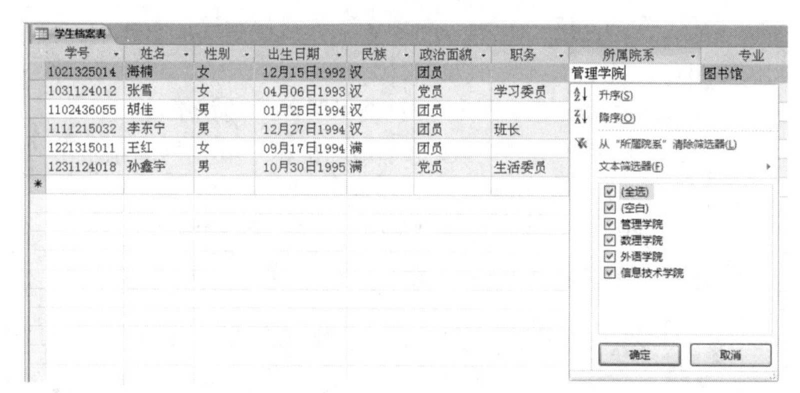

图 3.64　筛选器菜单

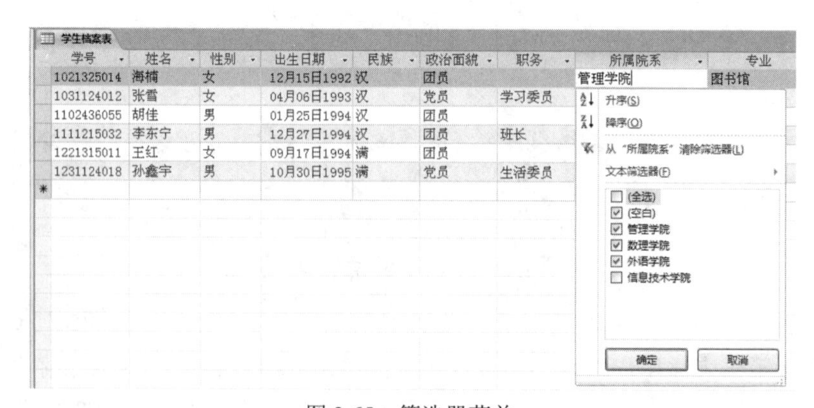

图 3.65　筛选器菜单

4）单击“确定”按钮，结果如图 3.66 所示。

学生档案表

| 学号 | 姓名 | 性别 | 出生日期 | 民族 | 政治面貌 | 职务 | 所属院系 | |
|---|---|---|---|---|---|---|---|---|
| 1021325014 | 海楠 | 女 | 12月15日1992 | 汉 | 团员 | | 管理学院 | 图 |
| 1111215032 | 李东宁 | 男 | 12月27日1994 | 汉 | 团员 | 班长 | 外语学院 | 英 |
| 1102436055 | 胡佳 | 男 | 01月25日1994 | 汉 | 团员 | | 数理学院 | 数 |
| 1221315011 | 王红 | 女 | 09月17日1994 | 满 | 团员 | | 数理学院 | 计 |

图 3.66 筛选器筛选结果

过程中的第 3）步，也可以将鼠标指针指向“文本筛选器”，从如图 3.67 所示的下一级菜单中选择“不等于”命令执行，在弹出的如图 3.68 所示的“自定义筛选”对话框的文本框中输入“信息技术学院”，单击“确定”按钮，筛选结果如图 3.66 所示。

图 3.67 文本筛选器下一级菜单

图 3.68 “自定义筛选”对话框

（4）高级筛选/排序。前面在按窗体筛选中提过按多字段筛选，当筛选条件不唯一，选择出的记录在排列次序上有要求时，可以在功能区“开始”选项卡下“排序和筛选”组中单击 高级 按钮，从“高级”下拉列表中选择“高级筛选/排序”命令，将需要用于筛选记录的值或条件的相关字段添加到设计网格中。

“高级筛选/排序”需要指定较复杂的条件，可以键入由适当的标识符、运算符、通配符和数值组成的完整表达式以获得所需的结果。

如果要指定某个字段的排序次序，可单击该字段的“排序”单元格，然后单击旁边的箭头，选择相应的排序次序。Microsoft Access 会首先排序设计网格中最左边的字段，然后排序该字段右边的字段，以此类推。

在已经包含字段的“条件”单元格中，可输入需要查找的值或表达式。然后单击 切换筛选 按钮以执行筛选。

下面的实例显示“学生档案表”中所属院系为“信息技术学院”，且出生日期在 1993 年以后的记录，按出生日期降序排列。

1）在数据表视图中打开“学生档案表”。

2）在功能区“开始”选项卡下“排序和筛选”组中单击 高级 按钮，从如图 3.59 所示的“高级”下拉列表中选择“高级筛选/排序”命令，切换到如图 3.69 所示的高级筛选/排序窗口。

3）在字段列表中依次双击“院系”和“出生日期”，将两个字段加入到设计网格中，并在“院系”列下的“条件”行中输入“信息技术学院”，在“出生日期”列下的“条件”行中输入“>#1993-12-31#”，排序行中选择“降序”。

4）单击 切换筛选 按钮，结果如图 3.70 所示。

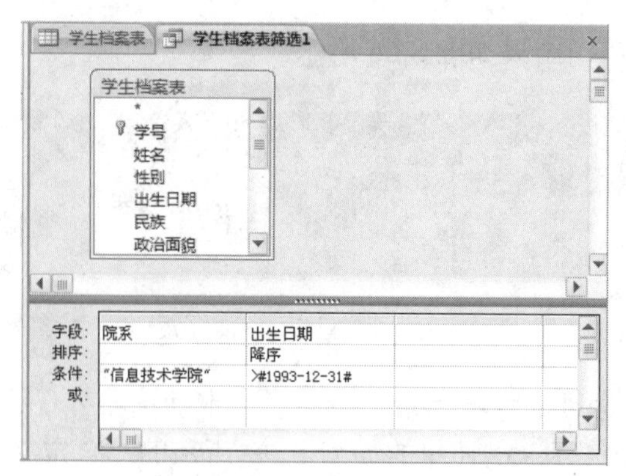


图 3.69　高级筛选/排序窗口

| 学号 | 姓名 | 性别 | 出生日期 | 民族 | 政治面貌 | 职务 | 所属院系 | 通讯 |
|---|---|---|---|---|---|---|---|---|
| 1231124018 | 孙鑫宇 | 男 | 10月30日1995 | 满 | 党员 | 生活委员 | 信息技术学院 | |

图 3.70　高级筛选/排序的结果

5. 排序记录

在高级筛选/排序中介绍过对筛选后的记录进行排序，也可以对数据表的记录直接排序。

在数据表视图中选择要排序的字段，若要升序排序，单击功能区“开始”选项卡下“排序和筛选”组中的升序按钮，若要降序排序，则单击降序按钮。

例如对学生档案表中的记录按“出生日期”升序排列，具体操作如下：

（1）在数据表视图中打开“学生档案表”。

（2）单击“出生日期”字段。

（3）单击功能区“开始”选项卡下“排序和筛选”组中的升序按钮，结果如图 3.71 所示。

| 学号 | 姓名 | 性别 | 出生日期 | 民族 | 政治面貌 | 职务 | 所 |
|---|---|---|---|---|---|---|---|
| 1021325014 | 海楠 | 女 | 12月15日1992 | 汉 | 团员 | | 管理学 |
| 1031124012 | 张雪 | 女 | 04月06日1993 | 汉 | 党员 | 学习委员 | 信息技 |
| 1102436055 | 胡佳 | 男 | 01月25日1994 | 汉 | 团员 | | 数理学 |
| 1221315011 | 王红 | 女 | 09月17日1994 | 满 | 团员 | | 数理学 |
| 1111215032 | 李东宁 | 男 | 12月27日1994 | 汉 | 团员 | 班长 | 外语学 |
| 1231124018 | 孙鑫宇 | 男 | 10月30日1995 | 满 | 党员 | 生活委员 | 信息技 |

图 3.71　“学生档案表”排序结果

上面的操作仅适用于按单个字段进行排序的情况，而更多的时候对数据表排序的要求会比较复杂，例如对学生档案表按“院系”字段的升序和“出生日期”字段的降序进行排序，这时仍然使用“高级筛选/排序”窗口来实现，如图 3.72 和图 3.73 所示。

6. 查找和替换

前面介绍过利用筛选功能查找出满足条件的记录，若想查找特定的记录或查找字段中的某些值，可以使用功能区“开始”选项卡下“查找”组中的查找命令。具体方法如下：

（1）在数据表视图中打开表，选择要搜索的字段。

（2）单击功能区“开始”选项卡下“查找”组中的查找按钮，出现如图 3.74 所示的“查找和替换”对话框，在“查找内容”框中输入要查找的内容。

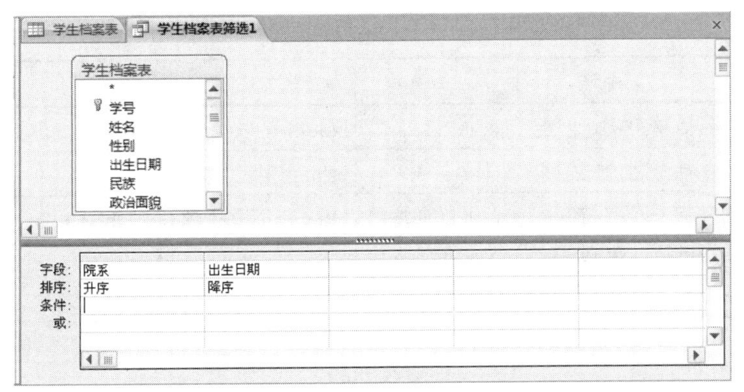


图 3.72　“高级筛选/排序”窗口

| 学号 | 姓名 | 性别 | 出生日期 | 民族 | 政治面貌 | 职务 | 所属院系 | 图 |
|---|---|---|---|---|---|---|---|---|
| 1021325014 | 海楠 | 女 | 12月15日1992 | 汉 | 团员 | | 管理学院 | 图 |
| 1221315011 | 王红 | 女 | 09月17日1994 | 满 | 团员 | | 数理学院 | 计 |
| 1102436055 | 胡佳 | 男 | 01月25日1994 | 汉 | 团员 | | 数理学院 | 数 |
| 1111215032 | 李东宁 | 男 | 12月27日1994 | 汉 | 团员 | 班长 | 外语学院 | 英 |
| 1231124018 | 孙鑫宇 | 男 | 10月30日1995 | 满 | 党员 | 生活委员 | 信息技术学院 | 通 |
| 1031124012 | 张雪 | 女 | 04月06日1993 | 汉 | 党员 | 学习委员 | 信息技术学院 | 计 |

图 3.73　排序结果

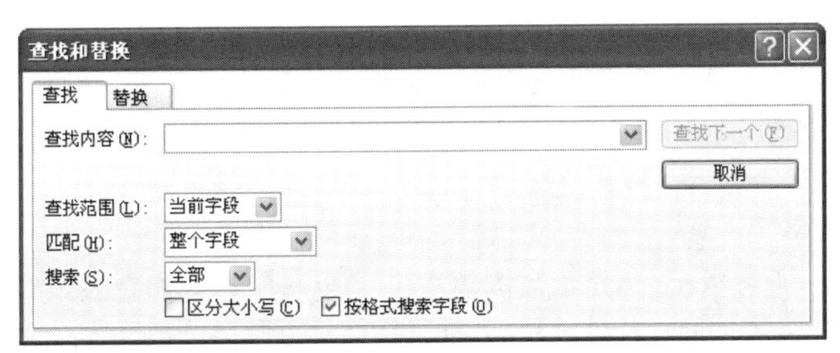


图 3.74　“查找和替换”对话框

（3）如果满足条件的记录有多条，单击“查找下一个”按钮。

若想修改查找到的内容，可以利用“替换”来完成，具体步骤如下：

（1）在“查找和替换”对话框中“替换”选项卡下，设置要输入的新的内容。

（2）如果要一次替换出现的全部指定内容，请单击“全部替换”按钮。如果要一次替换一个，请单击“查找下一个”按钮，然后单击“替换”按钮。如果要跳过下一个并继续查找出现的内容，请单击“查找下一个”按钮。

如果仅知道要查找的部分内容或要查找以指定的字母开头的或符合某种样式的指定内容，则可以使用通配符作为其他字符的占位符。表 3.7 列出了相关的通配符。

表 3.7　通配符

| 字符 | 用法 | 示例 |
|---|---|---|
| * | 与任意个数的字符匹配，它可以在字符串中当作第一个或最后一个字符使用 | a*可以找到 at、act 和 action 等 |
| ? | 与任何单个字母的字符匹配 | b?ll 可以找到 ball、bell 和 bill |

续表

| 字符 | 用法 | 示例 |
|---|---|---|
| [ ] | 与方括号内任何单个字符匹配 | b[ae]ll 可以找到 ball 和 bell，但找不到 bill |
| ! | 匹配任何不在括号之内的字符 | b[!ae]ll 可以找到 bill 和 bull，但找不到 ball、bell |
| _ | 与范围内的任何一个字符匹配。必须以递增排序次序来指定区域（A 到 Z，而不是 Z 到 A） | b[a-c]d 可以找到 bad、bbd 和 bcd |
| # | 与任何单个数字字符匹配 | 1#3 可以找到 103、113…193 |

注意：

（1）通配符是专门用在文本数据类型中的，但有时候也可以成功地用在其他数据类型中。

（2）在使用通配符搜索星号（*）、问号（?）、数字号码（#）、左方括号（[）或减号（-）时，必须将搜索的项目放在方括号内。例如：搜索问号，请在“查找”对话框中输入[?]符号。如果同时搜索减号和其他单词时，请在方括号内将减号放置在所有字符之前或之后（但是，如果有惊叹号（!），请在方括号内将减号放置在惊叹号之后）。如果搜索惊叹号（!）或右方括号（]），不需要将其放在方括号内。

（3）必须将左、右方括号放在下一层方括号中（[[ ]]），才能同时搜索一对左、右方括号（[ ]），否则 Microsoft Access 会将这种组合作为一个空字符串处理。

### 3.6.3 调整表的外观

调整表的结构和外观是为了使表更清楚、美观。调整表格外观的操作包括改变字段次序、调整字段显示宽度和高度、设置数据字体、调整表中网络线样式及背景颜色、隐藏列、冻结列等。

1. 改变字段次序

在缺省设置下，通常 Access 显示数据表中的字段次序与它们在表或查询中出现的次序相同。但是在使用数据表视图时，往往需要移动某些列来满足查看数据的要求。此时可以改变字段的显示次序。

例如，将“学生”表中的“政治面貌”字段放到“出生日期”字段前。具体操作步骤如下：

（1）在数据表视图中打开“学生档案表”。

（2）将鼠标指针定位在“政治面貌”字段列的字段名上，鼠标指针会变成一个粗体黑色向下箭头，单击选中该列，如图 3.75 所示。

学生档案表

| 学号 | 姓名 | 性别 | 出生日期 | 民族 | 政治面貌 | 职务 |
|---|---|---|---|---|---|---|
| 1021325014 | 海楠 | 女 | 12月15日1992 | 汉 | 团员 | |
| 1221315011 | 王红 | 女 | 09月17日1994 | 满 | 团员 | |
| 1102436055 | 胡佳 | 男 | 01月25日1994 | 汉 | 团员 | |
| 1111215032 | 李东宁 | 男 | 12月27日1994 | 汉 | 团员 | 班长 |
| 1231124018 | 孙鑫宇 | 男 | 10月30日1995 | 满 | 党员 | 生活委员 |
| 1031124012 | 张雪 | 女 | 04月06日1993 | 汉 | 党员 | 学习委员 |

图 3.75 选择列以改变字段显示次序

（3）将鼠标放在“政治面貌”字段列的字段名上，然后按住鼠标左键并拖动鼠标到“出生日期”字段前，释放鼠标左键，结果如图 3.76 所示。

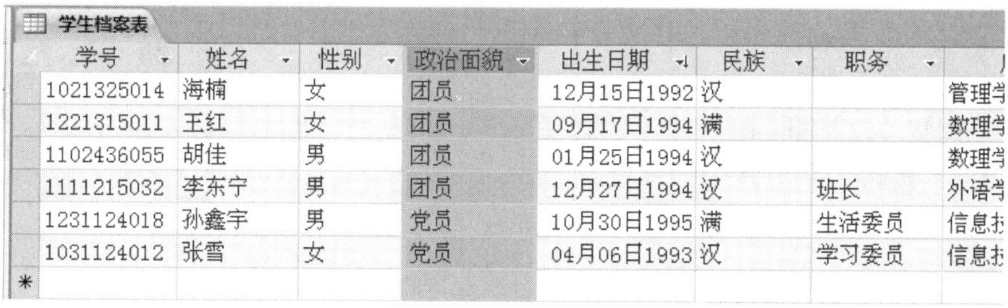

学生档案表

| 学号 | 姓名 | 性别 | 政治面貌 | 出生日期 | 民族 | 职务 | |
|---|---|---|---|---|---|---|---|
| 1021325014 | 海楠 | 女 | 团员 | 12月15日1992 | 汉 | | 管理学 |
| 1221315011 | 王红 | 女 | 团员 | 09月17日1994 | 满 | | 数理学 |
| 1102436055 | 胡佳 | 男 | 团员 | 01月25日1994 | 汉 | | 数理学 |
| 1111215032 | 李东宁 | 男 | 团员 | 12月27日1994 | 汉 | 班长 | 外语学 |
| 1231124018 | 孙鑫宇 | 男 | 党员 | 10月30日1995 | 满 | 生活委员 | 信息 |
| 1031124012 | 张雪 | 女 | 党员 | 04月06日1993 | 汉 | 学习委员 | 信息 |

图 3.76　改变字段显示次序结果

使用这种方法可以移动单个字段或字段组。移动数据表视图中的字段，不会改变表设计视图中字段的排列顺序，只是改变字段在数据表视图下字段的显示顺序。

2. 调整字段显示宽度和高度

在表对象的数据表视图中，有时由于数据过长显示时被部分遮住；有时由于数据设置的字号过大，数据显示在一行中被截断。为了能完整地显示字段中的全部数据，可以通过调整字段的显示宽度或高度来实现。

（1）调整字段显示高度。

调整字段显示高度有鼠标和菜单命令两种方法。

使用鼠标调整字段显示高度的操作步骤如下：

1）在数据表视图中打开所需的表。

2）将鼠标指针放在表中任意两行选定器之间，鼠标指针变为上下双箭头形式。

3）按住鼠标左键不放，拖动鼠标上下移动，当调整到所需高度时松开鼠标左键。

使用菜单命令调整字段显示高度的操作步骤如下：

1）在数据表视图中打开所需的表。

2）单击功能区“开始”选项卡下“记录”组中的“其他”按钮。

3）从“其他”下拉列表中选择“行高”命令，打开如图3.77所示的“行高”对话框。

4）在“行高”对话框的“行高”文本框内输入所需的行高值，并单击“确定”按钮，完成表的行高设置。

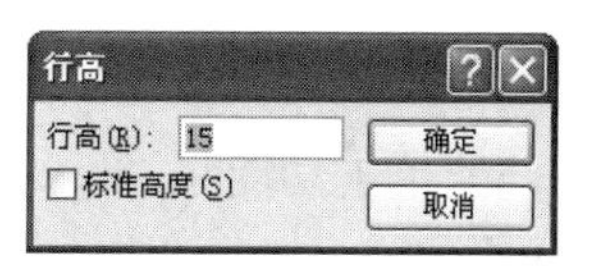


图 3.77　“行高”对话框

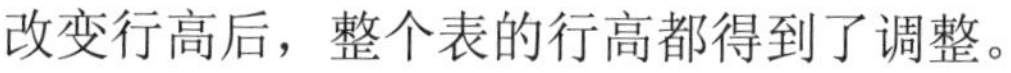
改变行高后，整个表的行高都得到了调整。

（2）调整字段显示宽度。

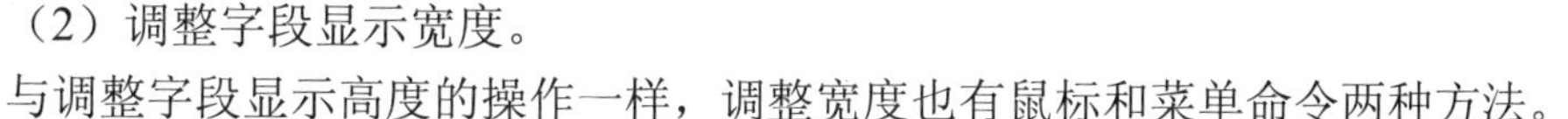
与调整字段显示高度的操作一样，调整宽度也有鼠标和菜单命令两种方法。

使用鼠标调整字段显示宽度的操作步骤如下：

1）在数据表视图中打开所需的表。

2）将鼠标指针放在表中要改变宽度的两列字段名中间，鼠标指针变为左右双箭头形式。

3）按住鼠标左键不放，拖动鼠标左右移动，当调整到所需宽度时松开鼠标左键。

在拖动字段列中间的分隔线时，如果将分隔线拖动到超过下一个字段列的右边界时，将会隐藏该列。

使用菜单命令调整字段显示宽度的操作步骤如下：

1）在数据表视图中打开所需的表。

2）选择要改变宽度的字段列。

3）单击功能区“开始”选项卡下“记录”组中的“其他”按钮。

4）从“其他”下拉列表中选择“字段宽度”命令执行，打开如图 3.78 所示的“列宽”对话框。

5）在“列宽”对话框的“列宽”文本框内输入所需的宽度，并单击“确定”按钮，完成表的列宽设置。

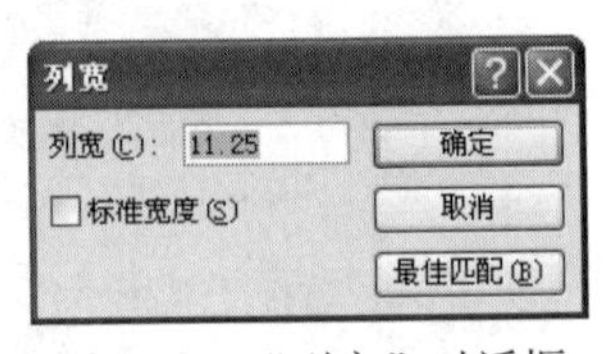

图 3.78 “列宽”对话框

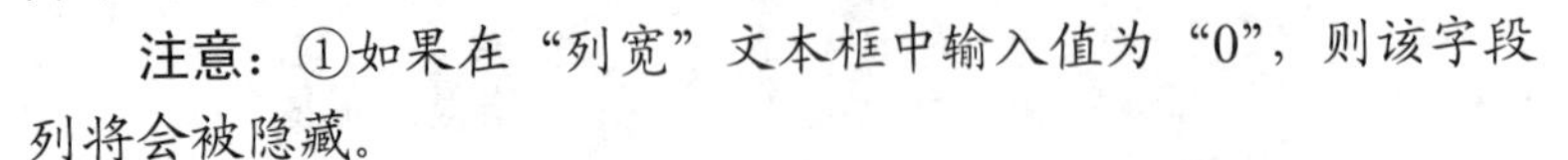

**注意**：①如果在“列宽”文本框中输入值为“0”，则该字段列将会被隐藏。

②“列宽”的设置仅针对选中的列进行。

③“最佳匹配”是使选中列的标题和内容达到最理想的显示效果。

重新设定列宽不会改变表中字段的“字段大小”属性所允许的字符数，它只是简单地改变字段列所包含数据的显示宽度。

3. 隐藏列和显示列

在表对象的数据表视图中，为便于查看表中的主要数据，可以将某些字段列暂时隐藏起来，需要时再将其显示出来。

（1）隐藏列。

例如，将“学生档案表”中的“性别”字段列隐藏起来。具体的操作步骤如下：

1）在数据表视图中打开“学生档案表”。

2）单击“性别”字段选定器选中该字段，如图 3.79 所示。

学生档案表

| 学号 | 姓名 | 性别 | 政治面貌 | 出生日期 | 民族 | |
|---|---|---|---|---|---|---|
| 1021325014 | 海楠 | 女 | 团员 | 12月15日1992 | 汉 | |
| 1221315011 | 王红 | 女 | 团员 | 09月17日1994 | 满 | |
| 1102436055 | 胡佳 | 男 | 团员 | 01月25日1994 | 汉 | |
| 1111215032 | 李东宁 | 男 | 团员 | 12月27日1994 | 汉 | 班 |
| 1231124018 | 孙鑫宇 | 男 | 党员 | 10月30日1995 | 满 | 生 |
| 1031124012 | 张雪 | 女 | 党员 | 04月06日1993 | 汉 | 学 |
| * | | | | | | |

图 3.79 选定隐藏字段

3）单击功能区“开始”选项卡下“记录”组中的 其他 按钮，从“其他”下拉列表中选择“隐藏字段”命令，结果如图 3.80 所示。

学生档案表

| 学号 | 姓名 | 政治面貌 | 出生日期 | 民族 | 职务 | |
|---|---|---|---|---|---|---|
| 1021325014 | 海楠 | 团员 | 12月15日1992 | 汉 | | 管理 |
| 1221315011 | 王红 | 团员 | 09月17日1994 | 满 | | 数理 |
| 1102436055 | 胡佳 | 团员 | 01月25日1994 | 汉 | | 数理 |
| 1111215032 | 李东宁 | 团员 | 12月27日1994 | 汉 | 班长 | 外语 |
| 1231124018 | 孙鑫宇 | 党员 | 10月30日1995 | 满 | 生活委员 | 信息 |
| 1031124012 | 张雪 | 党员 | 04月06日1993 | 汉 | 学习委员 | 信息 |
| * | | | | | | |

图 3.80 隐藏字段后的结果

（2）显示列。

如果希望将隐藏的字段重新显示出来，具体操作步骤如下：

1）在数据表视图中打开“学生档案表”。

2）单击功能区“开始”选项卡下“记录”组中的 其他 按钮，从“其他”下拉列表中选择“取消隐藏字段”命令，打开“取消隐藏列”对话框，如图 3.81 所示。

3）在“列”列表中选中要显示字段的复选框。

4）单击“关闭”按钮。

这样就可以将被隐藏的字段重新显示在数据表中。

隐藏字段和取消隐藏字段也可以通过右击鼠标，从如图 3.82 所示的快捷菜单中选择相应命令来实现。

图 3.81　“取消隐藏列”对话框

图 3.82　快捷菜单

### 4. 冻结列

在通常的操作中，常常需要建立比较大的数据表，由于表过宽，在数据表视图中，有些关键的字段值因为水平滚动后无法看到，影响了数据的查看。Access 提供的冻结列功能可以解决这方面的问题。

在数据表视图中冻结某些字段列后，无论用户怎样水平滚动窗口，这些字段总是可见的，并且总是显示在窗口的最左边。

例如，冻结“学生档案表”中的“姓名”列，具体操作步骤如下：

（1）在数据表视图中打开“学生档案表”。

（2）单击“姓名”字段的字段选定器，选定要冻结的字段。

（3）单击功能区“开始”选项卡下“记录”组中的 其他 按钮，从“其他”下拉列表中选择“冻结字段”命令，结果如图 3.83 所示。

学生档案表

| 姓名 | 学号 | 性别 | 政治面貌 | 出生日期 | 民族 | |
|---|---|---|---|---|---|---|
| 海楠 | 1021325014 | 女 | 团员 | 12月15日1992 | 汉 | |
| 王红 | 1221315011 | 女 | 团员 | 09月17日1994 | 满 | |
| 胡佳 | 1102436055 | 男 | 团员 | 01月25日1994 | 汉 | |
| 李东宁 | 1111215032 | 男 | 团员 | 12月27日1994 | 汉 | 班 |
| 孙鑫宇 | 1231124018 | 男 | 党员 | 10月30日1995 | 满 | 生 |
| 张雪 | 1031124012 | 女 | 党员 | 04月06日1993 | 汉 | 学 |
| * | | | | | | |

图 3.83　冻结字段效果

此时水平滚动窗口时，可以看到“姓名”字段列始终显示在窗口的最左边。

当不再需要冻结列时，可以单击功能区“开始”选项卡下“记录”组中的 其他 按钮，从“其他”下拉列表中选择“取消冻结所有字段”命令。

冻结字段和取消冻结所有字段也可以通过鼠标右击，从如图 3.82 所示的快捷菜单中选择相应命令来实现。

**注意：**在取消某个列冻结时，需要考虑是否还有其他列处于被冻结状态。例如，在如图 3.84 所示的“学生档案表”中要求取消“姓名”列的冻结，但细心的读者会发现表中被冻结列还有“学号”（黑色实线左侧的列都处于冻结状态，也可以通过移动水平滚动条来查看冻结情况），那么操作的步骤应该是首先取消所有列的冻结，然后再将“学号”列冻结。

学生档案表

| 姓名 | 学号 | 性别 | 政治面貌 | 出生日期 | 民族 |
| --- | --- | --- | --- | --- | --- |
| 海楠 | 1021325014 | 女 | 团员 | 12月15日1992 | 汉 |
| 王红 | 1221315011 | 女 | 团员 | 09月17日1994 | 满 |
| 胡佳 | 1102436055 | 男 | 团员 | 01月25日1994 | 汉 |
| 李东宁 | 1111215032 | 男 | 团员 | 12月27日1994 | 汉 |
| 孙鑫宇 | 1231124018 | 男 | 党员 | 10月30日1995 | 满 |
| 张雪 | 1031124012 | 女 | 党员 | 04月06日1993 | 汉 |

图 3.84 “姓名”和“学号”列冻结的“学生档案表”

5. 设置数据表格式

在数据表视图中，水平方向和垂直方向都显示有网格线，网格线采用银色，背景采用白色和灰色。用户可以改变单元格的显示效果，也可以选择网格线的显示方式和颜色、表格的背景颜色等。设置数据表格式的操作步骤如下：

（1）在数据表视图中打开所需的表。

（2）在功能区“开始”选项卡下“文本格式”组中单击按钮，打开如图 3.85 所示的“设置数据表格式”对话框。

图 3.85 “设置数据表格式”对话框

（3）在“设置数据表格式”对话框中，用户可以根据需要选择所需的项目进行设置。

**注意：**单元格效果如果选择“凸起”或“凹陷”单选按钮后，不能再对其他选项进行设置。

（4）单击“确定”按钮，完成对数据表的格式设置。

6. 改变字体显示

为了使数据的显示美观清晰、醒目突出，用户可以改变数据表中数据的字体、字型和字号。

例如，将“学生档案表”设置为如图 3.86 所示的格式，其中字体为隶书、字号为 12、字型为斜体、颜色为蓝色。具体操作步骤如下：

| 姓名 | 学号 | 性别 | 出生日期 | 民族 | 政治面貌 | 职务 | |
|---|---|---|---|---|---|---|---|
| 海楠 | 1021325014 | 女 | 12月15日1992 | 汉 | 团员 | | 管 |
| 张雷 | 1031124012 | 女 | 04月06日1993 | 汉 | 党员 | 学习委员 | 信 |
| 胡佳 | 1102436055 | 男 | 01月25日1994 | 汉 | 团员 | | 数 |
| 李东宁 | 1111215032 | 男 | 12月27日1994 | 汉 | 团员 | 班长 | 外 |
| 王红 | 1221315011 | 女 | 09月17日1994 | 满 | 团员 | | 数 |
| 孙豪宇 | 1231124018 | 男 | 10月30日1995 | 满 | 党员 | 生活委员 | 信 |

图 3.86 改变字体显示结果

（1）在数据表视图中打开“学生档案表”。

（2）在功能区“开始”选项卡下“文本格式”组中，将字体设置为“隶书”，字号设置为 12，字型设置为“斜体”，颜色设置为“蓝色”，如图 3.87 所示。

图 3.87 “文本格式”组

**注意：要改变字体显示需要预先安装打印机。**

### 3.6.4 数据表中的汇总行

对数据表中的行进行汇总统计是一项经常性而又非常有用的数据库操作。Access 2010 提供了一种新的简便方法（汇总行）来对数据表中的项目进行汇总。可以向任何数据表中添加汇总行。

汇总行与 Excel 表中的“汇总”行非常相似。显示汇总行时，可以从下拉列表中选择 COUNT、SUM、AVERAGE、MIN 或 MAX 等聚合函数，聚合函数对一组值执行计算并返回单一的值。

下面以统计“学生档案表”中的学生人数为例，说明添加汇总行的步骤。

（1）在数据表视图中打开“学生档案表”。

（2）在功能区“开始”选项卡下“记录”组中，单击 **Σ 合计** 按钮，在数据表视图中出现“汇总”行，如图 3.88 所示。

| 姓名 | 学号 | 性别 | 出生日期 | 民族 | 政治面貌 | 职务 | |
|---|---|---|---|---|---|---|---|
| 海楠 | 1021325014 | 女 | 12月15日1992 | 汉 | 团员 | | 管 |
| 张雷 | 1031124012 | 女 | 04月06日1993 | 汉 | 党员 | 学习委员 | 信 |
| 胡佳 | 1102436055 | 男 | 01月25日1994 | 汉 | 团员 | | 数 |
| 李东宁 | 1111215032 | 男 | 12月27日1994 | 汉 | 团员 | 班长 | 外 |
| 王红 | 1221315011 | 女 | 09月17日1994 | 满 | 团员 | | 数 |
| 孙豪宇 | 1231124018 | 男 | 10月30日1995 | 满 | 党员 | 生活委员 | 信 |
| 汇总 | | | | | | | |

图 3.88 “学生档案表”中的汇总行

（3）单击“学号”列的汇总行单元格，出现一个下拉箭头，单击该箭头，从列表中选择“计数”，如图 3.89 所示，完成对“学生档案表”中学生人数的统计。

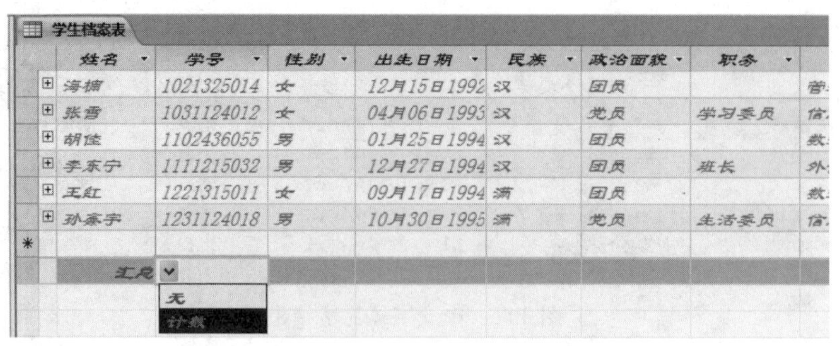

图 3.89 “学号”字段计数

如果需要隐藏表中的汇总行，只需再次单击 **Σ 合计** 按钮即可。

## 本章小结

本章主要介绍数据表的相关知识，包括创建表的方法和过程，设置数据类型、字段属性、主键、索引、表间关联关系，字段和数据的编辑操作及 Access 2010 中的汇总行等。要求掌握建立数据表的几种不同方法，并根据要求或实际情况完成数据类型和字段属性的设置。

能够对数据表进行修改字段、添加字段、删除字段、建立索引，按要求进行筛选和对表的外观进行调整；能够为数据表创建主键，主键是数据表中记录的唯一标识，对多个数据表同时进行操作时，需要通过主键建立表间关系，多数据表才能互相访问。

## 习　题

1. 如何建立数据表，有几种方法？
2. 什么是主键，如何创建主键？
3. 字段有几种数据类型，分别是什么？
4. 有效性规则的作用是什么？
5. 输入掩码的作用是什么，如何设置？
6. 什么是参照完整性？
7. 数据表的外观设置有哪些？
8. 简述表中的汇总行？

# 第4章 查询

在数据库操作中，很大一部分工作是对数据进行统计、计算与检索。虽然可以在数据表中进行筛选、排序、浏览甚至汇总等操作，但是数据表在执行数据计算以及检索多个表时，就显得无能为力了。此时可以利用查询轻而易举地完成以上操作。

查询是 Access 数据库中的一个重要对象。查询实际上就是收集一个或几个表中用户认为有用的字段的工具。可以将查询到的数据组成一个集合，这个集合中的字段可能来自一个表，也可能来自多个不同的表，这个集合就称为查询。在 Access 中查询可以用来生成窗体、报表，甚至生成其他查询的基础。因此，查询的目的就是让用户根据指定条件对表或者其他查询进行检索，筛选出符合条件的记录，构成一个新的数据集合，从而方便用户对数据库进行查看和分析。本章将介绍 Access 查询对象的基本概念、操作方法和应用方式，并讲解 SQL 的基本知识。

## 4.1 查询简介

查询是关系数据库中的一个重要概念，查询对象不是数据的集合，而是操作的集合。可以理解为查询是针对数据表中数据源的操作命令。在 Access 数据库中，查询是一种统计和分析数据的工作，是对数据库中的数据进行分类、筛选、添加、删除和修改。从表面上看查询似乎是建立了一个新表，但是查询的记录集实际上并不存在。每次运行查询时，Access 便从查询源表的数据中创建一个新的记录集，使查询中的数据能够和源表中的数据保持同步。每次打开查询，就相当于重新按条件进行查询。查询可以作为结果，也可以作为数据源，即查询可以根据条件从数据表中检索数据，并将结果存储起来，查询也可以作为创建表、查询、窗体或报表的数据源。

根据应用目的不同，可以将 Access 的查询分为以下 5 种类型。

（1）选择查询：选择查询是最常用的一种查询类型。它是根据指定的查询条件，从一个或多个表中获取数据并显示结果。也可以使用选择查询对记录进行分组，并对记录进行总计、计数、平均以及其他计算。

（2）交叉表查询：使用交叉表查询可以计算并重新组织数据的结构，从而更加方便地分析数据。交叉表查询可以实现数据的总计、平均值、计数等类型的统计工作。

（3）参数查询：当用户需要的查询每次都要改变查询准则，而且每次重新创建查询又比较麻烦时，就可以利用参数查询来解决这个问题。参数查询是通过对话框，提示用户输入查询准则，系统将以该准则作为查询条件，将查询结果按指定的形式显示出来。

（4）操作查询：操作查询是在一次查询操作中对所得到的结果进行编辑等操作。操作查询分为删除、追加、更改与生成表四种类型。

（5）SQL 查询：这种查询需要一些特定的 SQL 命令，这些命令必须写在 SQL 视图中（SQL 查询不能使用设计视图）。SQL 查询包括联合查询、传递查询、数据定义查询和子查询四种类型。

在 Access 中，查询的实现可以通过两种方式进行，一种是在数据库中建立查询对象，另一种是在 VBA 程序代码中使用结构化查询语言（Structured Query Language，SQL）。

## 4.2 查询视图

Access 2010 的查询视图有数据表视图、设计视图、SQL 视图、数据透视表视图和数据透视图视图五种，本节仅介绍常用的前三种视图。

### 4.2.1 数据表视图

数据表视图主要用于在行和列格式下显示表、查询以及窗体中的数据，如图 4.1 所示的“所有男同学”查询的数据表视图。对于选择查询，在对象列表下选中“查询”，双击要打开的查询便可以数据表视图方式打开查询。用户可以通过这种方式进行打开查询、查看信息、更改数据、追加记录和删除记录等操作。

所有男同学

| 学号 | 姓名 | 性别 | 出生日期 | 民族 | 政治面貌 | 职务 | |
|---|---|---|---|---|---|---|---|
| 1111215032 | 李东宇 | 男 | 12月27日1994 | 汉 | 团员 | 班长 | 外语 |
| 1102436055 | 胡佳 | 男 | 01月25日1994 | 汉 | 团员 | | 数理 |
| 1231124018 | 孙嘉宇 | 男 | 10月30日1995 | 满 | 党员 | 生活委员 | 信息 |
| * | | | | | | | |

图 4.1 查询的数据表视图

### 4.2.2 设计视图

设计视图是一个设计查询的窗口，包含了创建查询所需要的各个组件。用户只需在各个组件中设置一定的内容就可以创建一个查询。查询设计窗口分为上下两部分，上部为表/查询的字段列表，显示添加到查询中的数据表或查询的字段列表；下部为查询的设计网格区，定义查询的字段，并将表达式作为条件，限制查询的结果；中间是可以调节的分隔线；标题栏显示查询的名称，如图 4.2 所示。用户只需要在各个组件中设置一定的内容就可以创建一个查询。

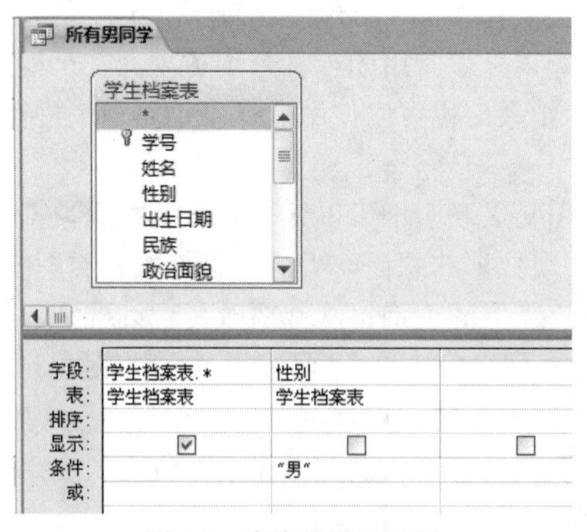


图 4.2 查询的设计视图

在查询设计网格中，可以详细设置查询的内容，具体内容的功能如下：

（1）字段：查询所需要的字段。每个查询至少包括一个字段，也可以包含多个字段。如果与字段对应的“显示”复选框被选中，则表示该字段将显示在查询的结果中。

（2）表：指定查询的数据来源表或其他查询。

（3）排序：指定查询的结果是否进行排序。排序方式包括“升序”、“降序”和“不排序”三种。

（4）条件：指定用户用于查询的条件或要求。

在如图 4.3 所示的“查询工具/设计”选项卡中还包含许多按钮，可以帮助用户方便、快捷地进行查询设计，表 4.1 中对部分按钮功能做了简单介绍。

图 4.3　“查询工具/设计”选项卡

**表 4.1　“查询工具/设计”选项卡按钮**

| 按钮 | 作用 |
| --- | --- |
| 视图 | 单击此按钮可以打开一个菜单列表，用于在不同的视图间切换 |
| 运行 | 执行一个查询动作 |
| 选择 | 创建选择查询 |
| 生成表 | 创建生成表查询 |
| 追加 | 创建追加查询 |
| 更新 | 创建更新查询 |
| 交叉表 | 创建交叉表查询 |
| 删除 | 创建删除查询 |
| 联合 | 创建 SQL 的联合查询 |
| 传递 | 创建 SQL 的传递查询 |
| 数据定义 | 创建 SQL 的数据定义查询 |
| 显示表 | 打开“显示表”对话框，用于在查询中添加更多的查询或表 |
| 汇总 | 显示汇总行 |

### 4.2.3 SQL 视图

用户可以使用设计视图创建和查看查询，但并不能与查询进行直接交互。Access 能将设计视图中的查询翻译成 SQL 语句。SQL 是“结构化查询语言”的缩写。虽然 SQL 语言是大型的、多样的语言，但用户只需简单了解 SQL 就能够使用它。当用户在设计视图中创建查询时，Access 在 SQL 视图中自动创建与查询对应的 SQL 语句。用户可以在 SQL 视图中查看或改变 SQL 语句，进而改变查询。

打开查询的数据表视图，在功能区“查询工具/设计”选项卡下“结果”组中单击视图按钮，从列表中选择“SQL 视图”命令，打开 SQL 视图，如图 4.4 所示。

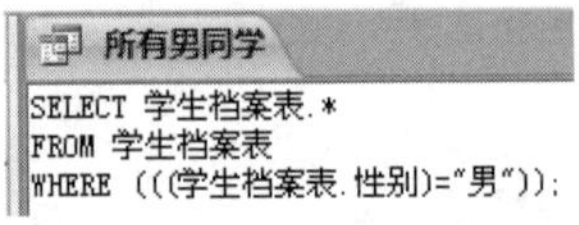

所有男同学

```
SELECT 学生档案表.*
FROM 学生档案表
WHERE (((学生档案表.性别)="男"));
```

图 4.4 查询的 SQL 视图

## 4.3 使用查询向导创建查询

可以使用查询向导创建查询，常用的查询向导有：

- 简单查询向导。
- 交叉表查询向导。
- 查找重复项查询向导。
- 查找不匹配项查询向导。

### 4.3.1 简单查询向导

在 Access 中可以利用简单查询向导创建查询，可以在一个或多个表（或其他查询）指定的字段中检索数据。而且，通过向导也可以对一组记录或全部记录进行总计、计数以及求平均值的运算，还可以计算字段中的最大值和最小值等。

使用简单查询向导创建查询的操作步骤如下：

（1）在功能区“创建”选项卡下的“查询”组中，单击查询向导按钮，打开如图 4.5 所示的“新建查询”对话框。

（2）在“新建查询”对话框的向导列表中选择“简单查询向导”，单击“确定”按钮，打开如图 4.6 所示的“简单查询向导”对话框 1。

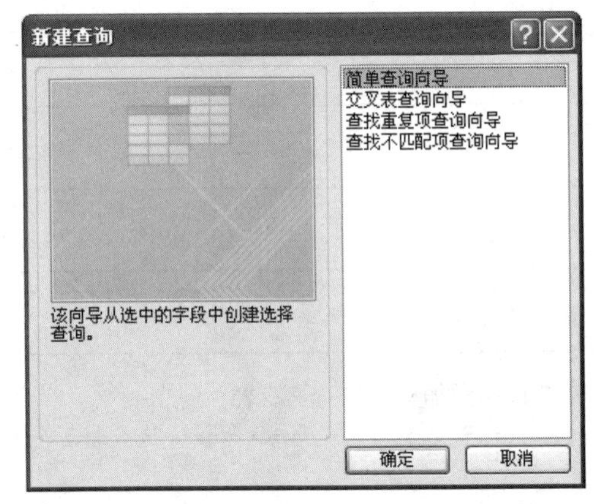


图 4.5 “新建查询”对话框

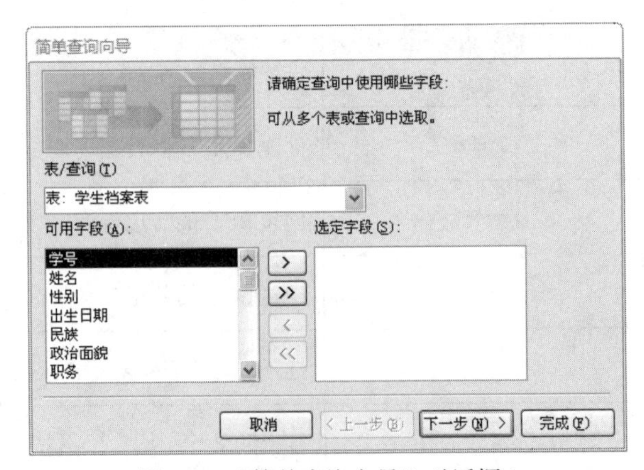


图 4.6 “简单查询向导”对话框 1

（3）在“简单查询向导”对话框 1 中，“表/查询”组合可以选择数据源表或查询，“可用字段”列表框显示选定表或查询中的可用字段，“选定字段”列表框中显示用户已经选定用于查询的字段。用户可以在“可用字段”列表中双击要用的字段名，双击后字段将会添加到“选定字段”列表框中；或者单击“可用字段”中的字段名，然后单击 > 按钮。如果发现“选定字段”列表框中的字段选错了，可在“选定字段”列表框中双击要删除的字段名，将它移动到“可用字段”列表框中；或者单击“选定字段”列表框中的字段名，然后单击 < 按钮。如果要全部选定“可用字段”中的字段，则单击 >> 按钮。如果要全部去掉“选定字段”列表框中的字段，则可单击 << 按钮。单击“表/查询”框中的下拉箭头，在出现的列表中选择“表：学生档案表”，再从“可用字段”列表框中选择“学号”、“姓名”、“性别”这几个字段，如图 4.7 所示。

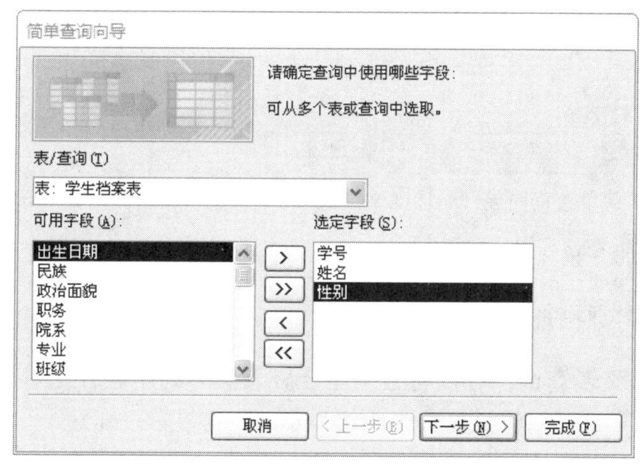


图 4.7　确定查询数据源及选定字段

（4）单击“下一步”按钮，打开如图 4.8 所示的“简单查询向导”对话框 2。在这里可以选择采用明细查询还是汇总查询，如果是汇总查询，则选中“汇总”单选按钮，单击“汇总选项”按钮，在打开的“汇总选项”对话框中选择需要计算的汇总值。本例选择明细查询，单击“下一步”按钮。

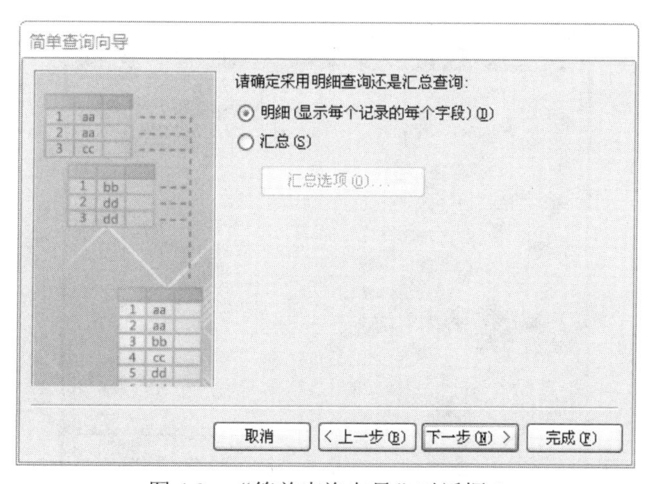


图 4.8　“简单查询向导”对话框 2

（5）在如图 4.9 所示的“简单查询向导”对话框 3 中，可以指定查询的标题，还可以选择完成向导后要做的工作，有“打开查询查看信息”和“修改查询设计”两个选项可以选择。本例中选择“打开查询查看信息”。

（6）单击“完成”按钮，完成该查询的创建过程，查询结果如图 4.10 所示。

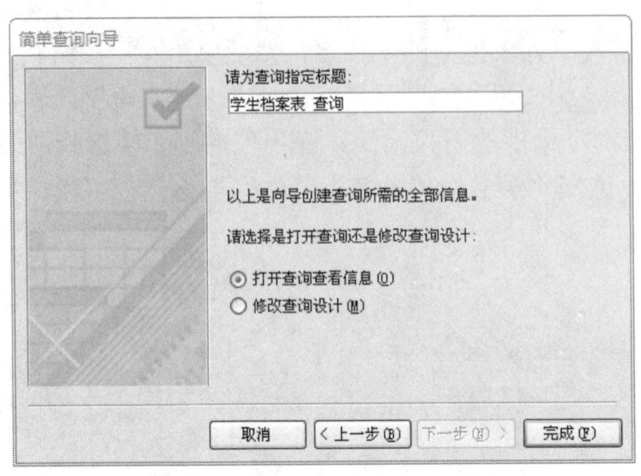


图 4.9 “简单查询向导”对话框 3

学生档案表 查询

| 学号 | 姓名 | 性别 |
| --- | --- | --- |
| 1021325014 | 海楠 | 女 |
| 1031124012 | 张雪 | 女 |
| 1102436055 | 胡佳 | 男 |
| 1111215032 | 李东宇 | 男 |
| 1221315011 | 王红 | 女 |
| 1231124018 | 孙秦宇 | 男 |
| * | | |

图 4.10 查询结果

**注意**：如果生成的查询不完全符合要求，可以重新执行向导或在“设计”视图中更改查询。

## 4.3.2 交叉表查询向导

使用向导创建交叉表查询，可以将数据组合成表，并利用累计工具将数值显示为电子报表式的格式。交叉表查询可以将数据分为两组显示，一组显示在左边，一组显示在上面，左边和上面的数据在表中的交叉点可以进行求和、求平均值、计数或其他计算。

下面以统计各院系男女生人数为例介绍使用交叉表查询向导创建查询的操作步骤：

（1）在功能区“创建”选项卡下的“查询”组中，单击“查询向导”按钮，打开如图 4.5 所示的“新建查询”对话框。

（2）在向导类型列表框中选择“交叉表查询向导”选项，如图 4.11 所示，然后单击“确定”按钮，打开如图 4.12 所示的“交叉表查询向导”对话框 1。

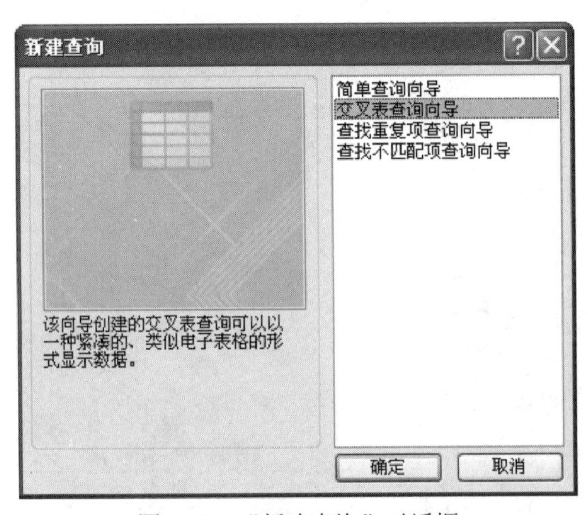


图 4.11 “新建查询”对话框

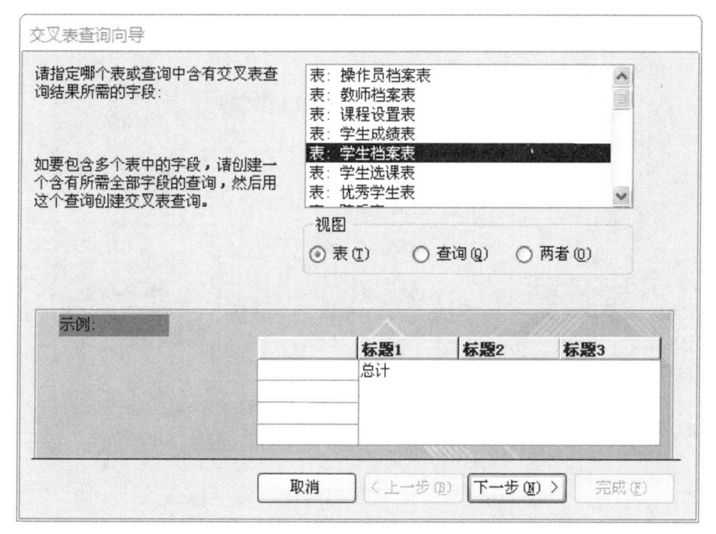


图 4.12 “交叉表查询向导”对话框 1

（3）在“视图”选项组中，选择用于交叉表查询的表或查询，这里选择“表”。在“请指定哪个表或查询中含有交叉表查询结果所需的字段”列表框中，选择需要使用的表或查询，在这里选择“学生档案表”。

（4）单击“下一步”按钮，打开“交叉表查询向导”对话框 2，从“可用字段”列表框中选择“院系”作为交叉表中要用的行标题，如图 4.13 所示。

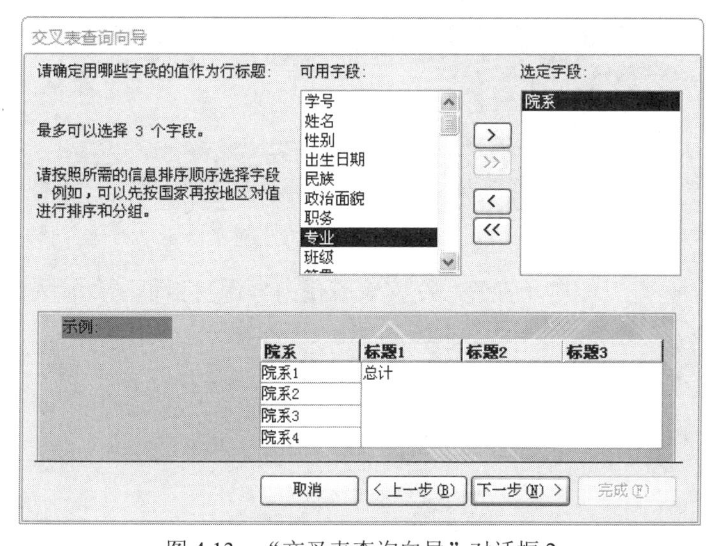


图 4.13 “交叉表查询向导”对话框 2

（5）单击“下一步”按钮，打开“交叉表查询向导”对话框 3，在这个对话框中选择“性别”作为列标题，如图 4.14 所示。

（6）单击“下一步”按钮，打开“交叉表查询向导”对话框 4。确定为每个列和行的交叉点计算出什么结果。在“字段”列表框中选择“学号”，在“函数”列表框中选择“Count”，如图 4.15 所示。在“函数”框中，列出了 5 种 Access 可以提供计算的函数，用户只要从中选择，Access 就可以自动按选择的函数计算交叉点的数据。同时要注意是否对各行进行小计，通过选中或取消“是，包括各行小计”复选框来实现。

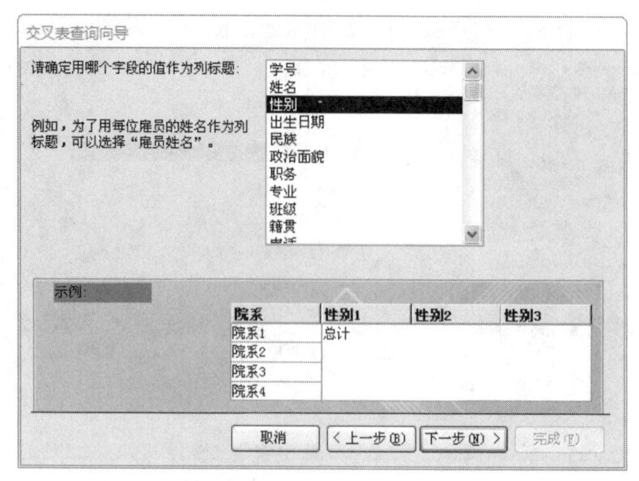


图 4.14 “交叉表查询向导”对话框 3

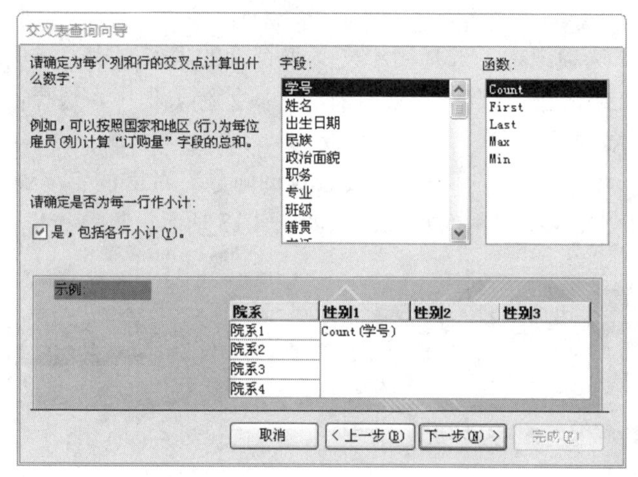


图 4.15 “交叉表查询向导”对话框 4

（7）单击“下一步”按钮，打开“交叉表查询向导”对话框 5，输入所建交叉表查询的名称“各院系男女生人数统计”，如图 4.16 所示。

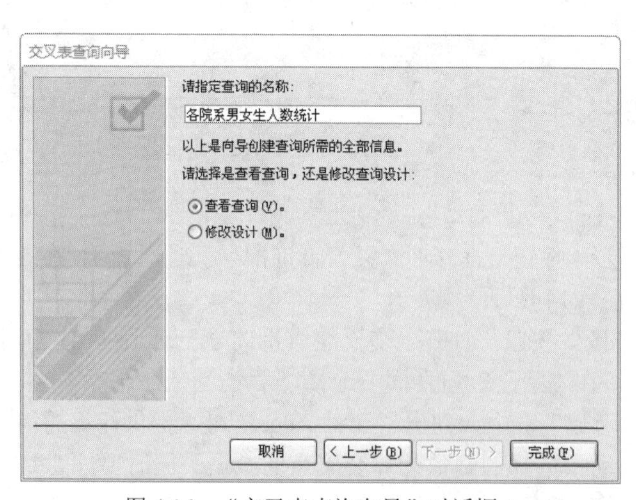


图 4.16 “交叉表查询向导”对话框 5

（8）单击“完成”按钮，最后得到的交叉表查询结果如图 4.17 所示。

各院系男女生人数统计

| 所属院系 | 总计 学号 | 男 | 女 |
| --- | --- | --- | --- |
| 管理学院 | 1 | | 1 |
| 数理学院 | 2 | 1 | 1 |
| 外语学院 | 1 | 1 | |
| 信息技术学院 | 2 | 1 | 1 |

图 4.17　交叉表查询结果

从这个交叉表中可以看出交叉表主要分为三部分：行标题、列标题和交叉点。其中行标题是在交叉表左边出现的字段（最多允许选择三个字段），列标题是在交叉表上面出现的字段（只允许选择一个字段），而交叉点则是行列标题交叉的数据点。

**注意：**在数据库中，可以通过在窗体中使用“数据透视表向导”或在数据访问页中创建数据透视表列表来显示交叉表数据，而无须创建单独的查询。使用数据透视表窗体或数据透视表列表可以按照不同的方法来分析数据，更改所需的行标题和列标题。

### 4.3.3　查找重复项查询向导

根据“查找重复项”查询的结果，可以确定在表中是否有重复的记录，或记录在表中是否共享相同的值。例如，可以搜索“姓名”字段中的重复值来确定同名学生是否为重复记录。

（1）在功能区“创建”选项卡下的“查询”组中单击按钮，打开如图 4.5 所示的“新建查询”对话框。

（2）在向导类型列表框中选择“查找重复项查询向导”选项，然后单击“确定”按钮，打开如图 4.18 所示的“查找重复项查询向导”对话框 1。

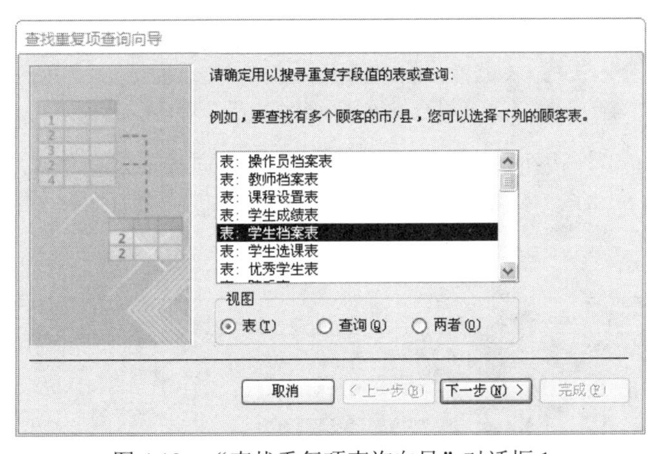


图 4.18　“查找重复项查询向导”对话框 1

（3）在“查找重复项查询向导”对话框 1 中，选择用来搜寻重复字段值的表或查询，这里选择“学生档案表”，单击“下一步”按钮。

（4）在打开的“查找重复项查询向导”对话框 2 中，选择可能包含重复信息的字段，这里选择“姓名”，如图 4.19 所示。

（5）单击“下一步”按钮，在打开的“查找重复项查询向导”对话框 3 中，确定查询是否还显示带有重复值的字段之外的其他字段，这里选择“学号”、“性别”和“院系”，如图 4.20 所示。

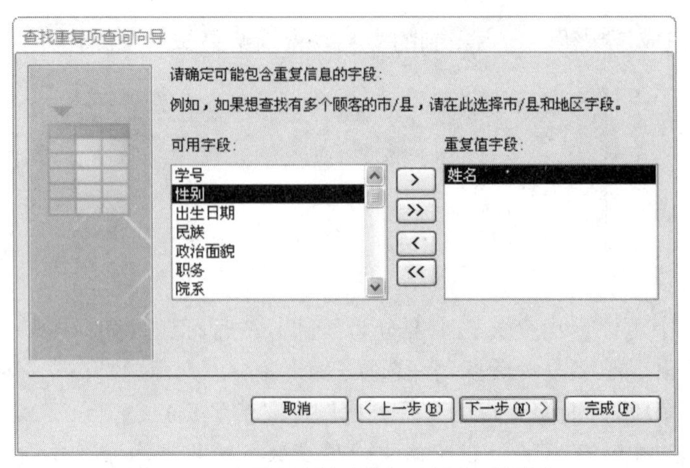


图 4.19 “查找重复项查询向导”对话框 2

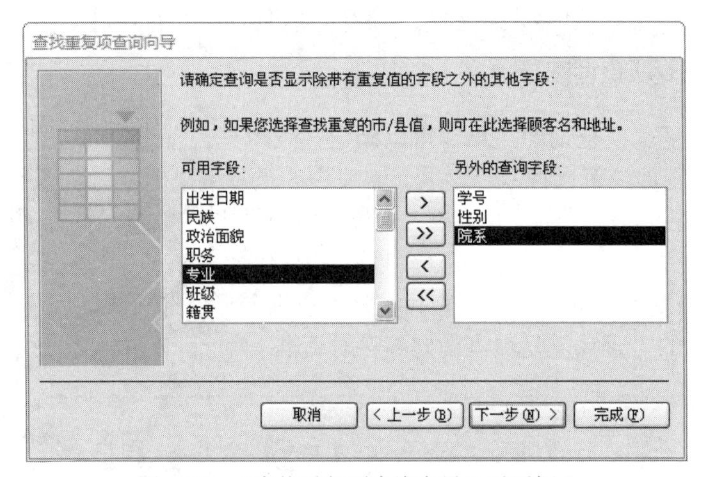


图 4.20 “查找重复项查询向导”对话框 3

（6）单击“下一步”按钮，打开“查找重复项查询向导”对话框 4，如图 4.21 所示。在此对话框中为查询指定名称，也可以在“查看结果”和“修改设计”两个选项中选择完成后的视图方式。

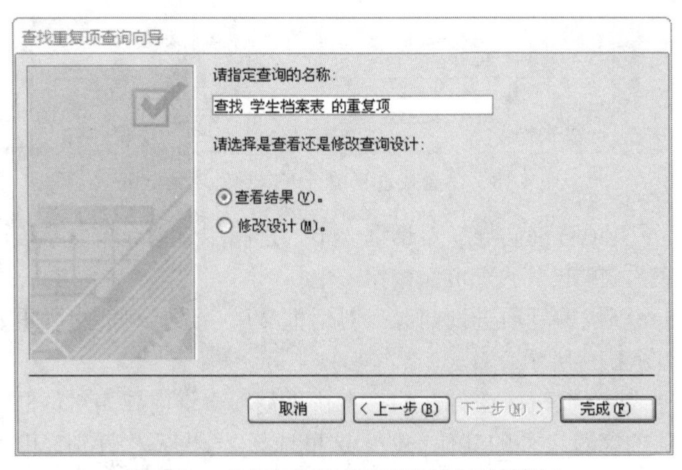


图 4.21 “查找重复项查询向导”对话框 4

（7）单击“完成”按钮，在数据表视图中查看查询结果。

**注意**：本例中结果为空，因为没有重名学生；为查看结果，可自行添加重名学生记录。

### 4.3.4 查找不匹配项查询向导

使用“查找不匹配项查询向导”，可以在表中查找与其他记录不相关的记录。下面以查找未选课学生为例介绍具体的操作步骤：

**说明**：“学生档案表”中是所有学生的记录，而“学生选课表”中是选课学生的记录，两者进行不匹配查询，就是找出在“学生档案表”中存在而在“学生选课表”中不存在的记录，这些记录就是没有选课的学生，或者说实际上是两张表做了一个差运算。

（1）在功能区“创建”选项卡下的“查询”组中单击查询向导按钮，打开如图4.5所示的“新建查询”对话框。

（2）在向导类型列表框中选择“查找不匹配项查询向导”选项，然后单击“确定”按钮，打开如图4.22所示的“查找不匹配项查询向导”对话框1。

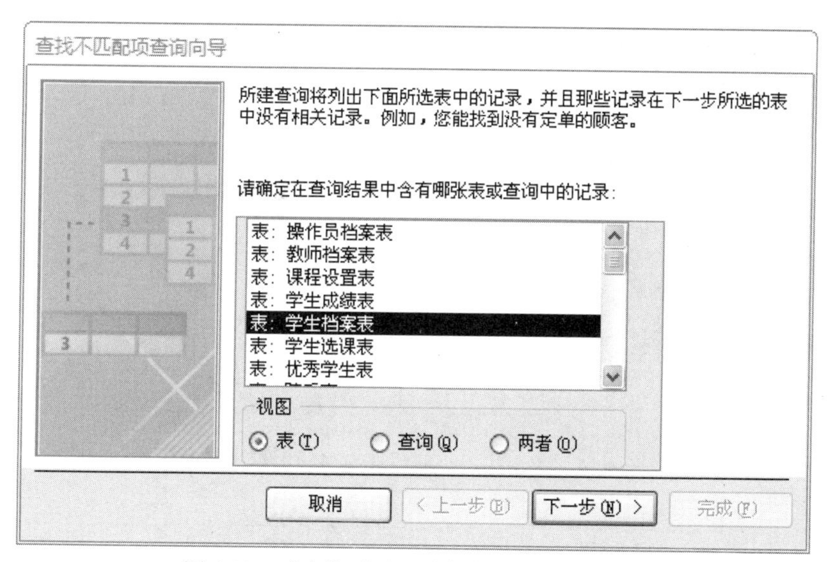


图4.22 “查找不匹配项查询向导”对话框1

（3）在“查找不匹配项查询向导”对话框1中，选择用来搜寻不匹配项的表或查询，这里选择“学生档案表”（“学生档案表”包含所有学生的记录，未选课的学生一定在这张表中，或者说这一步要选择的是查询结果包含在哪一张表里）。

（4）单击“下一步”按钮，打开“查找不匹配项查询向导”对话框2，选择哪张表或查询包含相关记录，在这里选择“学生选课表”（这里要选择的是和（3）中所选中表进行对比的表或查询），如图4.23所示。

（5）单击“下一步”按钮，打开“查找不匹配项查询向导”对话框3，在此对话框中要确定两张表中相互关联的字段，例如，两张表中都有一个“学号”字段（注意尽量选择主键，例如选择“姓名”可能会因为重名而造成查询结果错误），并单击 <=> 按钮，建立两张表中字段间的匹配关系，如图4.24所示。

（6）单击“下一步”按钮，打开“查找不匹配项查询向导”对话框4，在对话框中选择查询结果中所需的字段，如图4.25所示。

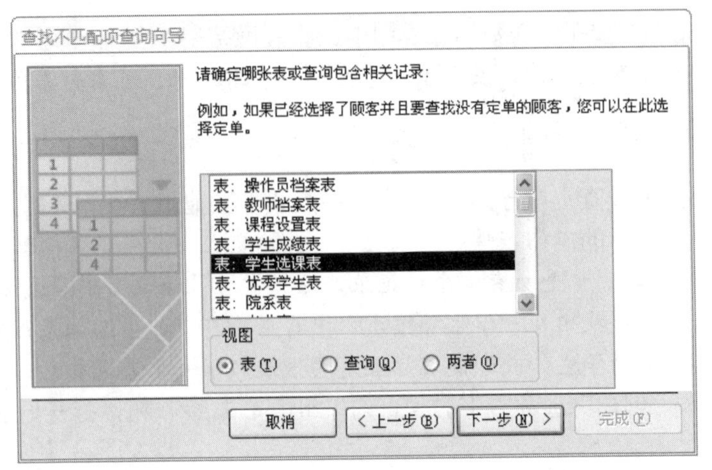


图 4.23　“查找不匹配项查询向导”对话框 2

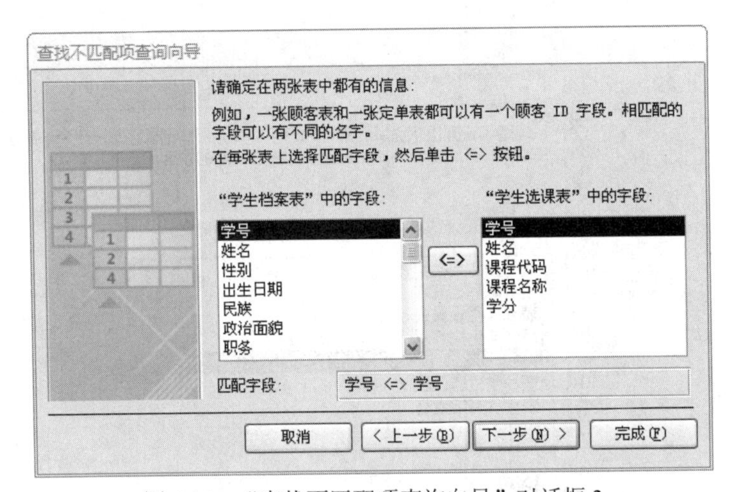


图 4.24　“查找不匹配项查询向导”对话框 3

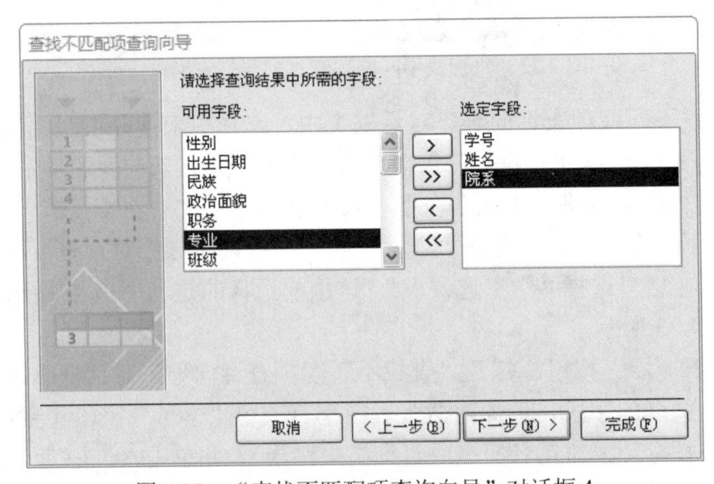


图 4.25　“查找不匹配项查询向导”对话框 4

（7）单击“下一步”按钮，打开“查找不匹配项查询向导”对话框 5，输入查询名称，选择需要的选项，如图 4.26 所示。

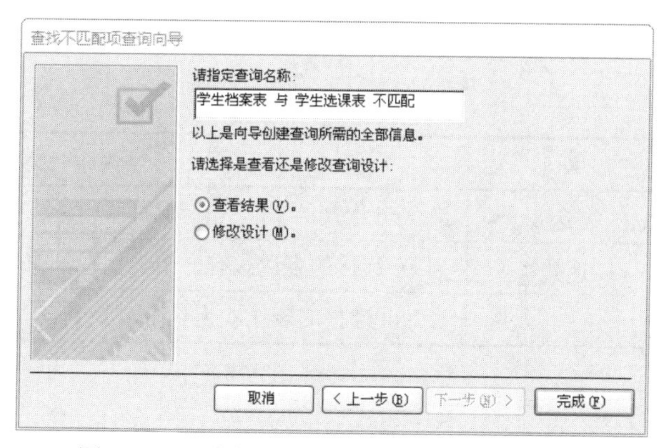


图 4.26　“查找不匹配项查询向导”对话框 5

（8）单击“完成”按钮，在数据表视图中查看查询结果，如图 4.27 所示。

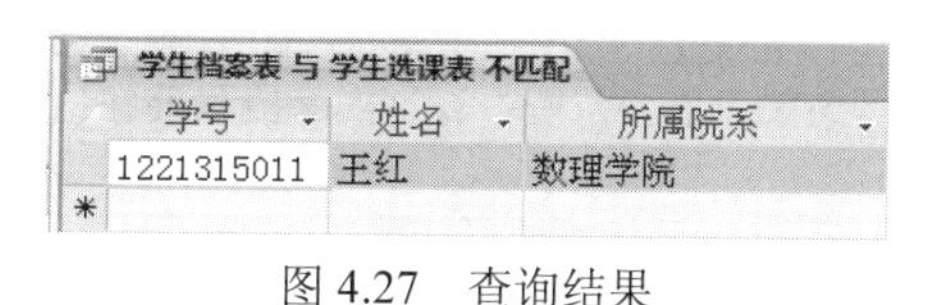


图 4.27　查询结果

## 4.4　查询条件

“条件”是指在查询中用来限制检索记录的条件表达式，它是算术运算符、逻辑运算符、常量、字段值和函数等的组合。通过条件可以过滤掉很多不需要的数据。

1. 简单条件表达式

简单条件表达式有字符型、数字型和表示空字段值的条件表达式。

（1）字符型。

例如“计算机系”表示字段值等于“计算机系”的字符串。“*计算机*”表示其中含有“计算机”三个字的任何字符串。“计算机？”表示有四个字而且前三个字是“计算机”的所有字符串。

（2）数字型。

例如“20”表示数字 20 或是 20 元钱、编号 20。“20*5-3”与表达式“97”等价。

（3）表示空字段值。

例如“Is Null”或“为空”表示为空白的字段值。“Is Not Null”或“为非空”表示不为空白的字段值。

2. 运算符

运算符主要有关系运算符、逻辑运算符和特殊运算符。

（1）关系运算符，如表 4.2 所示。

表 4.2　关系运算符

| 运算符 | 含义 | 运算符 | 含义 |
| --- | --- | --- | --- |
| > | 大于 | <= | 小于等于 |
| >= | 大于等于 | <> | 不等于 |
| < | 小于 | = | 等于 |

（2）逻辑运算符，如表 4.3 所示。

表 4.3 逻辑运算符

| 运算符 | 形式 | 说明 |
| --- | --- | --- |
| And | <表达式 1> And <表达式 2> | 当 And 连接的表达式都为真时，整个表达式为真，否则为假 |
| Or | <表达式 1> Or <表达式 2> | 当 Or 连接的表达式有一个为真时，整个表达式为真，否则为假 |
| Not | Not <表达式> | 当 Not 连接的表达式为真时，整个表达式为假；否则为真 |

（3）特殊运算符，如表 4.4 所示。

表 4.4 特殊运算符

| 运算符 | 说明 |
| --- | --- |
| In | 用于指定一个字段值的列表，查询的字段只要与列表中的任意一个匹配即满足要求 |
| Between…And | 用于指定一个字段值的范围，查询的字段只要在这个范围内即满足要求（注意：包含临界值） |
| Like | 用于指定查找文本字段的字符模式，通常配合通配符使用。具体的使用方法可参照表 3.7 |
| Is Null | 用于指定一个字段为空 |
| Is Not Null | 用于指定一个字段为非空 |

3. 函数

Access 提供了大量的标准函数，如数值函数、字符函数、日期/时间函数和统计函数等。利用这些函数可以更好地构造查询准则，也为用户更准确地进行统计计算、实现数据处理提供了有效的方法。表 4.5 至表 4.8 分别给出了四种类型函数的说明。

表 4.5 数值函数

| 函数 | 说明 |
| --- | --- |
| Abs(数值表达式) | 返回数值表达式值的绝对值 |
| Int(数值表达式) | 返回数值表达式值的整数部分。如表达式为负数，则返回小于等于表达式值的第一个负整数 |
| Sqr(数值表达式) | 返回数值表达式值的平方根 |
| Sgn(数值表达式) | 返回数值表达式的符号值。当数值表达式值大于 0 时返回值为 1；当数值表达式值等于 0 时返回值为 0；当数值表达式值小于 0 时返回值为-1 |

表 4.6 字符函数

| 函数 | 说明 |
| --- | --- |
| Space(数值表达式) | 返回由数值表达式的值确定的空格个数组成的空字符串 |
| String(数值表达式,字符表达式) | 返回由字符表达式的第 1 个字符重复组成的长度为数值表达式值的字符串 |
| Left(字符表达式,数值表达式) | 返回从字符表达式左侧第 1 个字符开始长度为数值表达式值的字符串 |
| Right(字符表达式,数值表达式) | 返回从字符表达式右侧第 1 个字符开始长度为数值表达式值的字符串 |

续表

| 函数 | 说明 |
| --- | --- |
| Len(字符表达式) | 返回字符表达式的字符个数 |
| Mid(字符表达式,数值表达式 1[,数值表达式 2]) | 返回从字符表达式中数值表达式 1 个字符开始，长度为数值表达式 2 的字符串。数值表达式 2 可以省略，若省略则表示从数值表达式 1 个字符开始直到最后一个字符为止 |

表 4.7　日期/时间函数

| 函数 | 说明 |
| --- | --- |
| Day(date) | 返回给定日期 1~31 间的值。表示给定日期是一个月中的哪一天 |
| Month(date) | 返回给定日期 1~12 间的值。表示给定日期是一年中的哪个月 |
| Year(date) | 返回给定日期 1000~9999 间的值。表示给定日期是哪一年 |
| Weekday(date) | 返回给定日期 1~7 间的值。表示给定日期是一周中的哪一天（注意：默认周日为一周的第一天） |
| Hour(date) | 返回给定小时 0~23 间的值。表示给定时间是一天中的哪个钟点 |
| Date() | 返回当前系统日期 |

表 4.8　统计函数

| 函数 | 说明 |
| --- | --- |
| Sum(字符表达式) | 返回字符表达式中值的总和。字符表达式可以是一个字段名，也可以是一个含字段名的表达式，但所含字段应该是数字数据类型的字段 |
| Avg(字符表达式) | 返回字符表达式中值的平均值。字符表达式可以是一个字段名，也可以是一个含字段名的表达式，但所含字段应该是数字数据类型的字段 |
| Count(字符表达式) | 返回字符表达式中值的个数。字符表达式可以是一个字段名，也可以是一个含字段名的表达式，但所含字段应该是数字数据类型的字段 |
| Max(字符表达式) | 返回字符表达式中值的最大值。字符表达式可以是一个字段名，也可以是一个含字段名的表达式，但所含字段应该是数字数据类型的字段 |
| Min(字符表达式) | 返回字符表达式中值的最小值。字符表达式可以是一个字段名，也可以是一个含字段名的表达式，但所含字段应该是数字数据类型的字段 |

在 Access 中建立查询时，经常会使用文本值作为查询的条件，表 4.9 给出了以文本值作为条件的示例和功能说明。

表 4.9　使用文本值作为条件示例

| 字段名称 | 条件 | 功能 |
| --- | --- | --- |
| 院系 | "信息技术学院" | 查询院系为信息技术学院的记录 |
| 课程名称 | Like "计算机*" | 查询课程名称以“计算机”开头的记录 |
| 民族 | Not "汉" | 查询所有民族不是汉族的记录 |
| 姓名 | In("海楠","王平")<br>或"海楠" or "王平" | 查询姓名为海楠或王平的记录 |
| 姓名 | Left([姓名],1)="王" | 查询所有姓王的记录 |
| 学号 | Mid([学号],3,2)="04" | 查询学号第 3 位和第 4 位为 04 的记录 |

在 Access 中建立查询时，有时需要以计算或处理日期所得到的结果作为条件，表 4.10 列举了一些应用示例和功能说明。

表 4.10 使用处理日期结果作为条件示例

| 字段名称 | 条件 | 功能 |
| --- | --- | --- |
| 出生日期 | Between #1980-1-1# And #1980-12-31#<br>或 Year([出生日期])=1980 | 查询 1980 年出生的记录 |
| 出生日期 | Month([出生日期])=Month(Date()) | 查询本月出生的记录 |
| 出生日期 | year([出生日期])=1990 And month([出生日期])=4 | 查询 1990 年 4 月出生的记录 |
| 工作时间 | >Date()-20 | 查询最近 20 天内参加工作的记录 |

## 4.5 对查询进行编辑

### 4.5.1 编辑查询中的字段

1. 增加字段

在查询设计视图中增加一个或多个字段的操作步骤如下：

（1）在查询设计视图中打开需要修改的查询。

（2）根据需要分别采用以下方法在查询中加入字段：

如果需要一次增加多个字段，可以按下 Ctrl 键并在关系窗口的字段列表中单击选取多个字段，然后直接用鼠标拖到需要添加字段的单元格上。

可以在空白的字段中填入新加的字段，然后单击查询设计视图中的字段选择器，系统将选取整个字段列，将它拖到合适的位置即可。

如果想一次把整个表中的字段加进查询，可以简单地将查询设计视图的字段选择器中代表所有字段的星号拖到合适的位置。

（3）单击快速访问工具栏上的“保存”按钮，保存对查询的修改。

2. 删除字段

在查询设计视图中删除字段的方法很简单。操作步骤如下：

（1）在查询设计视图中打开需要修改的查询。

（2）在查询设计视图的设计网格中单击要删除字段的选择器，或按下 Shift 键单击选择器以选取多个字段，如图 4.28 所示。

（3）按 Delete 键或单击功能区“查询工具/设计”选项卡下“查询设置”组中的 删除列 按钮，删除选中字段。

（4）单击快速访问工具栏中的“保存”按钮，保存对查询的修改。

3. 移动字段

移动字段的操作步骤如下：

（1）在查询设计视图中打开需要修改的查询。

（2）在查询设计视图的设计网格中选取要移动的一个或多个字段。

（3）单击要选取字段的选择器，将它们拖到合适的位置。

（4）保存修改后，关闭设计视图即可。

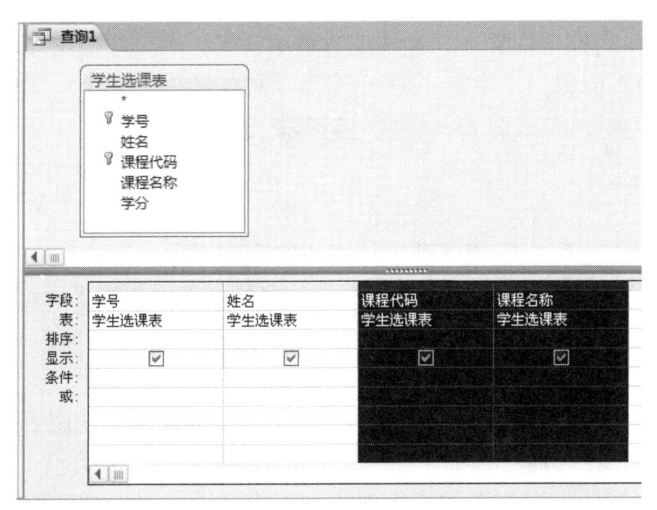


图 4.28　查询设计视图

4. 在查询中修改字段的标题

设计网格中“字段”单元格中的字段名用来表示所选择的字段，一般情况下，它们将直接显示在查询结果表的字段名中。一旦需要在查询结果中显示不同于字段名的信息时，就需要修改字段的标题。操作步骤如下：

（1）在查询设计视图中打开需要修改的查询。

（2）将光标移动到需要修改的字段上。

（3）单击功能区“查询工具/设计”选项卡下“显示/隐藏”组中的属性表按钮，打开如图 4.29 所示的“属性表”窗格。

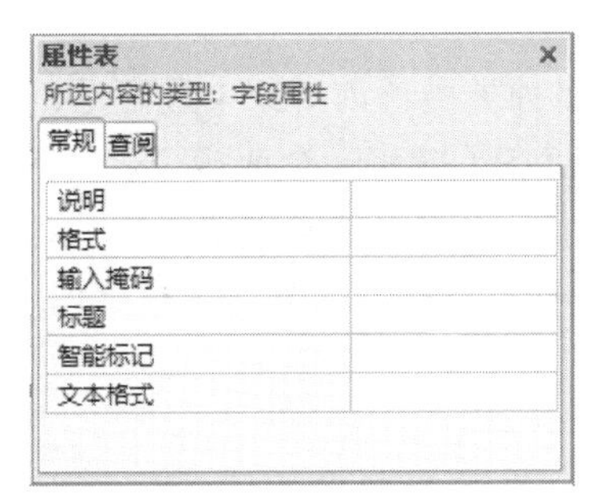


图 4.29　“属性表”窗格

（4）在“属性表”窗格“常规”选项卡下的“标题”属性框中输入字段的标题。

（5）关闭“属性表”窗格。

（6）单击快速访问工具栏中的“保存”按钮即可。

切换到“数据表视图”，将会看见在数据表中字段名称已经变成了标题栏中的内容。

5. 改变字段顺序

设计好一个查询后，在设计视图中看到的字段之间的排列顺序就是将来在查询中看到的顺序。如果对当初设计的字段排列顺序不满意，可以使用拖动的方法来改变字段之间的排列顺序。具体操作步骤如下：

（1）在查询设计视图中打开需要修改的查询。

（2）单击要改变顺序的字段上方的列选择器来选择整个列。

（3）拖动该列移动到新位置上（在拖动过程中，可以看到字段的新位置将出现黑竖条，可以据此确定字段的新位置）。

（4）释放鼠标左键，可以看到该字段已经移动到新位置上。

### 4.5.2 运行查询

在建立完查询对象之后，应该保存设计完成的查询对象。其方法是关闭查询设计视图，在随后出现的“另存为”对话框中指定查询对象的名称，然后单击“确定”按钮；或者单击快速访问工具栏中的“保存”按钮，在“另存为”对话框指定查询名称。

对于一个设计完成的查询对象，可以在当前数据库窗口中“导航”窗格下的查询对象列表中看到它的图标，双击一个查询对象，即可运行这个查询对象。使用查询对象操作数据也就是运行上述查询语句，称为运行查询。

在数据库窗口“导航”窗格下的查询对象列表中，选择需要打开的查询对象右击，从快捷菜单中选择“打开”命令；或双击需要打开的查询对象图标，即进入查询的数据表视图。在打开后的视图中可以看到，查询的数据表视图与表的数据表视图是形式完全相同的视图，不同的是查询的数据视图中显示的是一个动态数据集。

### 4.5.3 排序查询的结果

排序可以令某一列数据有顺序地排列，便于查看。在设计查询对象时，若需要哪一列数据有顺序地排列，可单击位于该列排序行上的下拉式列表框，从中选择所需的排序类型。

## 4.6 选择查询

选择查询是 Access 支持的多种类型查询对象中最常见、最重要的一种，它从一个或多个表中根据条件检索数据。它的优点在于能将一个或多个表中的数据集合在一起。选择查询不仅可以完成数据的筛选、排序等操作，更常见的功能在于它的计算功能、汇总统计功能以及接受外部参数的功能，即计算查询和参数查询。同时，选择查询还是创建其他类型查询的基础。

### 4.6.1 创建选择查询

本节将通过示例介绍如何设计一个简单的选择查询。例如，查找单科成绩大于 85 分的学生记录，并显示学生所在院系、学号、姓名（注意：两张表的协同操作，应当预先建立好表与表之间的关联关系，否则结果会有错误）。在这个查询中需要将“学生档案表”和“学生成绩表”的数据放在一起，找出单科成绩大于 85 分的学生，创建查询的步骤如下：

（1）在功能区“创建”选项卡下的“查询”组中，单击“查询设计”按钮，打开查询设计视图，并弹出如图 4.30 所示的“显示表”对话框。

（2）在“显示表”对话框中有 3 个选项卡，分别为“表”、“查询”、“两者都有”。如果建立查询的数据源来自表，则单击“表”选项卡；如果建立查询的数

图 4.30 “显示表”对话框

据源来自自己建立的查询，则单击“查询”选项卡；如果建立查询的数据源来自表和自己建立的查询，则单击“两者都有”选项卡。这里单击“表”选项卡。

（3）双击“学生档案表”，将“学生档案表”添加到查询设计视图窗口上半部分的字段列表区，然后使用同样的方法将“学生成绩表”添加到查询设计视图窗口上半部分的字段列表区中。单击“关闭”按钮。

（4）依次双击“学生档案表”中的“院系”、“学号”、“姓名”，“学生成绩表”中的“成绩”字段，使这些字段显示在设计网格区的“字段”行上。

（5）在“成绩”字段列的“条件”行中输入条件：“>85”，并取消“显示”复选框的选定（因为成绩只是作为查询条件，而不显示在查询结果中），结果如图 4.31 所示。

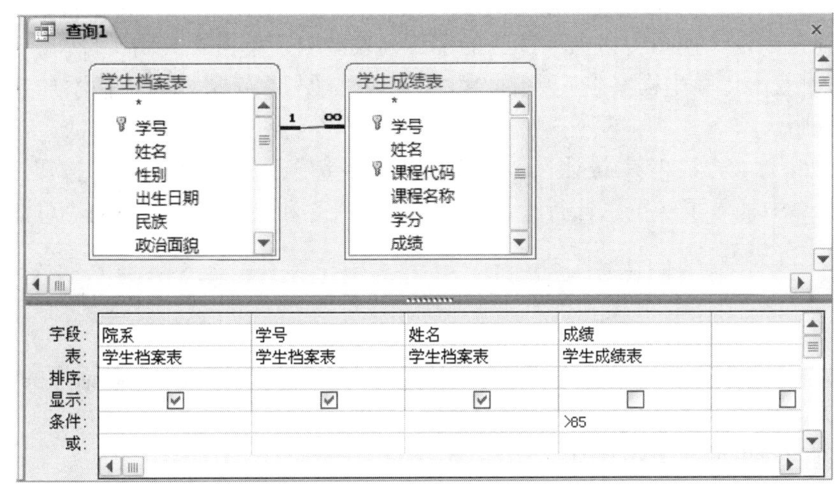


图 4.31　查询设计视图

（6）单击快速访问工具栏上的“保存”按钮，这时出现“另存为”对话框，在“查询名称”文本框中输入“单科成绩大于 85 分”，如图 4.32 所示。

（7）单击“确定”按钮，完成查询设计。

（8）单击功能区“查询工具/设计”选项卡下“结果”组中的按钮，在数据表视图中查看结果，如图 4.33 所示。

图 4.32　“另存为”对话框

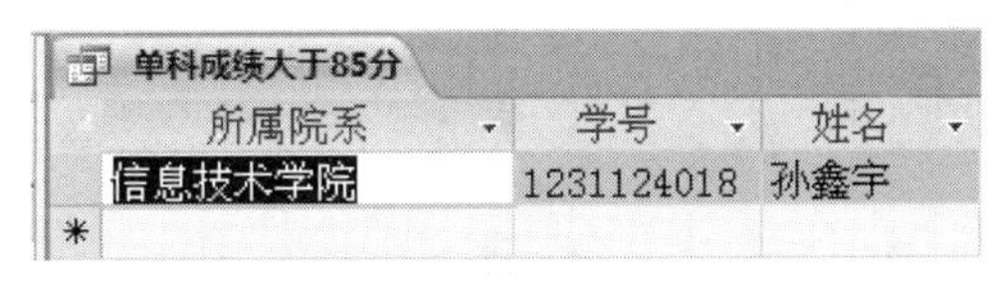


图 4.33　查询结果

**提示：**如果生成的查询不完全符合要求，可以在设计视图中更改查询。

可以对相同的字段或不同的字段输入多个条件。在多个“条件”单元格中输入表达式时，Microsoft Access 将使用 And 或 Or 运算符进行组合。如果此表达式是在同一行的不同单元格中，Microsoft Access 将使用 And 运算符，表示将返回匹配所有单元格中条件的记录。如果表达式是在设计网格的不同行中，Microsoft Access 将使用 Or 运算符，表示匹配任何一行单元格中条件的记录都将返回。

### 4.6.2 查询中的计算功能

1. *在选择查询中计算*

在建立查询时，有时可能关心查询记录，有时可能关心记录的计算结果。通过查询操作完成表内部或各表之间数据的运算，是建立查询对象的一个常用的功能。完成计算操作是通过在查询的对象中设计计算查询列实现的。下面以统计院系学生人数为例介绍计算查询的创建过程。

（1）在功能区“创建”选项卡下的“查询”组中，单击查询设计按钮，打开查询设计视图，并弹出“显示表”对话框。

（2）在“显示表”对话框中，单击“表”选项卡，然后双击“学生档案表”，将“学生档案表”添加到查询设计视图窗口上半部分的字段列表区中，单击“关闭”按钮。

（3）依次双击“学生档案表”中的“院系”和“学号”字段，将它们添加到设计网格区的“字段”行中。

（4）在功能区“查询工具/设计”选项卡下的“显示/隐藏”组中，单击Σ汇总按钮，这时 Access 在“设计网格”中插入了一个总计行，并自动将“院系”和“学号”字段的“总计”行设置成“Group By”（分组）。

（5）单击“学号”字段的“总计”行，再单击其右边出现的向下箭头按钮，从下拉列表中选择“计数”（Count），结果如图 4.34 所示。

（6）单击快速访问工具栏上的“保存”按钮，在出现的“另存为”对话框的“查询名称”文本框中输入“按院系统计学生人数”，保存查询。

运行查询的结果如图 4.35 所示。

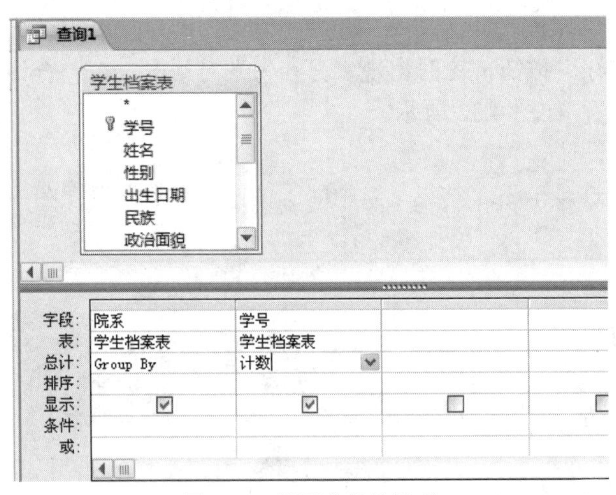


图 4.34 设置分组总计项

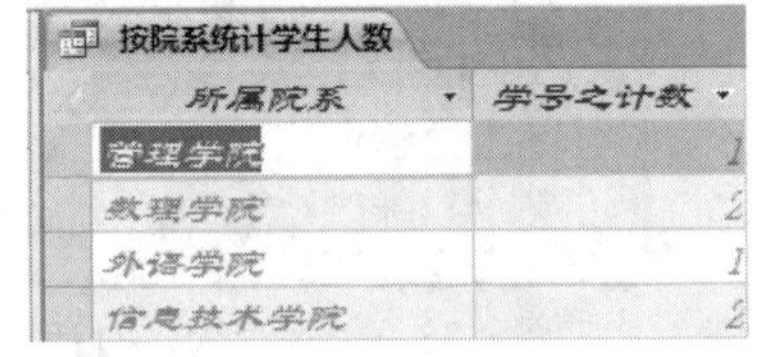


图 4.35 查询结果

在查询中执行计算的注意事项：

（1）如果要在字段中显示计算的结果，可以使用 Microsoft Access 所提供的预定义计算或自定义计算。使用所谓“总计”的预定义计算，可计算出记录组或全部记录的如下值：合计（Sum）、平均值（Avg）、计数（Count）、最小值（Min）、最大值（Max）和标准偏差（StDev）等，可以对每个字段选择要进行的计算。

（2）“计数”（Count）在计算时不包括有空值（Null）的记录，即“计数”（Count）返回所有无 Null 值的记录总数。有一种方法可以对 Null 值进行计数，另外也可以将 Null 值转换为零以便进行计算。如果要查找包含 Null 值的记录总数，请在“计数”（Count）中使用星号（*）通配符。

（3）在字段中显示计算结果时，结果实际并不存储在查询中。相反地，Microsoft Access 在每次执行查询时都将重新进行计算，以使计算结果永远以数据库中最新的数据为准。因此，不能人工更新计算结果。

如图 4.34 所示窗口中总计行中其他值的含义如表 4.11 所示。

表 4.11　在总计行中的其他值的含义

| 值 | 含义 |
| --- | --- |
| 分组（Group By） | 定义要执行计算的组，将记录与指定字段中的相等值组合成单一记录 |
| 表达式（Expression） | 创建表达式中包含汇总函数的计算字段。通常在表达式中使用多个函数时，将创建计算字段 |
| 条件（Where） | 指定不用于分组的字段准则。如果选定这个字段选项，Microsoft Access 将清除“显示”复选框，隐藏查询结果中的这个字段 |
| 第一条记录（First） | 求表或查询中第一条记录的字段值 |
| 最后一条记录（Last） | 求表或查询中最后一条记录的字段值 |

2. 修改显示标题

在如图 4.35 所示的查询结果中，用来计数的字段标题为“学号之计数”，很显然这样的显示可读性差，应该调整。方法有两种，第一种方法是采用 4.5.1 节中介绍的通过“属性表”在查询中修改字段的标题；第二种方法是直接在设计网格区的“字段”行进行修改，操作步骤如下：

（1）在查询设计视图中打开“按院系统计学生人数”查询设计视图。

（2）在“字段”行的“学号”单元格中加入“人数:”，如图 4.36 所示。

（3）保存对查询的修改。

运行查询的结果如图 4.37 所示。

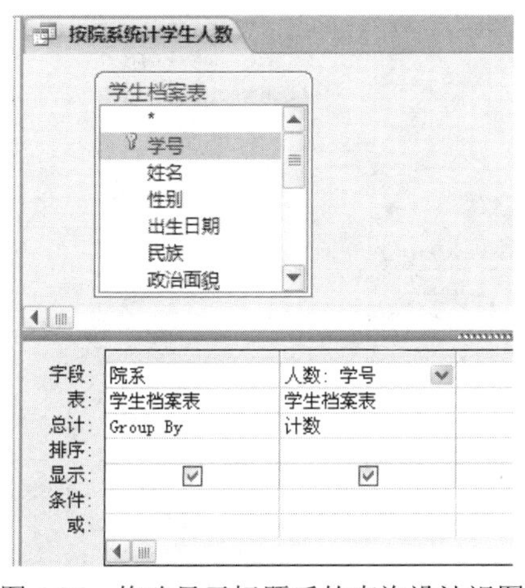


图 4.36　修改显示标题后的查询设计视图

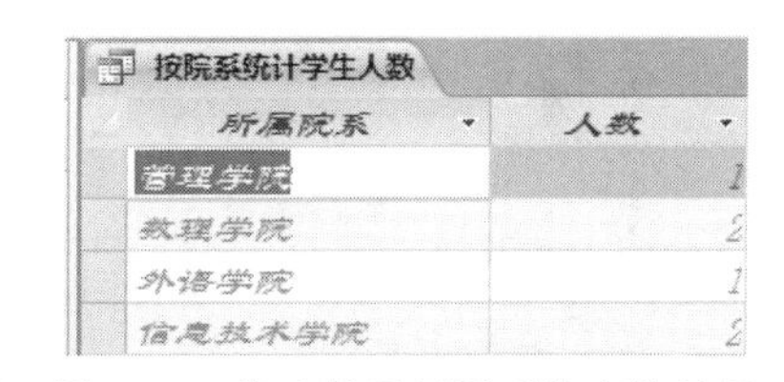


图 4.37　修改显示标题后的查询结果

3. 添加计算字段

当需要统计的数据在表中没有相应的字段，或者用于计算的数据值来源于多个字段时，应该在“设计网格”中添加一个计算字段，计算字段是指根据一个或多个表中的一个或多个字段并使用表达式建立的新字段。

下面以计算每位学生每门课程的重修费用为例，介绍添加计算字段的操作步骤：

（1）在功能区“创建”选项卡下的“查询”组中，单击按钮，打开查询设计视图，并弹出 “显示表”对话框。依次双击“学生档案表”和“学生成绩表”，将两者加入到设计视图的字段列表区中，关闭“显示表”对话框。

（2）确保两张表之间的关联关系已经创建，依次双击字段列表区“学生档案表”中的“院系”、“学号”、“姓名”字段和“学生成绩表”中的“成绩”字段，将它们加入到设计网格区的“字段”行中，如图 4.38 所示。

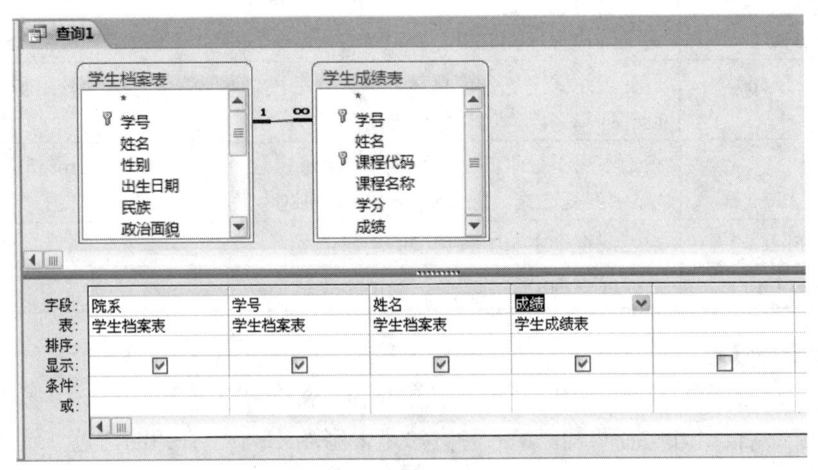


图 4.38　查询设计视图

（3）撤消“成绩”字段的“显示”复选框，并在“成绩”字段列的“条件”行中输入“<60”，在“院系”字段列的排序列表框中选择“升序”，如图 4.39 所示。

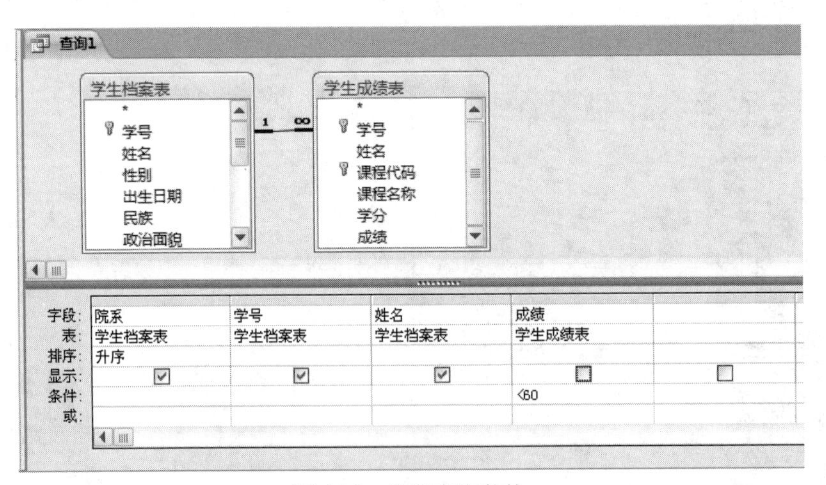


图 4.39　设计查询条件

（4）在设计网格区的第一个空白列的“字段”行输入“费用:[学分]*50”，其中“费用”为显示标题，“[学分]*50”为计算表达式（假设每学分重修费用为 50 元），选中“显示”复选框，如图 4.40 所示。

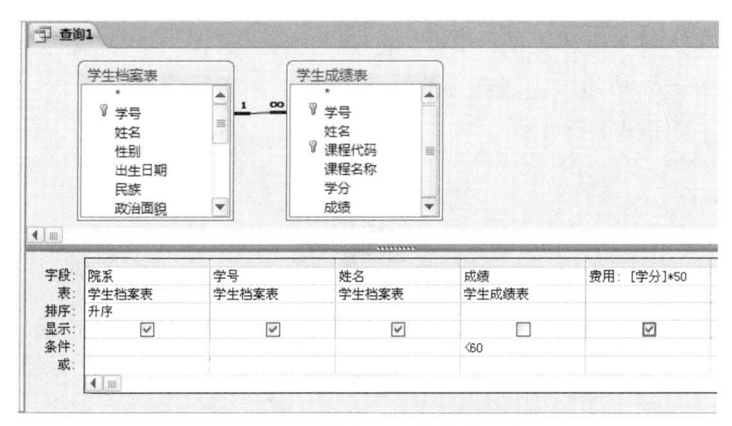

图 4.40　添加计算字段后的查询设计视图

（5）单击快速访问工具栏上的“保存”按钮，出现“另存为”对话框，将查询命名为“重修费用”，单击“确定”按钮，完成查询的设计过程。

运行查询的结果如图 4.41 所示。

重修费用

| 所属院系 | 学号 | 姓名 | 费用 |
| --- | --- | --- | --- |
| 信息技术学院 | 1231124018 | 孙鑫宇 | 100 |
| 外语学院 | 1111215032 | 李东宁 | 200 |
| 信息技术学院 | 1031124012 | 张雪 | 100 |
| * | | | |

图 4.41　查询结果

某些情况下需要将某几个字段的内容合二为一进行输出，最简单快捷的方法也是通过添加计算字段来实现。下面以“学生档案表”为例，要求将“学号”和“姓名”字段合二为一输出，字段的标题为“学号姓名”，其操作步骤如下：

（1）在功能区“创建”选项卡下的“查询”组中，单击查询设计按钮，打开查询设计视图，并弹出“显示表”对话框。双击“学生档案表”将其加入到设计视图的字段列表区中，关闭“显示表”对话框。

（2）在设计网格的第一个空白列的“字段”行中输入“学号姓名:[学号]+[姓名]”，其中“学号姓名”为显示标题，“[学号]+[姓名]”是将“学号”和“姓名”字段的内容连接在一起作为本列的显示输出内容（“+”为连接运算符），选中“显示”复选框，如图 4.42 所示。

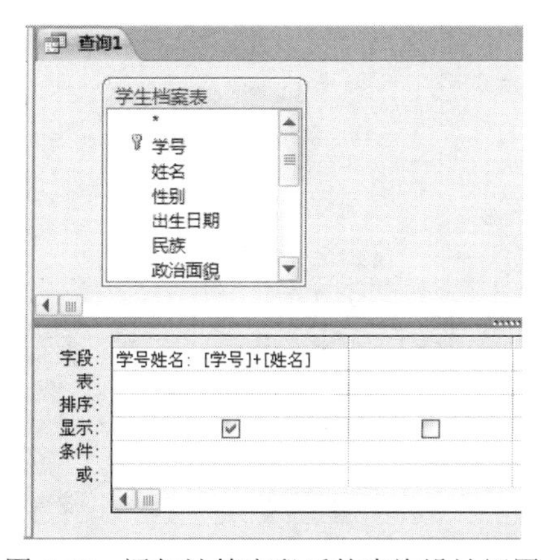

图 4.42　添加计算字段后的查询设计视图

（3）单击快速访问工具栏上的“保存”按钮，出现“另存为”对话框，给查询命名为“学号姓名”，单击“确定”按钮，完成查询的设计过程。

运行查询的结果如图 4.43 所示。

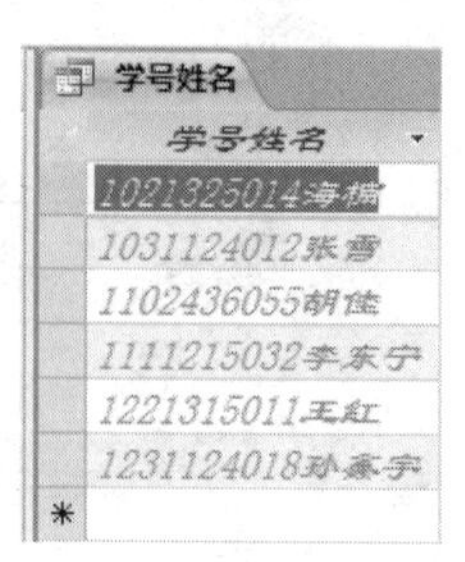


图 4.43　查询结果

## 4.7　参数查询

前面所建的查询，无论是内容还是条件都是固定的，如果用户希望根据不同的条件来查找记录，就需要不断建立查询，这样做很麻烦。为了方便用户的查询，Access 提供了参数查询。参数查询是动态的，它利用对话框提示用户输入参数并检索符合所输入参数的记录或值。

要创建参数查询，必须在查询列的“条件”单元格中输入参数表达式（括在方括号中），而不是输入特定的条件。运行该查询时，Access 将显示包含参数表达式文本的参数提示框。在输入数据后，Accees 使用输入的数据作为查询条件。下面简单介绍“按院系查找不及格学生”查询的创建过程。

（1）在功能区“创建”选项卡下的“查询”组中，单击查询设计按钮，打开查询设计视图，并弹出“显示表”对话框。依次双击“学生档案表”和“学生成绩表”，将两者加入到设计视图的字段列表区中，关闭“显示表”对话框。

（2）在查询设计视图的字段列表区依次双击“学生档案表”中的“院系”、“学号”、“姓名”字段和“学生成绩表”中的“成绩”字段，将它们加入到设计网格区的“字段”行中。

（3）在“院系”字段列的“条件”行中输入“[请输入院系名称:]”，在“成绩”字段列的“条件”行中输入“<60”，并撤消选中“显示”复选框，如图 4.44 所示。

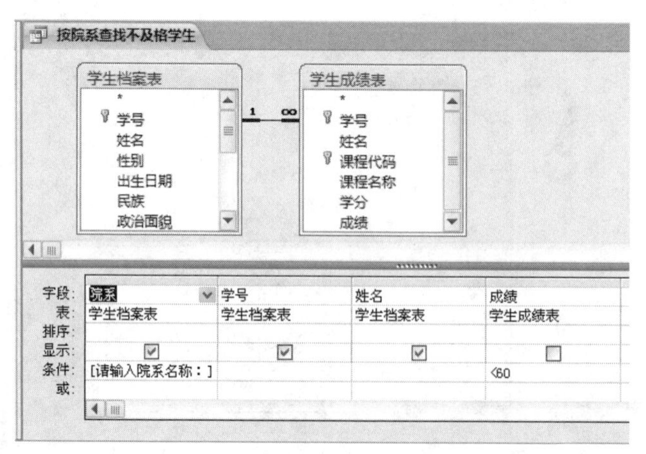


图 4.44　查询设计视图

（4）单击快速访问工具栏上的“保存”按钮，出现“另存为”对话框，将查询命名为“按院系查找不及格学生”，单击“确定”按钮，完成查询的设计过程。

运行查询时会首先弹出如图 4.45 所示的“输入参数值”消息框，在“请输入院系名称”后的文本框中输入指定院系名称，单击“确定”按钮，会看到查询结果，如图 4.46 所示。

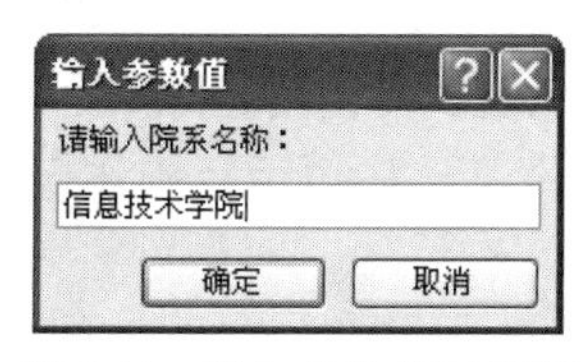


图 4.45　输入参数值对话框

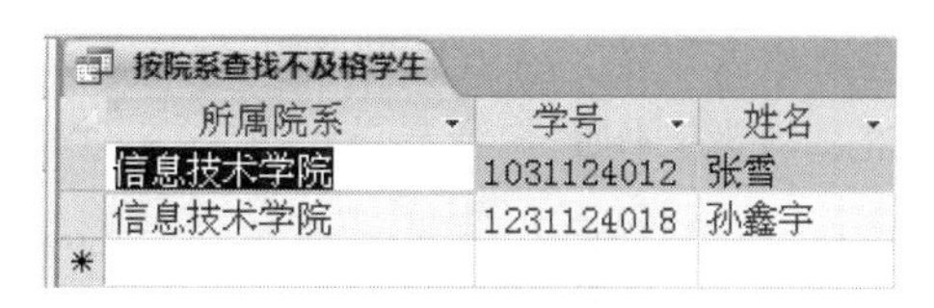


图 4.46　查询结果

创建参数查询时，不仅可以使用一个参数，也可以使用两个或两个以上的参数。多个参数查询的创建过程与一个参数查询的创建过程完全一样，只是在查询设计视图窗口中将多个参数的条件都放在“条件”行上，如图 4.47 所示的“按学号和课程名称查询学生成绩”查询，运行查询时会依次弹出两个“输入参数值”消息框，分别提示用户输入“学号”和“课程名称”。

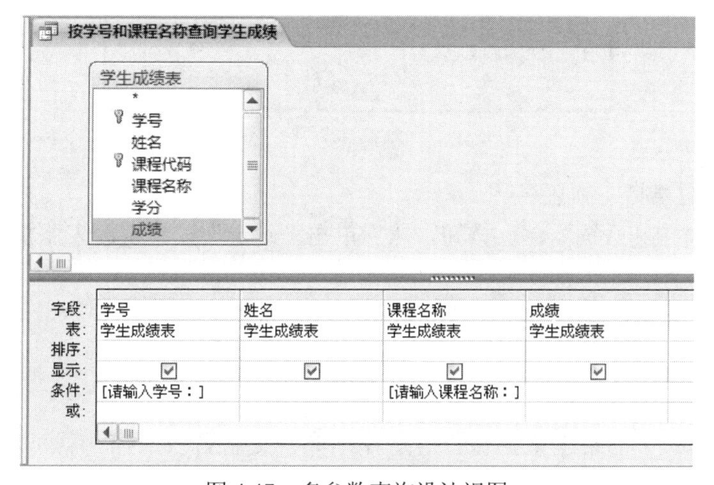


图 4.47　多参数查询设计视图

## 4.8　操作查询

选择查询从表中检索数据，通过利用表达式对字段中的数据进行计算来筛选数据。但是，如果要修改数据，就要使用操作查询。

Access 中有 4 种类型的操作查询。

- 更新查询：替换现有数据。
- 追加查询：在现有表中添加新记录。
- 删除查询：从现有表中删除记录。
- 生成表查询：创建新表。

操作查询运行时会受到 Microsoft Office 安全选项的限制，可能会出现“操作或事件已被禁用模式阻止”的提示信息而无法执行，这时需进行如下设置：打开 Access 后→单击“文件”选项卡→单击“选项”→单击“信任中心”→单击“信任中心设置”按钮→单击“宏设置”→

选择第四个“启用所有宏”单选按钮→单击“确定”按钮→单击“确定”按钮，退出 Access 再重新进入即可。

### 4.8.1 保护数据

创建操作查询时，首先要考虑保护数据，因为操作查询会改变数据。在多数情况下，这些改变是不能恢复的，这就意味着操作查询具有破坏数据的风险。在使用删除、更新或追加查询时，如果希望操作更安全一些，就应先对相应的表进行备份，然后再运行操作查询。

创建表的备份的操作步骤如下：

（1）单击“导航”窗格中“表”对象列表下所需要备份的表，按 Ctrl+C 组合键复制。

（2）按 Ctrl+V 组合键粘贴，Access 会显示“粘贴表方式”对话框，如图 4.48 所示。

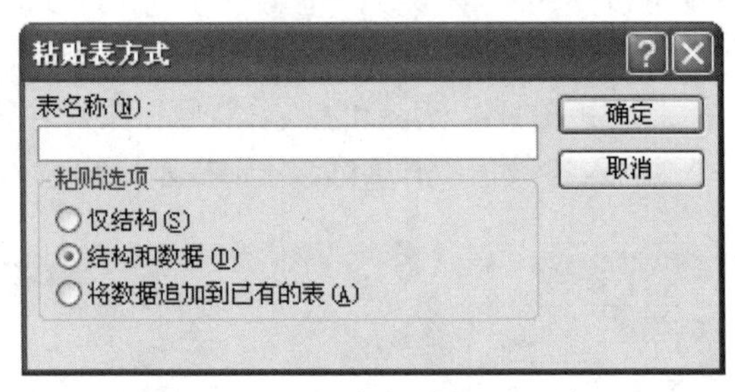


图 4.48 “粘贴表方式”对话框

（3）为备份的表指定新表名。

（4）选中“结构和数据”单选按钮，然后单击“确定”按钮将新表添加到数据库窗口中，此备份表和原表完全相同。

也可通过单击鼠标右键弹出的快捷菜单来完成表备份的操作。

### 4.8.2 更新查询

如果要对数据表中的某些数据进行有规律地成批更新替换操作，就可以使用更新查询来实现。例如，现需要将“学生档案表”中院系为“数理学院”的记录改为“数学学院”。如果在数据表视图中采用手工操作，将是一件很繁琐的事情，而设计一个更新查询可以很方便地完成这样的操作。步骤如下：

（1）备份“学生档案表”(粘贴选项为：结构和数据)，新表命名为“学生档案表备份”。

（2）在功能区“创建”选项卡下的“查询”组中，单击按钮，打开查询设计视图，并弹出“显示表”对话框。双击“学生档案表备份”将其加入到设计视图的字段列表区中，关闭“显示表”对话框。

（3）双击查询设计视图中字段列表区“学生档案表备份”中的“院系”字段，将它加入到设计网格的“字段”行中。

（4）单击功能区“查询工具/设计”选项卡下“查询类型”组中的按钮，此时可以看到在查询设计视图中新增一个“更新到”行，在“条件”行中输入“数理学院”，在“更新到”行中输入“数学学院”，如图 4.49 所示。

（5）单击工具栏上的“保存”按钮，出现“另存为”对话框，将查询命名为“修改院系名称”，单击“确定”按钮，完成查询的设计过程。

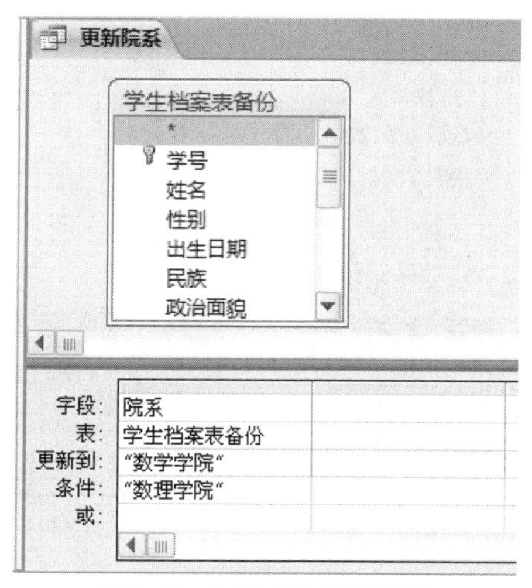


图 4.49　更新查询设计视图

运行查询时会出现如图 4.50 和图 4.51 所示的消息框，确定要修改请单击“是”按钮，在数据表视图中打开“学生档案表备份”会发现修改后的结果；放弃修改请单击“否”按钮。

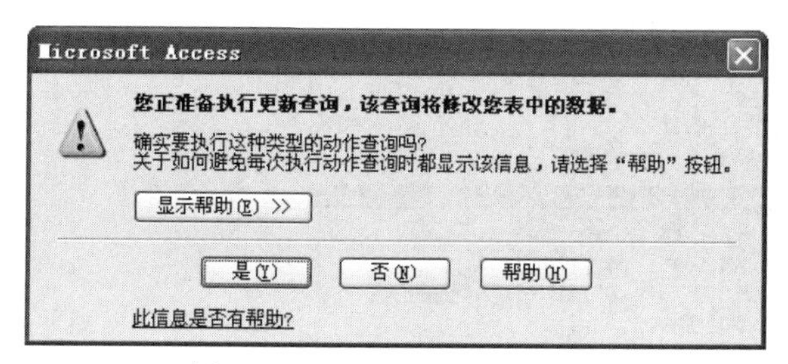


图 4.50　“更新查询”消息框

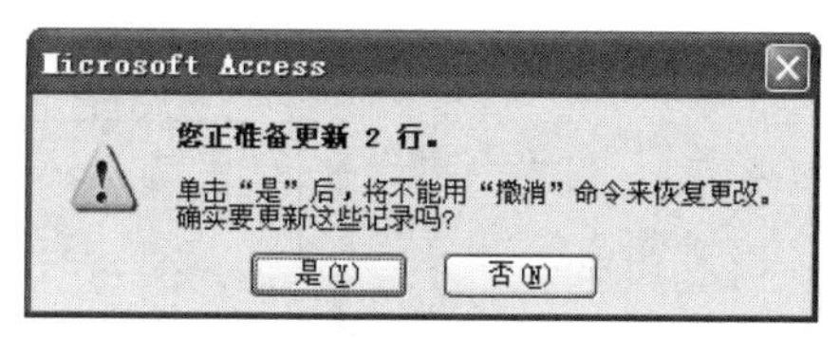


图 4.51　“更新查询”消息框

有些情况下，更新工作是在字段值原有基础上进行的，或者说是要求原有字段内容是更新后字段内容的组成部分。例如，将“学生档案表备份”中的“学号”字段前加“20”，其操作步骤如下：

（1）在功能区“创建”选项卡下的“查询”组中，单击 按钮，打开查询设计视图，并弹出“显示表”对话框。双击“学生档案表备份”将其加入到设计视图的字段列表区中，关闭“显示表”对话框。

（2）双击查询设计视图中字段列表区“学生档案表备份”中的“学号”字段，将它加入到设计网格区的“字段”行中。

（3）单击功能区“查询工具/设计”选项卡下“查询类型”组中的 按钮，此时可以看到在查询设计视图中新增了一个“更新到”行，在“更新到”行中输入“"20"+[学号]”，如图 4.52 所示。

运行查询时会出现如图 4.53 所示的消息框，确定要修改请单击“是”按钮，在数据表视图中打开“学生档案表备份”会发现修改后的结果；放弃修改请单击“否”按钮。

在实际的应用过程中更新查询往往还需要通过用户指定更新参数来确定更新的对象，需要结合参数查询来实现，如图 4.54 所示的查询设计视图，就是根据用户输入的学号和课程名称来对成绩进行调整。

运行查询后会依次出现如图 4.55、图 4.56 和图 4.57 所示的三个“输入参数值”消息框。

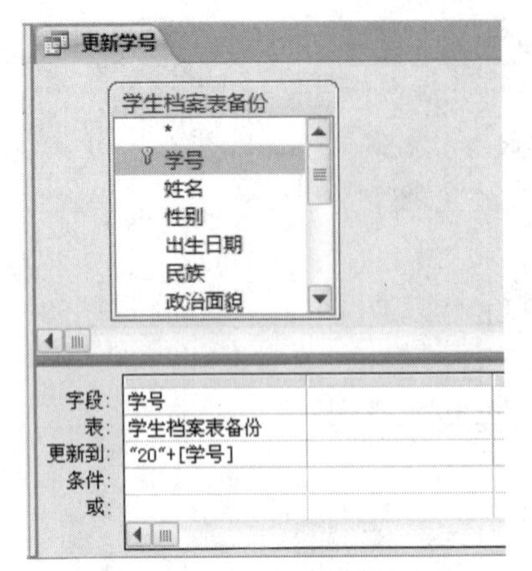


图 4.52 更新查询设计视图

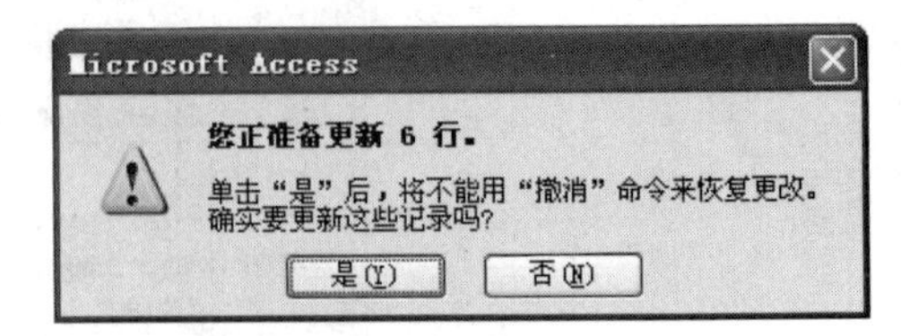


图 4.53 “更新查询”消息框

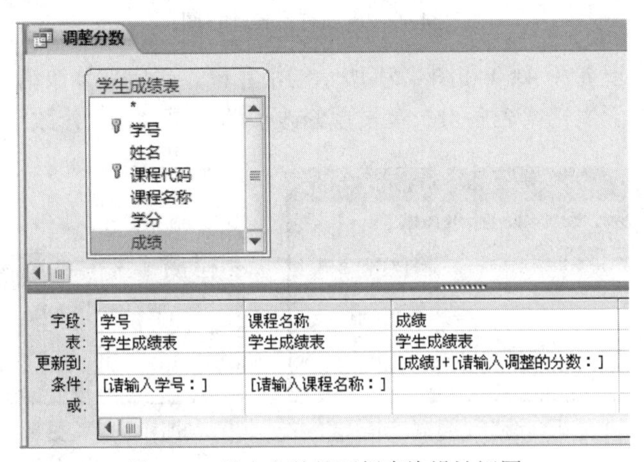


图 4.54 带有参数的更新查询设计视图

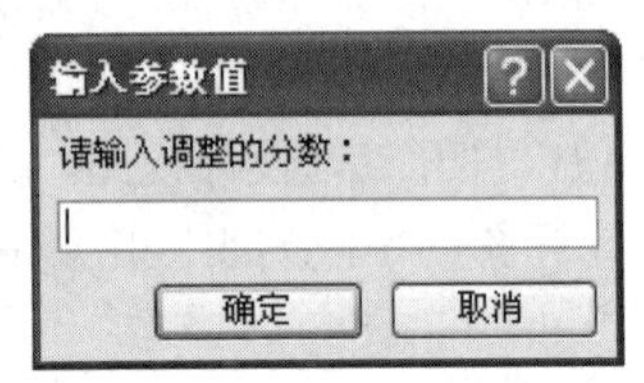


图 4.55 “输入参数值”对话框 1

图 4.56 “输入参数值”对话框 2

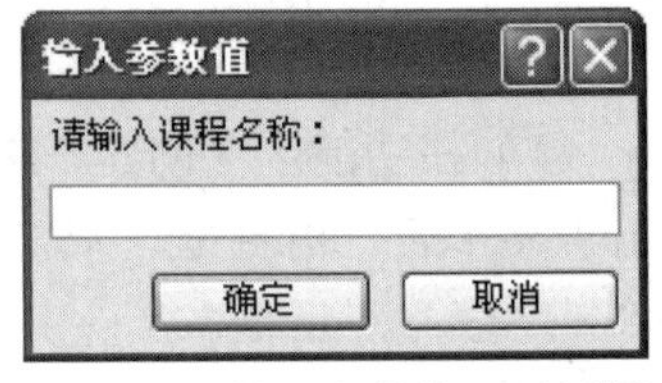


图 4.57 “输入参数值”对话框 3

注意：本例是调整分数，应该是在原有成绩的基础上进行操作，所以“更新到”行中的内容为“[成绩]+[请输入调整的分数：]”，其中“[成绩]”是引用“成绩”字段的值，而“[请输入调整的分数：]”才是真正的参数。

### 4.8.3 追加查询

如果需要从数据库的某个数据表中筛选数据，可以使用选择查询。如果需要将这些筛选出来的数据追加到另外一个结果相同的数据表中，则必须使用追加查询。因此，可以使用追加查询从外部数据源中导入数据，然后将它们追加到现有表中，也可以从其他的 Access 数据库甚至同一数据库的其他表中导入数据。与选择查询和更新查询类似，追加查询的范围也可以利用条件加以限制。

先看一个简单的追加查询示例，按照下面的步骤将“学生档案表”中的记录追加到一个结构类似、内容为空的表中。

（1）使用 4.8.1 节中介绍的方法，创建“学生档案表”结构的副本（由于只需要复制表的结构，不需要复制数据，所以在“粘贴选项”列表中选择“仅结构”），将副本命名为“学生档案表副本”，如图 4.58 所示。

（2）在功能区“创建”选项卡下的“查询”组中，单击查询设计按钮，打开查询设计视图，并弹出“显示表”对话框。双击“学生档案表”将其加入到设计视图的字段列表区中，关闭“显示表”对话框。

（3）在查询设计视图的字段列表区，双击“学生档案表”中的星号，将它加入到设计网格区的“字段”行中。

（4）单击功能区“查询工具/设计”选项卡下“查询类型”组中的追加按钮，打开“追加”对话框，在“追加”对话框中，从“表名称”下拉列表中选定“学生档案表副本”，如图 4.59 所示，然后单击“确定”按钮。

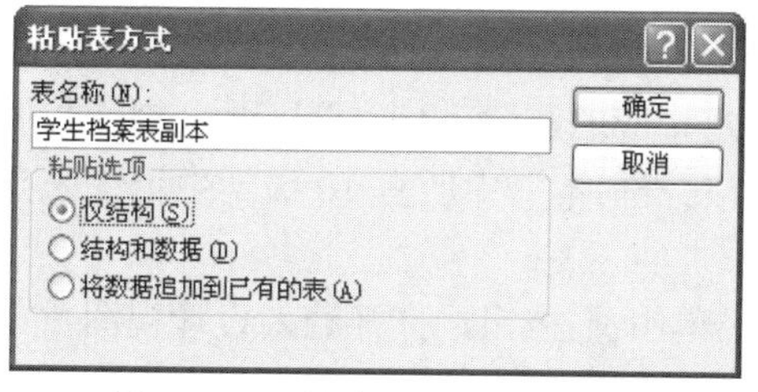


图 4.58　“粘贴表方式”对话框

图 4.59　“追加”对话框

（5）回到如图 4.60 所示的设计视图，单击快速访问工具栏上的“保存”按钮，将查询命名，单击“确定”按钮，完成查询的设计过程。

（6）运行查询时会出现如图 4.61 所示的消息框，确定要追加请单击“是”按钮，在数据表视图中打开“学生档案表副本”会发现追加后的结果；放弃追加请单击“否”按钮。

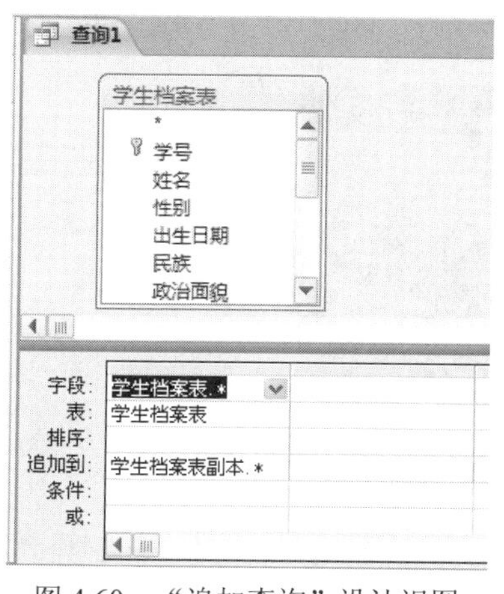


图 4.60　“追加查询”设计视图

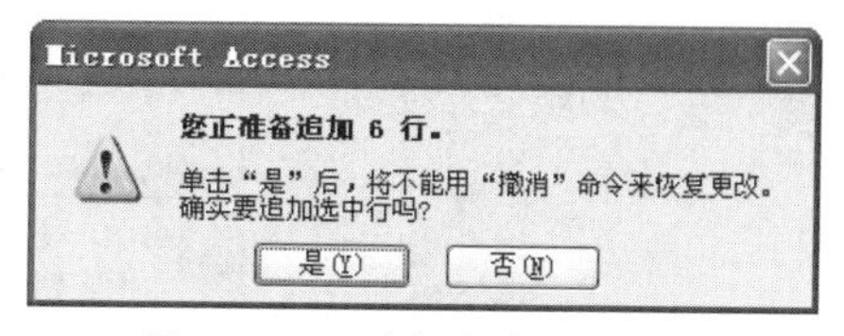


图 4.61　“追加查询”消息框

在实际的应用过程中，追加查询往往是带有条件的操作，如图 4.62 所示的查询设计视图，就是将成绩大于 85 分的学生记录追加到“优秀学生表”中（注意：应先建立“优秀学生表”，其中包含“学号”，“姓名”，“院系”和“专业”四个字段，数据类型及字段属性同“学生档案表”）。

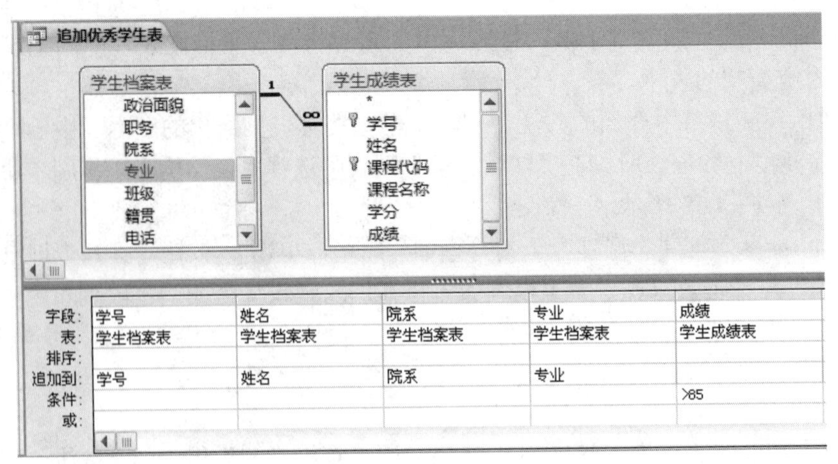


图 4.62　带有条件的追加查询设计视图

### 4.8.4　删除查询

如果需要从数据库的某个数据表中有规律地成批删除一些记录，可以使用删除查询来解决。应用删除查询成批地删除数据表中的记录，应该指定相应的删除条件，否则就会删除数据表中的全部数据。下面通过一个示例——删除“学生档案表副本”中所有 10 级学生记录来介绍删除查询（假设学号的前两位表示年级），步骤如下：

（1）在功能区“创建”选项卡下的“查询”组中，单击 按钮，打开查询设计视图，并弹出“显示表”对话框。双击“学生档案表副本”将其加入到设计视图的字段列表区中，关闭“显示表”对话框。

（2）在查询设计视图的字段列表区，双击“学生档案表副本”中的“学号”字段，将它加入到设计网格的“字段”行中。

（3）单击功能区“查询工具/设计”选项卡下“查询类型”组中的 按钮，可看到在查询设计视图中新增加了一个“删除”行，该行中有 Where 字样。

（4）在查询设计视图中的“条件”行中输入删除条件 Like "10*"，如图 4.63 所示。

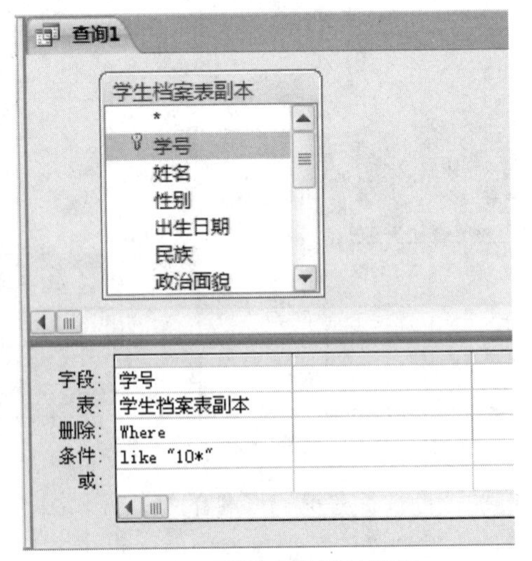


图 4.63　删除查询设计视图

（5）单击快速访问工具栏上的“保存”按钮，出现“另存为”对话框，将查询命名为“删除 10 级学生记录”，单击“确定”按钮，完成查询的设计过程。

运行查询时会出现如图 4.64 所示的消息框，确定要删除请单击“是”按钮，在数据表视图中打开“学生档案表副本”会发现删除后的结果；放弃删除请单击“否”按钮。

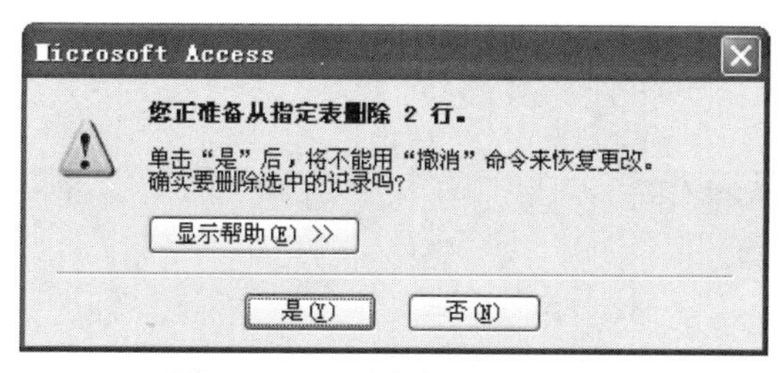


图 4.64　“删除查询”消息框

**注意：**

（1）如果要用子查询来定义字段的条件，在要设置条件的“条件”单元格中输入一条 SELECT 语句，并将 SELECT 语句放置在括号中。

（2）如果要用子查询定义一个“字段”，可以在“字段”单元格的括号内输入一个 SELECT 语句。

### 4.8.5　生成表查询

在 Access 中，从表中访问数据要比从查询中访问数据快得多，如果经常要从几个表中提取数据，最好的方法是使用 Access 提供的生成表查询，即从多个表中提取数据组合起来生成一个新表永久保存。例如，“学生档案表”和“学生成绩表”为数据源生成如图 4.65 所示的新表“外语学院学生成绩”的步骤如下：

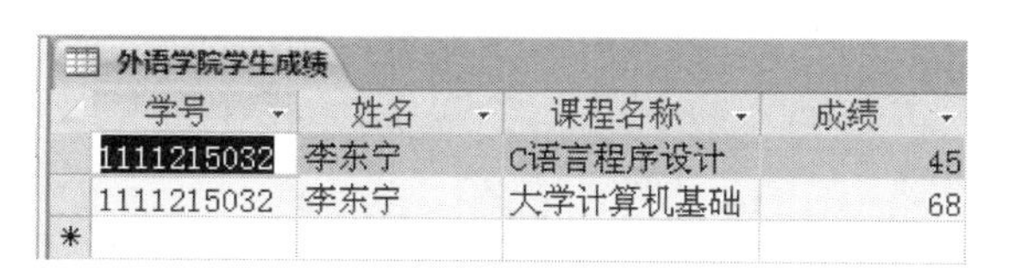

外语学院学生成绩

| 学号 | 姓名 | 课程名称 | 成绩 |
| --- | --- | --- | --- |
| 1111215032 | 李东宁 | C语言程序设计 | 45 |
| 1111215032 | 李东宁 | 大学计算机基础 | 68 |
| * | | | |

图 4.65　“外语学院学生成绩”数据表视图

（1）在功能区“创建”选项卡下的“查询”组中，单击按钮，打开查询设计视图，并弹出“显示表”对话框。依次双击“学生档案表”和“学生成绩表”，将两者加入到设计视图的字段列表区中，关闭“显示表”对话框。

（2）在查询设计视图的字段列表区，双击“学生档案表”中的“学号”、“姓名”、“院系”，“学生成绩表”中的“课程名称”、“成绩”字段，将它们加入到设计网格的“字段”行中。在“院系”字段下的“条件”行中输入“外语学院”，并取消“显示”复选框的选定。

（3）单击功能区“查询工具/设计”选项卡下“查询类型”组中的按钮，弹出如图 4.66 所示的“生成表”对话框，输入新表名称“外语学院学生成绩”，单击“确定”按钮。

（4）返回设计视图，如图 4.67 所示，单击快速访问工具栏上的“保存”按钮，在弹出的“另存为”对话框中将查询命名为“生成外语学院学生成绩表”。

（5）运行该查询会弹出如图 4.68 所示的消息框，单击“是”按钮后会生成一张名为“外语学院学生成绩”的新表，其数据表视图如图 4.65 所示。

图 4.66 “生成表”对话框

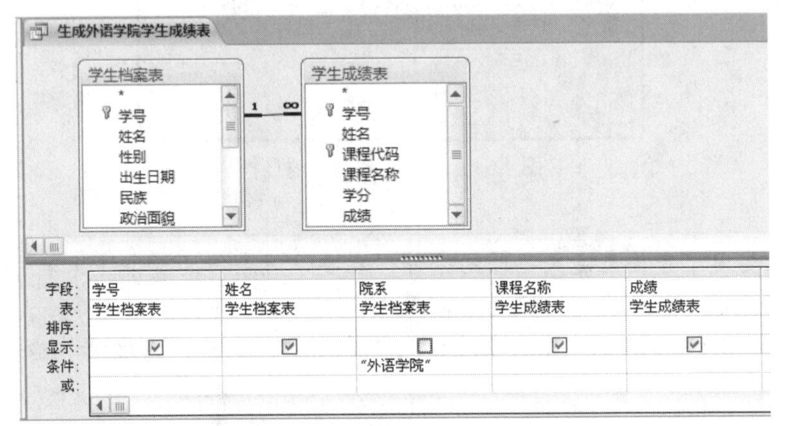


图 4.67 “生成表查询”设计视图

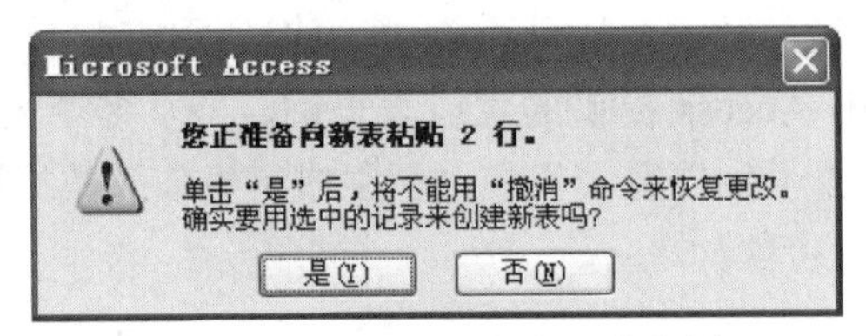


图 4.68 “生成表查询”消息框

## 4.9 SQL 查询

在使用数据库的过程中经常会用到一些查询，但这些查询用各种查询向导和设计器都无法实现，此时使用 SQL 查询就可以完成比较复杂的查询工作。SQL 作为一种通用的数据库操作语言，并不是 Access 用户必须要掌握的，但在实际的工作中有时必须用到这种语言才能完成一些特殊的工作。

当今所有关系型数据库管理系统都以 SQL 为核心。SQL 概念的建立起始于 1974 年，随着 SQL 的发展，ISO、ANSI 等国际权威标准化组织都为其制订了标准，从而建立了 SQL 在数据库领域里的核心地位。单纯的 SQL 语言所包含的语句并不多，但在使用过程中需要大量输入各种表、查询和字段的名字。当建立一个涉及大量字段的查询时，就需要输入大量文字，与用查询设计视图建立查询相比，就麻烦多了。所以在建立查询时应该先在查询设计视图中将基本的查询功能都实现了，最后再切换到 SQL 视图通过编写 SQL 语句完成一些特殊的查询。使用 SQL 查询创建的查询有以下四种：联合查询、传递查询、数据定义查询和子查询。下面简要介绍使用 SQL 语句创建这四种查询的方法。

### 4.9.1　SQL 查询视图的切换

在建立查询时可以切换到 SQL 视图中，下面看看是怎么切换的。

在功能区“创建”选项卡下的“查询”组中，单击 按钮，打开查询设计视图，并弹出“显示表”对话框，直接关闭“显示表”对话框，功能区“查询工具/设计”选项卡下的“结果”组中出现 按钮，单击该按钮切换到如图 4.69 所示的 SQL 视图。如果是已经建好的查询，可以从“结果”组中的“视图”下拉列表中选择“SQL 视图”进行切换。

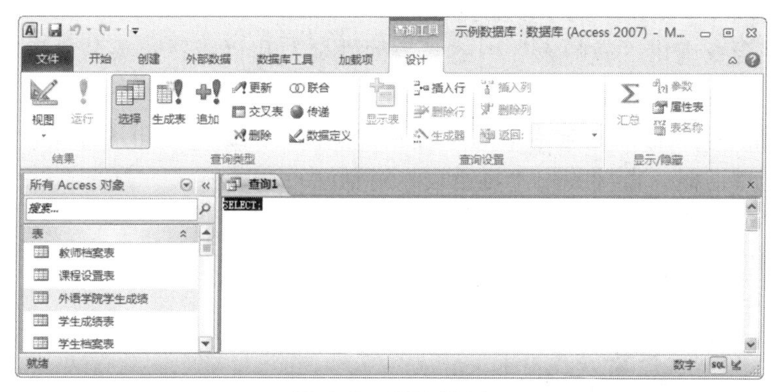


图 4.69　SQL 视图

### 4.9.2　联合查询

联合查询可以将两个或两个以上的表或查询所对应的多个字段的记录合并为一个查询表中的记录。执行联合查询时，将返回所包含的表或查询中对应字段的记录。创建联合查询的唯一方法是使用 SQL 窗口。

这里将用到 SQL 中的主要语句即 SELECT 语句，其主要功能是实现数据源数据的筛选、投影和连接操作，并能够完成筛选字段的重命名、对数据源数据的组合、分类汇总、排序等具体操作，具有非常强大的数据查询功能。

SELECT 语句的一般语法格式为：

```
SELECT[predicate]{*|table.*|[table.]field1[AS alias1][,[table.]field2[AS alias2][,…]]}
FROM tableexpression[,…][IN externaldatabase]
[WHERE…]
[GROUP BY…]
[HAVING…]
[ORDER BY…]
[WITH OWNERACCESS OPTION]
```

在 SELECT 语法格式中，大写字母为 SQL 保留字，方括号所括部分为可选内容，小写字母为语句参量。各个参量的说明如下。

- predicate：可取 ALL、DISTINCT、DISTINCTROW、TOP 中的一个谓词。可用谓词来限制返回记录的数量，默认值为 ALL。
- *：全部字段，从特定的表中指定全部字段。
- table：取表的名称。

- fieldl：取字段的名称，包含要获取的数据。
- aliasl：取字串常量，用作列标头。
- tableexpression：取表的名称，包含要获取的数据。
- externaldatabase：取数据库的名称，该数据库包含 tableexpression 中的表。
- WHERE：只筛选满足给定条件的记录。
- HAVING：分组准则，设定 GROUP BY 后，用 HAVING 设定应显示的记录。
- GROUP BY：根据所列字段名分组。
- ORDER BY：根据所列字段名排序。

下面使用联合查询将“教师表”中的“教师姓名”和“所属院系名称”字段与“学生档案表”中的“姓名”和“院系”字段内容合并起来显示输出。步骤如下：

（1）在功能区“创建”选项卡下的“查询”组中，单击“查询设计”按钮，打开查询设计视图，并弹出“显示表”对话框，直接关闭“显示表”对话框，在功能区“查询工具/设计”选项卡下的“结果”组中单击“SQL 视图”按钮，切换到 SQL 视图。

（2）在 SQL 视图中添加如下 SQL 语句，如图 4.70 所示。

```
SELECT 教师姓名,所属院系名称
FROM 教师档案表
UNION SELECT 姓名,院系
FROM 学生档案表;
```

（3）单击快速访问工具栏上的“保存”按钮，在弹出的“另存为”对话框中将查询命名为“教师学生”。

（4）运行查询，结果如图 4.71 所示。

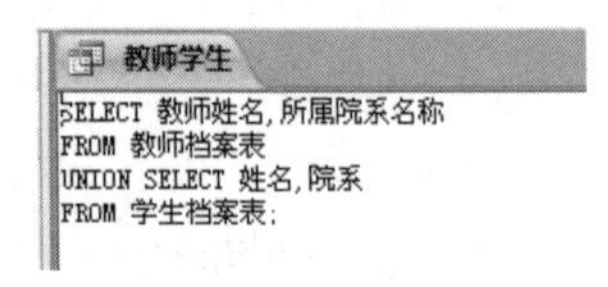


图 4.70　SQL 视图

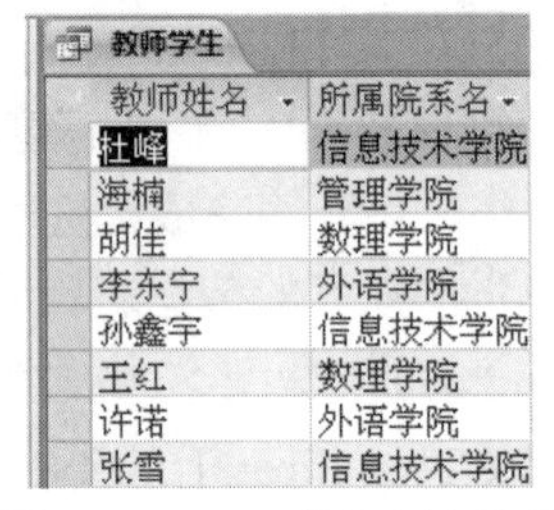
教师学生

| 教师姓名 | 所属院系名 |
|---|---|
| 杜峰 | 信息技术学院 |
| 海楠 | 管理学院 |
| 胡佳 | 数理学院 |
| 李东宁 | 外语学院 |
| 孙鑫宇 | 信息技术学院 |
| 王红 | 数理学院 |
| 许诺 | 外语学院 |
| 张雪 | 信息技术学院 |

图 4.71　SQL 联合查询结果

**注意：**

（1）要为两个 SELCET 语句以相同的顺序指定相同的字段——SQL 语句的列数相同，并且相应列的数据类型也相同。此时，Access 不会关心每个列的名称。当列的名称不相同时，查询会使用来自第一个 SELECT 语句的名称。

（2）如果不需要返回重复记录，可以输入带有 UNION 运算符的 SQL SELECT 语句；如果需要返回重复记录，可以输入带有 UNION ALL 运算符的 SQL SELECT 语句。即将上面的例子改为：

```
SELECT 教师姓名,所属院系名称
FROM 教师档案表
UNION ALL SELECT 姓名,院系
FROM 学生档案表;
```

（3）如果要在联合查询中指定排序，应在最后一个 SELECT 语句的末端添加一个 ORDER BY 从句。在 ORDER BY 从句中指定要排序的字段名，并且该字段必须来源于第一个 SELECT 语句。即将上面的例子改为：

```
SELECT 教师姓名,所属院系名称
FROM 教师档案表
UNION SELECT 姓名,院系
FROM 学生档案表
ORDER BY 教师姓名;
```

### 4.9.3　传递查询

Access 的传递查询可直接将命令发送到 ODBC 数据库服务器。使用传递查询，不必连接服务器上的表即可直接使用相应的表。应用传递查询的主要目的是为了减少网络负荷。使用传递查询会为查询添加 3 个新属性，分别是：

（1）ODBC 连接字符串：指定 ODBC 连接字符串，默认值为 ODBC。

（2）返回记录：指定查询是否返回记录，默认值为“是”。

（3）日志消息：指定 Access 是否将来自服务器的警告等信息记录在本地表中，默认值为“否”。

可以按照如下步骤创建一个传递查询：

（1）在功能区“创建”选项卡下的“查询”组中，单击查询设计按钮，打开查询设计视图，并弹出“显示表”对话框，直接关闭“显示表”对话框，在功能区“查询工具/设计”选项卡下的“查询类型”组中单击传递按钮，切换到 SQL 视图。

（2）单击功能区“查询工具/设计”选项卡下“显示/隐藏”组中的属性表按钮，显示查询的“属性表”窗格，设置“ODBC 连接字符串”属性。该属性将指定 Access 执行查询所需的连接信息，如图 4.72 所示。可以输入连接信息，或单击“生成”按钮，以获得关于要连接的服务器的必要信息。

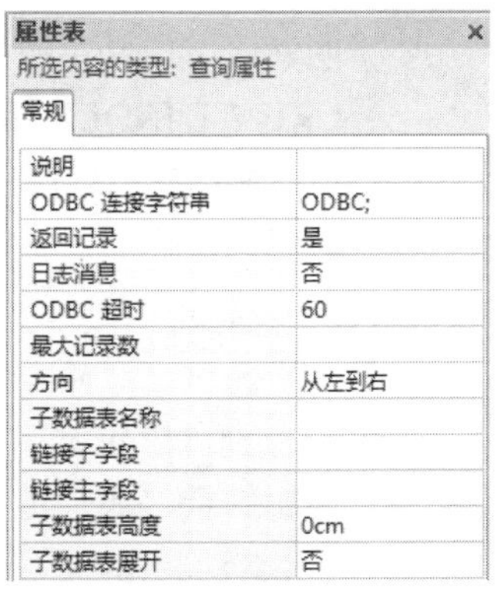


图 4.72　查询属性

（3）在 SQL 传递查询窗口中输入查询语句。

（4）单击“运行”按钮，执行该查询。

### 4.9.4　数据定义查询

数据定义查询是 SQL 的一种特定查询，使用数据定义查询可以在数据库中创建或更改对象，包括创建、删除、更改表或创建索引，每个数据定义查询只包含一条数据定义语句。

用 SQL 数据定义查询来处理表或索引的操作步骤如下：

（1）在功能区“创建”选项卡下的“查询”组中，单击查询设计按钮，打开查询设计视图，并弹出“显示表”对话框，直接关闭“显示表”对话框，在功能区“查询工具/设计”选项卡下的“查询类型”组中单击数据定义按钮，切换到 SQL 视图。

（2）在“数据定义查询”窗口中输入 SQL 语句，Access 支持下列数据定义语句。

1）CREATE TABLE：创建表。CREATE TABLE 语句不会覆盖已经存在的同名表，如果表已经存在，会返回一个错误消息，并取消这一任务。

下面的语句创建一个名为 Newtable 的新表，表中有两个字段 name1 和 name2。

```
CREATE TABLE Newtable ( name1 TEXT,name2 TEXT );
```

2）ALTER TABLE：在已有表中添加新字段、删除字段和添加约束等。

- 添加字段、约束：ALTER TABLE 表名 ADD 字段名称 数据类型
- 删除字段、约束：ALTER TABLE 表名 DROP 字段名称
- 修改字段：ALTER TABLE 表名 ALTER 字段名称 数据类型

3）DROP：从数据库中删除表，或者从字段或字段组中删除索引。注意，一定要慎用 DROP TABLE 语句，一旦使用就无法恢复表或其中的数据。

下面的语句从“学生选课管理系统”数据库中删除“学生档案表备份”。

```
DROP TABLE 学生档案表备份;
```

下面的语句从“学生选课管理系统”数据库中删除“学生档案表”中名为“姓名”的索引。

```
DROP INDEX 姓名 ON 学生档案表;
```

4）CREATE INDEX：为字段或字段组创建索引。索引可以由多个字段组成，只需列出多个字段，并用逗号分隔这些字段。该语句的最简单形式如下：

```
CREATE INDEX 索引名
ON 表(字段);
```

得到的索引是基于单个字段的，允许重复值，而且不能基于主键，为了避免索引字段的重复，可添加如下格式的 UNIQUE 保留字：

```
CREATE UNIQUE INDEX 索引名
ON 表(字段);
```

要指明索引字段是主键，使用如下格式的 PRIMARY 保留字：

```
CREATE INDEX 索引名
ON 表(字段) WITH PRIMARY;
```

（3）运行查询。

### 4.9.5 子查询

使用子查询可以定义字段或定义字段的条件，但子查询不能单独作为一个查询，它必须与其他查询相结合，通常是作为另一个查询的字段或条件来使用，操作步骤如下：

（1）新建一个查询，将所需的字段添加到设计视图的设计网格中。

（2）如果要用子查询来定义字段的条件，在要设置条件的“条件”单元格中输入一条 SELECT 语句，并将 SELECT 语句放置在括号中。

（3）如果要用子查询定义“字段”单元格，可以在“字段”单元格的括号内输入一条 SELECT 语句。

下面以查询比胡佳年龄小的同学记录为例介绍子查询的使用方法。

（1）在设计视图中创建如图 4.73 所示的查询。

（2）在“出生日期”字段下的“条件”行中输入“>(SELECT 出生日期 FROM 学生档案表 where 姓名='胡佳')”，如图 4.74 所示。

**说明：**子查询的作用是找出胡佳的出生日期，在这个出生日期之后出生的同学就是比胡佳小的同学（注意：时间的比较和数字的比较是不同的）。

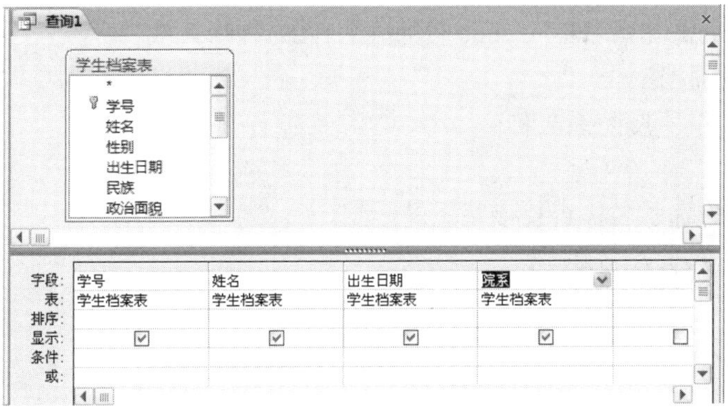

查询1
学生档案表
*
学号
姓名
性别
出生日期
民族
政治面貌
字段: 学号 姓名 出生日期 院系
表: 学生档案表 学生档案表 学生档案表 学生档案表
排序:
显示:
条件:
或:

图 4.73　查询设计视图

查询1
学生档案表
*
学号
姓名
性别
出生日期
民族
政治面貌
字段: 学号 姓名 出生日期 院系
表: 学生档案表 学生档案表 学生档案表 学生档案表
排序:
显示:
条件: >(SELECT 出生日期 FROM 学生档案表 where 姓名='胡佳')
或:

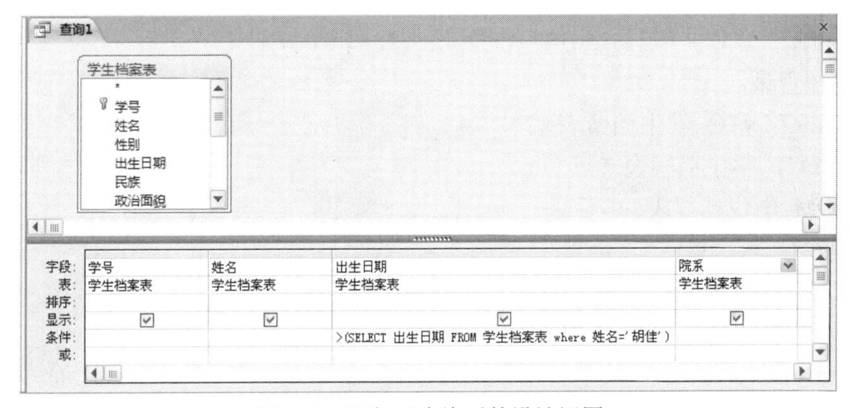

图 4.74　添加子查询后的设计视图

（3）保存查询的名称为“年龄比胡佳小的同学”，运行查询的结果如图 4.75 所示。

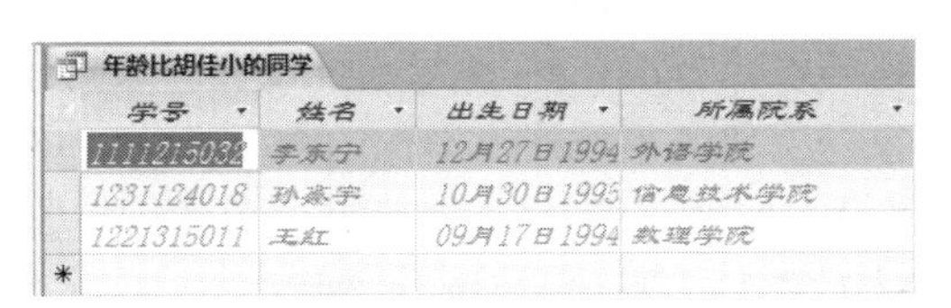

年龄比胡佳小的同学
学号 姓名 出生日期 所属院系
1111215032 李东宁 12月27日1994 外语学院
1231124018 孙燕宇 10月30日1995 信息技术学院
1221315011 王红 09月17日1994 数理学院

图 4.75　查询结果

### 4.9.6　用 SQL 语句实现各种查询

可以利用 SQL 查询实现前面所讲的各种查询，如下所示：

1. 选择查询

例如，查找没有选课的学生，并显示学生所在的院系和姓名。

```
SELECT  院系,姓名
FROM  学生档案表
WHERE  学号  NOT IN
( SELECT  学号
FROM  学生选课表 );
```

2. 计算查询

例如，计算各院系教师人数。

```
SELECT 所属院系名称, Count(教师姓名) AS 教师人数
FROM 教师档案表
GROUP BY 所属院系名称;
```

3. 参数查询

例如，按输入的院系名称查找该院系的学生。

```
SELECT 学号,姓名,性别
FROM 学生档案表
WHERE 院系=[请输入院系名称：];
```

4. 操作查询

（1）更新查询。

```
UPDATE 学生成绩表 SET 成绩=[成绩]+10
WHERE 学号="1021325014" AND 课程代码="001";
```

（2）追加查询。

```
INSERT INTO 学生档案表副本
SELECT 学生档案表.*
FROM 学生档案表;
```

（3）删除查询。

```
DELETE * FROM 学生选课表
WHERE 学号="1021325014";
```

## 本章小结

通过本章的学习，应理解 Access 查询对象的作用及其实质，了解 SQL 语言的基本知识，掌握 Access 查询对象的创建与设计方法，熟悉 Access 查询对象的应用技术。

应用 Access 的查询对象是实现关系数据库操作的主要方法，借助于 Access 为查询对象提供的可视化工具，不仅可以很方便地进行 Access 查询对象的创建、修改和运行，而且还可以使用这个工具生成合适的 SQL 语句，直接将其粘贴到需要该语句的程序代码或模块中。这将会非常有效地减轻编程工作量，也可以避免在程序中编写 SQL 语句时容易产生的错误。

## 习　题

1. 什么是查询？查询的优点是什么？
2. 简述 Access 查询对象的作用及其与 Access 数据表对象的差别。
3. 根据对数据源操作方式和结果的不同，查询的类型可以分为哪几种？
4. 在 Access 2010 中，SQL 查询的类型有哪些？
5. 简述交叉表查询、更新查询、追加查询和删除查询的作用。
6. 常用的查询向导有哪些？如何利用查询向导创建不同类型的查询？
7. 如何改变查询结果表中的字段标题？
8. 参数查询的特点是什么？
9. 如何在查询中引用字段值？

# 第5章　窗体

Microsoft Access 的窗体为数据的输入、修改和查看提供了一种灵活简便的方法。Access 的窗体不用任何代码就可以与数据绑定，而且该数据可以来自于表、查询或 SQL 语句，这与 Microsoft Visual Basic 的窗体不同。本章将介绍如何使用 Access 窗体的各种特性来创建各种用途的窗体。

## 5.1　窗体简介

数据库应用系统的开发不仅要设计合理，满足应用的功能需求，还应该提供良好的、功能完善、操作方便的交互界面，用以实现数据、指令的输入和各种形态数据的输出显示。窗体是用户和应用系统之间的接口。

### 5.1.1　窗体的种类

Access 窗体对象的种类按照不同的分类标准可分为多种。在这里，仅按其应用功能的不同，将 Access 的窗体对象分为以下两类。

1. 数据交互型窗体

这是数据库应用系统中应用最多的一类窗体，主要用于显示数据，接收数据输入，进行删除、编辑与修改等操作。数据交互型窗体的特点是它必须具有数据源。其数据源可以是数据库中的表、查询或者是一条 SQL 语句。如图 5.1 所示的“专业信息查询”窗体就属于这一类。

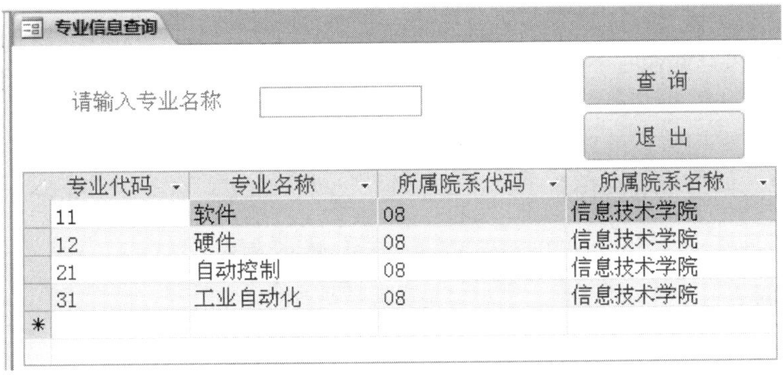

图 5.1　“专业信息查询”窗体

2. 命令选择型窗体

数据库应用系统通常具有一个主操作界面的窗体，在这个窗体上放置了一些命令按钮以实现数据库应用系统中对其他窗体的调用，同时也表明了本系统所具备的全部功能。从应用的角度看，这属于命令选择型窗体。如图 5.2 所示是“学生成绩管理系统”的主界面窗体。

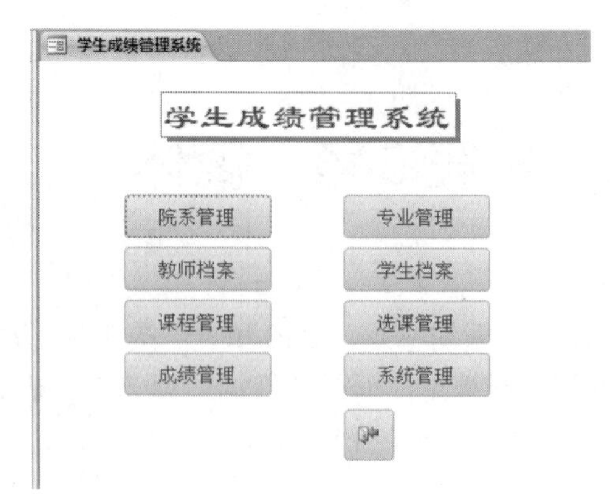


图 5.2 学生成绩管理系统主界面窗体视图

### 5.1.2 窗体的视图

在 Access 2010 中，窗体有窗体视图、数据表视图、数据透视表视图、数据透视图视图、布局视图和设计视图六种视图，不同视图可方便地通过功能区“开始”选项卡下“视图”组中的下拉列表中的命令进行切换。不同类型的窗体具有的视图类型也有所不同。

（1）窗体视图。“窗体视图”是窗体设计完成后运行时的视图，通过窗体视图可以对数据库进行操作，图 5.1 和图 5.2 所示的均是“窗体视图”。

（2）数据表视图。窗体的“数据表视图”是显示数据的视图，其显示效果与表的数据表视图、查询的数据表视图相同。在“数据表视图”中有些控件是不显示的，如独立标签、图像等，如图 5.3 所示的就是窗体的“数据表视图”。

专业表子窗体

| 专业代码 | 专业名称 | 所属院系代码 | 所属院系名称 |
|---|---|---|---|
| 11 | 软件 | 08 | 信息技术学院 |
| 12 | 硬件 | 08 | 信息技术学院 |
| 21 | 自动控制 | 08 | 信息技术学院 |
| 31 | 工业自动化 | 08 | 信息技术学院 |
| * | | | |

图 5.3 “专业表子窗体”数据表视图

（3）数据透视表视图。数据透视表是一种交互式的表，它可以实现用户选定的计算，所进行的计算与数据在数据透视表中的排列有关。在窗体的数据透视表视图中，可以动态地更改窗体的版面布局、重构数据的组织方式，从而方便地以各种不同方法分析数据。如图 5.4 所示的就是窗体的“数据透视表视图”。

学生档案表

将筛选字段拖至此处

| | 性别 | | |
|---|---|---|---|
| | 男 | 女 | 总计 |
| 院系 | 学生人数 | 学生人数 | 学生人数 |
| 管理学院 | | 1 | 1 |
| 数理学院 | 1 | 1 | 2 |
| 外语学院 | 1 | | 1 |
| 信息技术学院 | 1 | 1 | 2 |
| 总计 | 3 | 3 | 6 |

图 5.4 “学生档案表”窗体数据透视表视图

（4）数据透视图视图。数据透视图视图就是将数据透视表视图的内容以图形化的方式显示出来，如图 5.5 所示的就是“学生档案表”数据透视图视图。

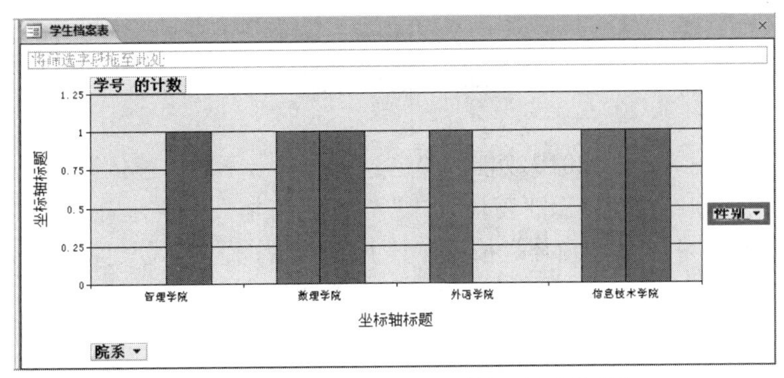


图 5.5　“学生档案表”窗体数据透视图视图

（5）布局视图。布局视图是 Access 2010 新增加的一种视图。在布局视图中可以调整和修改窗体的设计，包括调整列宽、添加字段、设置窗体及控件属性等。如图 5.6 所示的就是窗体的“布局视图”，在布局视图中控件呈选中状态时可调整控件的位置及尺寸。

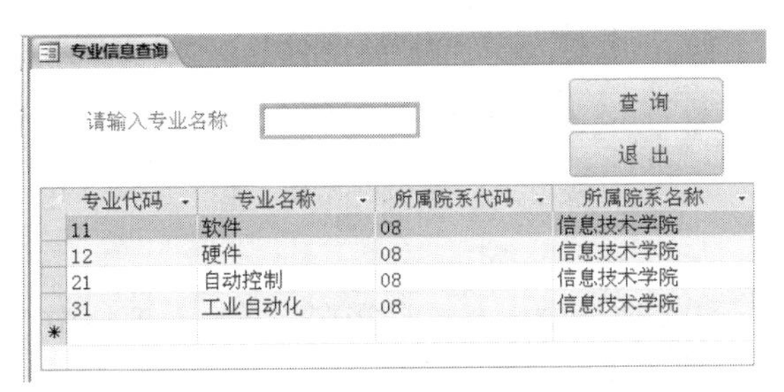


图 5.6 “专业信息查询”窗体布局视图

（6）设计视图。设计视图是 Access 数据库对象都具有的一种视图。在窗体的设计视图中可以创建窗体、编辑窗体，是构建窗体时最主要的方式。窗体视图共由五部分组成，每一部分称为一个“节”，包括窗体页眉、页面页眉、主体、页面页脚和窗体页脚，如图 5.7 所示。其中主体节是必不可少的，通过放置相应控件来显示窗体中的主要内容；窗体页眉/窗体页脚、页面页眉/页面页脚成对出现，可以隐藏。

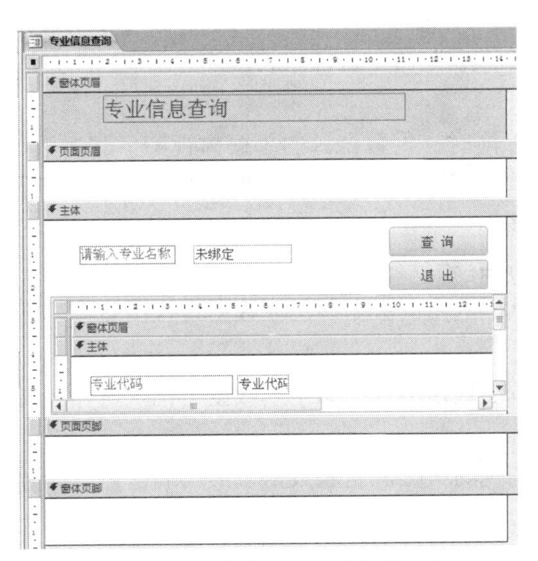


图 5.7　“专业信息查询”窗体设计视图

## 5.2 创建窗体

在如图 5.8 所示的 Access 2010 功能区“创建”选项卡下的“窗体”组中，提供了多种创建窗体的功能按钮，包括“窗体”、“窗体设计”、“空白窗体”、“窗体向导”、“导航”和“其他窗体”，其中“导航”和“其他窗体”按钮在其下拉列表中提供了创建特定窗体的方式，分别如图 5.9 和图 5.10 所示。

图 5.8 “窗体”组

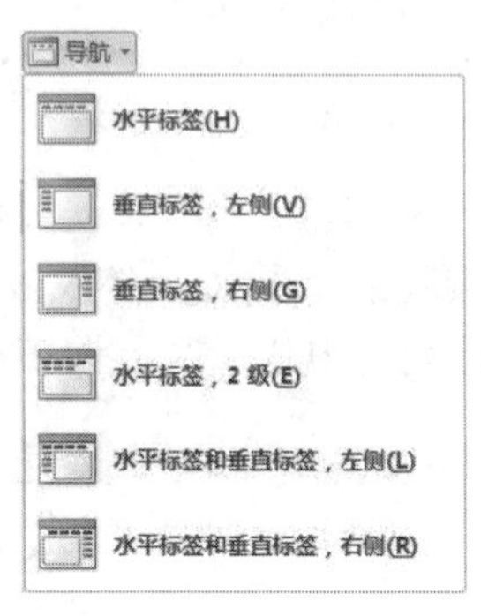


图 5.9 “导航”下拉列表

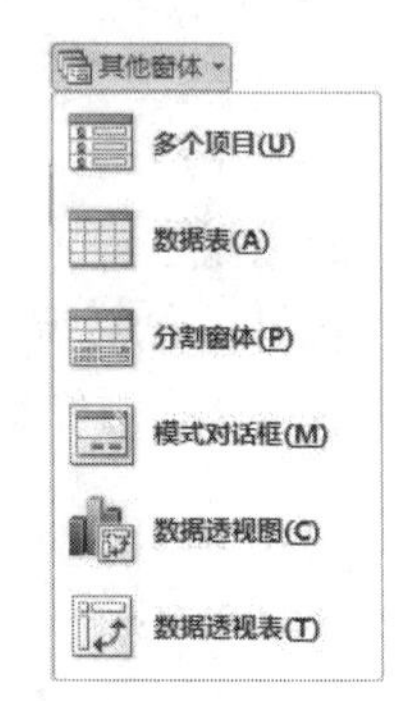


图 5.10 “其他窗体”下拉列表

各按钮功能如下：

（1）窗体：是创建窗体最快捷的工具，只需在“导航”窗格中“表”（或“查询”）对象列表下选中数据源，单击按钮即可完成窗体的创建。类似于 Access 2000/2003 中的“自动创建窗体：纵栏式”，这种方法会将数据源表中的所有字段都放置在窗体上。

（2）窗体设计：单击按钮可以打开窗体的设计视图，在设计视图中通过添加控件的方法完成窗体设计。

（3）空白窗体：是快速构建窗体的另一种方式，单击按钮将以布局视图的方式设计和修改窗体，当对窗体控制较少时使用这种方法尤为合适。

（4）多个项目：相当于 Access 2000/2003 中的“自动创建窗体：数据表”，可以创建显示多条记录的窗体。在“导航”窗格中“表”（或“查询”）对象列表下选中数据源，执行“其他窗体”下拉列表中的“多个项目”命令即可完成窗体的创建，此方法同样会将数据源表中的所有字段都放置在窗体上。

（5）分割窗体：可以同时提供数据源的“窗体视图”和“数据表视图”，它的两个视图连接到同一数据源，并且总是相互保持同步。如果在某一视图选择了一个字段，则在另一个视图中也会选择同一字段。

（6）窗体向导：以对话框的形式提供创建窗体的过程指引。

（7）数据透视图：基于选定的数据源生成数据透视图窗体，需要在数据透视图视图中进行相关内容的设置。

（8）数据透视表：基于选定的数据源生成数据透视表窗体，需要在数据透视表视图中进行相关内容的设置。

（9）数据表：基于选定的数据源生成数据表形式的窗体，此方法同样会将数据源表中的所有字段都放置在窗体上。

（10）模式对话框：生成的窗体总是保持在应用系统的最上层，若不关闭该窗体，就不能进行其他数据库操作，通常用来做系统的登录界面。

（11）导航：用于创建具有导航按钮（即网页形式）的窗体，有六种不同的布局格式。

### 5.2.1　使用“窗体”创建窗体

使用按钮所创建的窗体，其布局方式为纵栏式，数据源为某个表/查询，窗体中每次只显示一条记录。下面以创建“学生成绩表_窗体”窗体为例说明其创建过程。

（1）在当前数据库的“导航”窗格中“表”对象列表下选中“学生成绩表”作为数据源。

（2）单击功能区“创建”选项卡下“窗体”组中的按钮，完成窗体的创建过程，并以布局视图方式显示，如图 5.11 所示。

（3）单击快捷工具栏中的“保存”按钮，在弹出的“另存为”对话框中，指定窗体的名称为“学生成绩表_窗体”，如图 5.12 所示，然后单击“确定”按钮。

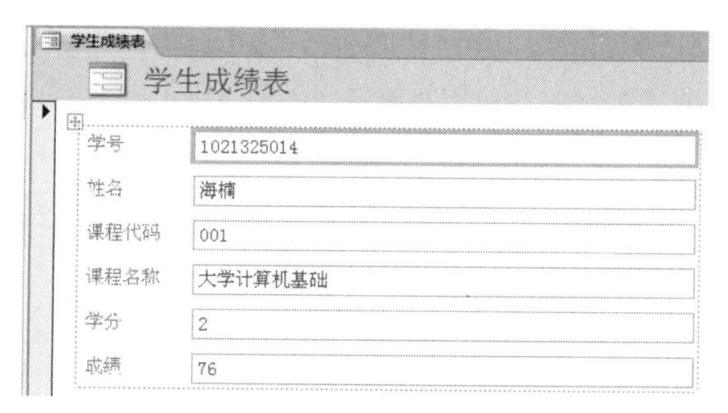


图 5.11　“学生成绩表_窗体”窗体

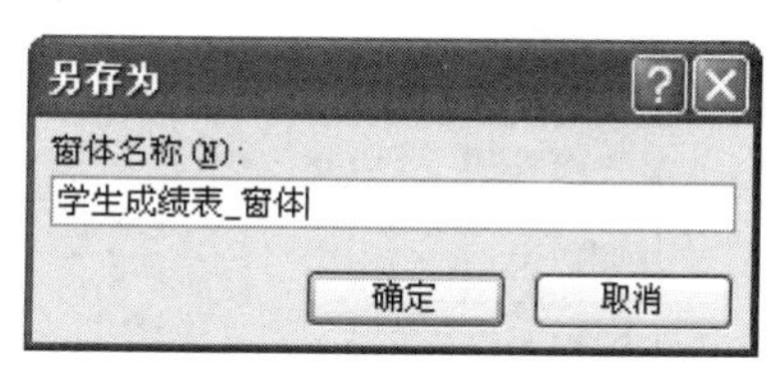


图 5.12　“另存为”对话框

### 5.2.2　使用“多个项目”创建窗体

使用“多个项目”所创建的窗体，其布局方式为表格式，数据源为某个表/查询，窗体中可以显示多条记录。下面以创建“学生成绩表_多个项目”窗体为例说明其创建过程。

（1）在当前数据库的“导航”窗格中“表”对象列表下选中“学生成绩表”作为数据源。

（2）单击功能区“创建”选项卡下“窗体”组中的其他窗体按钮，从展开的下拉列表中选择“多个项目”命令，完成窗体的创建过程，并以布局视图方式显示，如图 5.13 所示。

（3）单击快捷工具栏中的“保存”按钮，在弹出的“另存为”对话框中，指定窗体的名称为“学生成绩表_多个项目”，如图 5.14 所示，然后单击“确定”按钮。

| 学号 | 姓名 | 课程代码 | 课程名称 | 学分 | 成绩 |
|---|---|---|---|---|---|
| 1021325014 | 海楠 | 001 | 大学计算机基础 | 2 | 76 |
| 1021325014 | 海楠 | 003 | Access数据库程序设计 | 3 | 82 |
| 1031124012 | 张雪 | 001 | 大学计算机基础 | 2 | 30 |
| 1031124012 | 张雪 | 002 | C语言程序设计 | 4 | 85 |
| 1102436055 | 胡佳 | 001 | 大学计算机基础 | 2 | 69 |
| 1102436055 | 胡佳 | 002 | C语言程序设计 | 4 | 80 |

图 5.13　“学生成绩表_多个项目”窗体

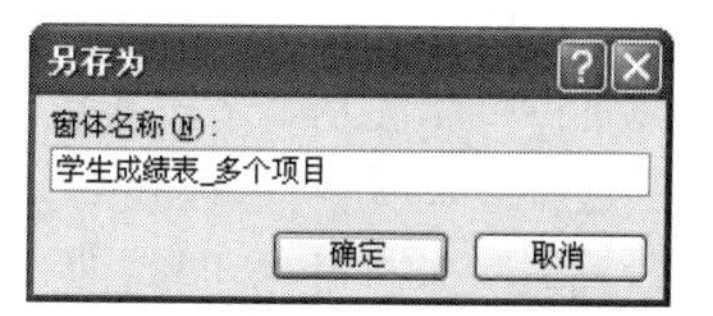


图 5.14　“另存为”对话框

### 5.2.3 创建“分割窗体”

“分割窗体”用于创建具有两种视图方式的窗体，在窗体的上半部是单一记录的布局视图方式，下半部是多条记录的数据表视图方式，以方便用户浏览记录。下面以创建“学生成绩表_分割窗体”窗体为例说明其创建过程。

（1）在当前数据库的“导航”窗格中“表”对象列表下选中“学生成绩表”作为数据源。

（2）单击功能区“创建”选项卡下“窗体”组中的 其他窗体 按钮，从展开的下拉列表中选择“分割窗体”命令，完成窗体的创建过程，并以布局视图和数据表视图方式显示，如图 5.15 所示。

（3）单击快捷工具栏中的“保存”按钮，在弹出的“另存为”对话框中，指定窗体的名称为“学生成绩表_分割窗体”，如图 5.16 所示，然后单击“确定”按钮。

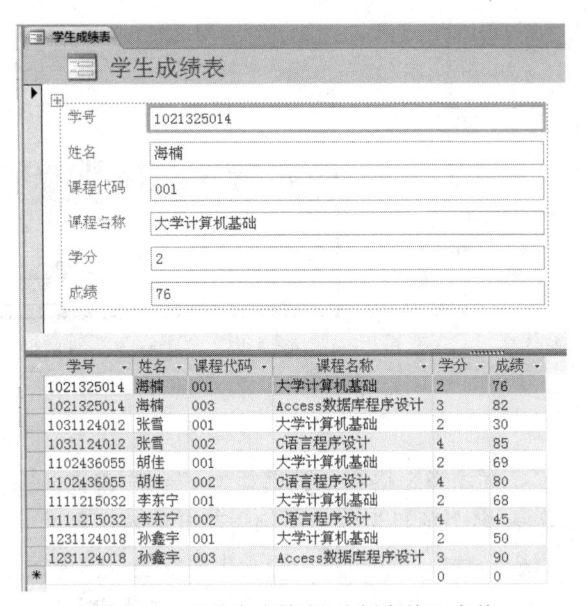


| 学号 | 姓名 | 课程代码 | 课程名称 | 学分 | 成绩 |
| --- | --- | --- | --- | --- | --- |
| 1021325014 | 海楠 | 001 | 大学计算机基础 | 2 | 76 |
| 1021325014 | 海楠 | 003 | Access数据库程序设计 | 3 | 82 |
| 1031124012 | 张雪 | 001 | 大学计算机基础 | 2 | 30 |
| 1031124012 | 张雪 | 002 | C语言程序设计 | 4 | 85 |
| 1102436055 | 胡佳 | 001 | 大学计算机基础 | 2 | 69 |
| 1102436055 | 胡佳 | 002 | C语言程序设计 | 4 | 80 |
| 1111215032 | 李东宁 | 001 | 大学计算机基础 | 2 | 68 |
| 1111215032 | 李东宁 | 002 | C语言程序设计 | 4 | 45 |
| 1231124018 | 孙鑫宇 | 001 | 大学计算机基础 | 2 | 50 |
| 1231124018 | 孙鑫宇 | 003 | Access数据库程序设计 | 3 | 90 |
| * | | | | 0 | 0 |

图 5.15 “学生成绩表_分割窗体”窗体

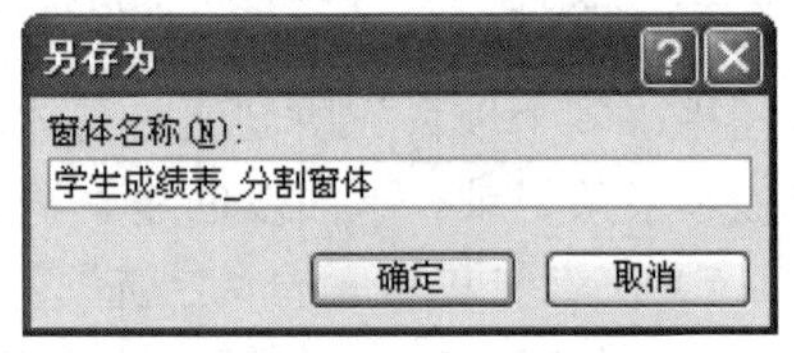


图 5.16 “另存为”对话框

### 5.2.4 创建数据透视图窗体

数据透视图是一种交互式的图表，它以图表的形式体现对数据源表中相关字段信息的分类汇总统计情况，便于用户直观地查看数据。下面以创建如图 5.5 所示的“学生档案表数据透视图”窗体为例说明其创建过程。

（1）在当前数据库的“导航”窗格中“表”对象列表下选中“学生档案表”作为数据源。

（2）单击功能区“创建”选项卡下“窗体”组中的 其他窗体 按钮，从展开的下拉列表中选择“数据透视图”命令执行，打开窗体的“数据透视图”视图，如图 5.17 所示。

（3）从如图 5.18 所示的“图表字段列表”中将“院系”字段拖拽至“将分类字段拖至此处”位置；将“性别”字段拖拽至“将系列字段拖至此处”位置；将“学号”字段拖拽到“将数据字段拖至此处”位置，完成“学生档案表数据透视图”窗体设计，如图 5.5 所示。如果“图表字段列表”未打开，可以在功能区“数据透视图工具/设计”选项卡下“显示/隐藏”组中双击 字段列表 按钮，打开“图表字段列表”。

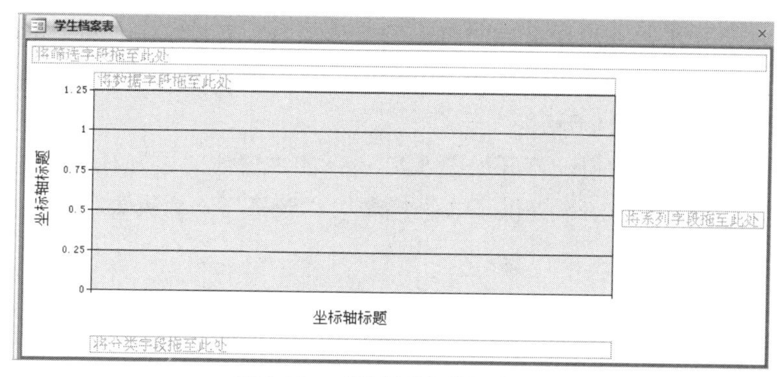


图 5.17　“数据透视图”视图

（4）单击快捷工具栏中的“保存”按钮，在弹出的“另存为”对话框中，指定窗体的名称为“学生档案表数据透视图”，如图 5.19 所示，然后单击“确定”按钮。

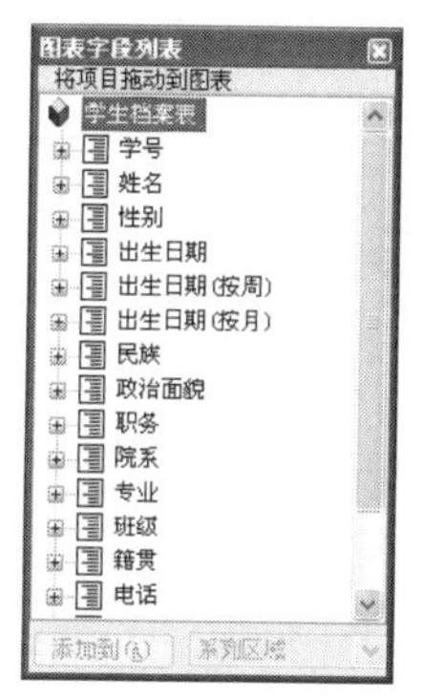


图 5.18　图表字段列表

图 5.19　“另存为”对话框

### 5.2.5　使用窗体向导创建窗体

无论是使用“窗体”按钮，还是使用“多个项目”、“分割窗体”命令创建的窗体，其创建过程都非常简捷，但同时用户也就无法实现对内容和外观的选择。使用窗体向导创建窗体能够解决这一问题，使得用户可以对内容和外观进行控制。下面以创建“学生档案表_窗体向导”窗体为例说明使用窗体向导创建窗体的过程。

（1）在功能区“创建”选项卡下“窗体”组中单击窗体向导按钮，打开如图 5.20 所示的“窗体向导”对话框 1。

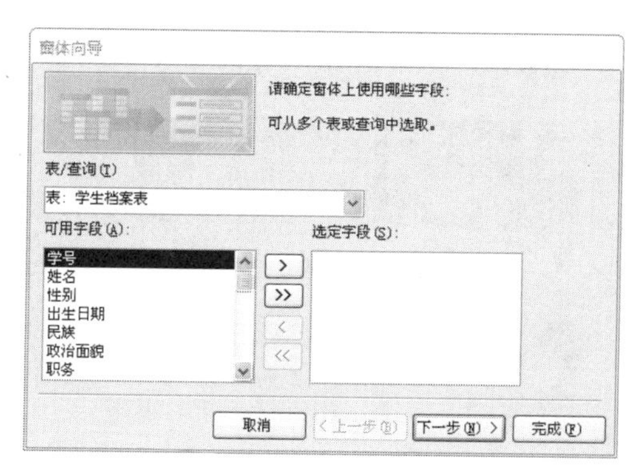


图 5.20　“窗体向导”对话框 1

（2）从“表/查询”组合框中选择“表：学生档案表”为数据源，在“可用字段”列表框中依次双击“学号”、“姓名”、“性别”、“政治面貌”、“院系”和“专业”字段将它们加入到“选定字段”列表框中，如图 5.21 所示。

（3）单击“下一步”按钮，打开如图 5.22 所示的“窗体向导”对话框 2，在这里可以选择窗体使用的布局方式，Access 提供了“纵栏表”、“表格”、“数据表”和“两端对齐”四种方式，本例选择“纵栏表”。

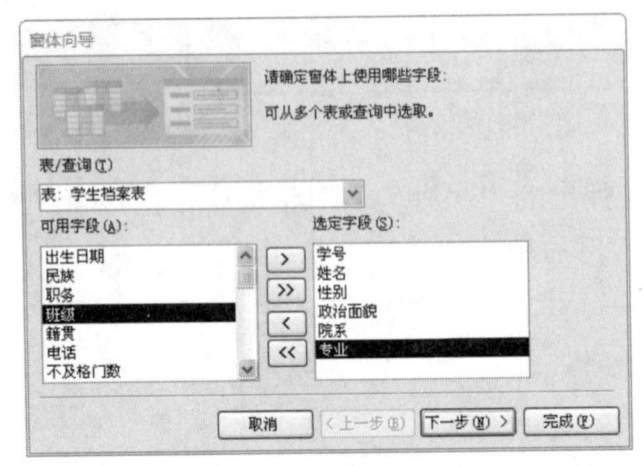


图 5.21　选定字段后的“窗体向导”对话框 1

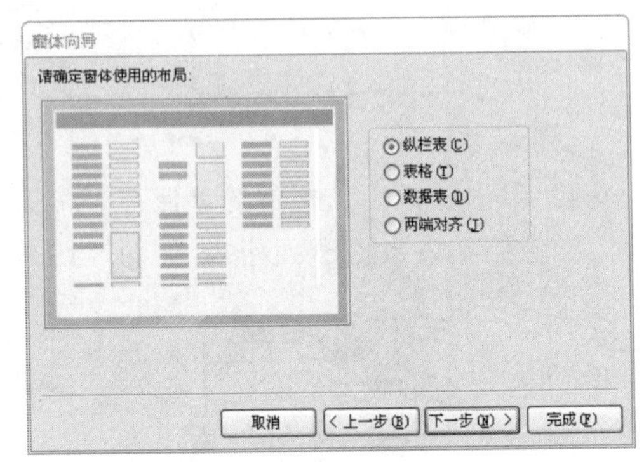


图 5.22　“窗体向导”对话框 2

（4）单击“下一步”按钮，打开如图 5.23 所示的“窗体向导”对话框 3，为窗体指定标题为“学生档案表_窗体向导”。可以通过选择“打开窗体查看或输入信息”或“修改窗体设计”来确定完成后所进入的视图方式，选择“打开窗体查看或输入信息”进入“窗体视图”，选择“修改窗体设计”进入“设计视图”，本例选择“打开窗体查看或输入信息”。

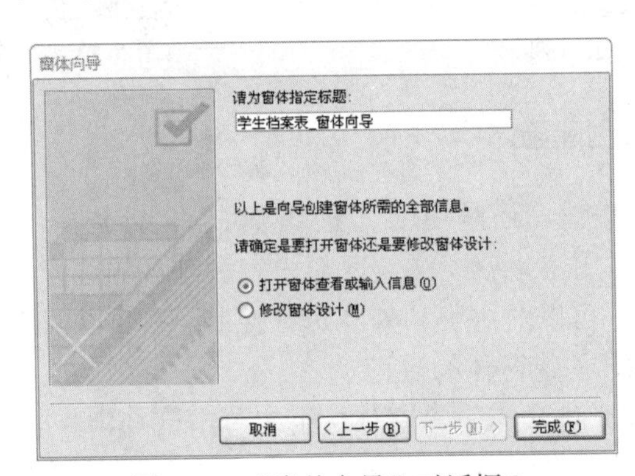


图 5.23　“窗体向导”对话框 3

（5）单击“完成”按钮完成窗体设计，创建好的窗体如图 5.24 所示。

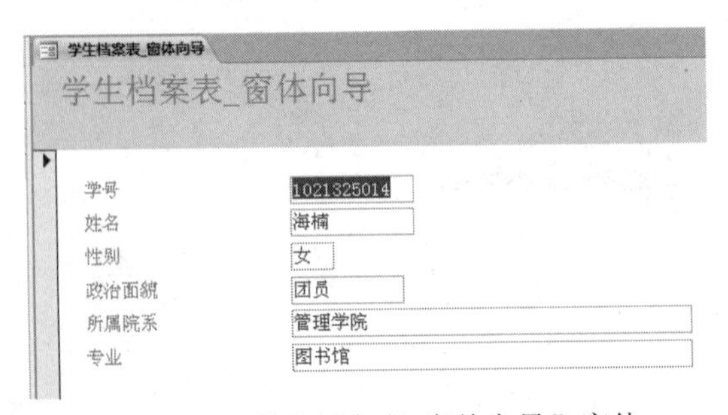


图 5.24　“学生档案表_窗体向导”窗体

使用窗体向导创建窗体，在数据源的选择过程中可以选择多个表/查询，这时创建的是带有子窗体的窗体或链接窗体，在体现 1:N 表间关联关系时显示特别有效。下面以“学生档案表_成绩”窗体为例说明其创建过程。

（1）在功能区“创建”选项卡下“窗体”组中单击窗体向导按钮，打开如图 5.20 所示的“窗体向导”对话框 1。

（2）从“表/查询”组合框中选择“表：学生档案表”为数据源，在“可用字段”列表框中依次双击“学号”、“姓名”、“性别”、“政治面貌”、“院系”和“专业”字段将它们加入到“选定字段”列表框中；然后，将“表/查询”组合框中的数据源换成“表：学生成绩表”，在“可用字段”列表框中依次双击“学号”、“姓名”、“课程名称”和“成绩”字段将它们加入到“选定字段”列表框中，如图 5.25 所示。

（3）单击“下一步”按钮，打开如图 5.26 所示的“窗体向导”对话框 2，确定查看数据的方式，本例选择“通过学生档案表”（通常选择 1:N 表间关联关系的 1 端）；确定窗体样式，本例选择“带有子窗体的窗体”。

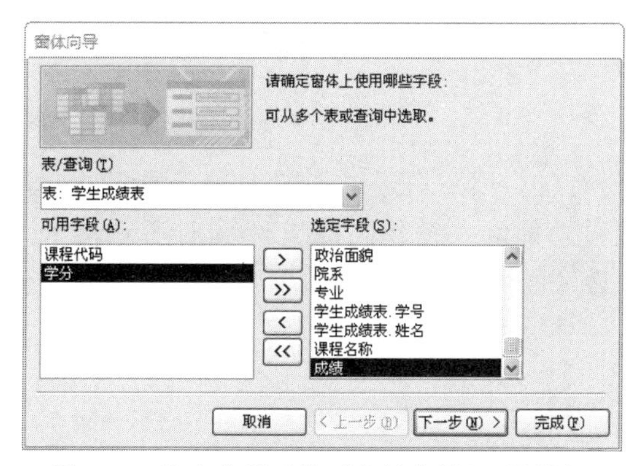


图 5.25　选定字段后的“窗体向导”对话框 1

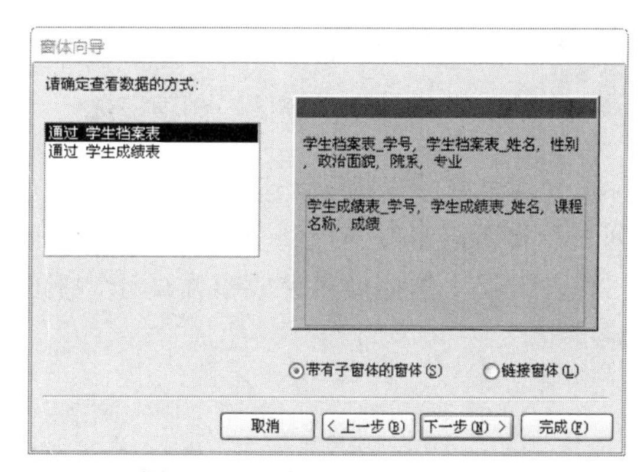


图 5.26　“窗体向导”对话框 2

（4）单击“下一步”按钮，打开如图 5.27 所示的“窗体向导”对话框 3，确定子窗体使用的布局方式，本例选择“数据表”。

（5）单击“下一步”按钮，打开如图 5.28 所示的“窗体向导”对话框 4，分别为窗体和子窗体指定标题“学生档案表_成绩”和“学生成绩表-子窗体”。

图 5.27　“窗体向导”对话框 3

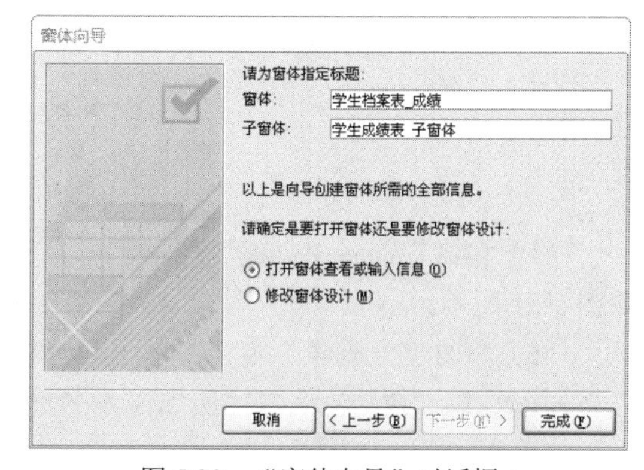


图 5.28　“窗体向导”对话框 4

（6）单击“完成”按钮完成窗体设计，创建好的窗体如图 5.29 所示。

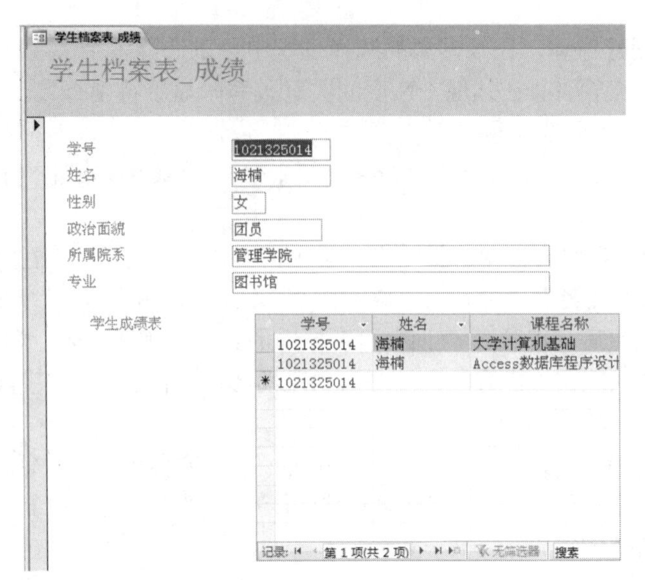


图 5.29 “学生档案表_成绩”窗体

### 5.2.6 使用“空白窗体”创建窗体

使用“空白窗体”创建窗体是在布局视图中进行的，用户可通过如图 5.30 所示的“字段列表”将所需字段拖拽到空白窗体上，也可以通过功能区“窗体布局工具/设计”选项卡下“控件”组中的控件来完成窗体设计。下面以“教师档案表_空白窗体”窗体为例说明其创建过程。

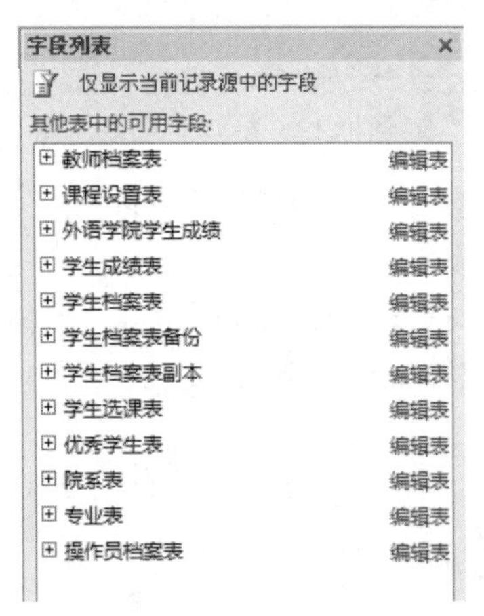


图 5.30 字段列表

（1）单击功能区“创建”选项卡下“窗体”组中的空白窗体按钮，打开空白窗体的布局视图，如图 5.31 所示。

（2）将“字段列表”窗格中的“教师档案表”展开，显示其所包含的字段信息，分别将“教师编号”、“教师姓名”、“所属院系名称”和“所属专业名称”字段拖拽（或双击）到窗体上，如图 5.32 所示。

（3）单击快速访问工具栏上的“保存”按钮，在弹出的“另存为”对话框中为窗体指定名称为“教师档案表_空白窗体”，单击“确定”按钮。

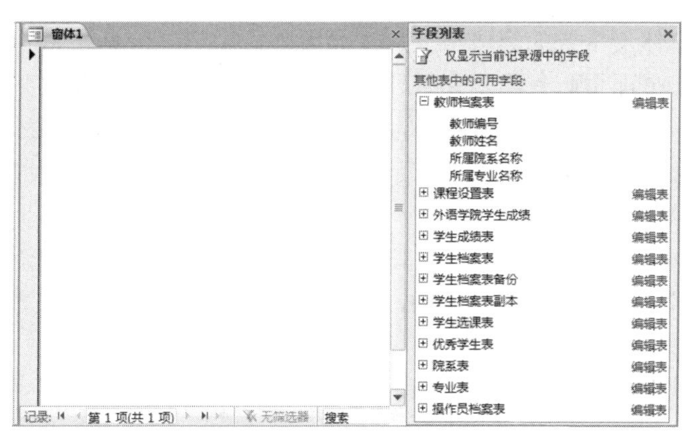


图 5.31　空白窗体布局视图

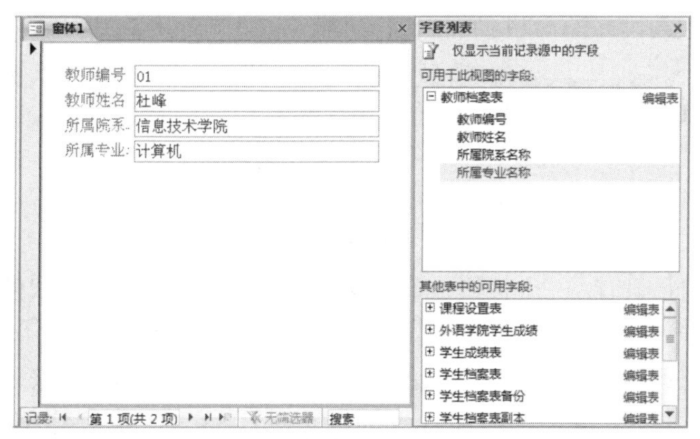


图 5.32　添加字段后的布局视图

## 5.3　窗体的设计视图

窗体的设计视图是创建和编辑窗体的主要工具，通常使用其他方法创建的窗体都不能满足一些细节的要求，需要在设计视图中进行调整。

1. 窗体设计视图的结构

窗体的设计视图由多个部分组成，每个部分称为一个“节”，如图 5.7 所示。其中主体节是每个窗体所必需的，默认情况下设计视图中只显示主体节，如需显示其他节，可在窗体中单击鼠标右键，从弹出的快捷菜单中选择“窗体页眉/页脚”、“页面页眉/页脚”命令执行，如图 5.33 所示。

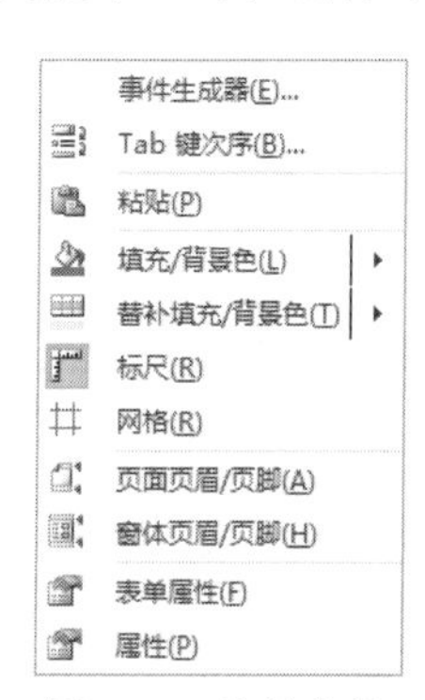


图 5.33　快捷菜单

窗体各节的分界横条被称为节选择器，单击该横条可以选定节，上下拖动它可以调整节的高度。

（1）各节的作用如下所示：

- 窗体页眉：窗体页眉出现在窗体的顶部，通常用来放置窗体的标题、使用说明或执行某些其他任务的命令按钮。在打印的窗体中，窗体页眉出现在第一页的顶部。
- 页面页眉：页面页眉只出现在打印的窗体中，通常用来显示标题、列表头或徽标等信息。

- 主体：是窗体最重要的组成部分，主要用来显示记录信息。
- 页面页脚：页面页脚只出现在打印的窗体中，用于显示日期或页号等信息。
- 窗体页脚：窗体页脚出现在窗体的底部，通常用于放置对整个窗体所有记录都要显示的内容，也可放置使用说明和命令按钮。在打印的窗体中，出现在最后一条记录的主体节之后。

（2）节的显示/隐藏。除主体节外，其他的四个节都可以隐藏，但窗体页眉和窗体页脚、页面页眉和页面页脚是成对显示或隐藏的，可在如图 5.33 所示的快捷菜单中完成这一操作。

2. “窗体设计工具”选项卡

在窗体的设计视图中，“窗体设计工具”选项卡由“设计”、“排列”和“格式”三个子选项卡组成。

（1）“设计”选项卡。“设计”选项卡包括视图、主题、控件、页眉/页脚和工具五个组，提供了窗体的设计工具，如图 5.34 所示。

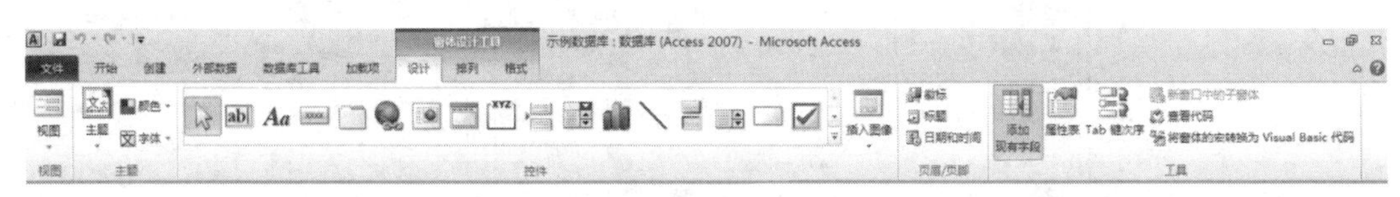

图 5.34 窗体设计工具/设计选项卡

- “视图”组：只有一个按钮，单击该按钮将展开一个视图方式的下拉列表，用户通过执行相应的命令可实现不同视图间的切换。
- “主题”组：包括“主题”、“颜色”和“字体”三个按钮，用来统一窗体及控件的风格及外观。其中“主题”是 Access 提供的若干备选方案，决定整个系统的视觉样式。
- “控件”组：提供了窗体设计时用到的各种控件，是窗体设计的重要工具。
- “页眉/页脚”组：有“徽标”、“日期和时间”和“标题”三个按钮。其中“徽标”用来放置个性化的公司（个人）徽标；“日期和时间”用来在窗体中插入日期和时间；“标题”用来快速放置窗体标题。
- “工具”组：包括“添加现有字段”、“属性表”、“代码”、“Tab 键次序”、“子窗体”和“将宏转变为代码”六个按钮。其中“添加现有字段”用来显示表的字段列表，可以通过拖拽（或双击）的方式将字段添加到窗体中；“属性表”用来显示窗体或控件的属性窗格；“代码”用来显示当前窗体的 VBA 代码；“Tab 键次序”用来改变窗体上控件获得焦点的次序；“子窗体”用来在新窗口中添加子窗体；“将宏转变为代码”用来将窗体中的宏转换为 VBA 代码。

（2）“排列”选项卡。“排列”选项卡包括“表”、“行和列”、“合并/拆分”、“移动”、“位置”和“调整大小和排序”六个组，主要用来对齐和排列控件，如图 5.35 所示。

图 5.35 窗体设计工具/排列选项卡

- “表”组：包括“网格线”、“堆积”、“表格”和“删除布局”四个按钮。其中“网格线”用来设置窗体中数据表的网格线的样式；“堆积”用来创建类似于纸制表单的布局；“表格”用来创建类似于电子表格的布局；“删除布局”用来删除应用于控件的布局。

- “行和列”组：该组命令按钮用来在窗体中插入行或列，类似于 Word 表格的功能。
- “合并/拆分”组：用来将所选的控件拆分或合并，是 Access 2010 新增加的功能，类似于 Word 表格中的拆分/合并单元格。
- “移动”组：快速移动控件在窗体中的相对位置。
- “位置”组：包括“控件边距”、“控件填充”和“定位”三个按钮。其中“控件边距”用来调整控件内文本与控件边界的位置关系；“控件填充”用来调整一组控件在窗体上的布局；“定位”用来调整控件在窗体上的位置。
- “调整大小和排序”组：包括“大小/空格”、“对齐”、“置于顶层”和“置于底层”四个按钮。其中“大小/空格”和“对齐”用来调整控件的排列；“置于顶层”和“置于底层”是 Access 2010 新增的功能，用来调整选定对象和其他对象间的排列层次关系。

（3）“格式”选项卡。“格式”选项卡包括所选内容、字体、数字、背景和控件格式五个组，用来设置窗体及控件的外观样式，包括字体、字形、字号、数字格式、背景图像、填充等内容，如图 5.36 所示。

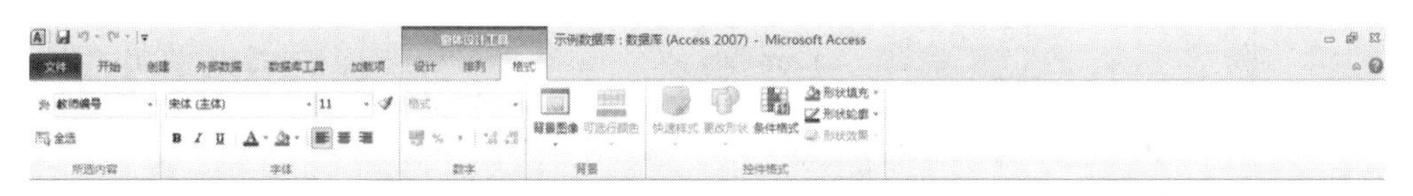


图 5.36　窗体设计工具/格式选项卡

# 5.4　子窗体

在 Access 中，用户可以根据需要在窗体中创建子窗体，也可以在一个窗体中创建多个子窗体，或者在子窗体中创建子窗体。主窗体与子窗体中数据之间的关系通常是一对多的。

在很多情况下，一个数据库应用系统的窗体数据源都不仅仅基于一个数据表对象或一个查询对象。利用 Access 窗体对象处理来自多个数据源的数据时，需要在主窗体对象中添加子窗体。主窗体基于一个数据源，而任何其他数据源的数据处理则必须为其添加对应的子窗体。下面以“学生成绩查询修改”窗体为例介绍设计子窗体的步骤。

1. 创建主窗体

在数据库设计视图的“窗体”组上，应用 5.2 节讲述的方法创建一个基于“学生档案表”的窗体，命名为“学生成绩查询修改”，并选定“修改窗体设计”，单击“完成”按钮。打开窗体设计视图，用户可以根据需要调整控件的位置及尺寸，如图 5.37 所示。

2. 在主窗体中确定子窗体区域

在“学生成绩查询修改”的窗体设计视图中，将窗体主体节拉大至合适的尺寸（可以使用鼠标向下拖动“窗体页脚”节来实现拉大窗体主体节尺寸的操作）。然后，在窗体主体节中放置一个称为“子窗体/子报表”的控件。其操作方法是，在功能区“窗体设计工具”选项卡下“控件”组中单击“子窗体/子报表”按钮，并在窗体主体节中合适的位置单击鼠标左键，随即弹出如图 5.38 所示的“子窗体向导”对话框 1。

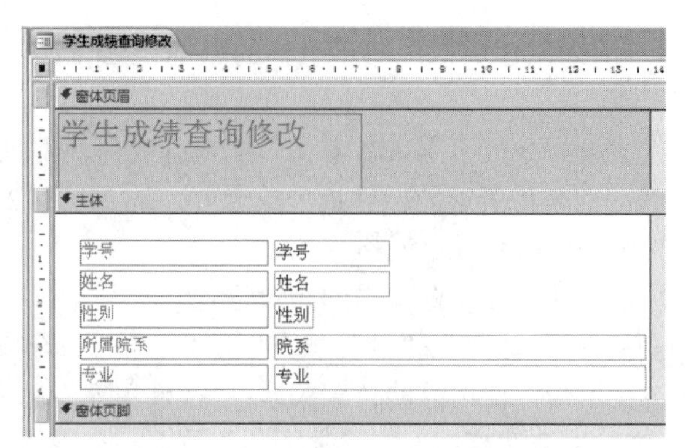


图 5.37 “学生成绩查询修改”窗体

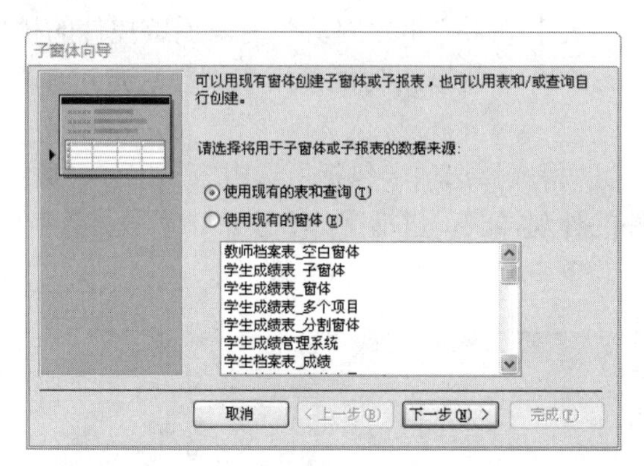


图 5.38 “子窗体向导”对话框 1

在如图 5.38 所示的“子窗体向导”对话框 1 中，选择是将一个表对象或查询对象的数据作为数据源创建子窗体，还是使用一个已经创建完成的窗体对象作为子窗体。如果所建子窗体是基于一个表对象或查询对象的数据，则应该选定“使用现有的表和查询”单选按钮；如果使用一个已有的窗体作为子窗体，则应该选定“使用现有的窗体”单选按钮，并在对话框下方的列表框中选定已建窗体的名字。

本例中，所建子窗体是基于一个数据表对象的，因此，选中“使用现有的表和查询”单选按钮，而选择数据源的操作将在下一个对话框中进行。单击“下一步”按钮进入如图 5.39 所示的“子窗体向导”对话框 2，在对话框的“表/查询”组合框中选定子窗体的数据源，然后在“可用字段”列表框中选定希望包含在子窗体中的各个字段。

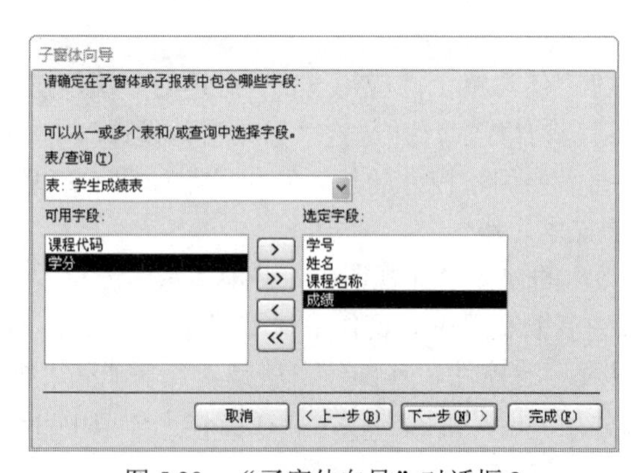


图 5.39 “子窗体向导”对话框 2

本例中，“学生成绩查询修改”窗体中的子窗体应显示学生的所有选课成绩，所以子窗体为“学生成绩表子窗体”，应该选定“学生成绩表”中的“学号”、“姓名”、“课程名称”和“成绩”字段作为该子窗体的数据字段。然后单击“下一步”按钮进入如图 5.40 所示的“子窗体向导”对话框 3。

3. 确定子窗体数据与主窗体数据间的关联

子窗体是作为主窗体的一个组成部分运行的，子窗体中的数据必须与主窗体中的数据相互关联，这是因为主、子两窗体数据在整个窗体中以联接（Join）表的形式出现。因此，可以通过在“子窗体向导”对话框 3 中的相关操作，确定主窗体中数据与子窗体中数据的联接方式。

在如图 5.40 所示的“子窗体向导”对话框 3 中，选定“对学生档案表中的每个记录用学号显示学生成绩表。单击“下一步”按钮，打开“子窗体向导”对话框 4，将子窗体命名为“学生成绩表子窗体”，如图 5.41 所示。单击“完成”按钮，添加子窗体及修改后的窗体设计视图如图 5.42 所示。

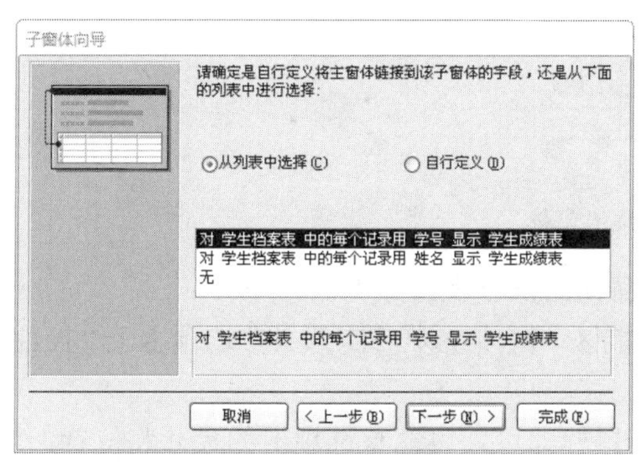


图 5.40　“子窗体向导”对话框 3

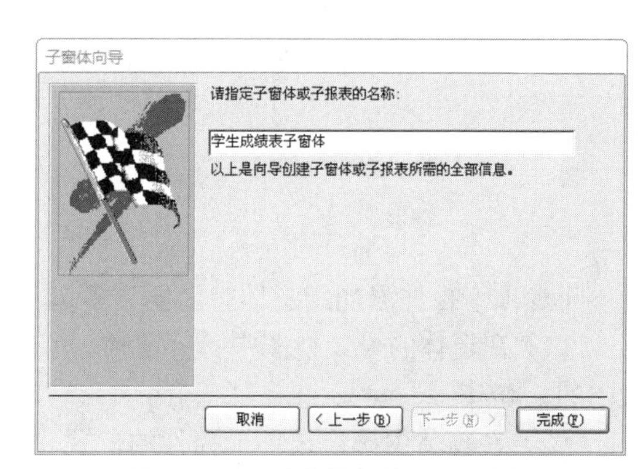


图 5.41　“子窗体向导”对话框 4

图 5.42　修改后的窗体

创建带有多个子窗体的窗体，以及在子窗体中创建子窗体的过程与上面介绍的内容一致，不再赘述。

## 5.5 创建多页或多选项卡窗体

通常情况下，创建一页以上的窗体有使用选项卡控件或分页符控件两种方法。选项卡控件是创建多页窗体最容易且最有效的方法。使用选项卡控件可以将多个独立的页面全部创建到一个控件中。如果要切换页，单击其中的某个选项卡即可。

### 5.5.1 创建多选项卡窗体

创建多选项卡窗体，可以将更多的内容分类显示在不同的页面上，这样便于操作，如图 5.43 所示。

图 5.43 多选项卡窗体

将选项卡控件添加到窗体中以创建多选项卡窗体的操作步骤如下：

（1）在窗体的设计视图中打开窗体。单击功能区“窗体设计工具/设计”选项卡下“控件”组中的按钮。

（2）在窗体中确定选项卡控件的位置，单击鼠标即可。可调整选项卡的尺寸和位置，如图 5.44 所示。

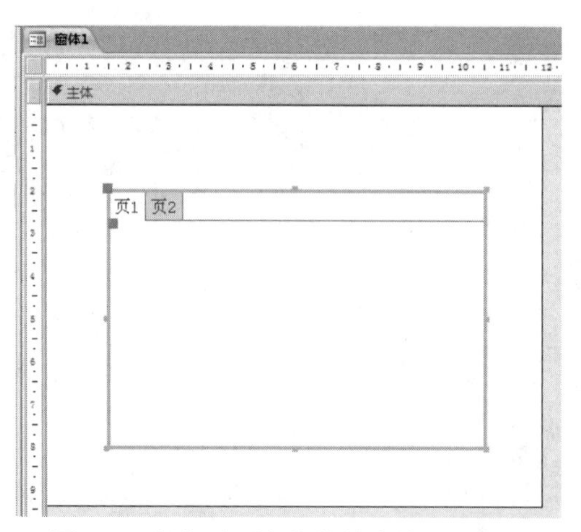


图 5.44 添加选项卡控件的窗体设计视图

（3）如果要将控件添加到选项卡控件上，可以单击需要添加控件的页的选项卡，然后使用下列方法之一来添加控件。

- 添加数据表中的字段：单击功能区“窗体设计工具/设计”选项卡下“工具”组中的“添加现有字段”按钮来显示字段列表，将所需显示的字段拖拽（或双击）到选项卡页上。如果该按钮呈灰色，则表明没有设置“记录源”。需按如下步骤设置“记录源”：

在功能区“窗体设计工具/设计”选项卡下“工具”组中单击按钮，在打开的窗体属性窗格中选择“数据”选项卡，从记录源属性列表中选择所需数据表，如图 5.45 所示。

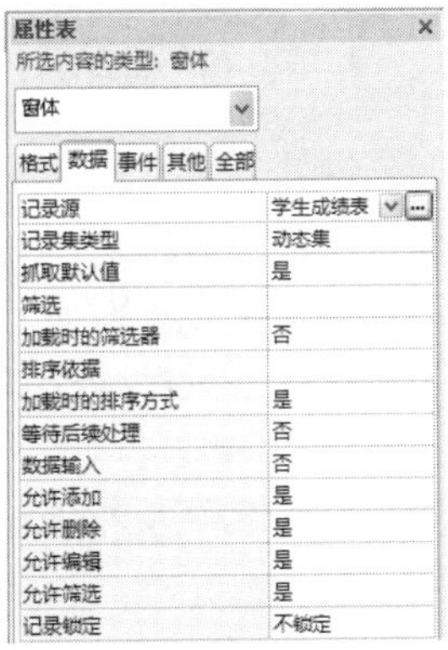

- 添加“控件”组中的控件：首先选定选项卡中需要添加控件的页，然后单击“控件”组中的相应工具按钮，再在选项卡页中单击鼠标，可在该选项卡页上添加任何类型的控件。可以从窗体的另一部分或另一页复制控件，但不能从窗体的另一部分或另一页拖动控件。

图 5.45　设置“记录源”

（4）设置选项卡及页的属性。

1）如果要改变选项卡页的标题，可以在“属性表”窗格中“全部”选项卡下的“标题”属性框中指定新内容。如果在“标题”属性中不指定标题，Access 将使用“名称”属性中的设置，如图 5.46 所示。

2）如果要添加、删除或更改选项卡的顺序，可以右击选项卡控件，然后在打开的快捷菜单中选择“插入页”、“删除页”或“页次序”命令，如图 5.47 所示。

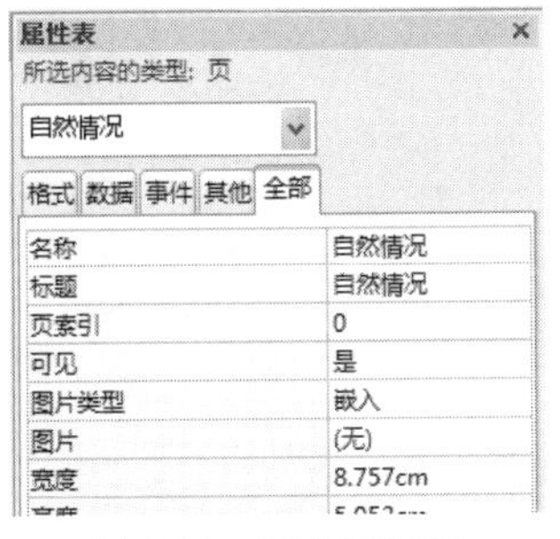


图 5.46　更改页标题

图 5.47　选项卡快捷菜单

3）如果要更改页次序，在选项卡快捷菜单中选择“页次序”命令，弹出“页序”对话框，如图 5.48 所示，在列表框中选定要更改次序的页，通过“上移”或者“下移”命令按钮移到指定位置，单击“确定”按钮即可更改页次序。

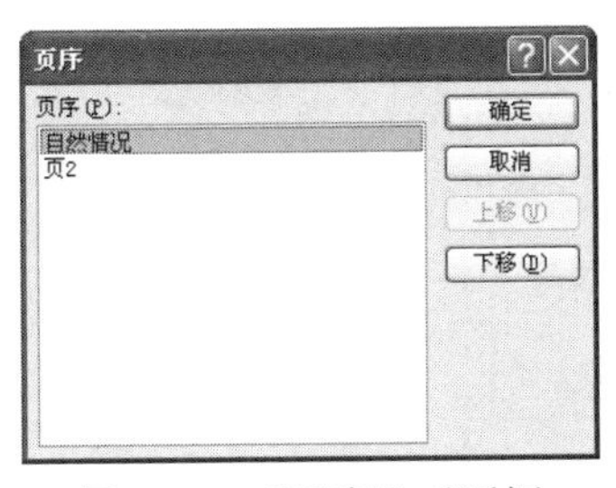


图 5.48　“页序”对话框

4）如果要在页上改变控件的 Tab 键次序，可以右击页面，然后在打开的快捷菜单中选择“Tab 键次序”命令。

5）如果要改变选项卡标题的名称、字号、字体等，可以双击选项卡控件的边框打开它的“属性表”窗格，然后设置相应的属性。

（5）单击每个选项卡来调整选项卡控件的大小，以确保所有控件都在选项卡中。

### 5.5.2 创建多页（屏）窗体

创建多页（屏）窗体，可以将较多的内容显示在多页中或者以多屏方式显示，以便用户搜索需要的信息。

具体操作步骤如下：

（1）在设计视图中打开窗体。

（2）单击功能区“窗体设计工具/设计”选项卡下“控件”组中的按钮，在窗体中某控件上方或下方放置分页符，Access 将在窗体的左边框使用短点线标注分页符，如图 5.49 所示。

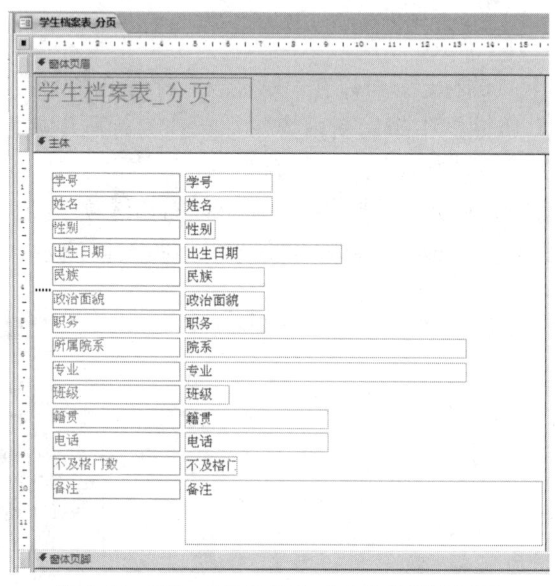


图 5.49 添加“分页符”后的窗体设计视图

（3）在窗体的“属性表”窗格中“其他”选项卡下，将“循环”属性设置为“当前页”。当“循环”属性设置为“当前页”时，将不能使用 Tab 键在页间翻动，如图 5.50 所示。

（4）通过将“滚动条”属性设置为“只水平”或者“两者均无”来删除垂直滚动条，如图 5.51 所示。

图 5.50 设置“循环”属性

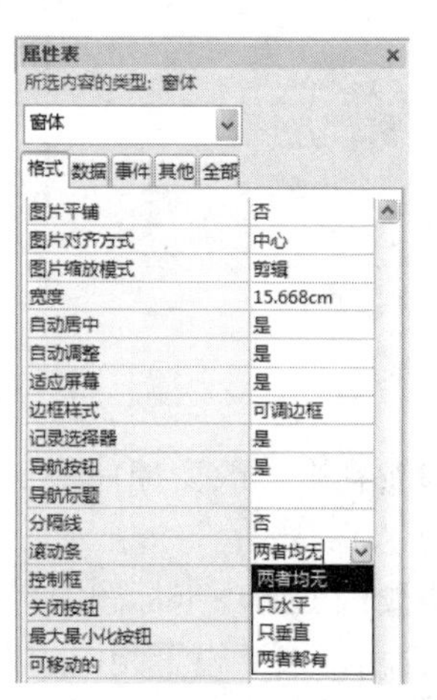


图 5.51 设置“滚动条”属性

# 5.6　窗体中的常用控件

在所有可以放置到窗体上的控件中，标签和文本框是最常用的。文本框和其关联标签成对出现，文本框显示单个字段的数据，而其关联标签的标题对这些数据进行说明。有些窗体只需要文本框和标签，但是要想对数据进行复杂的显示和选择，还需要其他的控件。

## 5.6.1　标签

标签有两种使用用法，一种是用作独立标签；另一种是用作关联标签。独立标签用来添加对窗体进行说明的文字，例如可使用标签来标识一组控件，在如图 5.52 所示的“学生成绩表_窗体”窗体中，独立标签“学生成绩表”用来标识窗体中的所有控件都为学生成绩表的相关信息。

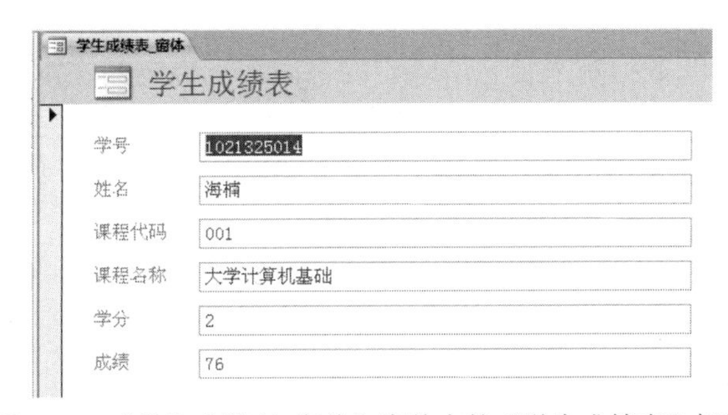


图 5.52　“学生成绩表_窗体”窗体中的“学生成绩表”标签

在“学生成绩表_窗体”窗体上同样包含关联标签。例如，“学号”、“姓名”等。所谓的关联标签就是被链接到其他控件的标签（通常是文本框、组合框和列表框）。“学生成绩表_窗体”窗体上的每个文本框控件都有一个与之关联的标签控件。默认情况下，当把文本框、组合框或列表框放置到窗体上时，它们都带有一个与之关联的标签控件。

可以通过标签的“特殊效果”属性为标签和文本框设置各种样式。具体操作步骤如下：

（1）在窗体设计视图中，打开标签的“属性表”窗格。

（2）选择“格式”选项卡中的“特殊效果”下拉列表框，共有 6 种特殊效果可供选择，如图 5.53 所示。

图 5.53　标签的特殊效果属性

标签的各项格式属性之间有着如下对应关系：

（1）如果把标签的“特殊效果”属性设为“蚀刻”或者“凿痕”，那么该标签的“背景样式”将设为“透明”。

（2）如果把标签的“特殊效果”属性设为“平面”以外的其他值，但是把“边框宽度”属性设为“细线”以外的其他值，那么该标签的“特殊效果”属性将变为“平面”。

（3）如果把标签的“特殊效果”属性设为“平面”以外的其他值，并且把“边框样式”属性设为“透明”以外的其他值，那么该标签的“特殊效果”属性将变为“平面”。

（4）应把“特殊效果”属性设为“凸起”的标签的“背景样式”属性设为“透明”。如果把这个属性设为“正常”，那么“凸起”的视觉效果就会失效。

（5）应把“特殊效果”属性设为“蚀刻”或者是“凿痕”的标签的“边框样式”属性设为“透明”。如果把这个属性设为“正常”，那么“蚀刻”或者是“凿痕”的视觉效果就会失效。

### 5.6.2 文本框

绑定的文本框显示的数据都来自它所绑定的字段；未绑定的文本框控件可用来接受那些不必保存在表中的用户输入的数据。通过调整文本框“边框样式”、“边框宽度”和“特殊效果”等属性，可以像对标签那样，改变文本框的外观（有关内容参见 5.6.1 节和图 5.53）。

### 5.6.3 组合框和列表框

如果在窗体上输入的数据总是取自某一个表或查询记录中的值，就应该使用组合框控件或列表框控件。这样设计可以确保输入数据的正确性，同时还可以有效地提高数据输入的速度。

要创建组合框控件或列表框控件，需要考虑以下三点：

- 控件中的列表数据从何而来。
- 在组合框或者列表框中完成选择操作后，将如何使用这个选定值。
- 组合框和列表框控件的差别何在。

下面以“学生档案表”窗体为例，说明组合框的创建过程。在“学生档案表”设计视图中，所属院系与专业应从“院系表”的“院系名称”字段和“专业表”的“专业名称”字段中选择。而性别字段只有两种可能，也可从指定组合框中选定。

1. 创建组合框控件

在“学生档案表”窗体设计视图中，单击功能区“窗体设计工具/设计”选项卡下“控件”组中的按钮，然后在“学生档案表”窗体的合适位置放置一个组合框控件，之后弹出“组合框向导”对话框 1，如图 5.54 所示。组合框的取值有三种，分别是“使用组合框获取其他表或查询中的值”、“自行键入所需的值”和“在基于组合框中选定的值而创建的窗体上查找记录”。

为了在“学生档案表”窗体中创建“所属院系”组合框，应该选择“使用组合框获取其他表或查询中的值”单选按钮。选定后单击“下一步”按钮进入如图 5.55 所示的“组合框向导”对话框 2。

2. 为组合框控件设定数据来源

在如图 5.55 所示的“组合框向导”对话框 2 中，应选择数据库中的一个表或一个查询作为该组合框的数据源，对于“学生档案表”窗体中的“院系”组合框，应该选择“院系表”作为数据源。单击“下一步”按钮进入“组合框向导”对话框 3，如图 5.56 所示。

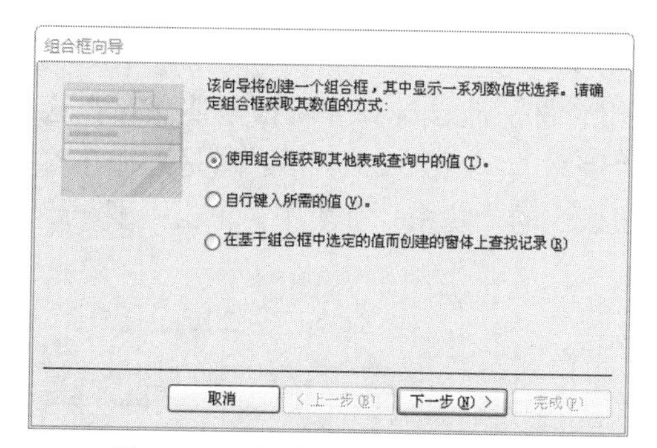


图 5.54　“组合框向导”对话框 1

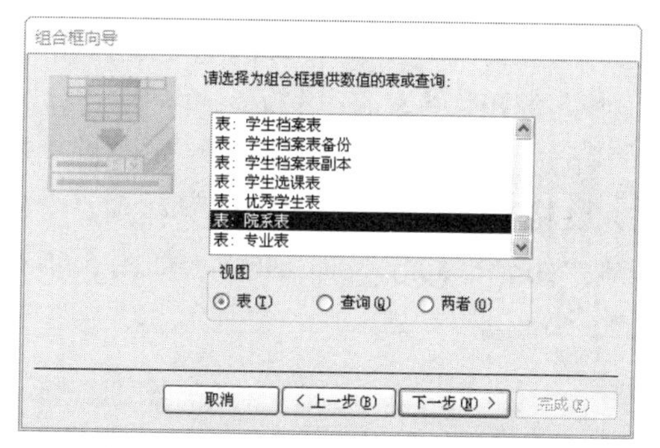


图 5.55　“组合框向导”对话框 2

3. 为组合框控件选择数据字段并确定列表使用的排序次序

在如图 5.56 所示的“组合框向导”对话框 3 中，需从该组合框指定的数据源中选择字段作为在该组合框控件中显示的数据字段。对于“学生档案表”窗体中的“所属院系”组合框，应该选择“院系表”中的“院系名称”字段。单击“下一步”按钮进入“组合框向导”对话框 4，如图 5.57 所示。

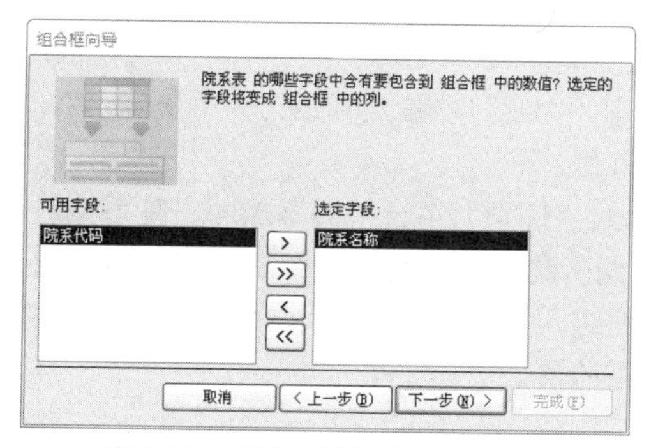


图 5.56　“组合框向导”对话框 3

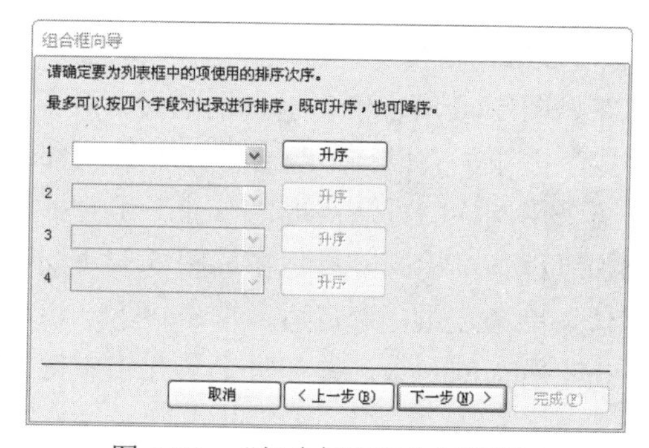


图 5.57　“组合框向导”对话框 4

在“组合框向导”对话框 4 中，可以设定列表使用的排序次序，这里不指定，直接单击“下一步”按钮进入“组合框向导”对话框 5，如图 5.58 所示。

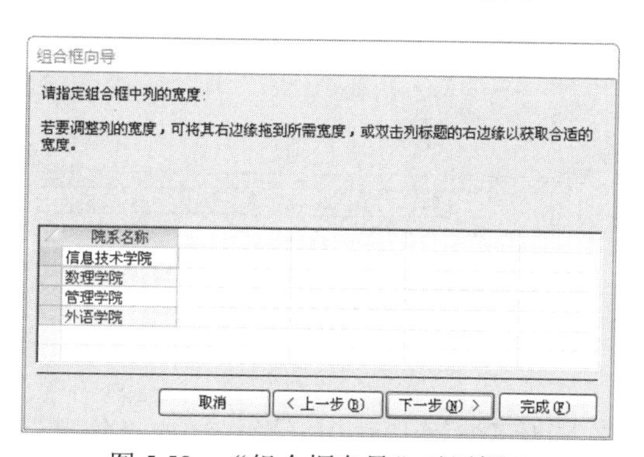


图 5.58　“组合框向导”对话框 5

4. 为组合框指定列的宽度

在如图 5.58 所示的对话框中会出现所选数据源的数据列表，可在此处调整该列表的宽度，调整好的列表宽度将成为组合框下拉列表的宽度。然后单击“下一步”按钮进入“组合框向导”对话框 6，如图 5.59 所示。

5. 为组合框控件运行时的选定数据指定使用方式

对于“学生档案表”窗体中的“所属院系”组合框，应该选择“将该数值保存在这个字段中”单选按钮，并从对应的下拉组合框中选定“院系”，如图 5.59 所示。这是因为在窗体运行时，要将组合框中选定的数据保存到“学生档案表”的“院系”字段中。单击“下一步”按钮进入“组合框向导”对话框 7，如图 5.60 所示。

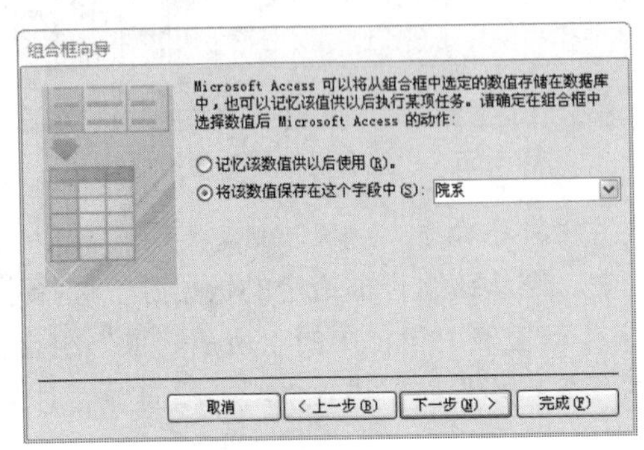


图 5.59　“组合框向导”对话框 6

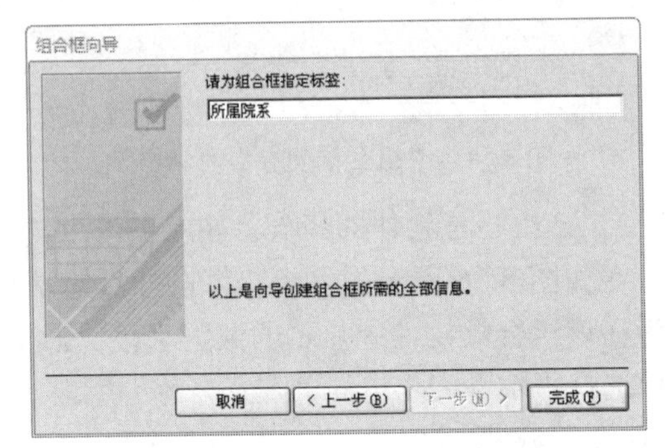


图 5.60　“组合框向导”对话框 7

6. 为组合框指定标签

在如图 5.60 所示的“组合框向导”对话框 7 中，为组合框指定标签为“所属院系”。单击“完成”按钮，完成一个组合框控件的全部创建操作。

可采用同样的方法实现“专业”组合框的添加。“性别”组合框的添加与“院系”组合框的添加过程基本相同，只是在如图 5.54 所示的“组合框向导”对话框 1 中选择“自行键入所需的值”单选按钮，选定后，单击“下一步”按钮进入如图 5.61 所示的“组合框向导”对话框，指定所需的列数，并在每个单元格中键入所需的值。

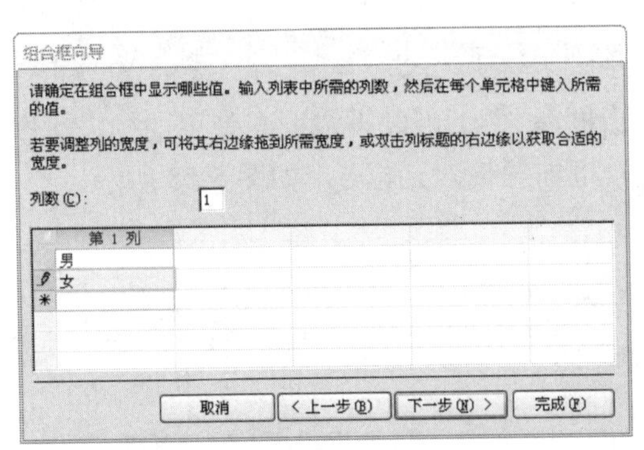


图 5.61　“组合框向导”对话框

### 5.6.4　命令按钮

在窗体上添加命令按钮是为了实现某种功能操作，如“确定”、“退出”、“添加记录”和“查询”等。因此，一个命令按钮必须具有对“单击”事件进行处理的能力。下面以创建“学生档案表”窗体上的“退出”按钮为例，说明命令按钮相关属性的设置方法。

打开“学生档案表”窗体设计视图，在窗体上放置一个命令按钮控件，弹出如图 5.62 所示的“命令按钮向导”对话框 1。Access 提供 6 种不同的操作类别，每种操作类别又各自包含若干具体操作。

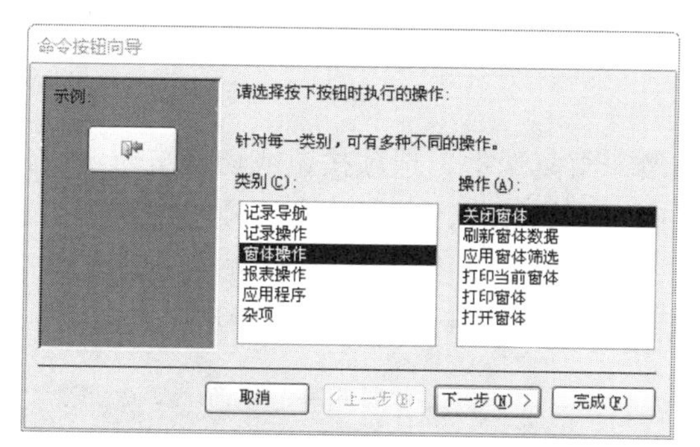

图 5.62　“命令按钮向导”对话框 1

“学生档案表”窗体上的“退出”按钮的功能是关闭窗体，所以在“类别”列表框中选择“窗体操作”，在“操作”列表框中选择“关闭窗体”。单击“下一步”按钮进入“命令按钮向导”对话框 2，如图 5.63 所示。

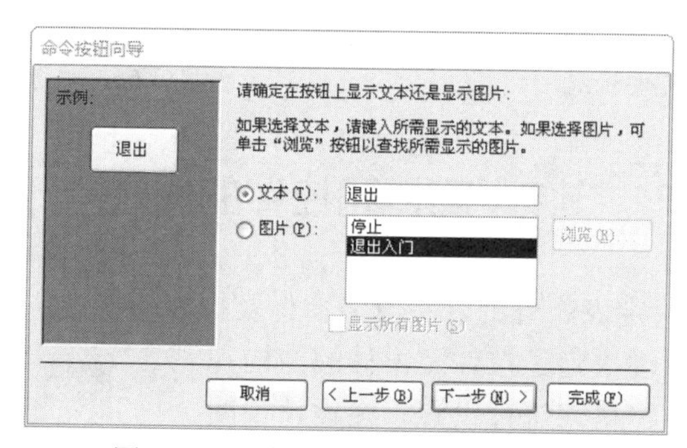

图 5.63　“命令按钮向导”对话框 2

在如图 5.63 所示的“命令按钮向导”对话框 2 中，需要为所创建的命令按钮设定“标题”属性值，该值可以是文本，也可以是图片。本例为命令按钮设定文本作为其“标题”属性值，选定“文本”单选按钮，并在文本框输入“退出”二字。设定完后，单击“下一步”按钮进入如图 5.64 所示的“命令按钮向导”对话框 3。

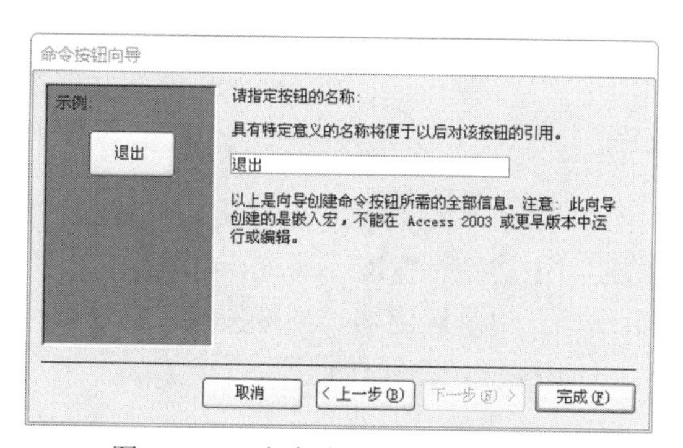

图 5.64　“命令按钮向导”对话框 3

在如图 5.64 所示的“命令按钮向导”对话框 3 中，输入该命令按钮控件的“名称”属性为“退出”。单击“完成”按钮就完成了“退出”按钮的创建操作。

应用系统中有些命令按钮的功能比较复杂，需要通过宏或 VBA 来实现，这时就不能使用命令按钮向导了，本书将在第 7 章“宏”和第 8 章“VBA 程序设计基础”中介绍。

### 5.6.5 选项组

选项组是由一个组框及一组复选框、选项按钮或切换按钮组成，如图 5.65 所示。选项组可以简化用户选择某一组确定值的操作，只要单击选项组中所需的值就可为字段选定数据值。需要注意的是如果选项组关联到某个字段，则只有组框本身关联到此字段，而不是组框内的复选框、选项按钮或切换按钮与此字段关联，如图 5.66 所示。

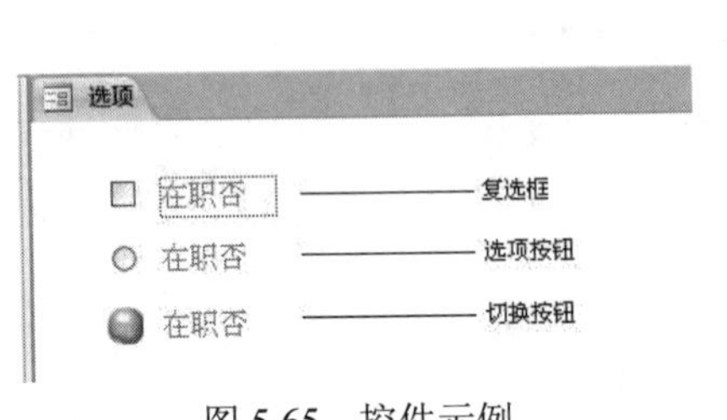

选项
在职否
复选框
在职否
选项按钮
在职否
切换按钮
图 5.65 控件示例

选项组
性别
男
女
选项组标签
选项组
选项按钮1
选项按钮1标签
选项按钮2
选项按钮2标签
图 5.66 “选项组”控件示例

## 5.7 窗体和控件的属性

Access 中属性用于决定表、查询、字段、窗体及报表的特性，无论是控件还是窗体本身都有相应的属性，这些属性决定了控件及窗体的结构和外观，可通过“属性表”窗格来进行设置。在设计视图中选定窗体或控件后，单击功能区“窗体设计工具/设计”选项卡下“工具”组中的属性表按钮，可以打开“属性表”窗格，如图 5.67 所示。

“属性表”窗格共有五个选项卡，包括格式、数据、事件、其他和全部，针对不同的设置可选择不同的选项卡，其中“全部”选项卡包含了格式、数据、事件和其他选项卡中的所有属性。

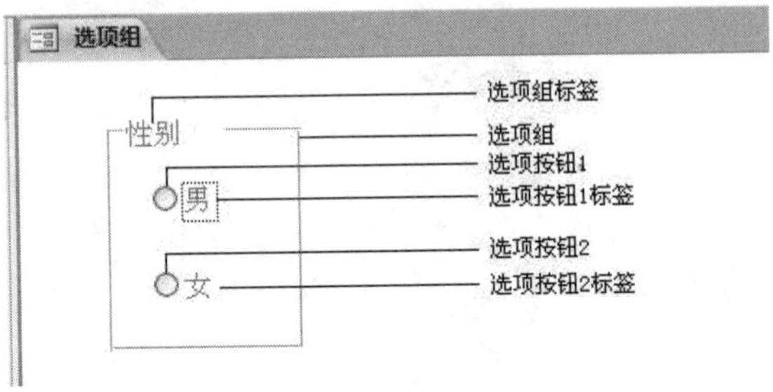

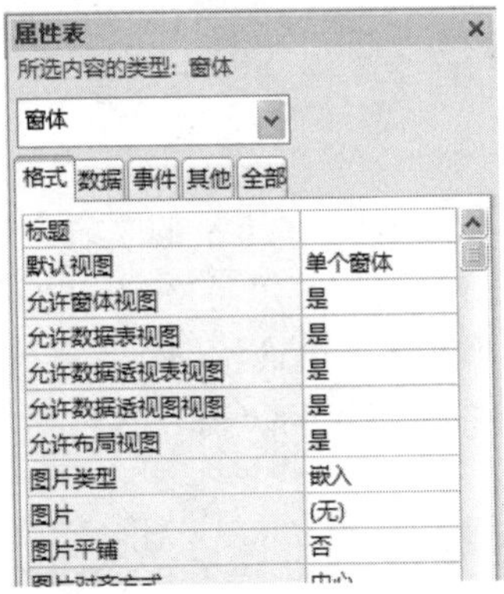

属性表
所选内容的类型：窗体
窗体
格式
数据
事件
其他
全部
标题
默认视图
单个窗体
允许窗体视图
是
允许数据表视图
是
允许数据透视表视图
是
允许数据透视图视图
是
允许布局视图
是
图片类型
嵌入
图片
(无)
图片平铺
否
图 5.67 窗体的“属性表”窗格

### 5.7.1 常用的格式属性

格式属性主要是针对控件的外观和窗体的显示格式而设置的。控件的格式属性包括标题、字体名称、字体大小、左边距、上边距、宽度、高度、前景颜色、特殊效果等。窗体的格式属性包括标题、默认视图、滚动条、记录选定器、浏览按钮（或导航按钮）、分隔线、自动居中、控制框、最大最小化按钮、关闭按钮、边框样式等。

1. 窗体的格式属性

- 标题：设置窗体标题栏上显示的字符串。
- 默认视图：决定窗体的显示形式，有“连续窗体”、“单个窗体”、“数据表”、“数据透视表”、“数据透视图”和“分割窗体”六个属性值供选择。
- 滚动条：决定窗体显示时是否具有窗体滚动条，有“两者均无”、“水平”、“垂直”和“两者都有”四个属性值供选择。

- 记录选定器：决定窗体显示时是否有记录选定器（窗体视图最左边的标志块），属性值只有“是”和“否”。
- 导航按钮：决定窗体运行时是否有导航按钮（窗体视图最下边的导航按钮组），属性值只有“是”和“否”。
- 分隔线：决定窗体显示时是否显示窗体各节之间的分隔线，属性值只有“是”和“否”。
- 自动居中：决定窗体显示时是否自动居于桌面的中间，属性值只有“是”和“否”。
- 边框样式：决定窗体运行时的边框形式，有“无”、“细边框”、“可调边框”和“对话框边框”四个属性值供选择。
- 最大最小化按钮：决定是否使用 Windows 标准的最大化和最小化按钮。

下面以如图 5.68 所示的“学生档案表”窗体为例，介绍窗体格式属性的设置方法，要求标题为“学生档案表窗体”，取消记录选定器、导航按钮和分隔线，滚动条属性为“两者均无”，边框样式为“对话框边框”。

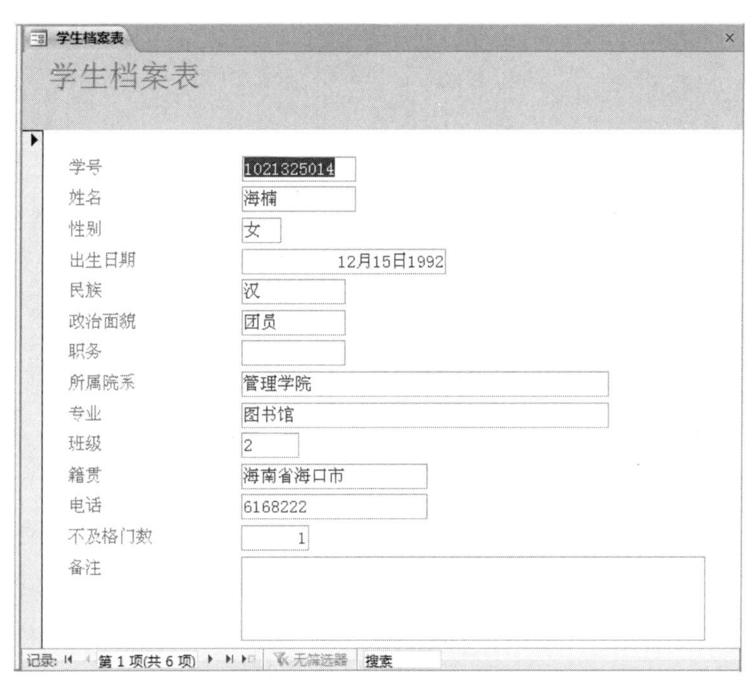


图 5.68　“学生档案表”窗体

（1）在设计视图中打开“学生档案表”窗体。

（2）打开窗体的“属性表”窗格，并选择“格式”选项卡。

（3）将“标题”属性框中的文字改为“学生档案表窗体”。

（4）依次将“记录选定器”、“导航按钮”和“分隔线”属性框的下拉列表展开，从中选择“否”。

（5）将“滚动条”属性框的下拉列表展开，从中选择“两者均无”。

（6）将“边框样式”属性框的下拉列表展开，从中选择“对话框边框”。

（7）保存窗体的属性设置；

设置好的窗体视图如图 5.69 所示。

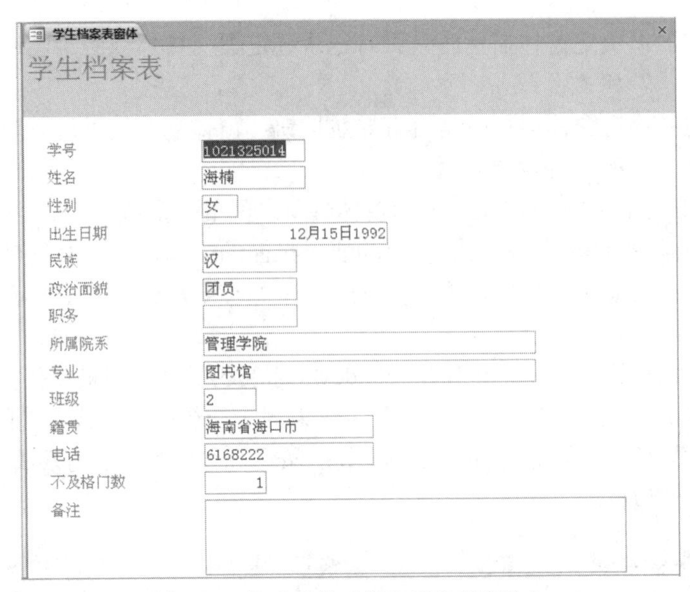


图 5.69 修改后的“学生档案表窗体”

2. 控件的格式属性

- 背景色：利用该属性可以设置控件的背景颜色。
- 背景样式：利用该属性可以指定控件是否透明。
- 边框颜色：利用该属性可以设置控件的边框颜色。
- 边框样式：利用该属性可以设置控件边框的样式。
- 边框宽度：利用该属性可以设置控件边框的宽度。
- 文本上边距、下边距，文本左边距、右边距：利用这些属性可以设置控件上显示的文本与控件的上、下、左、右边缘之间的距离。
- 标题：利用该属性可以设置显示在控件上的文本。
- 小数位数：利用该属性可以设置小数的位数（用于数字字段）。
- 字体名称、字体大小、字体粗细、倾斜字体、下划线：利用该属性可以控制显示在控件上的文本的外观。
- 前景色：利用该属性可以设置控件上的文本颜色。
- 格式：利用该属性可以设置应用于控件上的文本格式。
- 高度、宽度：利用这两个属性可以设置控件的高度和宽度。
- 左边距、上边距：利用这两个属性可以设置控件的位置。
- 行距：利用该属性可以设置控件上的文本行之间的距离。
- 图片：利用该属性可以设置在控件上显示什么图像。
- 特殊效果：利用该属性可以设置控件的样式（例如“蚀刻”、“凿痕”等）。
- 文本对齐：利用该属性可以设置控件上文本的对齐方式（例如“左对齐”、“居中”和“右对齐”等）。
- 可见性：利用该属性可以控制控件是否可见。

下面以如图 5.70 所示的“欢迎”窗体为例，介绍控件格式属性的设置方法，要求将标题为“欢迎学习 Access”的标签控件前景色设置为红色，字体名称为隶书，字体大小为 36，字体粗细为加粗，放置在距左边距 1.7cm、上边距 1.5cm 的位置。

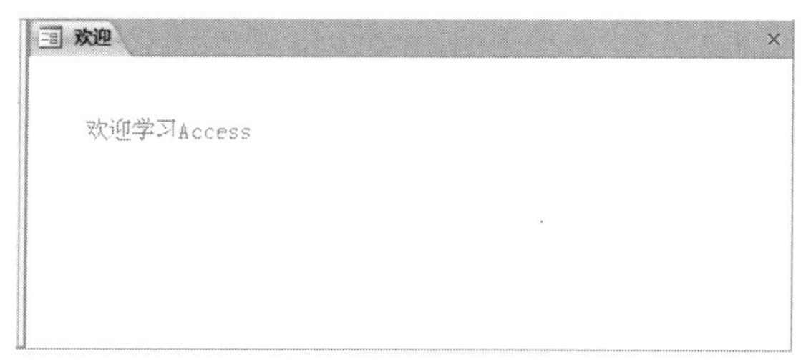


图 5.70 “欢迎”窗体

（1）在设计视图中打开“欢迎”窗体。

（2）选中标题为“欢迎学习 Access”的标签控件，打开它的“属性表”窗格并选择“格式”选项卡。

（3）将光标定位到“前景色”的属性框中，点击...按钮，在弹出的颜色对话框中选择红色后单击“确定”按钮。

（4）从“字体名称”的属性框中选择“隶书”。

（5）从“字号”的属性框中选择“26”。

（6）从“字体粗细”的属性框中选择“加粗”。

（7）右键单击标题为“欢迎学习 Access”的标签控件，鼠标指针指向“大小”，从下一级菜单中选择“正好容纳”。

（8）将“左”的属性值改为“1.7cm”，“上边距”的属性值改为“1.5cm”。

（9）保存设置后切换到窗体视图，修改后的“欢迎”窗体如图 5.71 所示。

图 5.71 修改后的“欢迎”窗体

### 5.7.2 常用的数据属性

数据属性决定了控件或窗体中的数据来自何处，以及操作数据的规则。控件的数据属性包括控件来源、输入掩码、有效性规则、有效性文本、默认值、是否有效、是否锁定等。窗体的数据属性包括记录源、排序依据、允许编辑、数据入口（或数据输入）等。其设置同格式属性一样，通过在相应的属性框中输入或选择属性值来完成。

1. 窗体的数据属性

- 记录源：通常是本数据库中的一个数据表对象名或查询对象名，它指明了该窗体的数据源。
- 排序依据：其属性值是一个字符串表达式，由字段名或字段名表达式组成，指定排序的规则。
- 允许编辑、允许添加、允许删除：决定了窗体运行时是否允许对数据进行编辑修改、添加或删除等操作，其属性值只有“是”和“否”。

- 数据入口（或数据输入）：决定了窗体运行时是否显示已有记录，其属性值只有“是”和“否”，如果选择“是”，则在窗体打开时，只显示一个空记录，否则显示已有记录。

2. 控件的数据属性

- 控件来源：决定如何检索或保存在窗体中要显示的数据，如果是一个字段名，则在控件上显示数据表中该字段的值，对窗体中的数据所进行的任何修改都会被回写入字段中。如果该属性含有计算表达式，则控件会显示计算的结果。
- 输入掩码：用来设定控件的输入格式，仅对文本型或日期/时间型数据有效。

下面以如图 5.72 所示的“学生”窗体为例，介绍窗体和控件数据属性的设置方法，要求将窗体的记录源设置为“学生档案表”，并在各文本框显示相关字段内容。

（1）在设计视图中打开“学生”窗体。

（2）打开窗体的“属性表”窗格，从“数据”选项卡下的记录源属性框中选择“学生档案表”。

（3）依次选中“学号”、“姓名”、“性别”等文本框（注意，在设计视图中应是显示有“未绑定”字样的部分），并打开其“属性表”窗格，从“数据”选项卡下的数据来源属性框中分别选择“学号”、“姓名”、“性别”等字段；

（4）保存设置后切换到窗体视图，修改后的“学生”窗体如图 5.73 所示。

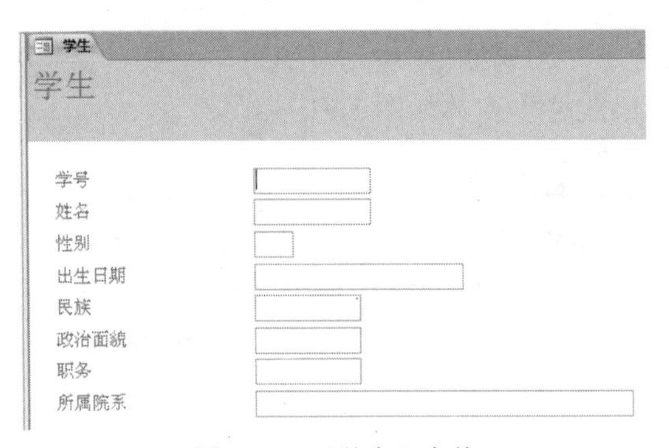


图 5.72 “学生”窗体

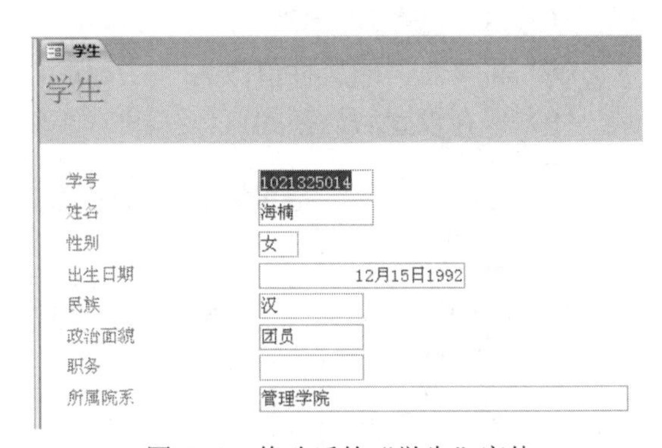


图 5.73 修改后的“学生”窗体

### 5.7.3 常用的事件属性

Access 中不同的对象可触发的事件不同，总体上这些事件可分为键盘事件、鼠标事件、对象事件、窗口事件和操作事件等。

1. 键盘事件

键盘事件是操作键盘所引发的事件，主要有“键按下”、“键释放”和“击键”等。

- 键按下：是指在窗体或控件具有焦点时，在键盘上按下任何键所发生的事件。
- 键释放：是指在窗体或控件具有焦点时，释放一个原本按下的键所发生的事件。
- 击键：是指在窗体或控件具有焦点时，完成按下并释放一个键或键组合时所发生的事件。

2. 鼠标事件

鼠标事件是操作鼠标所引发的事件，主要有“单击”、“双击”、“鼠标按下”、“鼠标移动”和“鼠标释放”等，其中“单击”事件的应用最为广泛。

- 单击：表示当鼠标在控件上单击左键时所发生的事件。

- 双击：表示当鼠标在控件上双击左键时所发生的事件。对于窗体而言，该事件在双击空白区域或窗体上的记录选定器时发生。
- 鼠标按下：表示当鼠标在控件上按下左键时所发生的事件。
- 鼠标移动：表示当鼠标在窗体或控件上来回移动时所发生的事件。
- 鼠标释放：表示当鼠标指针位于窗体或控件上时，释放一个按下的鼠标键时所发生的事件。

例如将窗体中命令按钮的单击事件设置为已保存的宏事件“Mexp”，则应执行如下操作：

（1）在设计视图中打开该窗体。

（2）选中该命令按钮，并打开其属性窗口。

（3）从“事件”选项卡下的“单击”属性框中选择“Mexp”。

（4）保存窗体设置。

在窗体视图中打开该窗体，单击命令按钮，则会执行名为“Mexp”的宏操作。

3. 对象事件

常用的对象事件有“获得焦点”、“失去焦点”、“更新前”、“更新后”和“更改”等。

- 获得焦点：是指当窗体或控件接收焦点时所发生的事件。
- 失去焦点：是指当窗体或控件失去焦点时所发生的事件。
- 更新前：是指在控件或记录用更改了的数据更新之前所发生的事件。
- 更新后：是指在控件或记录用更改过的数据更新之后所发生的事件。
- 更改：是指当文本框或组合框的部分内容更改时所发生的事件。

4. 窗口事件

窗口事件是指操作窗口时所引发的事件，常用的窗口事件有“打开”、“关闭”和“加载”等。

- 打开：是指在窗体打开，但第一条记录显示之前所发生的事件。
- 关闭：是指在关闭窗体，并从屏幕上移除窗体时所发生的事件。
- 加载：是指在打开窗体，并且显示了它的记录时所发生的事件，此事件发生在“打开”事件之后。

5. 操作事件

操作事件是指与操作数据有关的事件，常用的操作事件有“删除”、“插入前”、“插入后”、“成为当前”、“不在列表中”、“确认删除前”和“确认删除后”等。

- 删除：是指删除一条记录时，在确认删除和实际执行删除之前所发生的事件。
- 插入前：是指在新记录中键入第一个字符，但还未将记录添加到数据库之前所发生的事件。
- 插入后：是指在一条新记录添加到数据库中之后所发生的事件。
- 成为当前：是指当焦点移动到一条记录，使它成为当前记录时所发生的事件。
- 不在列表中：是指当输入一个不在组合框列表中的值时所发生的事件。
- 确认删除前：是指在删除一条或多条记录后，但尚未确认删除前所发生的事件，该事件发生在“删除”事件后。
- 确认删除后：是指在确认删除记录并且记录实际上已经删除或取消删除之后所发生的事件。

### 5.7.4 常用的其他属性

其他属性表示了窗体和控件的附加特征，其中窗体的其他属性包括独占方式、弹出方式、循环等；控件的其他属性包括名称、自动校正、自动 Tab 键、控件提示文本等。

1. 窗体的其他属性

- 独占方式：决定了该窗体处于打开状态时是否还可以打开其他窗体或 Access 的其他对象，只有“是”和“否”两个属性值。
- 弹出方式：只有“是”和“否”两个属性值。
- 循环：表示当移动控制点时按照何种规律移动，“所有记录”表示从某条记录的最后一个字段移到下一条记录；“当前记录”表示从某条记录的最后一个字段移到该记录的第一个字段；“当前页”表示从某条记录的最后一个字段移到当前页中的第一条记录。

2. 控件的其他属性

- 名称：控件的唯一标识，当程序中要指定或使用一个对象时，可通过名称来实现。
- 自动校正：用于更正控件中的拼写错误。
- 自动 Tab 键：用于设置按下 Tab 键后焦点在控件上的切换次序。
- 控件提示文本：用于设定鼠标放在一个对象上后显示的提示文本。

## 5.8 在窗体上放置控件

在窗体的设计视图中，可以使用功能区“窗体设计工具/设计”选项卡下“控件”组中的控件按钮在窗体上放置控件，也可从“字段列表”中双击（或拖拽）字段在窗体上放置控件。

如果想插入与字段绑定的文本框控件，最快的方法是把字段列表中的字段拖放到窗体上，或者在功能区“窗体设计工具/设计”选项卡下“控件”组中单击所需控件按钮，然后单击窗体插入一个未绑定的控件，再通过设置“属性表”窗格“数据”选项卡下的“控件来源”属性将控件绑定。或者先选择好控件的类型，然后再从字段列表中拖出字段来插入一个指定控件类型的绑定控件。

### 5.8.1 使用“控件”在窗体上放置控件

要想通过“控件”组在窗体上放置控件，首先需要单击想要使用的控件按钮，然后单击窗体上放置该控件的位置。将控件放置到窗体上以后，还可以通过单击和拖动来调整控件的大小和位置。图 5.74 显示了“控件”组的各种控件。

图 5.74 “控件”组中的各种控件

- 选择对象：当该工具被启用时，可以对窗体上的控件进行移动或改变尺寸。当工具箱中没有其他工具被选择时，默认状态下该工具是启用的。
- 文本框：可以显示来自字段的数据、表达式或用户输入的文字。
- 标签：用于显示说明文本的控件，通常是未绑定的。
- 命令按钮：可以通过运行事件过程或宏来执行某些操作。
- 选项卡：可以把信息分组显示在不同的选项卡上。

- 超链接：用于在窗体中插入超链接控件。
- Web 浏览器控件：用于在窗体插入浏览器控件。
- 导航：用于在窗体中插入导航条。
- 选项组：可以为用户提供一组选择，一次只能选择一个。
- 分页符：表示一个新的窗体页面。
- 组合框：可以显示一个提供选项的列表，也允许文本输入。
- 插入图表：用于在窗体中插入图表对象。
- 直线：用于在窗体上或报表中画直线。
- 切换按钮：把切换按钮绑定到 Yes/No 字段时，按钮凸起表示“是”，按钮凹下表示“否”。
- 列表框：可以显示一个提供选项的完整列表，不允许手动输入。
- 矩形框：用于在窗体上或报表中画一个矩形框。
- 复选框：表示可以选择多项。
- 未绑定对象框：可以显示未绑定的 OLE 对象。
- 附件：用于在窗体中插入附件控件。
- 选项按钮：表示可以选择单项，可绑定到是/否字段。
- 子窗体/子报表：用于在主窗体和主报表添加子窗体或子报表，以显示来自多个一对多表中的数据。
- 绑定对象框：可以显示绑定的对象，如 OLE 对象。
- 图像：可以显示一个静态图片。

### 5.8.2　使用字段列表放置控件

“字段列表”列出了所有可以作为窗体记录源的表或查询中的字段，可以通过把“字段列表”中的字段拖拽（或双击）到窗体上来手动放置控件。Access 根据字段类型来选择控件的类型，如图 5.75 所示。

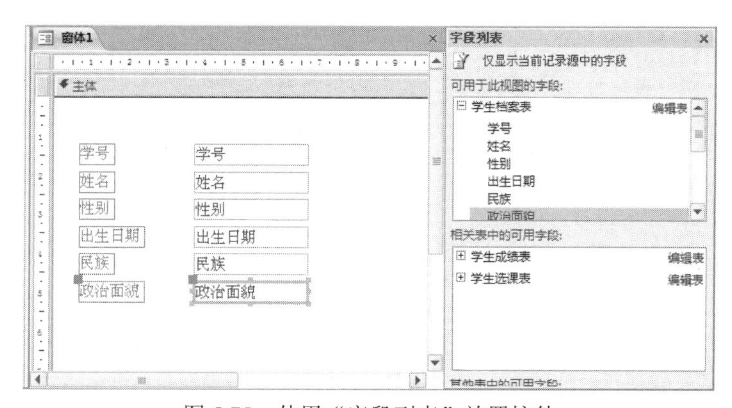


图 5.75　使用“字段列表”放置控件

## 5.9　为控件命名

在把控件放置到窗体上之前，就应当考虑如何对它们命名。Access 对控件的名称做出了以下限制：

- 控件名称不能超过 64 个字符。
- 控件名称中不能包含小数点（.）、感叹号（!）、重音符（ ` ）和方括号（[]）。
- 控件名称的第一个字符不能是空格。
- 控件名称中不能包含双引号，双引号被用于项目。

有时为了简化控件的名称，可以使用以下规则：

- 把控件的名称保持在 30 个字符以内。
- 只使用字母和数字。
- 避免使用标点符号和空格。

## 5.10 控件的尺寸统一与对齐

在采用鼠标拖拽的方式创建控件时，同类控件的尺寸及各种控件的位置很容易出现不协调的情况，为此 Access 提供了控件尺寸统一和位置对齐的工具，它们分别是功能区“窗体设计工具/格式”选项卡下“调整大小和排序”组中的和，单击两个按钮会分别展开如图 5.76 和图 5.77 所示的下拉列表。另外，在选定控件的前提下，单击鼠标右键在弹出的快捷菜单中也可找到大小和对齐命令。

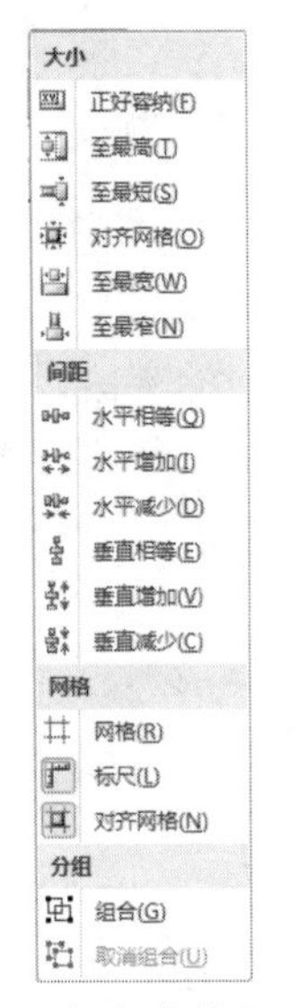


图 5.76 “大小/空格”下拉列表

图 5.77 “对齐”下拉列表

下面以如图 5.78 所示的“大小及对齐示例”窗体为例介绍具体的操作方法，要求将窗体中标题为“Command0”、“Command1”和“Command2”的三个命令按钮，以“Command1”为标准上对齐并统一尺寸。

（1）在设计视图中打开“大小及对齐示例”窗体。

（2）按住 Shift 键不放，依次单击标题为“Command0”和“Command2”的命令按钮实现同时选定，从“大小/空格”下拉列表中先后选择“至最短”和“至最窄”。

（3）同时选定标题为“Command0”、“Command1”和“Command2”的命令按钮，从“大小/空格”下拉列表中先后选择“至最高”和“至最宽”。

（4）同时选定标题为“Command0”和“Command2”的命令按钮，从“对齐”下拉列表中选择“靠下”。

（5）同时选定标题为“Command0”、“Command1”和“Command2”的命令按钮，从“对齐”下拉列表中选择“靠上”。

（6）保存设置并切换到窗体视图，修改后的“大小及对齐示例”窗体如图 5.79 所示。

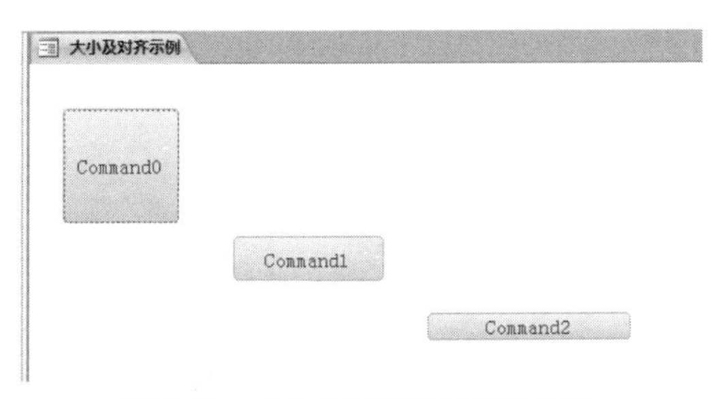


图 5.78　“大小及对齐示例”窗体

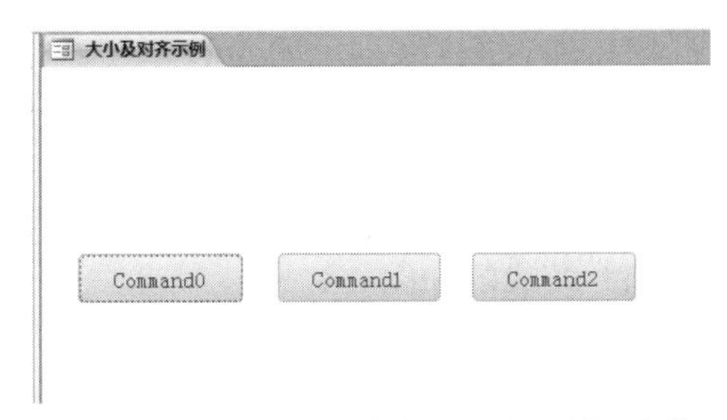


图 5.79　修改后的“大小及对齐示例”窗体

**说明：**控件的尺寸统一和对齐需要注意的是参照物，本例中参照物为“Command1”，无论尺寸还是位置都居于中间水平，不可能一步实现，所以就有了第（2）和（4）步的过渡过程。当然具体的操作也是可变的。

## 本章小结

本章详细地介绍了窗体的有关知识，包括窗体的种类、窗体的创建方式、窗体控件的属性和使用方法等。通过本章的学习，读者应该掌握创建不同形式窗体的方法，了解常用控件的基本知识。

## 习　　题

1．怎样使用“窗体”和“窗体向导”来制作一个简单的窗体？

2．简述窗体布局视图的特点及作用？

3．说明窗体对象中的“滚动条”、“记录选定器”、“浏览按钮”、“自动居中”、“记录源”和“排序依据”的属性取值及对窗体对象的影响。

4．请分别说明什么情况下在窗体对象中使用文本框控件、组合框控件及列表框控件？

5．如何在一个已经创建完成的窗体对象中添加子窗体，如何对其单独进行编辑操作？

6．如何在窗体中修改记录和数据？

7．如何在窗体中添加标签、命令按钮和组合框，如何在窗体中创建选项组？

8．窗体的组成部分有哪些，各部分的主要功能是什么？

9．如何创建多选项卡窗体？

# 第 6 章　报表

## 6.1　认识报表

### 6.1.1　报表的作用

报表是以打印的格式表现用户数据的一种有效方式。因为用户控制了报表上每个对象的大小和外观，所以可以按照所需的方式显示信息以便查看信息。

报表中的大多数信息来自基础表、查询或 SQL 语句（它们是报表数据的来源）。报表中的其他信息存储在报表的设计中。

通过使用称为控件的图形对象，可以建立报表及其记录来源之间的链接。控件可以是显示名称及编号的文本框，也可以是显示标题的标签，还可以是装饰性的直线，它们可图形化地组织数据，从而使报表更吸引人。

### 6.1.2　报表的类型

Access 的报表有文字报表、图表报表和标签报表三种形式。

每个报表都对应有下列四种视图：“报表视图”、“设计视图”、“打印预览”和“布局视图”。“报表视图”是报表设计完成后，最终被打印的视图，在报表视图中可以对报表应用高级筛选以显示所需要的信息；使用“设计视图”可以创建报表或更改已有报表的结构；使用“打印预览”可以查看将在报表的每一页上显示的数据；使用“布局视图”可以在显示数据的情况下，调整报表设计。

要切换视图，先在任意视图中打开所需的报表，然后单击功能区“报表布局工具/设计”选项卡下“视图”组中的按钮就可以更改视图，这些视图有相应的图形指示。如果要查看其他可选视图类型的列表，可单击按钮下边的箭头，如图 6.1 所示。

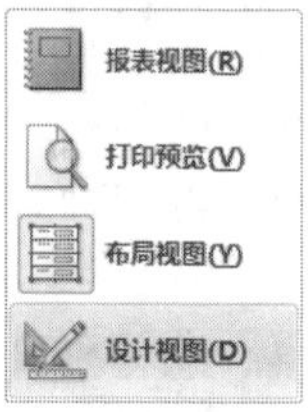

报表视图(R)
打印预览(V)
布局视图(Y)
设计视图(D)

图 6.1　报表视图列表

### 6.1.3　报表的节

报表中的信息可以分在多个节中。每个节在页面上和报表中具有特定的目的并可以按照预定的次序打印。

在设计视图中，节表现为带区形式，并且报表包含的每个节出现一次。在已打印的报表中，某些节可以重复打印多次。通过放置控件（如标签和文本框），用户可以确定每个节中信息的显示位置，如图 6.2 所示。

在一个报表中，报表页眉只出现一次，利用它可以显示徽标、报表标题或打印日期。报表页眉打印在报表第一页页面页眉的前面。页面页眉出现在报表每页的顶部，可以用来显示列标题。主体节包含了报表数据的主体部分，对报表基础记录源的每条记录而言，该节重复出现。页面页脚在报表每页的底部出现，可以利用它显示页号等项目。报表页脚只在报表的结尾处出现一次。如果利用它显示报表合计等项目，则报表页脚是报表设计中的最后一节，但出现在打印报表最后一页的页面页脚之前。

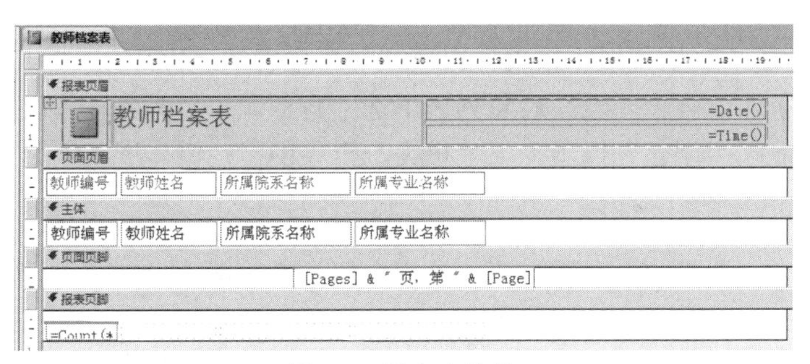


图 6.2　报表中的节

通过对共享共同值的记录进行分组，可以计算小计值以使报表更加易于阅读。在每组记录的开头出现组页眉，可利用它显示应用于这个组的信息。

### 6.1.4　“报表设计工具”选项卡

功能区上的“报表设计工具”选项卡包括“设计”、“排列”、“格式”和“页面设置”四个子选项卡，如图 6.3 所示。

图 6.3　“报表设计工具”选项卡

（1）“设计”选项卡。在“设计”选项卡中，除了“分组和汇总”组外，其他组都与窗体的“设计”选项卡相同，本节不再重复。

（2）“排列”选项卡。“排列”选项卡中的内容与窗体的“排列”选项卡相同，且组中的按钮也完全相同。

（3）“格式”选项卡。“格式”选项卡中的内容与窗体的“格式”选项卡相同。

（4）“页面设置”选项卡。“页面设置”选项卡是报表独有的选项卡，包含“页面大小”和“页面布局”两个组，用来对报表页面进行纸张大小、边距、方向列等设置，如图 6.4 所示。

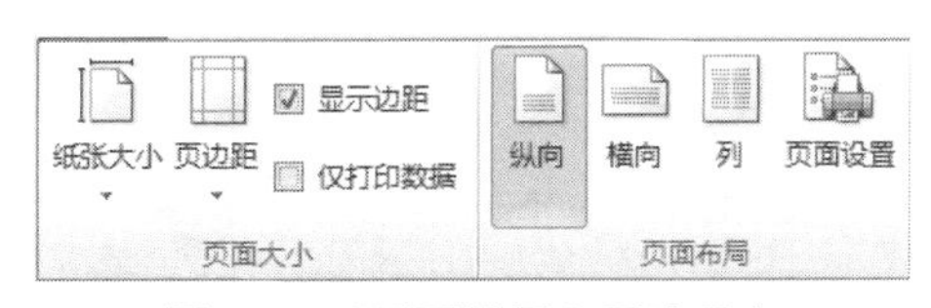


图 6.4　“页面设置”子选项卡

## 6.2　创建和修改报表

Access 提供了“报表”、“空报表”和“报表向导”三种快捷的报表创建方式。一般在创建报表时，都是先用“报表”、“空报表”或“报表向导”自动生成报表，然后再切换到设计视图对已创建的报表进行修改。

### 6.2.1 使用“报表”创建报表

利用“报表”可以创建包含数据来源（基础表或查询）中所有字段的报表。下面以“教师档案表”报表为例，介绍使用“报表”来建立一个报表的过程。

（1）在“导航”窗格中“表”对象列表下选中数据源表“教师档案表”。

（2）单击功能区“创建”选项卡下“报表”组中的按钮，进入到如图 6.5 所示的报表视图。

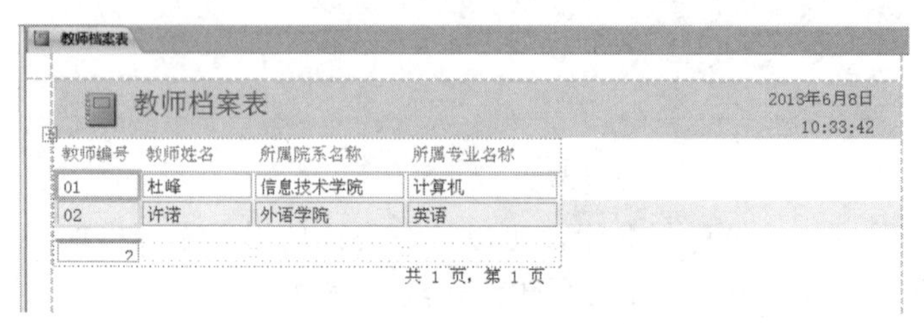


图 6.5 “教师档案表”报表视图

（3）单击快速访问工具栏中的“保存”按钮，弹出“另存为”对话框，将报表命名为“教师档案表”，如图 6.6 所示。

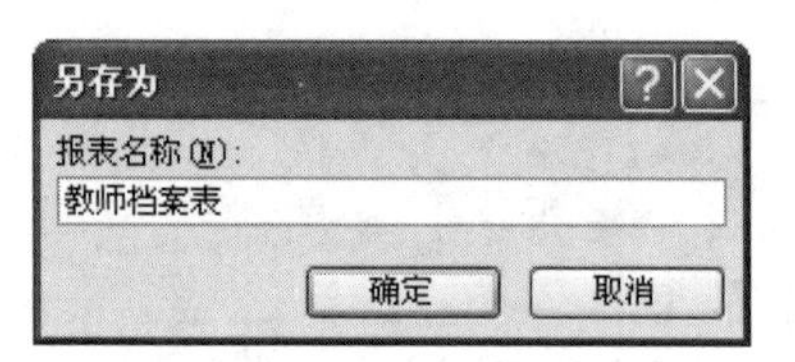


图 6.6 “另存为”对话框

### 6.2.2 使用“空报表”创建报表

Access 提供的“空报表”与 5.2.6 节中介绍的“空白窗体”功能相似，均通过字段列表来完成其设计。下面以“教师档案表_空报表”为例介绍其创建过程。

（1）单击功能区“创建”选项卡下“报表”组中的按钮，打开空白报表的布局视图，如图 6.7 所示。

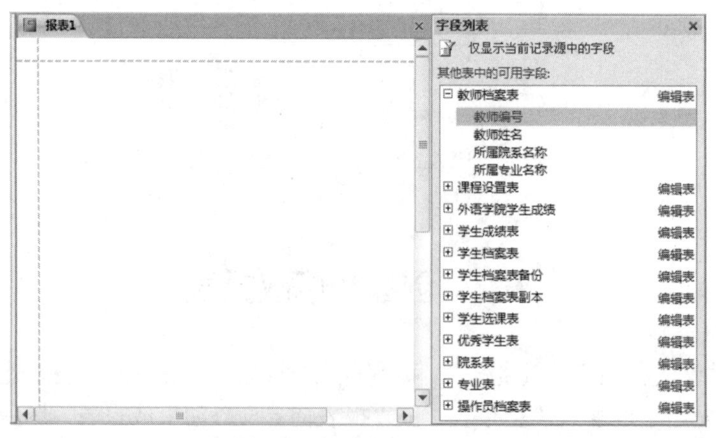


图 6.7 空报表布局视图

（2）将“字段列表”窗格中的“教师档案表”展开，显示其所包含的字段信息，分别将“教师编号”、“教师姓名”、“所属院系名称”和“所属专业名称”字段拖拽（或双击）到窗体上，如图 6.8 所示。

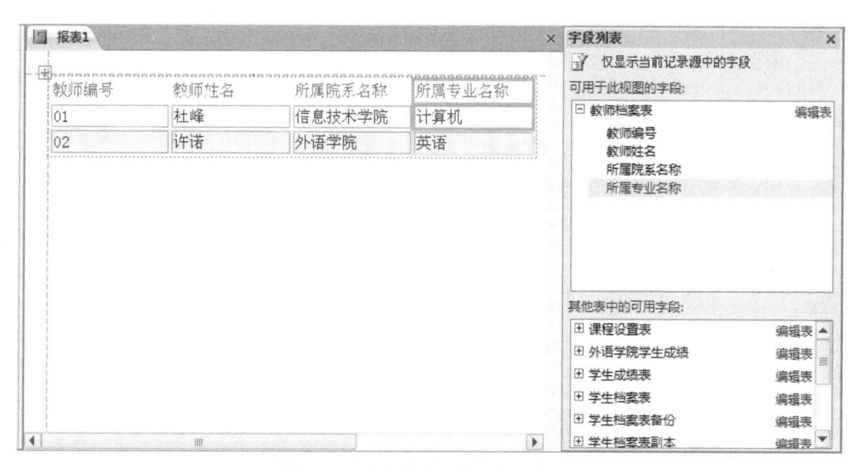


图 6.8　添加字段后的布局视图

（3）单击快速访问工具栏上的“保存”按钮，在弹出的“另存为”对话框中将窗体命名为“教师档案表_空报表”，单击“确定”按钮。

### 6.2.3　使用“报表向导”创建报表

Access 提供的“报表向导”可以简单快速地创建各种常用的报表，是创建报表时最常用的方法。下面以“学生档案表”报表为例，来说明使用“报表向导”建立报表的步骤。

（1）在功能区“创建”选项卡下“报表”组中，单击报表向导按钮，打开“报表向导”对话框 1。

（2）从“表/查询”组合框中选择“表：学生档案表”，依次双击“可用字段”列表框中的“学号”、“姓名”、“性别”、“政治面貌”和“院系”字段，将它们加入到“选定字段”列表框中，如图 6.9 所示。

（3）单击“下一步”按钮，打开如图 6.10 所示的“报表向导”对话框 2，双击左侧列表框中的“院系”字段，为报表添加分组级别，如图 6.11 所示。单击“分组选项”按钮可打开如图 6.12 所示的“分组间隔”对话框，可以为组级字段选定分组间隔。

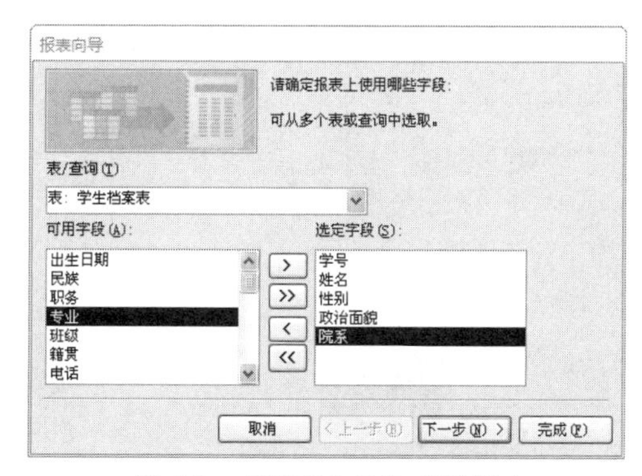


图 6.9　“报表向导”对话框 1

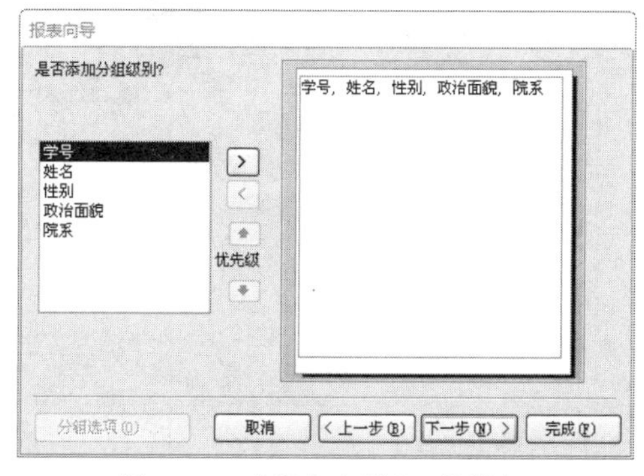


图 6.10　“报表向导”对话框 2

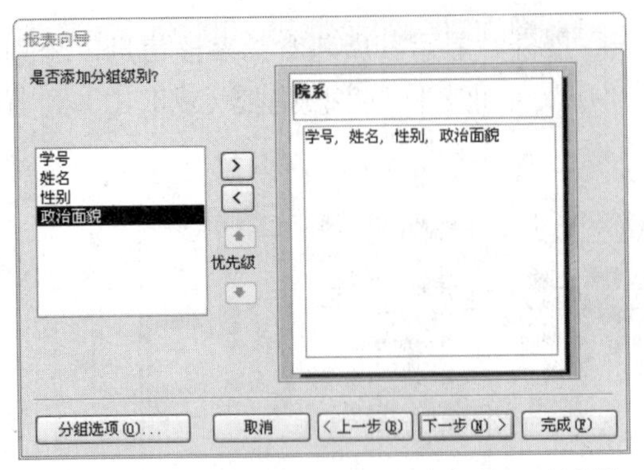

图 6.11 添加分组级别后的“报表向导”对话框 2

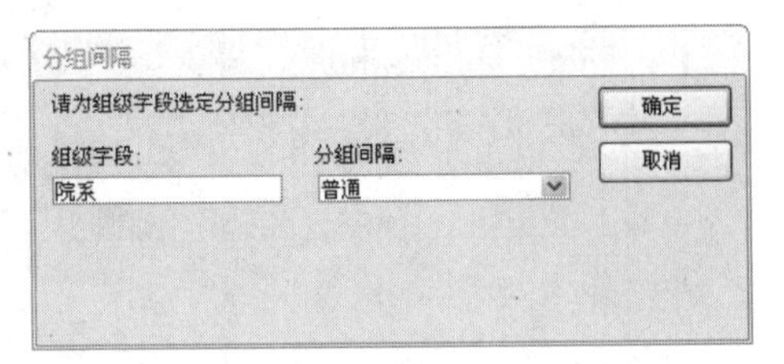

图 6.12 “分组间隔”对话框

（4）单击“下一步”按钮，打开“报表向导”对话框 3，在空白的组合框选择“学号”作为排序字段（调整升降序可通过单击其后的“升序”按钮实现），如图 6.13 所示。

（5）单击“下一步”按钮，打开如图 6.14 所示的“报表向导”对话框 4，在这里可以调整报表的布局方式及方向，本例保持默认选项不变。

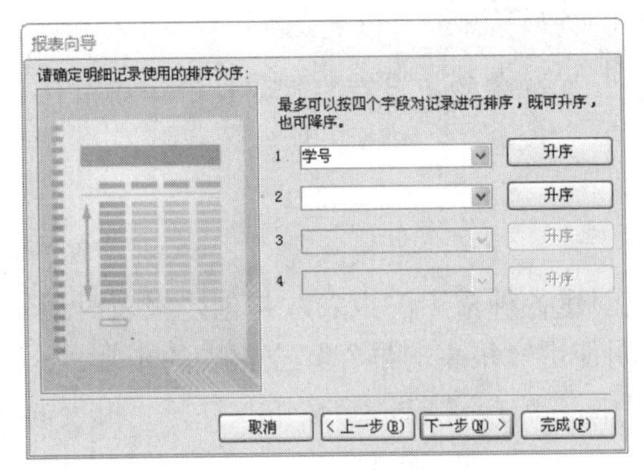

图 6.13 “报表向导”对话框 3

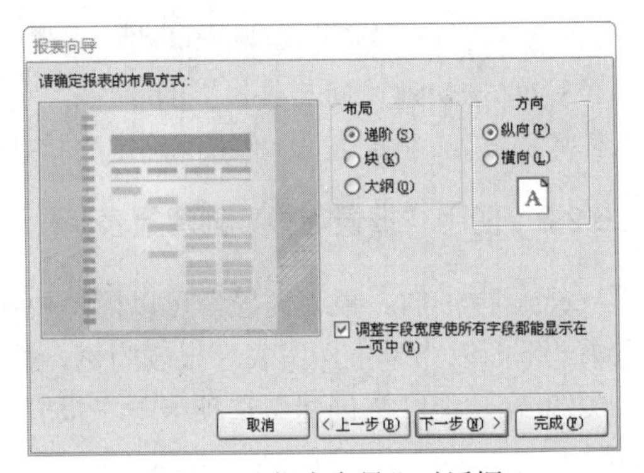

图 6.14 “报表向导”对话框 4

（6）单击“下一步”按钮，打开如图 6.15 所示的“报表向导”对话框 5，为报表指定标题为“学生档案表”，同时可选择完成后的视图方式，选择“预览报表”进入“打印预览”视图，选择“修改报表设计”进入“设计视图”。

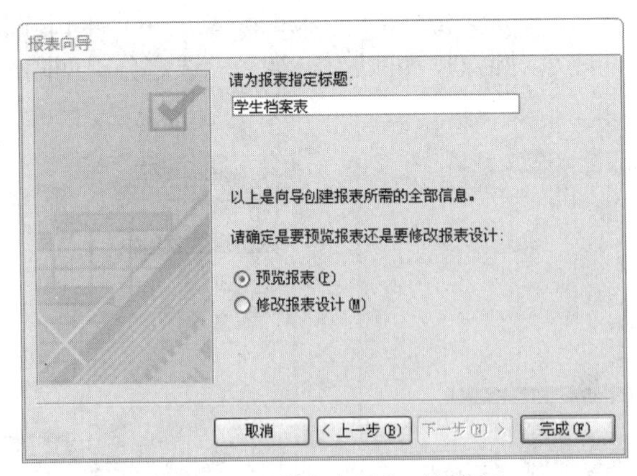

图 6.15 “报表向导”对话框 5

（7）单击“完成”按钮结束报表设计过程，创建好的报表如图 6.16 所示。

学生档案表

学生档案表

| 院系 | 学号 | 姓名 | 性别 | 政治面貌 |
|---|---|---|---|---|
| 管理学院 | | | | |
| | 1021325014 | 海楠 | 女 | 团员 |
| 数理学院 | | | | |
| | 1102436055 | 胡佳 | 男 | 团员 |
| | 1221315011 | 王红 | 女 | 团员 |
| 外语学院 | | | | |
| | 1111215032 | 李东宁 | 男 | 团员 |
| 信息技术学院 | | | | |
| | 1031124012 | 张雪 | 女 | 党员 |
| | 1231124018 | 孙鑫宇 | 男 | 党员 |

2013年6月8日　　共 1 页，第 1 页

图 6.16　“学生档案表”报表

## 6.2.4 在设计视图中创建和修改报表

设计视图用来编辑报表视图。在设计视图中可以创建新的报表，也可以修改已有报表的设计。

利用“报表”或者“报表向导”建立的报表难免有不尽人意的地方。下面对 6.2.3 节中使用报表向导建立的报表进行修改，来说明设计视图中修改报表的方法。

（1）在设计视图中打开“学生档案表”报表，如图 6.17 所示。

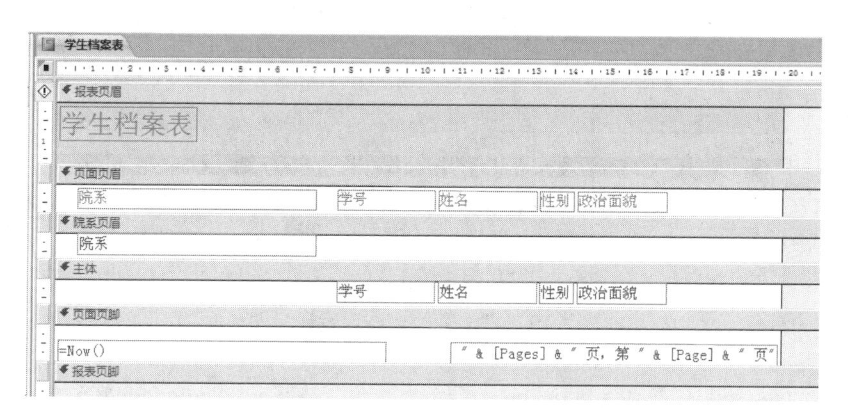


图 6.17　“学生档案表”设计视图

（2）选中页面页眉节中的所有标签控件，在“属性表”窗格“格式”选项卡下将它们的“字体粗细”属性改为“浓”，在所有标签控件的下方添加直线控件。

（3）将“页面页脚”节中的文本框“=Now()”拖放到报表页眉节中，在其“属性表”窗格“格式”选项卡下将其“文本对齐”属性设置为“居中”。

（4）在功能区“报表设计工具/设计”选项卡下“分组和汇总”组中单击分组和排序按钮，在设计视图的下方出现如图 6.18 所示的“分组、排序和汇总”窗格，将“分组形式 院系”后的“无页脚节”改为“有页脚节”，设计视图中出现“院系页脚”节。

（5）在“院系页脚”节中添加“文本框”控件，将其关联标签的标题改为“学生人数”，文本框的控件来源设置为“=Count(*)”；在文本框控件下方添加直线控件，如图 6.19 所示。

（6）调整“报表页脚”节的尺寸后添加“文本框”控件，将其关联标签的标题改为“总人数”，文本框的控件来源设置为“=Count(*)”，如图 6.20 所示。

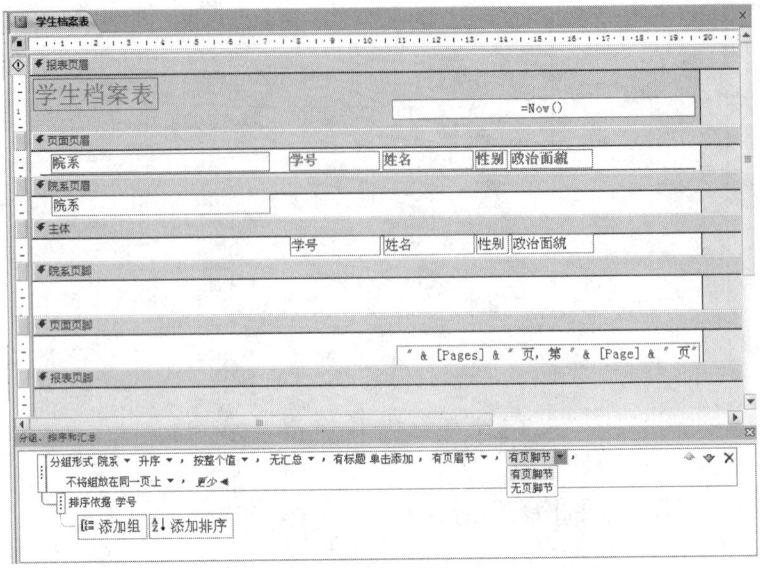

图 6.18 “学生档案表”设计视图

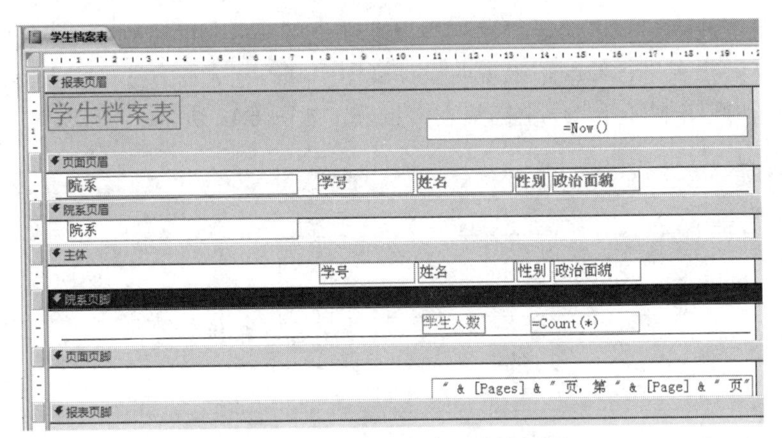


图 6.19 “学生档案表”设计视图

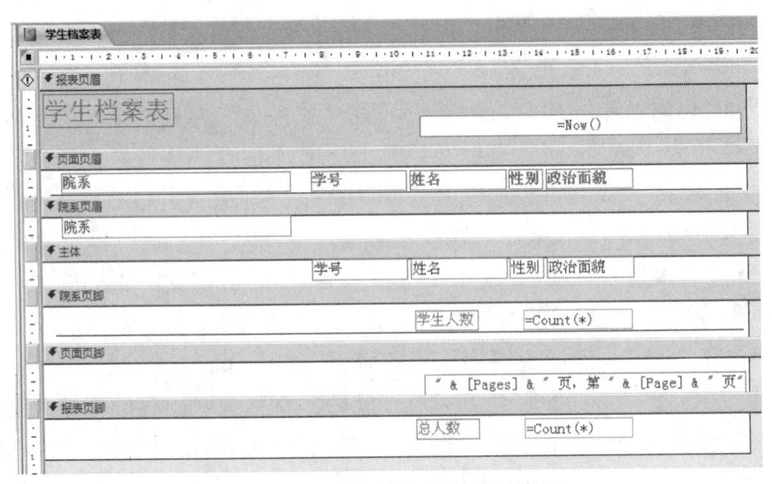


图 6.20 “学生档案表”设计视图

（7）单击快速访问工具栏上的“保存”按钮，调整后的报表打印预览视图如图 6.21 所示。

学生档案表

学生档案表

2013年6月8日

| 院系 | 学号 | 姓名 | 性别 | 政治面貌 |
| --- | --- | --- | --- | --- |
| 管理学院 | | | | |
| | 1021325014 | 海楠 | 女 | 团员 |
| | | 学生人数 | 1 | |
| 数理学院 | | | | |
| | 1102436055 | 胡佳 | 男 | 团员 |
| | 1221315011 | 王红 | 女 | 团员 |
| | | 学生人数 | 2 | |
| 外语学院 | | | | |
| | 1111215032 | 李东宁 | 男 | 团员 |
| | | 学生人数 | 1 | |
| 信息技术学院 | | | | |
| | 1031124012 | 张菁 | 女 | 党员 |
| | 1231124018 | 孙鑫宇 | 男 | 党员 |
| | | 学生人数 | 2 | |
| | | 总人数 | 6 | |

图 6.21　“学生档案表”打印预览视图（局部）

在设计视图中创建新的报表，可按照下面的步骤操作。

（1）在功能区“创建”选项卡下“报表”组中，单击按钮，打开如图 6.22 所示的报表设计视图。

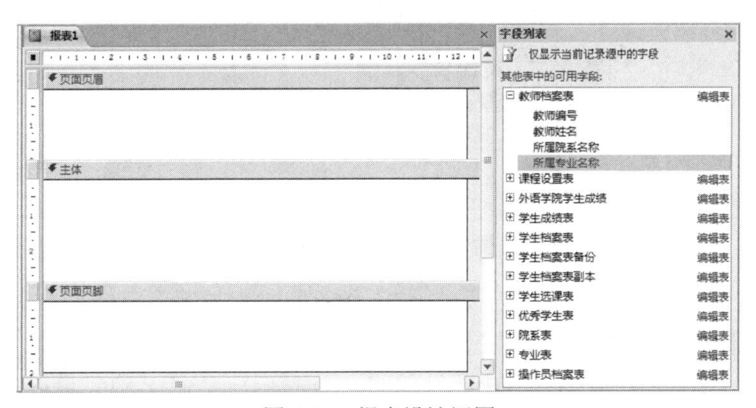


图 6.22　报表设计视图

（2）在图 6.22 右侧的“字段列表”窗格中选择数据源表及需要添加到报表中的字段。

（3）添加其他控件并编辑报表，完成报表的设计。

在设计视图中创建和修改报表的方法与创建和修改窗体的方法完全相同，本章不再赘述。

## 6.3　报表的排序、分组和计算

### 6.3.1　报表的排序与分组

使用“报表向导”建立报表时，可以很容易地对报表中的记录进行分组和排序。但是，利用“报表”和“空报表”建立的报表，主体节中的记录是不分组排序的。利用设计视图建立报表时，也需要对记录进行分组和排序。本节将介绍在设计视图中对记录进行分组和排序的方法。

（1）利用前面介绍的内容建立一个没有分组排序的报表，如图 6.23 所示，并在设计视图中打开。

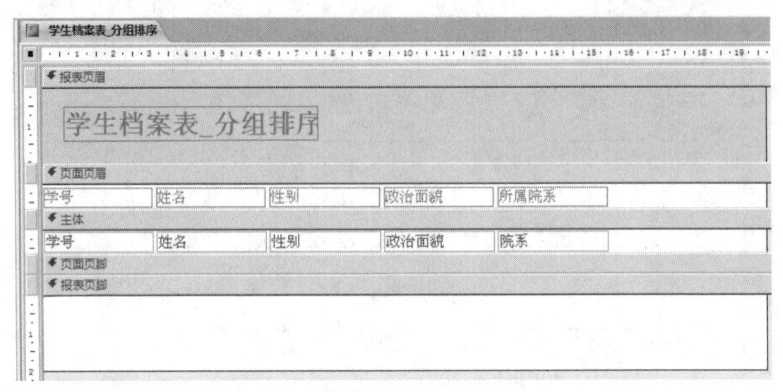


图 6.23　报表设计视图

（2）在功能区“报表设计工具/设计”选项卡下“分组和汇总”组中，单击分组和排序按钮，窗口如图 6.24 所示。

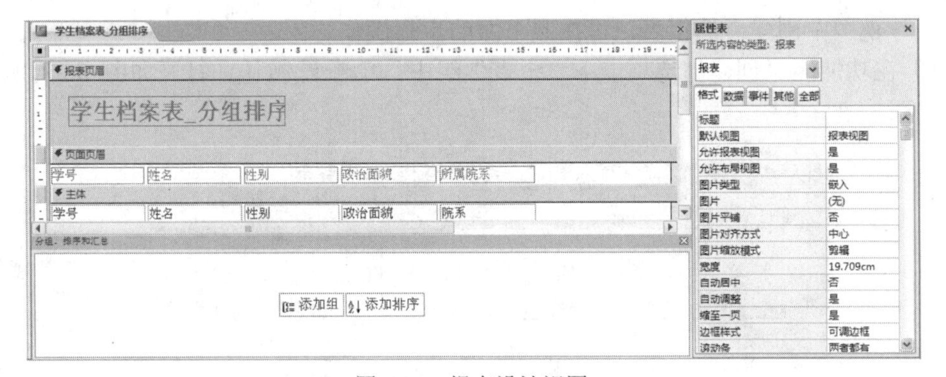


图 6.24　报表设计视图

（3）单击“添加组”按钮，打开如图 6.25 所示的“添加组”窗口，单击“院系”字段，在窗体的设计视图中出现“院系页眉”节，如图 6.26 所示。

图 6.25　“添加组”窗口

（4）单击“分组形式 院系”后的“更多”，将“分组形式 院系”后的“无页脚节”改为“有页脚节”，设计视图中出现“院系页脚”节，如图 6.27 所示。

（5）单击“添加排序”按钮，打开“添加排序”窗口，单击“学号”字段将其设置为排序字段，如图 6.28 所示。

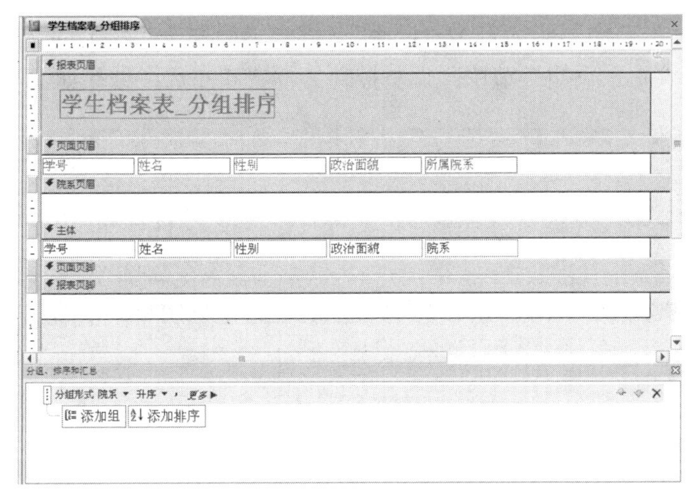


图 6.26　报表设计视图

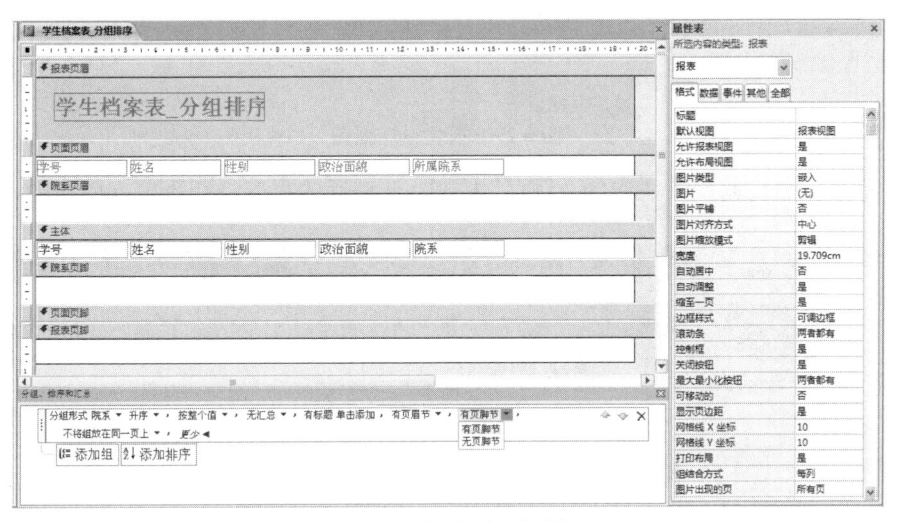


图 6.27　报表设计视图

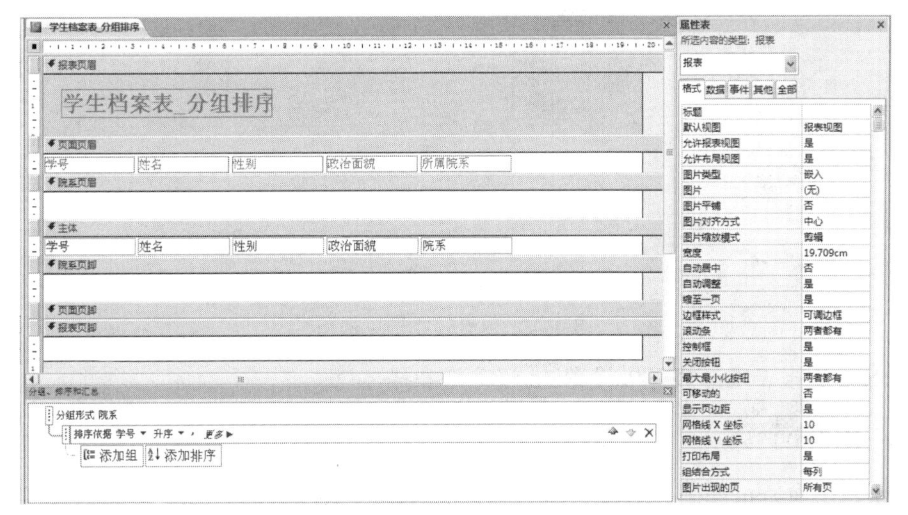


图 6.28　报表设计视图

（6）将“主体”节中显示内容为“院系”（绑定“院系”字段）的文本框控件通过剪切/粘贴的方式移动到“院系页眉”节中；调整控件的位置和布局，结果如图 6.29 所示。

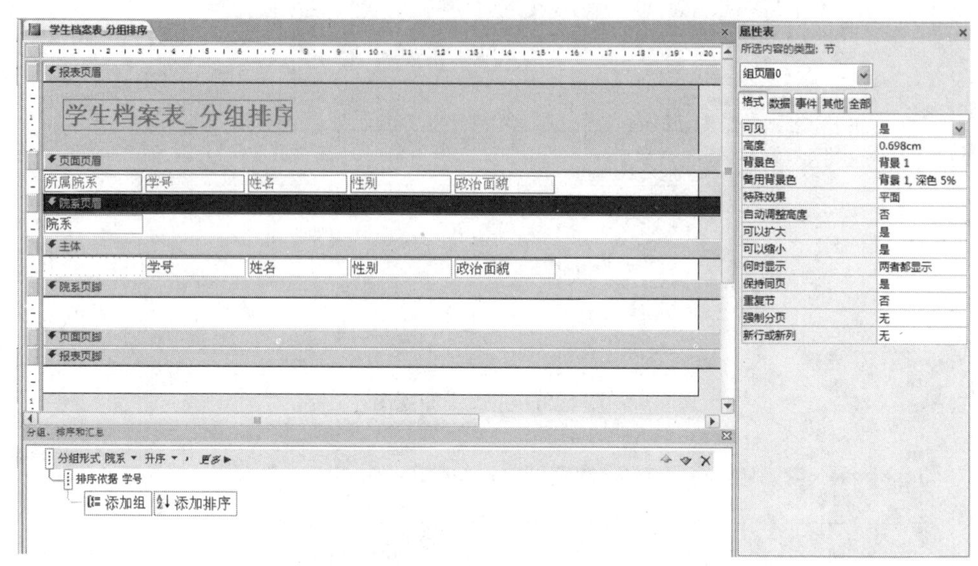


图 6.29 报表设计视图

（7）单击快速访问工具栏中的“保存”按钮，调整后的报表打印预览视图如图 6.30 所示。

学生档案表_分组排序

学生档案表_分组排序

| 所属院系 | 学号 | 姓名 | 性别 | 政治面貌 |
|---|---|---|---|---|
| 管理学院 | | | | |
| | 1021325014 | 海楠 | 女 | 团员 |
| 数理学院 | | | | |
| | 1102436055 | 胡佳 | 男 | 团员 |
| | 1221315011 | 王红 | 女 | 团员 |
| 外语学院 | | | | |
| | 1111215032 | 李东宁 | 男 | 团员 |
| 信息技术学院 | | | | |
| | 1031124012 | 张雪 | 女 | 党员 |
| | 1231124018 | 孙鑫宇 | 男 | 党员 |

图 6.30 报表打印预览视图

在 Access 的报表中最多可以设置 10 级分组和排序。

### 6.3.2 报表的计算

用户往往需要对报表中的数据信息进行汇总统计，利用“报表向导”建立报表时可以通过“汇总选项”来实现汇总，在“设计视图”中则需要通过添加计算控件的方式来实现，计算控件放置在“组页眉/组页脚”节中，实现的是对一组记录的汇总统计，放置在“报表页眉/报表页脚”节中，实现的是对所有记录的汇总统计。下面以图 6.28 所示的报表为例，说明在设计视图中对报表的汇总计算的实现过程。

（1）在设计视图中打开如图 6.28 所示的“学生档案表_分组排序”报表。

（2）在“院系页脚”节中添加文本框控件，设置关联标签标题为“学生人数”，设置文本框“控件来源”为表达式“=Count(*)”，如图 6.31 所示。Count 是计数函数，类似的可以用 Sum 求和、Avg 求平均值、Max 求最大值、Min 求最小值等。

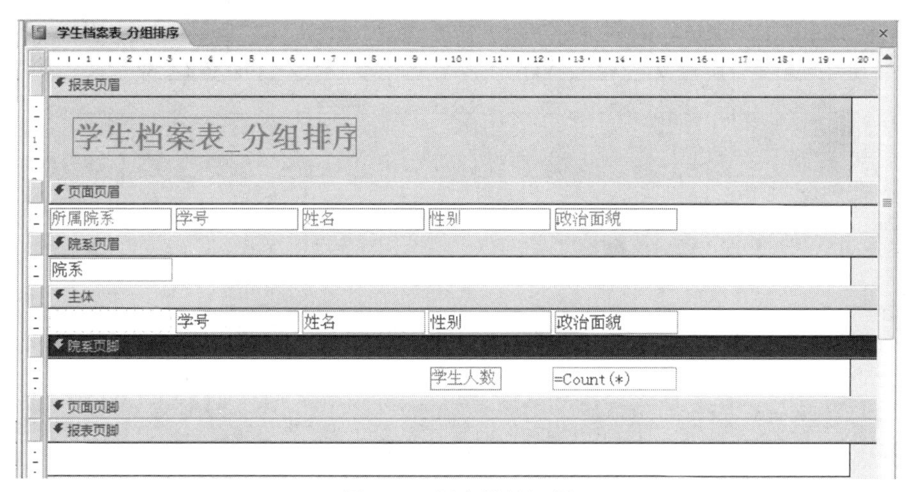


图 6.31　报表设计视图

（3）在“报表页脚”节中添加文本框控件，设置关联标签标题为“总人数”，设置文本框“控件来源”为表达式“=Count(*)”，如图 6.32 所示。

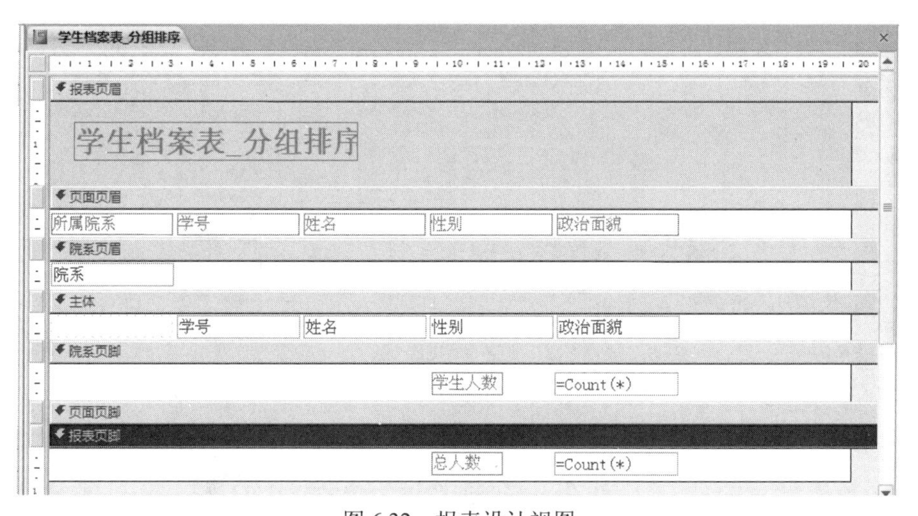


图 6.32　报表设计视图

（4）单击设计视图下方“分组、排序和汇总”窗格中的“添加排序”按钮，从列表中选择“学号”为排序字段，如图 6.33 所示。

（5）单击快速访问工具栏中的“保存”按钮，调整后的报表打印预览视图如图 6.34 所示。

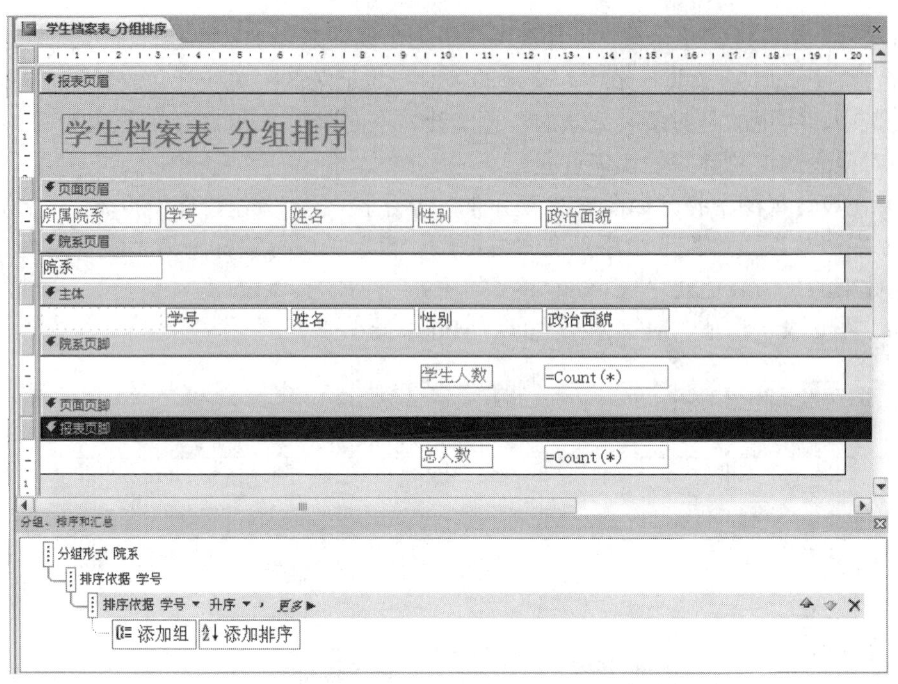


图 6.33　报表设计视图

学生档案表_分组排序

学生档案表_分组排序

| 所属院系 | 学号 | 姓名 | 性别 | 政治面貌 |
|---|---|---|---|---|
| 管理学院 | | | | |
| | 1021325014 | 海楠 | 女 | 团员 |
| | | | 学生人数 | 1 |
| 数理学院 | | | | |
| | 1102436055 | 胡佳 | 男 | 团员 |
| | 1221315011 | 王红 | 女 | 团员 |
| | | | 学生人数 | 2 |
| 外语学院 | | | | |
| | 1111215032 | 李东宁 | 男 | 团员 |
| | | | 学生人数 | 1 |
| 信息技术学院 | | | | |
| | 1031124012 | 张雪 | 女 | 党员 |
| | 1231124018 | 孙鑫宇 | 男 | 党员 |
| | | | 学生人数 | 2 |
| | | | 总人数 | 6 |

图 6.34　报表打印预览视图

## 6.4　创建图表报表

报表中常常需要使用图表直观地描述数据。在报表设计过程中，Access 2010 提供了“图表”控件，通过控件向导的指引用户可以在设计视图中很方便地插入图表。下面以如图 6.35 所示的“学生档案表_图表”报表为例说明其创建过程。

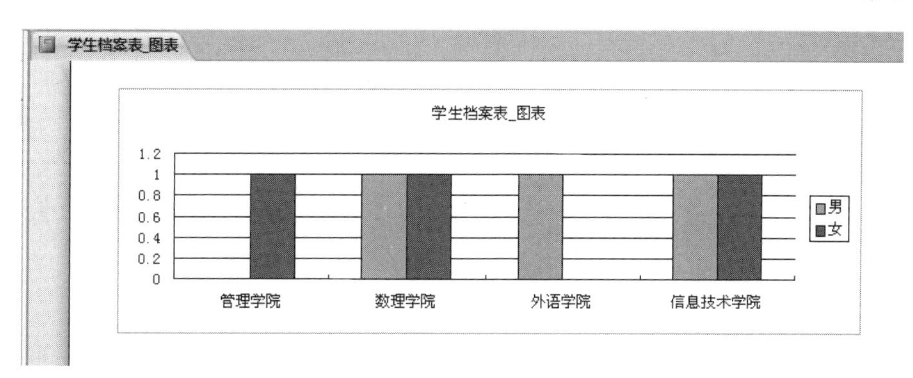


图 6.35　“学生档案表_图表”报表

（1）在功能区“创建”选项卡下“报表”组中，单击报表设计按钮，打开报表的设计视图。

（2）在功能区“报表设计工具/设计”选项卡下“控件”组中，单击按钮，然后在报表主体节中单击鼠标，弹出“图表向导”对话框 1，选择用于创建图表的表或查询，本例选择“表：学生档案表”，如图 6.36 所示。

图 6.36　“图表向导”对话框 1

（3）单击“下一步”按钮，打开“图表向导”对话框 2，选择图表数据所在的字段，本例在“可用字段”列表框中依次双击“学号”、“性别”和“院系”字段将它们加入到“用于图表的字段”列表框中，如图 6.37 所示。

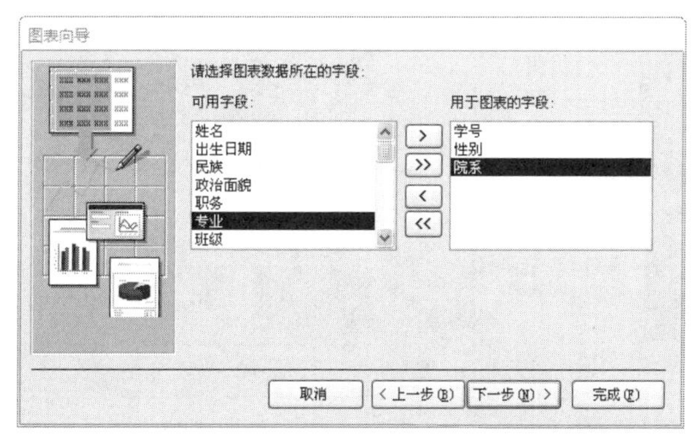


图 6.37　“图表向导”对话框 2

（4）单击“下一步”按钮，打开“图表向导”对话框 3，选择图表的类型，本例选择默认的“柱形图”，如图 6.38 所示。

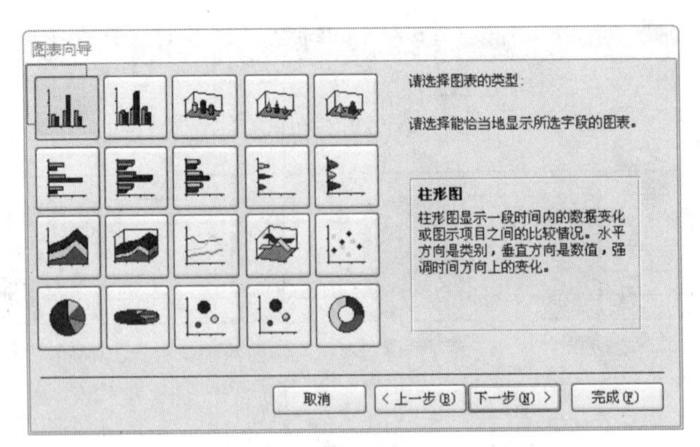


图 6.38 “图表向导”对话框 3

（5）单击“下一步”按钮，打开“图表向导”对话框 4，指定数据在图表中的布局方式，可通过拖拽的方式将字段放置到“轴”、“系列”和“数据”位置，本例“轴”为“院系”，“系列”为“性别”，“数据”为“学号”，如图 6.39 所示。

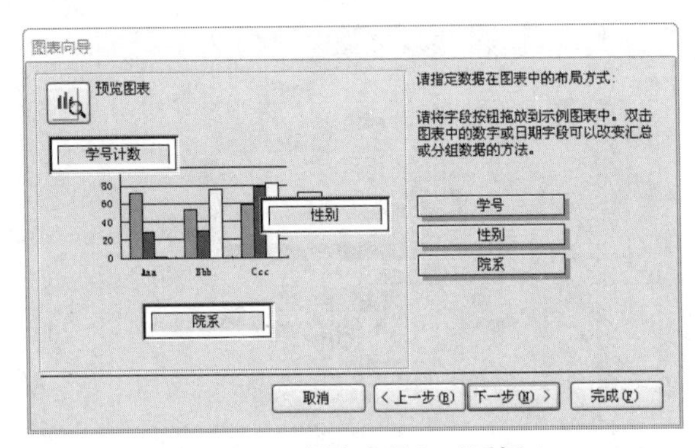


图 6.39 “图表向导”对话框 4

（6）单击“预览图表”按钮，打开如图 6.40 所示的“示例预览”对话框，查看报表输入形态，单击“关闭”按钮返回“图表向导”对话框 4。

（7）单击“下一步”按钮，打开“图表向导”对话框 5，为图表指定标题“学生档案表_图表”，如图 6.41 所示。

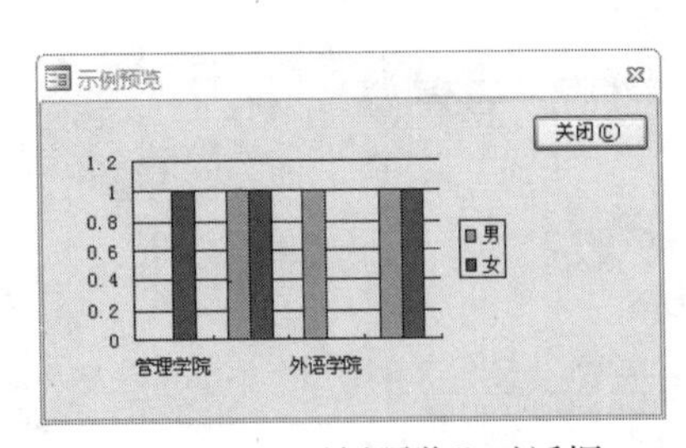


图 6.40 “示例预览”对话框

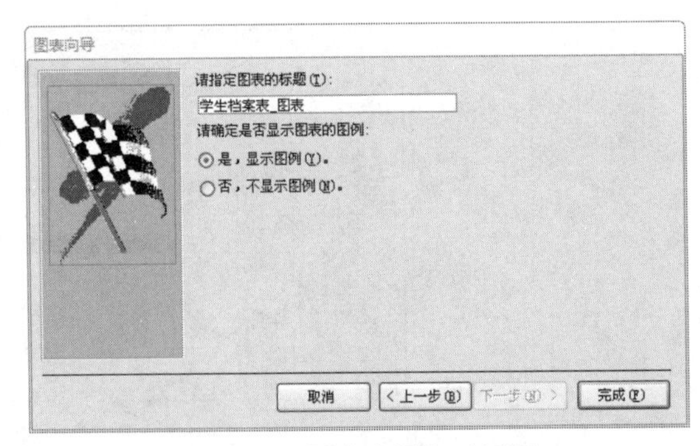


图 6.41 “图表向导”对话框 5

（8）单击“完成”按钮返回报表设计视图，调整图表控件的位置及尺寸，单击快速访问工具栏的“保存”按钮，在弹出的“另存为”对话框中将报表命名“学生档案表_图表”，设计好的报表打印预览视图如图 6.35 所示。

## 6.5　创建标签报表

标签是一种常用的报表，如信封和卡片等都是不同形式的标签。Access 提供了功能完备的标签向导，可以很容易地利用基本表或查询中的数据建立各种类型的标签。

如图 6.42 所示的“学生档案表_标签”报表是利用学生档案表建立的标签报表，用于组织考试时贴在考场课桌的桌角。下面介绍其建立过程。

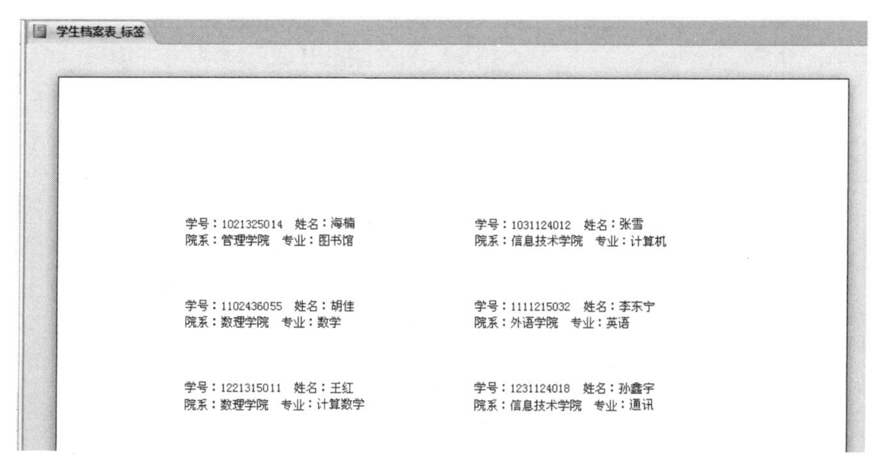


图 6.42　标签报表

（1）在当前数据库“导航”窗格的“表”对象列表下选中“学生档案表”。

（2）在功能区“创建”选项卡下“报表”组中，单击 标签 按钮，打开如图 6.43 所示的“标签向导”对话框 1，设置“厂商”、“标签尺寸”、“度量单位”及“标签类型”，本例保持默认选项不变。

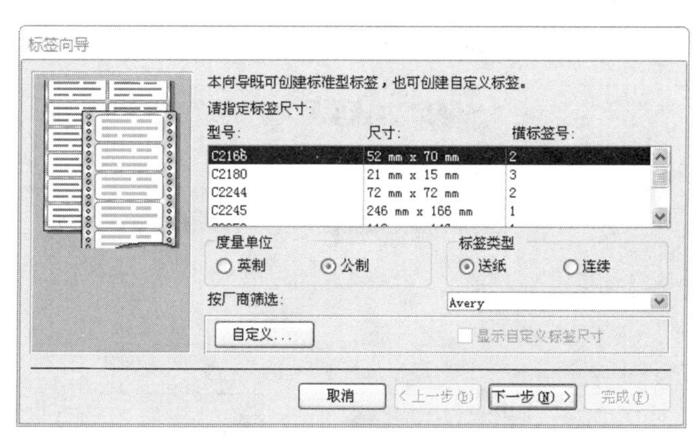


图 6.43　“标签向导”对话框 1

（3）单击“下一步”按钮，打开“标签向导”对话框 2，设置“文本外观”，本例中保持默认设置不变，如图 6.44 所示。

（4）单击“下一步”按钮，打开“标签向导”对话框 3，设置“原型标签”（即标签内容），标题文字由用户输入，字段数据可双击左侧“可用字段”列表框中的字段名称加入到“原型标签”框中（如{学号}），如图 6.45 所示。

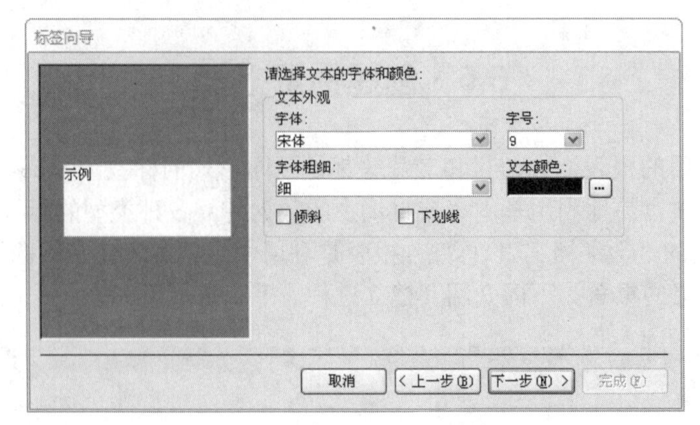


图 6.44　“标签向导”对话框 2

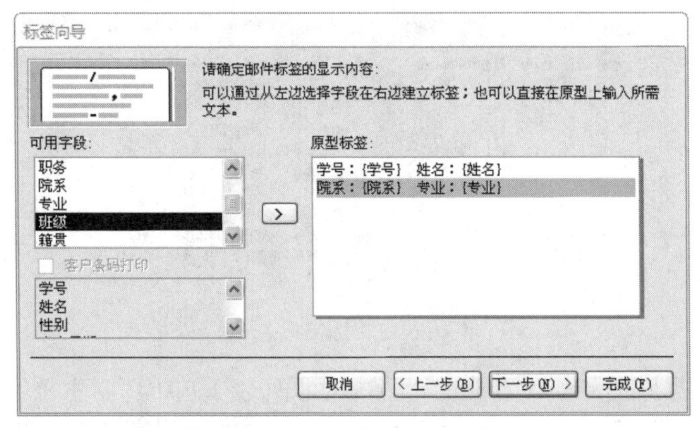


图 6.45　“标签向导”对话框 3

（5）单击“下一步”按钮，打开“标签向导”对话框 4，双击“可用字段”列表中的“学号”将其设置为排序依据，如图 6.46 所示。

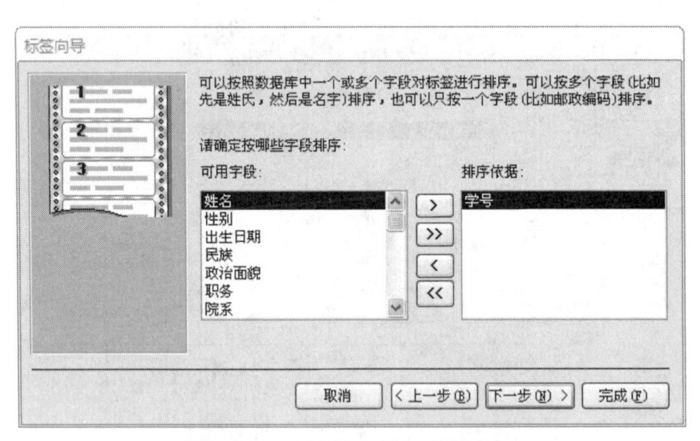


图 6.46　“标签向导”对话框 4

（6）单击“下一步”按钮，打开“标签向导”对话框 5，为报表指定名称为“学生档案表_标签”，同时选择完成后的视图方式，本例选择“修改标签设计”，如图 6.47 所示。

（7）单击“完成”按钮进入报表的设计视图，调整报表的尺寸及布局，单击快速访问工具栏中的“保存”按钮，创建好的报表如图 6.42 所示。

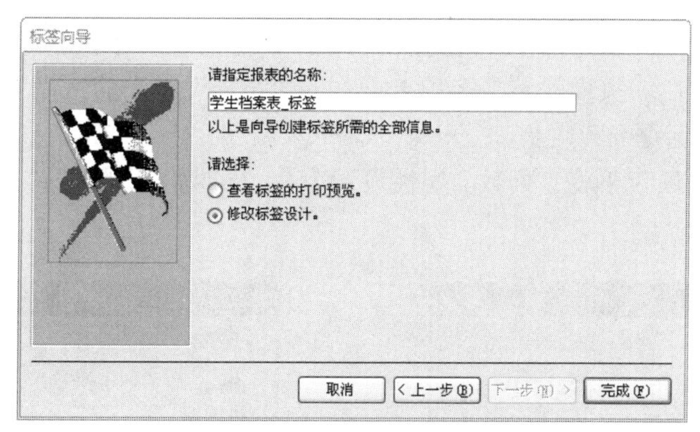


图 6.47　“标签向导”对话框 5

## 6.6　打印报表和创建多列报表

1. 页面设置和打印报表

完成报表设计后，如果需要打印报表还必须对报表进行页面设置，使报表符合打印机和纸张的要求。

在设计视图中打开报表，单击功能区“报表设计工具/页面设置”选项卡下的相关按钮可以实现对报表“页面大小”和“页面布局”方面的设置，包括“纸张大小”、“页边距”、“横/纵向”、“列”和“页面设置”等，如图 6.48 所示。

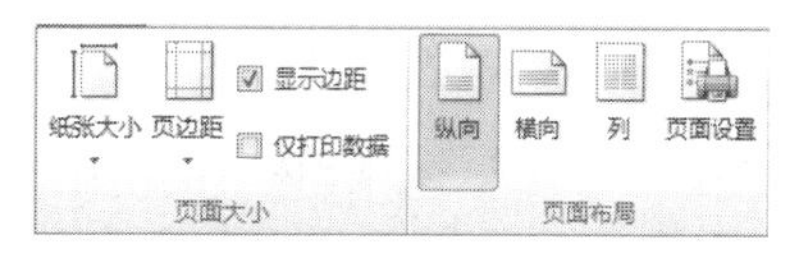


图 6.48　“报表设计工具/页面设置”选项卡

完成页面设置后，就可以在功能区“文件”选项卡下选择“打印”命令来打印报表了。

2. 创建多列报表

有时候报表中的信息很短，这时就需要将报表分成多列打印，这就是多列报表，如图 6.49 所示的“学生档案表_标签 1”就是典型的例子。下面通过使用“报表向导”创建，然后在设计视图中调整为例说明其实现过程。

（1）使用“报表向导”创建如图 6.49 所示的“学生档案表_标签 1”报表。

学生档案表_标签1

学号 1031124012　姓名 张雪
所属院系 信息技术学院　专业 计算机
学号 1021325014　姓名 海楠
所属院系 管理学院　专业 图书馆
学号 1111215032　姓名 李东宁
所属院系 外语学院　专业 英语
学号 1102436055　姓名 胡佳
所属院系 数理学院　专业 数学
学号 1231124018　姓名 孙鑫宇
所属院系 信息技术学院　专业 通讯
学号 1221315011　姓名 王红
所属院系 数理学院　专业 计算数学

图 6.49　“学生档案表_标签 1”报表

（2）在报表设计视图中调整控件位置和尺寸，使得报表尺寸小于预定义纸张的一半；单击功能区“报表设计工具/页面设置”选项卡下“页面布局”组中的 按钮，打开如图 6.50 所示的“页面设置”对话框。

（3）在“列”选项卡下将“列数”属性设置为 2，同时将“列布局”设置为“先行后列”，如图 6.51 所示。

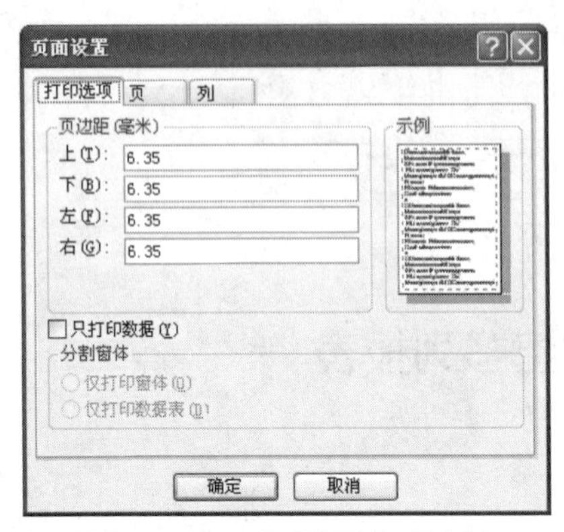


图 6.50 “页面设置”对话框

图 6.51 “列”选项卡

（4）单击“确定”按钮返回报表设计视图，单击快速访问工具栏中的“保存”按钮。

（5）切换到打印预览视图查看报表的输出形态，如果有不合适的地方则返回设计视图进行调整，设计好的报表如图 6.52 所示。

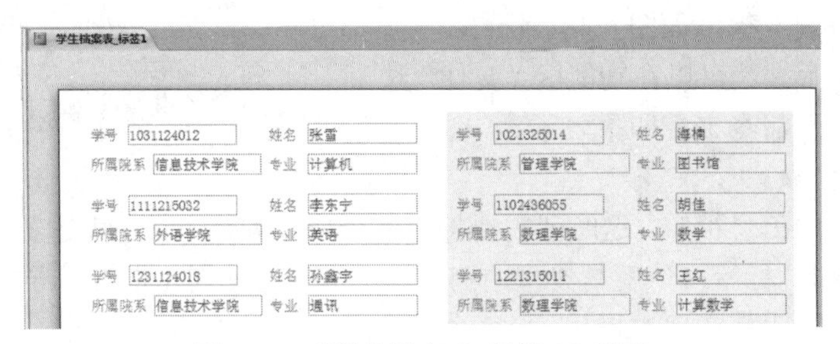


图 6.52 “学生档案表_标签 1”报表

## 6.7 创建和链接子报表

前面讲到的报表都只有一个数据来源，若要用到来自多个表或查询的数据时，可以通过在一个报表中链接两个或多个报表的方法实现，这时链接的报表是主体，称为主报表，被链接的报表称为子报表。也可以将从同一数据来源来的两个或多个报表链接在一起生成新的报表。

现在通过在“学生档案表”报表中加入“学生档案表_图表”报表（如图 6.53 所示）为例说明其创建过程。

（1）打开如图 6.21 所示的“学生档案表”报表的设计视图。

（2）在“报表页脚”中加入“子窗体/子报表”控件，打开“子报表向导”对话框 1，选择用于子报表的数据来源，本例选择“使用现有的报表和窗体”，在列表框中选中“学生档案表_图表”，如图 6.54 所示。

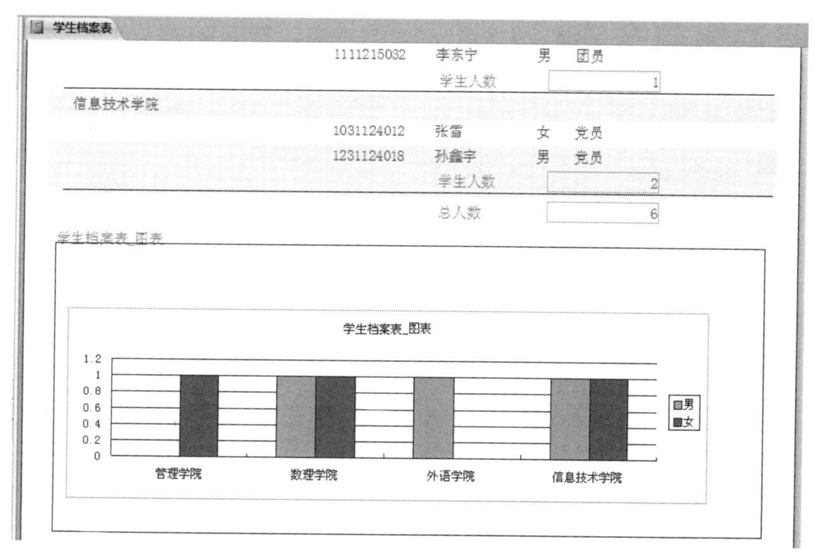


图 6.53　带有子报表的报表（局部）

（3）单击“下一步”按钮，打开“子报表向导”对话框 2，指定子报表名称为“学生档案表_图表”，如图 6.55 所示。

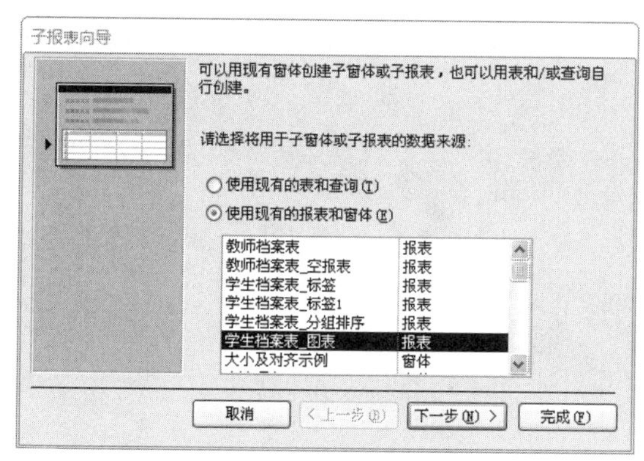


图 6.54　“子报表向导”对话框 1

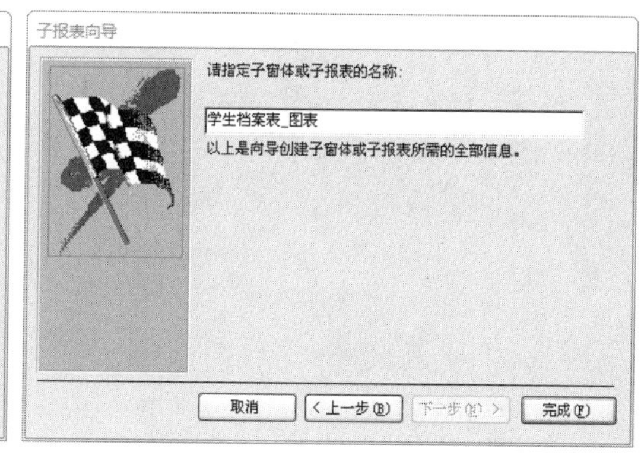


图 6.55　“子报表向导”对话框 2

（4）单击“完成”按钮，返回报表设计视图，调整控件的位置及尺寸，单击快速访问工具栏的“保存”按钮。设计好的报表打印预览视图如图 6.53 所示。

实际上，创建包含多个数据来源的报表，就是分别创建主报表和子报表，然后将子报表以控件的形式添加到主报表中。

在如图 6.54 所示的子报表的数据来源选择过程中，如果选择“使用现有的表和查询”，其过程与 5.4 节中的子窗体实例过程一致，本章不再重复。

## 本章小结

本章的主要内容是创建与打印报表。通过对本章的学习，读者应该认识 Access 的报表，并且掌握创建报表的方法。

建立一个报表，一般要先利用“报表”或者“报表向导”创建报表，再进入报表设计视图或布局视图编辑已有的报表，读者要熟练掌握创建和编辑报表的过程和方法。

报表的排序、分组和计算是建立报表时经常用到的，是报表设计中比较复杂的问题，需要通过上机反复实践来体会。

## 习　题

1．什么是报表？报表的作用是什么？

2．什么是节？打印报表时各节的内容是如何显示的？

3．主体节、组页脚和报表页脚中计算控件的计算范围分别是什么？

4．创建一个学生选课情况的报表。要求用“学生选课表”作为数据来源，按“学号”对记录进行分组，每个分组按课程代码排序，并对每个学生各门课程的学分汇总。

5．简述利用向导创建报表的过程。

6．如何实现报表的排序、分组和计算？

7．报表视图有几种？每种视图的功能是什么？

# 第7章　宏

前面介绍了 Access 数据库中的四种基本对象：表、查询、窗体和报表。这四种对象的功能很强大，但是它们彼此不能互相驱动。要想将这些对象有机地组合起来，成为一个性能完善、操作简便的系统，只有通过宏和模块这两种对象来实现。相对于模块来说，宏是一种简化操作的工具。使用宏非常方便，不需要记住各种语法，也不需要编程，只需要利用几个简单的宏操作就可以对数据库完成一系列的操作，中间过程完全是自动的。

Access 2010 进一步增强了宏的功能，使得创建宏更加方便，宏的功能更加强大，使用宏可以完成更为复杂的工作。

## 7.1　宏的概念

我们把能自动执行某种操作的命令统称为“宏”，宏是一个和多个操作的集合，其中每个操作实现特定的功能，例如打开某个窗体或打印某个报表的操作可以称为一个宏。

Access 为用户提供了六十余种宏操作，这些操作和菜单操作命令类似，但它们对数据库施加作用的时间有所不同，作用时的条件也有所不同。菜单命令一般用在数据库的设计过程中，而宏命令则用在数据库的执行过程中。菜单命令必须由使用者来施加这个操作，而宏命令则可以在数据库中自动执行。将宏操作按照一定的顺序有机地组合在一起，运行时 Access 就会按照定义的顺序自动运行。

在 Access 中经常要进行一些重复性的工作，比如打开表或者窗体、运行和打印报表等。我们可以将大量相同的工作创建成为一个宏，在每次执行时运行宏，就可以大大提高工作效率。

在许多数据库系统中，可以运用编程来完成一些操作。Access 也提供了编程功能，就是 Visual Basic for Application（VBA）编写的模块。但对于一般用户来说，使用宏是一种更简便的方法，它不需要编程，也不需要记住各种语法，只要将所执行的操作、参数和运行的条件输入到宏设计器中即可。宏的主要功能如下：

- 可以替代用户执行重复的任务，节约用户的时间。
- 可以使数据库中的各个对象联系得更加紧密。
- 可以显示警告信息窗口。
- 可以为窗体制作菜单，为菜单指定某些操作。
- 可以把筛选程序加到记录中，提高记录的查找速度。
- 可以实现数据在应用程序之间的传送。

Access 2010 中明确了一些宏的概念，同时也新增加了一些宏的概念。

1. 独立宏

独立宏是独立的对象，与窗体、报表等对象无附属关系，独立宏在导航窗格中可见。名为 Autoexec 的自动运行宏是典型的独立宏。

2. 嵌入宏

与独立宏相反，嵌入宏与窗体、报表或控件有附属关系，作为所嵌入对象的组成部分，嵌入宏嵌入在窗体、报表或控件对象的事件中，嵌入宏在导航窗格中不可见。嵌入宏的出现使得宏的功能更强大、更安全。

3. 数据宏

在 Access 2010 中新增加了“数据宏”的概念和功能，允许在表事件（如添加、更新或删除数据等）中自动运行。有两种类型的数据宏，一种是由表事件触发的数据宏（也称为“事件驱动的”数据宏）；一种是为响应按名称调用而运行的数据宏（也称为“已命名的”数据宏）。

每当在表中添加、更新或删除数据时，都会发生表事件。数据宏是在发生这三种事件中的任一事件之后，或发生删除或更改事件之前运行的。数据宏是一种触发器，可以用来检查数据表中输入的数据是否合理。当在数据表中输入的数据超出限定的范围时，数据宏则给出提示信息。另外，数据宏可以实现插入记录、修改记录和删除记录等操作，从而对数据更新，这种更新比使用查询更新的速度快很多。对于无法通过查询实现数据更新的 Web 数据库，数据宏尤其有用。

4. 子宏

相当于 Access 2000/2003 中的宏组，子宏是共同存储在一个宏名下的一组宏的集合，其主要作用是方便宏的管理。

## 7.2 宏的结构

创建或打开一个宏时，会看到如图 7.1 所示的宏设计器界面。宏由操作、参数、注释（Comment）、组（Group）、条件（If）和子宏（Submacro）等几部分组成的。Access 2010 对宏结构进行了重新设计，与 Access 2000/2003 有很大的区别，Access 2010 使得宏的结构与计算机程序结构在形式上十分相似，方便了用户从宏到 VBA 学习和使用过程的过渡。对比程序设计，宏的操作内容更简洁，易于理解和设计。

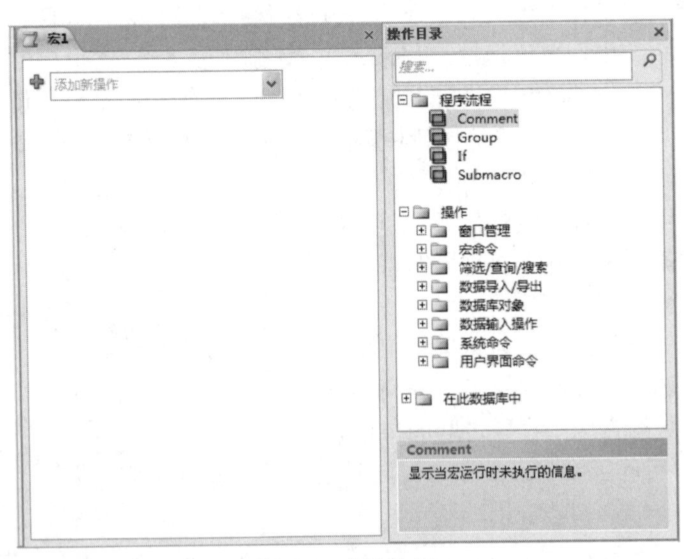


图 7.1　宏设计器

1. 注释（Comment）

用来说明每个操作执行的功能，增加对操作的描述，让用户更容易理解宏的功能。

2. 组（Group）

随着 Access 的普及和发展，人们正在使用 Access 进行越来越复杂的数据库管理，因此宏的结构也越来越复杂。为了有效地管理宏，Access 2010 引入了 Group 组。使用 Group 组可以把宏的若干操作根据它们操作目的的相关性进行分块，一个块就是一个组。这样宏的结构显得十分清晰，阅读起来更方便。需要特别强调的是，Group 组与 Access 2003 以前版本中宏组的概念和目的完全不同。

3. 条件（If）

条件用于指定在执行宏操作时必须满足的标准或限制，通过输入条件表达式来控制宏的执行。表达式由算术运算符、逻辑运算符、常数、函数、对象、字段名以及属性值等内容组成，其结果为是（true）或否（false）。当条件表达式值为是（true）时执行宏操作，为否（false）时则不执行。

## 7.3　宏选项卡和设计器

宏选项卡和宏设计器是设计宏的工具，与 Access 2000/2003 版本比较，Access 2010 有了很大的变化，了解其结构和功能十分重要。

1. 宏选项卡

在功能区“创建”选项卡下“宏与代码”组中，单击按钮，打开如图 7.2 所示的“宏工具/设计”选项卡。该选项卡由“工具”、“折叠/展开”和“显示/隐藏”三个组构成。

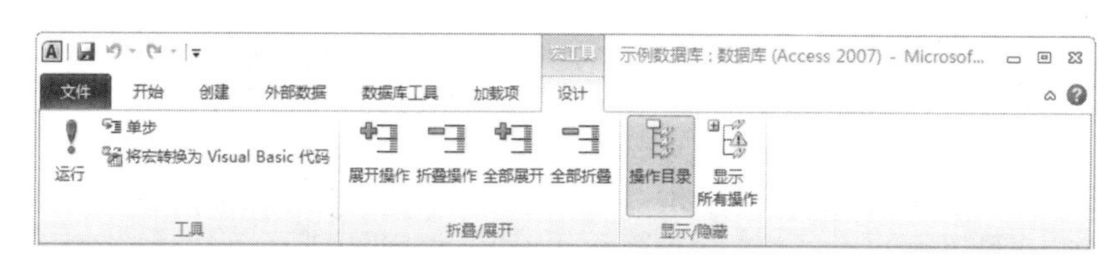


图 7.2　“宏工具/设计”选项卡

“工具”组包括“运行”、“单步”以及“将宏转变为 Visual Basic 代码”三个按钮。

“折叠/展开”组提供浏览宏代码的几种方式，包括“展开操作”、“折叠操作”、“全部展开”和“全部折叠”四个按钮。其中“展开操作”可以详细地阅读每个操作的细节，包括每个参数的具体内容；“折叠操作”可以把宏操作的细节收缩起来，不显示操作的参数，只显示操作的名称。“显示/隐藏”组主要是对操作目录隐藏和显示。

2. 操作目录

在如图 7.1 所示的宏设计器窗口中包括两个窗格，左侧是“宏设计器”窗格，右侧是“操作目录”窗格。操作目录窗格由“程序流程”、“操作”和“在此数据库中”三部分组成。

（1）程序流程。包括注释（Comment）、组（Group）、条件（If）和子宏（Submacro）。

（2）操作。操作部分把宏操作按操作性质分成 8 组，分别是“窗口管理”、“宏命令”、“筛选/查询/搜索”、“数据导入/导出”、“数据库对象”、“数据输入操作”、“系统命令”和“用户界面命令”，共 66 个操作。单击“+”展开每个组，可以显示出该组中的所有宏。

（3）在此数据库中。这部分列出了当前数据库中的所有宏，方便用户重复使用所创建的宏和事件过程代码。展开“在此数据库中”通常显示下一级“报表”、“窗体”和“宏”；如果表中包含数据宏，则显示中还会包含表对象。进一步展开报表、窗体和宏后，显示出在报表、窗体和宏中的事件过程或宏。

3. 宏设计器

Access 2010 重新设计了宏设计器，使得其结构类似于 VBA 事件过程的开发界面。在如图 7.1 所示的宏设计器窗口左侧的“宏设计器”窗格中，组合框用来设置宏操作，如图 7.3 所示。添加新操作的方法有如下三种：

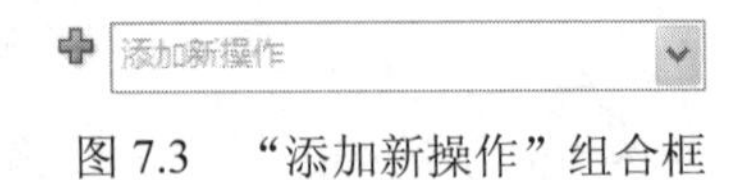


图 7.3 “添加新操作”组合框

- 直接在组合框中输入操作命令。
- 单击组合框的下拉箭头，在打开的列表中选择操作命令。
- 从“操作目录”窗格中，把某个操作命令拖拽（或双击）到组合框中。

添加操作后，需指定相关的参数、条件等内容，如图 7.4 所示的是添加了 CloseWindow 命令后的宏设计器窗口。

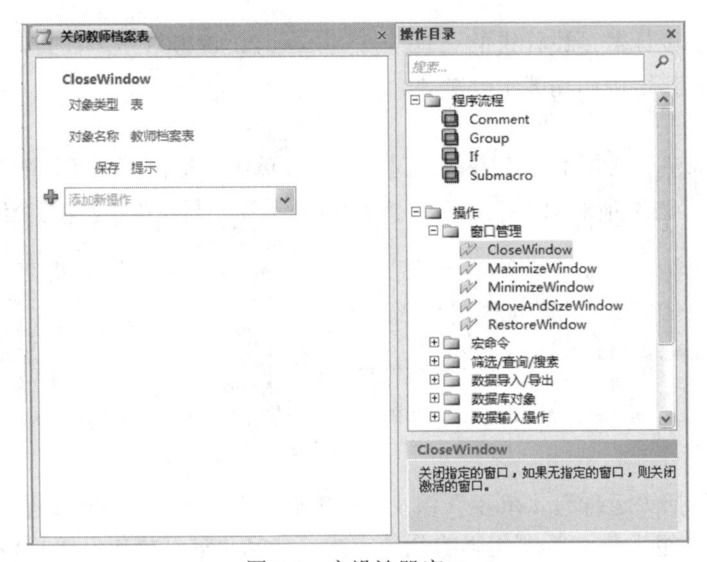


图 7.4 宏设计器窗口

## 7.4 创建宏与宏操作

在 Access 中使用宏，用户不需要编写代码，只需要在窗格中选择有关的内容，填写需要进行的宏操作，并对宏操作进行相应的设置。这和传统意义的程序设计有很大的区别。

### 7.4.1 创建独立宏

创建独立宏的操作步骤如下：

（1）在功能区“创建”选项卡下“宏与代码”组中，单击宏按钮，打开宏设计器窗口。

（2）从宏设计器窗格的组合框中选择相应的宏操作。

（3）输入或选择宏操作参数，设置注释（Comment）、条件（If）等内容。

（4）重复第（2）～（3）步，继续添加新的宏操作。

（5）单击快速访问工具栏中的“保存”按钮，对宏命名。

下面以创建名为“Autoexec”的宏来说明独立宏的创建过程，其功能是在打开数据库时立即打开“学生成绩管理”窗体。

（1）创建如图 5.2 所示的“学生成绩管理系统”窗体。

（2）在功能区“创建”选项卡下“宏与代码”组中，单击宏按钮，打开宏设计器窗口。

（3）从宏设计器窗格的组合框中选择宏操作“OpenForm”。

（4）指定宏操作参数，从“窗体名称”组合框中选择“学生成绩管理系统”，如图 7.5 所示。

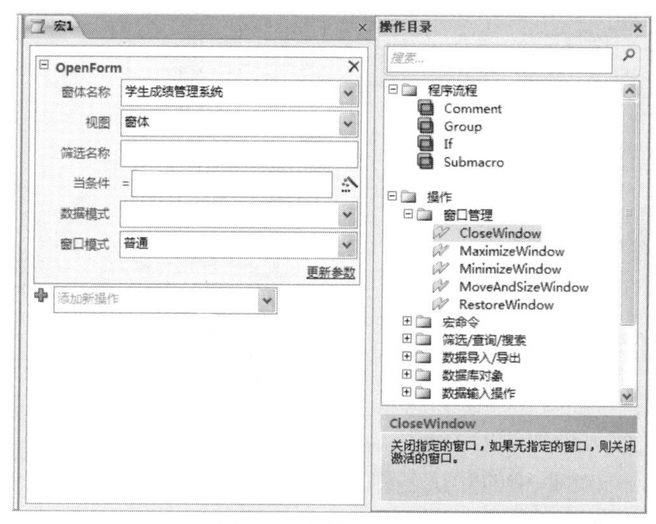


图 7.5　宏设计器窗口

（5）单击快速访问工具栏中的“保存”按钮，在弹出的“另存为”对话框中将宏命名为“Autoexec”，如图 7.6 所示。

（6）单击“确定”按钮。关闭数据库，再次打开数据库查看自动运行宏 Autoexec 的运行状况。

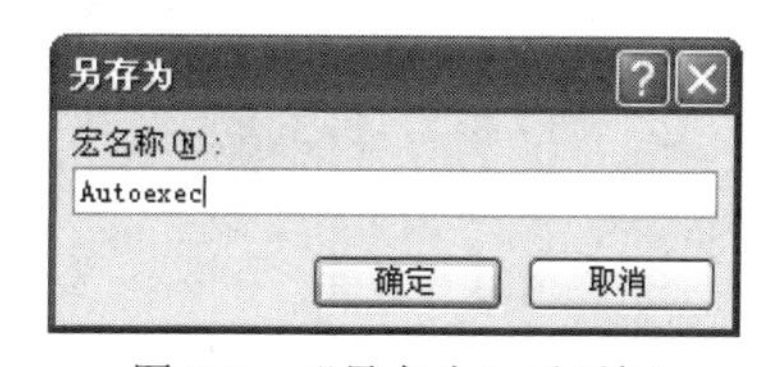


图 7.6　“另存为”对话框

### 7.4.2　创建子宏

子宏实际上就是宏组，是同一个宏窗口中包含的多个宏的集合。如果要在一个位置上将几个相关的宏构成组，而又不希望单独运行，则可以将它们组织起来构成一个宏组。宏中的每个子宏单独运行，相互没有关联。在多数据库中，用到的宏比较多，将相关的宏分组到不同的宏组有助于方便地对数据库进行管理。

宏中的每个子宏都必须定义自己的宏名，以便分别调用，调用的格式为“宏名.子宏名”。创建含有子宏的宏的方法与创建宏的方法基本相同，不同的是在创建过程中需要对子宏命名。

下面以“打开_子宏”为例说明带有子宏的宏的创建过程。其中各子宏的功能如下：

- 打开窗体：在窗体视图中打开“欢迎”窗体。
- 打开报表：在打印预览视图中打开“教师档案表”报表，发出鸣笛音。
- 打开表：在数据表视图中打开“学生档案表”。

（1）在功能区“创建”选项卡下“宏与代码”组中，单击“宏”按钮，打开宏设计器窗口。

（2）在“操作目录”窗格中，双击“程序流程”下的 Submacro（子宏），将其加入到宏设计器窗格中。

（3）将子宏名称文本框中的默认名称“Sub1”改为“打开窗体”，在“添加新操作”组合框中选择“OpenForm”，设置窗体名称为“欢迎”，如图 7.7 所示。

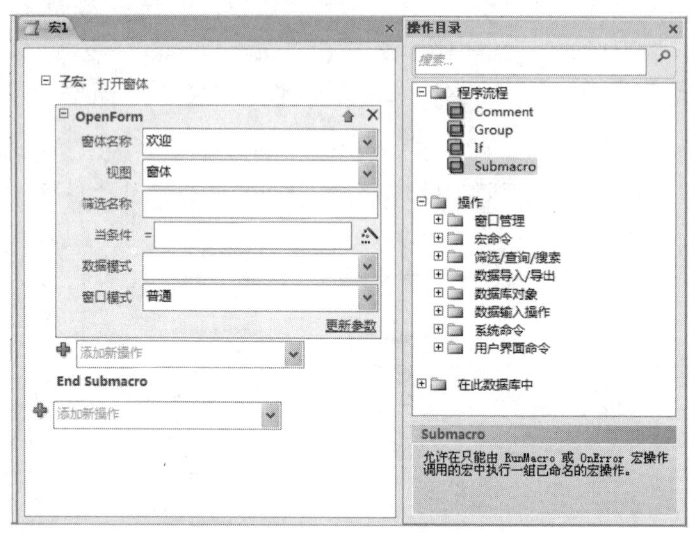


图 7.7　宏设计器

（4）重复步骤（2）添加子宏 Sub2。

（5）将子宏名称文本框中的默认名称“Sub2”改为“打开报表”，在“添加新操作”组合框中选择“OpenReport”，设置报表名称为“教师档案表”，视图为“打印预览”。在子宏的“添加新操作”组合框中继续选择“Beep”，如图 7.8 所示。

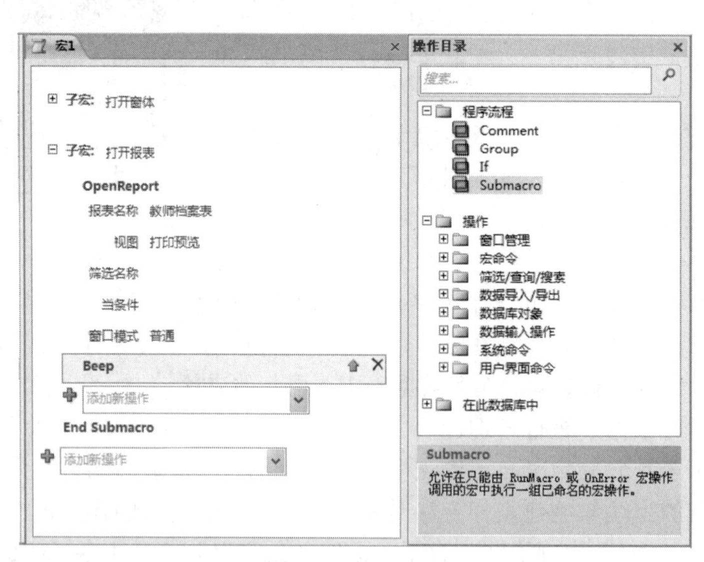


图 7.8　宏设计器

（6）重复步骤（2）添加子宏 Sub3。

（7）将子宏名称文本框中的默认名称“Sub3”改为“打开表”，在“添加新操作”组合框中选择“OpenTable”，设置表名称为“学生档案表”，如图 7.9 所示。

图 7.9　宏设计器

（8）单击快速访问工具栏上的“保存”按钮，在弹出的“另存为”对话框中将宏命名为“打开_子宏”，如图 7.10 所示。

（9）单击“确定”按钮，完成宏的设计过程。

图 7.10　“另存为”对话框

### 7.4.3　设置宏操作

Access 2010 提供了六十余种宏操作，根据用途可以将它们分为八类：

- 窗口管理
- 宏命令
- 筛选/查询/搜索
- 数据导入/导出
- 数据库对象
- 数据输入操作
- 系统命令
- 用户界面命令

表 7.1 列出了各类宏样细的操作。

**表 7.1　宏操作的分类**

| 分类 | 操作 |
| --- | --- |
| 窗口管理 | CloseWindow，MaximizeWindow，MinimizeWindow，MoveAndSizeWindow，RestoreWindow |
| 宏命令 | CancelEvent，ClearMacroError，OnError，RemoveAllTempVars，RemoveTempVar，RunCode，RunDataMacro，RunMacro，RunMenuCommand，SetLocalVar，SetTempVar，SingleStep，StartNewWorkflow，StopAllMacros，StopMacro，WorkflowTasks |
| 筛选/查询/搜索 | ApplyFilter，FindNextRecord，FindRecord，OpenQuery，Refresh，RefreshRecord，RemoveFilterSort，Requery，SearchForRecord，SetFilter，SetOrderBy，ShowAllRecords |
| 数据导入/导出 | AddContactFromOutlook，CollectDataViaEmail，EMailDatabaseObject，ExportWithFormatting，SaveAsOutlookContact，WordMailMerge |

续表

| 分类 | 操作 |
| --- | --- |
| 数据库对象 | GoToControl，GotoPage，GoToRecord，OpenForm，OpenReport，OpenTable，PrintObject，PrintPreview，RepaintObject，SelectObject，SetProperty |
| 数据输入操作 | DeleteRecord，EditListItems，SaveRecord |
| 系统命令 | Beep，CloseDatabase，DisplayHourglassPointer，QuitAccess |
| 用户界面命令 | AddMenu，BrowseTo，LockNavigationPane，MessageBox，NavigateTo，Redo，SetDisplayedCategories，SetMenuItem，UndoRecord |

为方便读者学习，在此对主要的宏操作功能进行说明。

1. 窗口管理

- CloseWindow：关闭指定的 Access 窗口。如果未指定参数，则关闭当前活动窗口。
- MaximizeWindow：放大活动窗口，使其充满 Access 窗口。
- MinimizeWindow：缩小活动窗口，使其在 Access 窗口底部以小标题栏形式出现。
- MoveAndSizeWindow：移动活动窗口或调整其大小。
- RestoreWindow：将处于最大化或最小化的窗口恢复为原来的大小。

2. 宏命令

- CancelEvent：取消一个事件，该事件在取消前用于触发 Access 执行后来包含该操作的宏。
- ClearMacroError：清除宏对象中的上一个错误。
- OnError：指定宏出现错误时的处理方式。
- RemoveAllTempVars：删除用 SetTempVar 操作创建的任意临时变量。
- RemoveTempVar：删除用 SetTempVar 操作创建的单个临时变量。
- SetLocal：将本地变量设置为给定值。
- SetTempVar：将临时变量设置为给定值。
- RunCode：调用 VBA 函数过程。
- RunMacro：运行宏。
- StopAllMacros：停止当前正在运行的所有宏。
- StopMacro：停止当前正在运行的宏。

3. 筛选/排序/搜索

- ApplyFilter：对表、窗体或报表应用筛选、查询或 SQL Where 子句，以便限制或排序表、窗体或报表中的记录。
- FindNextRecord：查找下一个记录。
- FindRecord：查找符合该操作参数指定的准则的第一个数据实例。
- OpenQuery：在数据表视图、设计视图或“打印预览”中打开选择查询或交叉表查询。
- Requery：通过重新查询控件的数据源来刷新活动对象指定控件中的数据。
- RequeryRecord：刷新当前记录。
- ShowAllRecords：从活动表、查询结果集或窗体中删除任何应用的筛选，以及显示表或结果表中的所有记录或者窗体的基础表或查询中的所有记录。

4. 数据导入/导出

- ExportWithFormating：将指定数据库对象的数据输出为某种格式文件。
- WordMailMerge：执行邮件合并操作。

5. 数据库对象

- GoToControl：把焦点移到打开的窗体、窗体数据表视图、表数据表视图、查询数据表视图中当前记录的特定字段或控件上。
- GoToPage：在活动窗体中将焦点移到某一特定页的第一个控件上。
- GoToRecord：使指定的记录成为打开的表、窗体或查询结果集中的当前记录。
- OpenForm：在窗体视图、设计视图中打开窗体。
- OpenReport：在设计视图或打印预览视图中打开报表或立即打印报表。
- OpenTable：在数据表视图、设计视图或“打印预览”中打开表。
- RepaintObject：完成指定的数据库对象的任何未完成的屏幕更新。

6. 系统命令

- Beep：表示错误情况和重要的屏幕变化，通过计算机发出嘟嘟声。
- CloseDatebase：关闭当前数据库。
- QuitAccess：退出 Access。
- AddMenu：创建全局菜单栏、全局快捷菜单、窗体或报表的自定义菜单栏、窗体、控件或报表的自定义快捷菜单。
- MessageBox：显示包含警告信息或其他信息的消息框。
- SetMenuItem：设置“加载项”选项卡上的自定义或全局菜单上的菜单项的状态。

### 7.4.4 设置宏操作参数

大部分宏操作都有具体的操作参数，用以告诉 Access 具体如何执行该操作。某些参数是必需的，另外一些是可选的。

在宏中设置操作参数，应先在操作列表中选择宏操作，在如图 7.11 所示的宏设计器窗格中会出现该宏操作参数的内容。单击操作参数行，输入或选择操作参数，按 F1 键会出现帮助窗口，其中显示正在处理的参数类型的详细信息。

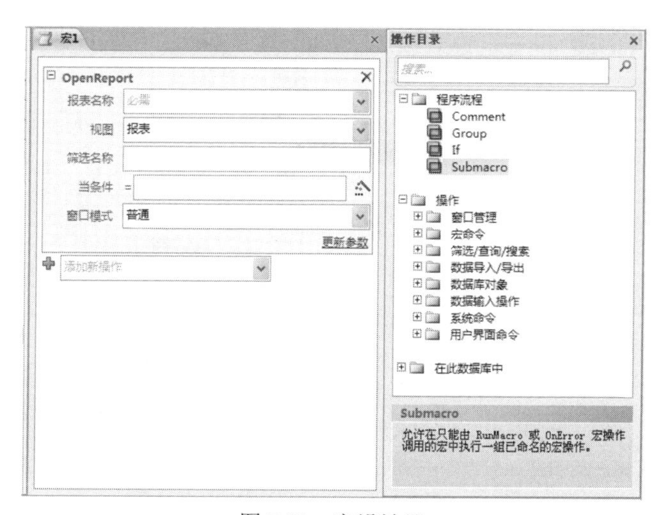


图 7.11　宏设计器

操作参数的设置方式一般有如下三种：

（1）单击操作参数行，可以直接输入参数。

（2）单击操作参数行，右端出现下三角按钮，单击该按钮，然后从列表中选择参数。

（3）单击操作参数行，右端出现省略号按钮，单击该按钮，出现单独的设置窗口，对参数进行设置。

下面以“打印报表”宏中的 OpenReport 宏操作为例，讲解宏的参数设置，如图 7.11 所示。

（1）单击“报表名称”栏中的下三角按钮，出现下拉列表，如图 7.12 所示，列表中显示了当前数据库中的所有列表，根据需要选择要打开报表的名称，本例选择“教师档案表”。此参数为必选项。

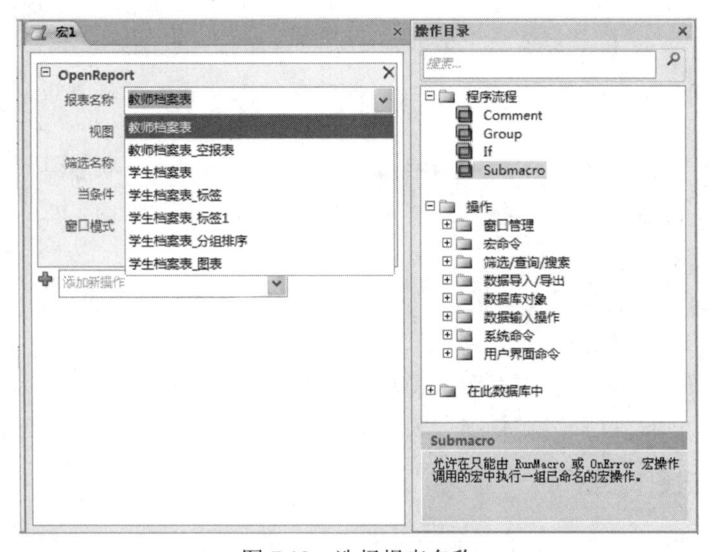


图 7.12　选择报表名称

（2）单击“视图”栏中的下三角按钮，出现下拉列表，如图 7.13 所示，在列表中选择要打开的报表视图，本例选择“打印预览”。列表中的几种视图方式说明如下：

图 7.13　选择视图方式

打印：立即打印该报表。

设计：以设计视图方式打开该报表。

打印预览：以打印预览方式打开该报表。

报表：以报表视图方式打开该报表。

布局：以布局视图方式打开该报表。

（3）在“筛选名称”栏中输入一个已有的查询名称或保存为查询的筛选名称，不应用筛选可以忽略本项。本例无筛选。

（4）如果需要添加条件，可以在“当条件 =”栏中输入相关的条件，也可以单击右边的按钮，使用表达式生成器来设置参数，如图 7.14 所示。本例无条件。

（5）设置好宏以后，单击快速访问工具栏上的“保存”按钮，在如图 7.15 所示的“另存为”对话框中指定宏名称为“打印报表”，然后单击“确定”按钮完成宏的创建过程。

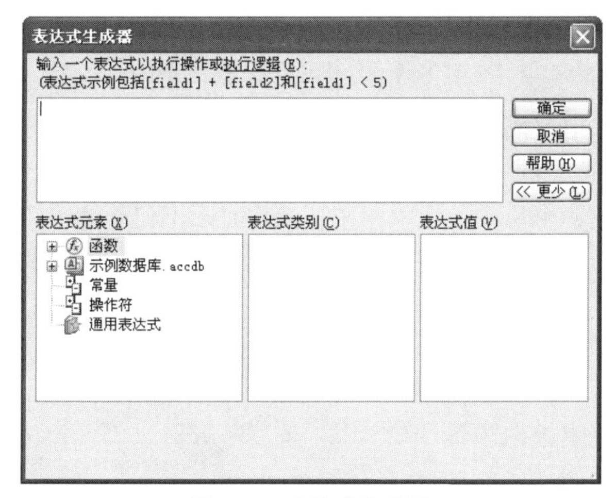


图 7.14　表达式生成器

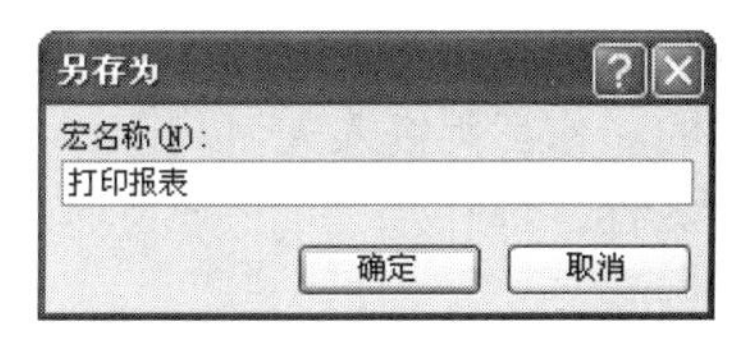


图 7.15　“另存为”对话框

### 7.4.5　在宏中使用条件

在某些情况下，可能希望当一些特定条件为真时才在宏中执行一个或多个操作。例如，如果在某个窗体中使用宏来校验数据，可能需要显示相应的信息来响应记录的某些输入值，需要另一信息来响应另一些不同的值。在这种情况下，可以使用条件来控制宏的流程。

条件是逻辑表达式，宏将根据条件结果的真或假而沿着不同的路径执行。运行该宏时，Access 将求出第一个条件表达式的结果。如果这个条件的结果为真，Access 将执行 Then 后设置的所有操作；如果这个条件的结果为假，Access 会忽略 Then 后设置的所有操作；如果添加了 Else，则执行 Else 后设置的所有操作；如果添加了 Else If，则判定 Else If 后的条件表达式结果是否为真，再选择执行 Then 还是 Else 后的操作。

在输入条件表达式时，可能会引用窗体或报表上的控件值，其语法结构如下：

[Forms]![窗体名]![控件名]

[Reports]![报表名]![控件名]

在如图 7.16 所示的宏设计器窗格中显示的就是一个带有条件（If）的宏的内容，其功能是判定一个窗体上名为“数字”的文本框中数的正负。该例完整的实现过程将在 7.5 节中介绍。

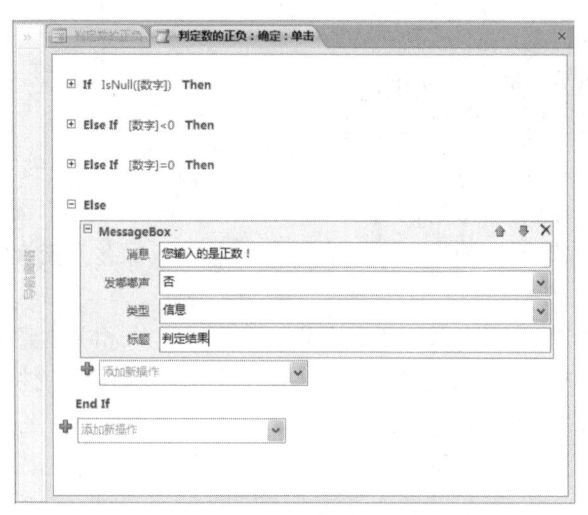


图 7.16 宏设计器

# 7.5 创建嵌入宏

实际上，当用户在窗体上使用向导创建一个命令按钮执行某一操作时，不仅创建了命令按钮的单击事件，而且在单击事件中创建了一个嵌入宏。在单击事件中运行这个嵌入宏完成指定的操作。

嵌入宏的引入使得 Access 的开发工作变得更为灵活。它把原来事件过程中需要编写事件过程代码的工作都用嵌入宏替代了。

宏的条件、操作和宏的参数对于初学者来说确实有一定难度。要想掌握宏应该首先从学习嵌入宏开始。

下面以 7.4.5 节中介绍的“判定数的正负”的条件宏为例，说明嵌入宏的创建过程。

（1）使用第 5 章介绍过的方法创建一个名为“判定数的正负”的窗体，如图 7.17 所示。其中关联标签标题为“请输入一个数字”的文本框控件名称为“数字”；标题为“确定”的命令按钮名称也为“确定”，其功能暂未设置（未使用控件向导创建）。

（2）在设计视图中打开“判定数的正负”窗体，右键单击“确定”命令按钮，从弹出的快捷菜单中选择“事件生成器”命令，打开如图 7.18 所示的“选择生成器”对话框。选择“宏生成器”，单击“确定”按钮，打开如图 7.19 所示的宏设计器窗格。

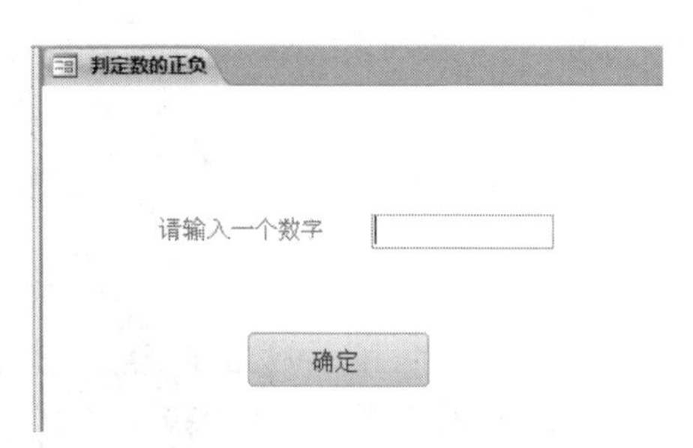


图 7.17 “判定数的正负”窗体

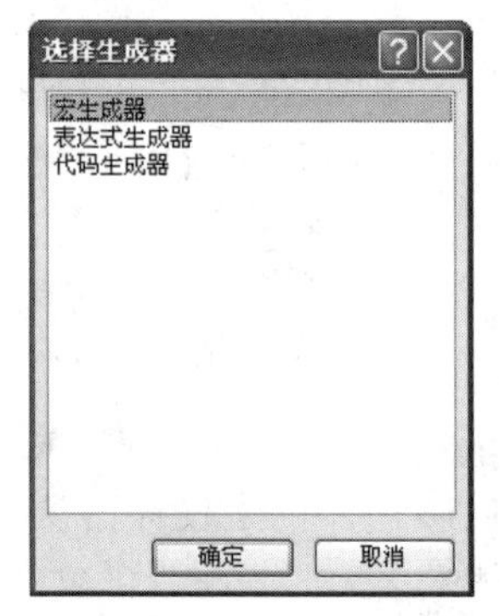


图 7.18 “选择生成器”对话框

图 7.19　宏设计器

（3）双击“操作目录”窗格“程序流程”下的“If”，在宏设计器窗格中出现条件块，设置 If 后的条件表达式为“isnull([数字])”；添加新操作“MessageBox”，设置消息为“没有数据！”，类型为“信息”，标题为“警告”，如图 7.20 所示。

图 7.20　宏设计器

（4）单击“添加 Else If”，出现“Else If”块，设置 Else If 后的条件表达式为“[数字]<0”；添加新操作“MessageBox”，设置消息为“您输入的是负数！”，类型为“信息”，标题为“判定结果”，如图 7.21 所示。

图 7.21　宏设计器

（5）单击本块中的“添加 Else If”，出现一个新的“Else If”块，设置 Else If 后的条件表达式为“[数字]=0”；添加新操作“MessageBox”，设置消息为“您输入的是零！”，类型为“信息”，标题为“判定结果”，如图 7.22 所示。

图 7.22　宏设计器

（6）单击本块中的“添加 Else”，出现“Else”块，添加新操作“MessageBox”，设置消息为“您输入的是正数！”，类型为“信息”，标题为“判定结果”，如图 7.23 所示。

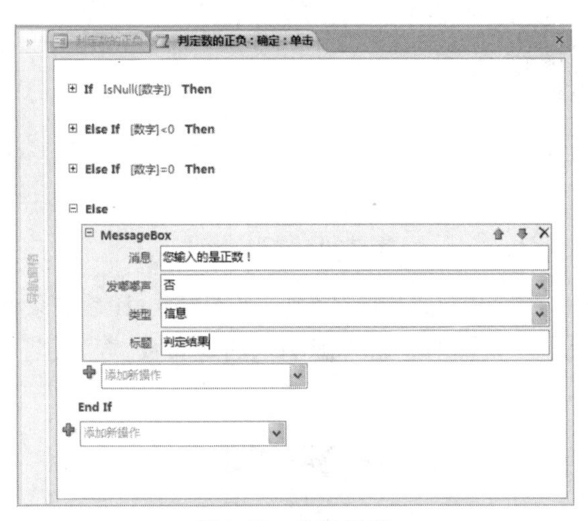


图 7.23　宏设计器

（7）单击快速访问工具栏上的“保存”按钮，完成宏的设计。关闭宏设计器，返回到窗体的设计视图，保存窗体设计。切换到窗体视图验证宏的功能，如图 7.24 所示。

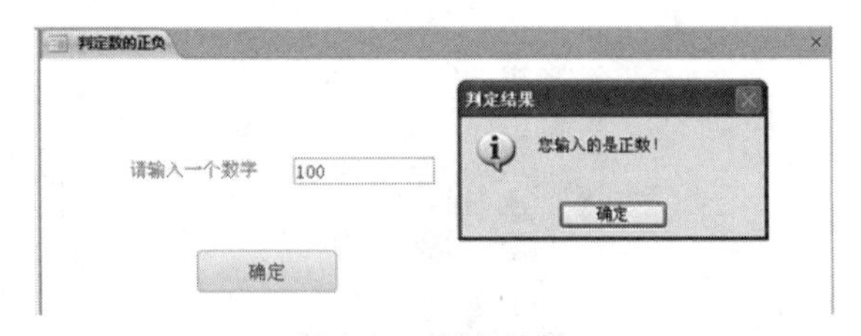


图 7.24　判定结果

## 7.6　创建数据宏

新版 Access 2010 新增加了数据宏（Data Macro），类似 SQL 的触发器，包括插入后、更新后、删除后、更改前和删除前五个事件。以前必须通过代码完成的事项，现在可交由表的数据宏来处理。

下面以“学生档案表副本”的“性别”字段为例，说明宏的创建过程。要求“性别”字段只能输入“男”或“女”，否则给出错误提示。

（1）在设计视图中打开“学生档案表副本”，单击功能区“表格工具/设计”选项卡下“字段、记录和表格事件”组中的按钮，从下拉列表中选择“更新前”，进入到宏设计器窗口。

（2）选择新操作为“If”，输入表达式为“[性别]<>"男" And [性别]<>"女"”；添加新操作“RaiseError”，输入错误号为“10001”，输入错误描述为“性别只能输入"男"或"女"！”，如图 7.25 所示。

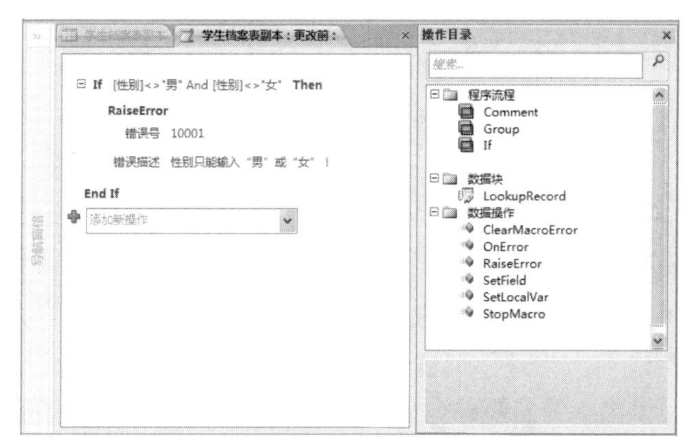


图 7.25　宏设计器

（3）单击功能区“宏工具/设计”选项卡下“关闭”组中的“保存”按钮，再单击“关闭”按钮，返回表设计视图，单击快速访问工具栏上的“保存”按钮，结束数据宏的设计。

（4）切换到表的数据表视图，修改记录“性别”字段值查看数据宏的运行效果（注意，修改“性别”字段值后，要离开本行才能看到效果），如图 7.26 所示。

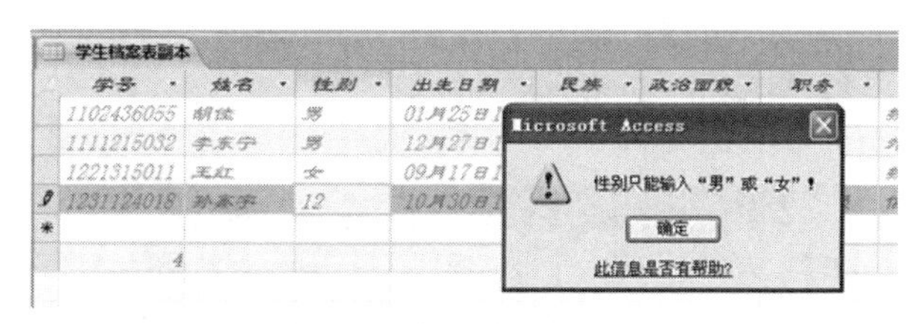


图 7.26　数据宏运行效果

数据宏除了可以对用户输入的数据进行有效性检查外，还可以实现字段的自动赋值等功能。下面仅介绍自动赋值的实现过程，其他功能可参阅帮助，本节不一一介绍。

例如在如图 7.27 所示的“成绩表_数据宏示例”表中，如果输入的总成绩大于等于 500，则“通过否”的字段值自动添入“是”；否则自动添入“否”。实现这一功能的数据宏如图 7.28 所示，事件为“更新前”。

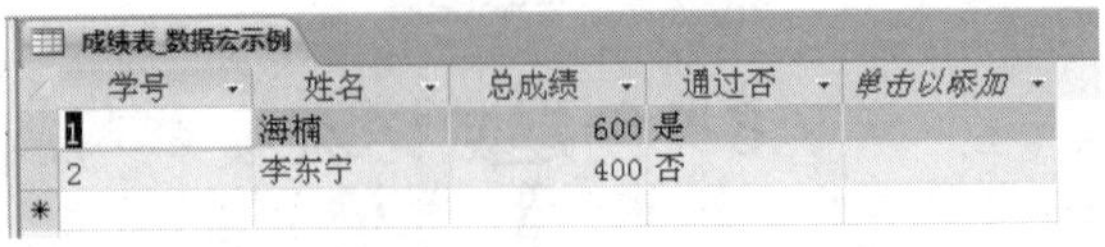

| 学号 | 姓名 | 总成绩 | 通过否 | 单击以添加 |
| --- | --- | --- | --- | --- |
| 1 | 海楠 | 600 | 是 | |
| 2 | 李东宁 | 400 | 否 | |

图 7.27 “成绩表_数据宏示例”数据表视图

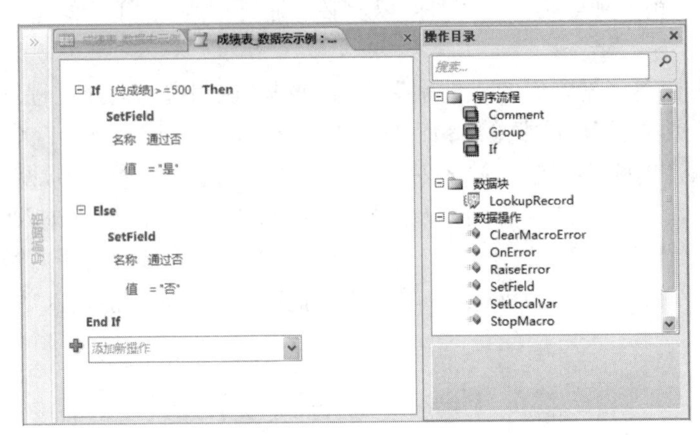


图 7.28 宏设计器

# 7.7 宏的调试和运行

## 7.7.1 宏的调试

创建好的宏在使用之前应先进行调试，以保证宏的功能与设计者的要求一致，尤其是对于由多个操作组成的复杂宏，更需要进行反复调试，以观察宏的流程和每一个操作的结果，以排除导致错误或产生非预期结果的可能。

Access 提供了“单步”执行的宏调试工具，“单步”执行一次只运行宏的一个操作，可以用来观察宏的运行流程和运行结果，从而找到宏中的错误，并排除错误。

1. 调试独立宏

对于独立宏可以直接在设计器中进行宏的调试，其过程如下：

（1）在宏设计器中打开需要调试的宏。

（2）单击功能区“宏工具/设计”选项卡下“工具”组中的 单步 按钮，然后单击“运行”按钮，打开如图 7.29 所示的“单步执行宏”对话框。

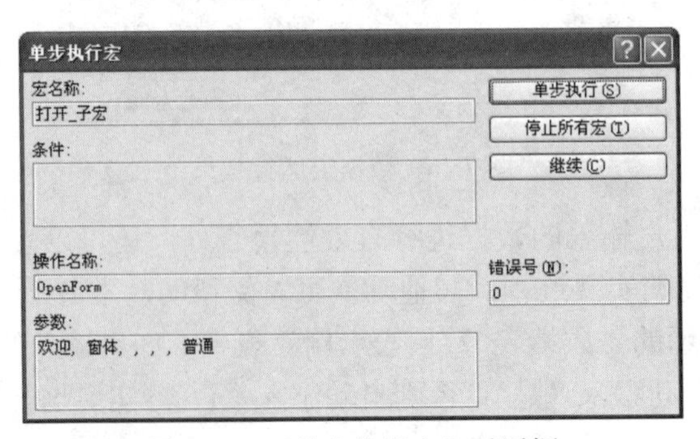


图 7.29 “单步执行宏”对话框

（3）在“单步执行宏”对话框中，显示出当前正在运行的宏名、条件、操作名称和参数等信息，如果该步执行正确，可单击“继续”按钮以单步的形式执行宏。如果发现错误，可以单击“停止所有宏”按钮，停止宏的执行，并返回宏设计器窗口，修改宏的设计。

在单步运行宏时，如果某个操作有错，Access 会显示警告消息框，并给出该错误的简单原因。通过反复修改和调试，可以设计出正确的宏。

2. 调试嵌入宏

对于嵌入宏要在嵌入的窗体或报表对象中进行调试，下面以图 7.17 所示的“判定数的正负”窗体中的嵌入宏为例，说明其调试过程。

（1）在设计视图中打开“判定数的正负”窗体。

（2）在“确定”命令按钮的“属性表”窗格“事件”选项卡下，单击“单击”事件后的 按钮，如图 7.30 所示。

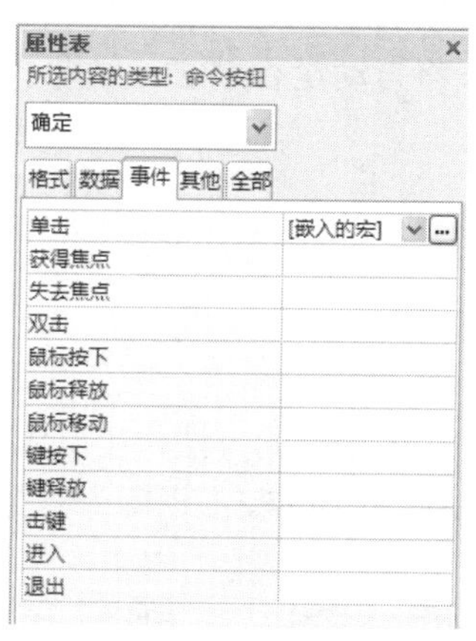


图 7.30 命令按钮的属性表

（3）进入到宏设计器窗口后单击功能区“宏工具/设计”选项卡下“工具”组中的“单步”按钮，然后单击“运行”按钮。

（4）之后的过程同独立宏的调试过程一致，本书不再重复。

### 7.7.2 宏的运行

1. 直接运行宏

如果要直接运行宏，请执行下列操作之一：

- 从“宏设计器”窗口中运行宏，单击功能区“宏工具/设计”选项卡下“工具”组中的“运行”按钮。
- 从“导航”窗格中运行宏，双击相应的宏名即可运行。
- 在 Microsoft Access 的其他地方运行宏，单击功能区“数据库工具”选项卡下“宏”组中的“运行宏”按钮，在弹出的“执行宏”对话框中选择需要运行的宏。

通常情况下直接运行宏只是进行测试。可以在确保宏的设计无误之后，将宏附加到窗体、报表或控件中，以便对事件做出响应，也可以创建一个运行宏的自定义菜单命令。

2. 子宏的运行

如果要直接运行宏中的子宏，可在功能区“数据库工具”选项卡下“宏”组中，单击“运行宏”按钮，在弹出的“执行宏”对话框中选择需要运行的宏.子宏。

3. 窗体、报表和控件的事件中运行宏

Access 可以对窗体、报表或控件中的多种类型事件做出响应，包括鼠标单击或双击、数据更改以及窗体或报表的打开或关闭等。

在实际的应用过程中直接运行宏是很少见的，通常都是通过窗体或报表对象中控件的一个触发事件执行宏，最常见的就是使用窗体上的命令按钮来执行宏，详情可参阅 7.5 节中的实例。

4. 自动运行宏

使用一个名为 AutoExec 的特殊宏，可以在打开数据库时执行一个或一系列的操作。在打开数据库时，Access 将查找一个名为 AutoExec 的宏，如果找到，就自动运行它。制作宏 AutoExec 只需要进行如下操作即可：

（1）创建一个宏，其中包含在打开数据库时要运行的操作。

（2）以 AutoExec 为宏名保存该宏。

下一次打开数据库时，Access 将自动运行该宏。如果不想在打开数据库时运行 AutoExec 宏，可在打开数据库时按 Shift 键。

## 本章小结

本章主要介绍宏的相关知识，包括宏、子宏、嵌入宏和数据宏的相关概念，同时介绍了创建宏的方法，设置宏的操作参数，运行宏的方法，在窗体、报表和控件的事件中运行宏，以及打开数据库自动运行的宏 AutoExec 等内容。

## 习　题

1. 什么是宏？宏的主要功能是什么？
2. 什么是子宏？子宏的主要功能是什么？
3. 简述宏操作的类型。
4. 怎样运行宏和子宏？
5. 如何将已经设计好的宏加载到窗体命令按钮的单击事件上？
6. 说明名为 AutoExec 的宏的功能和适用场合。
7. 什么是数据宏？如何在表中创建数据宏？
8. 如何在宏中引用窗体或报表中控件的属性值？
9. 什么是嵌入宏，如何在窗体或报表中创建嵌入宏？
10. 如何在宏中使用条件？

# 第 8 章　VBA 程序设计基础

在前面几章的学习中，通过 Access 自带的向导工具，能够创建表、窗体、报表和宏等基本组件。但是，由于创作过程完全依赖于 Access 内在的、固有的程序模块，这样虽然方便了用户的使用，但同时也降低了所建系统的灵活性，对于数据库中一些复杂问题的处理则难以实现。因此，为了满足用户更加广泛的需求，Access 为用户提供了自带的编程语言 VBA。

VBA 是 Visual Basic for Applications 的英文缩写，它和 Visual Basic 极为相似，同样是用 Basic 语言来作为语法基础的可视化的高级语言。它们都使用了对象、属性、方法和事件等概念，只不过中间有些概念所定义的内容稍稍有些差别。由于 VBA 是应用在 Office 产品内部的编程语言，具有明显的专用性，但 VBA 也是采用 Basic 语言作为语法基础（只是和 Basic 有极小的差异），就使得初学者在编程的过程中感到十分容易，这也可以说是 VBA 的优点之一。

一般 Access 程序设计在遇到以下情况时需要使用 VBA 代码：

（1）创建用户自定义函数。

（2）复杂的程序处理。

（3）数据库的事务处理操作。

（4）使用 ActiveX 控件和其他应用程序对象。

（5）错误处理。

## 8.1　模块

模块是将 VBA 声明和过程作为一个单元进行保存的集合。模块有类模块和标准模块两种基本类型。模块中的每个过程都可以是一个 Function 函数过程或一个 Sub 子过程。

### 8.1.1　标准模块

标准模块包含的是通用过程和常用过程，这些通用过程不与任何对象相关联，常用过程可以在数据库中的任何位置运行。

标准模块的创建方法是单击功能“创建”选项卡下“宏与代码”组中的 模块 按钮即可。但需要初学者注意的是，此时 Sub 或者 Function 前面的关键字一般不能用 Private，而要用 Public。这意味着在标准模块中定义的子程序或子函数在其他的窗体中都能调用。

### 8.1.2　类模块

类模块是可以包含新对象定义的模块。新建一个类实例时，也就新建了一个对象。在 Access 中，类模块可以单独存在。实际上，窗体和报表模块都是类模块，而且它们各自与某一窗体或报表相关联。窗体和报表模块通常都含有事件过程，该过程用于响应窗体或报表中的事件。可以使用事件过程来控制窗体或报表的行为，以及它们对用户操作的响应，例如用鼠标单击某个命令按钮。为窗体或报表创建第一个事件过程时，Microsoft Access 将自动创建与之关联的窗体或报表模块。如果要查看窗体或报表的模块，可以在其设计视图中单击功能区“窗体设计工具/设计”（或“报表设计工具”）选项卡下“工具”组中的 查看代码 按钮。

在 VBE 的“工程”窗口下，鼠标右击需添加代码的窗体或报表，在弹出菜单中选择“插入”命令，然后在其子菜单中选择“类模块”，就建立了一个新的类模块，如图 8.1 所示。

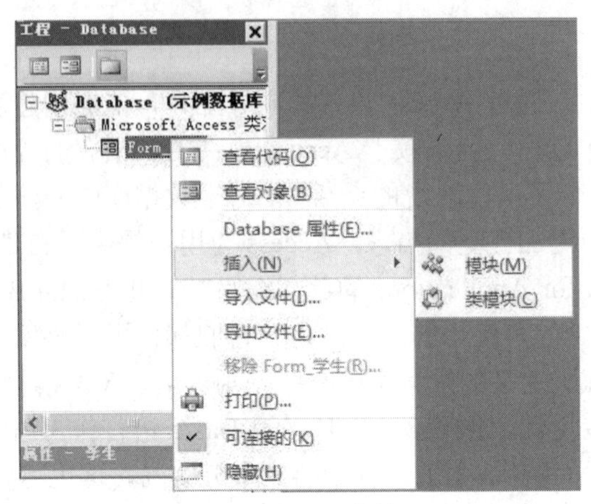


图 8.1 快捷菜单

类模块中，为新建类添加属性需要用到 Property 过程，该过程有 get、let 和 set 三种类型。get 用来在读取属性时执行；let 用来在写入属性时执行；set 是 let 的一种特例，在该子程序中，被传递到子程序的值本身是一个对象。如果为新建类添加方法，可以通过 Function 子函数来完成。

### 8.1.3 宏和模块

Microsoft Access 能够自动地将宏转换为 Visual Basic 程序中的事件过程或模块，这些事件过程或模块可以通过 Visual Basic 执行与宏相同的操作。可以转换窗体或报表中的宏，也可以转换不附属于特定窗体或报表的独立宏。

首先，以窗体为例介绍如何将窗体中的宏转化成 Visual Basic 程序。

（1）在窗体的设计视图中打开窗体。

（2）在功能区“窗体设计工具/设计”选项卡下“工具”组中，单击 将窗体的宏转换为 Visual Basic 代码 按钮，打开如图 8.2 所示的“转换窗体宏”对话框。

（3）确定复选框的选择，单击“转换”按钮完成转换过程。

其次，介绍如何将独立宏转换成 Visual Basic 程序。

（1）在“导航”窗格的“宏”对象列表下，单击选中需要转换的宏。

（2）在功能区“文件”选项卡下，单击“对象另存为”命令，打开如图 8.3 所示的“另存为”对话框。

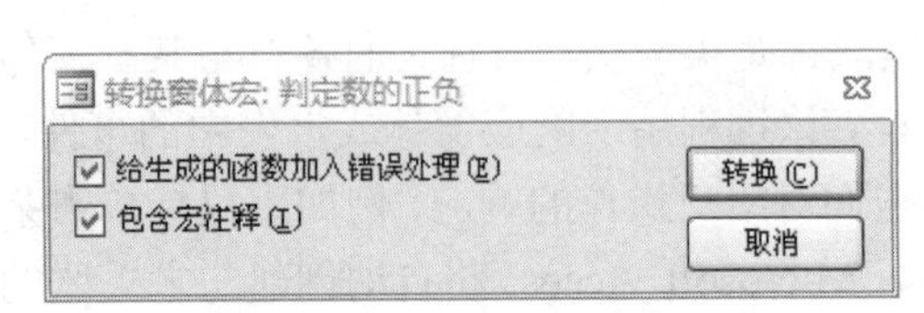


图 8.2 “转换窗体宏”对话框

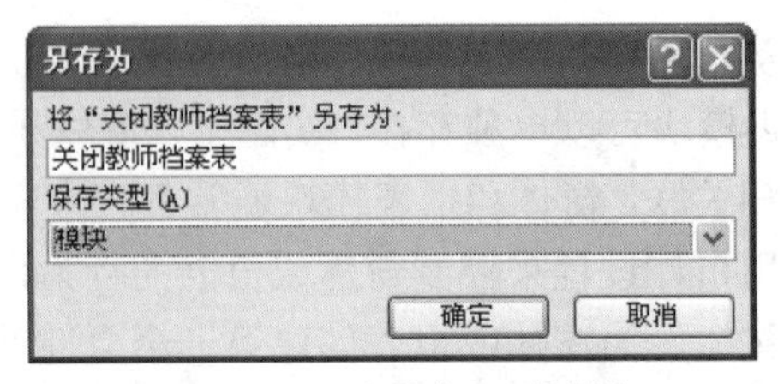


图 8.3 “另存为”对话框

（3）进行命名，同时将“保存类型”设置为“模块”，单击“确定”按钮，完成转换过程。

当然，VBA 中也支持在模块中运行宏。

Microsoft Access 定义了一个特殊的对象 DoCmd，使用它可以在 Visual Basic 程序中运行宏的操作。要运行操作，只需将 DoCmd 对象的方法放到过程中即可。大部分的操作都有相应的 DoCmd 方法。具体格式如下：

```
DoCmd.method [arguments]
```

method 是方法的名称。当方法具有参数时，arguments 代表方法参数。并不是所有的操作都有对应的 DoCmd 方法，这是初学者应该知道的。

## 8.2 面向对象程序设计基础

### 8.2.1 面向对象程序设计的基本概念

Access 自带的编程语言 VBA 采用目前主流的面向对象机制和可视化编程环境，其中面向对象方法涵盖了对象及对象属性与方法、类、继承、多态性几个基本要素，这些概念是理解并使用面向对象方法的基础和关键。

1. 对象

对象是面向对象方法中最基本的概念。对象可以用来表示客观世界中的任何实体，它既可以是具体的物理实体的抽象，也可以是人为的概念，或者是任何有明确边界和意义的东西。例如一个人、一本书、一台计算机等都是对象，在 Access 中通过数据库窗口可以方便地访问和处理表、查询、窗体、报表、页、宏和模块对象。在 VBA 中可以使用这些对象以及范围更广泛的一些可编程对象，例如窗体或报表中的控件。

面向对象程序设计中的对象也可以包含其他对象，例如窗体是一个对象，它又可以包含标签、文本框、命令按钮等对象。包含其他对象的对象称为容器对象。

客观世界中的实体通常都既具有静态属性，又具有动态行为，因此，面向对象方法中的对象是由描述该对象属性的数据以及可对这些数据施加的所有操作封装在一起构成的统一体。对象可以做的操作表示它的动态行为，在面向对象程序设计中又通常把对象的操作称为方法或服务。

2. 属性和方法

现实生活中的每个对象都有许多特性，每个特性都有一个具体的值。例如，某个人的姓名是张明，性别是男，身高是 1.75m，体重是 70kg，则姓名、性别、身高、体重等就是该对象的特性，张明、男、1.75m、70kg 等则是描述该对象特性的具体数据。

在面向对象程序设计中，对象的特性称为对象的属性，描述该对象特性的具体数据称为属性值。

方法就是事件发生时对象执行的操作。方法与对象紧密联系。例如单击命令按钮时显示消息框，则显示消息框就是命令按钮对象在识别到单击事件时的方法。

属性和方法描述了对象的性质和行为。其引用方式为“对象.属性或对象.行为”。

Access 中除数据库的 7 个对象外，还提供一个重要的对象即 DoCmd 对象。它的主要功能是通过调用包含在内部的方法来实现 VBA 编程中对 Access 的操作。例如，利用 DoCmd 对象的 OpenForm 方法打开“学生”窗体的语句格式为：

DoCmd.OpenForm "学生"

3. 类和集合

某一种类型的对象具有一些共同的属性，将这些共同属性抽象出来就组成一个类。例如每名学生都有学号、姓名、性别、年龄、院系等属性，将所有学生具有的共同属性抽象出来就组成“学生”类，每个具体的学生都是“学生”类中的一个对象实例。

集合由某类对象所包含的实例构成。例如，{("0801","张明","男",20,"计算机"),("0802","赵倩","女",19,"中文"),……}就是“学生”类的集合。

4. 事件和事件驱动

事件就是对象可以识别和响应的操作，是预先定义的特定的操作，不同的对象能够识别不同的事件。例如鼠标能识别单击、双击、右键单击等操作，而键盘则能识别键按下、键释放、击键等操作。

事件驱动是面向对象编程和面向过程编程之间的最大区别，在视窗操作系统中，用户在操作系统下的各个动作都可以看成是激发了某个事件。比如单击了某个按钮，就相当于激发了该按钮的单击事件。在 Access 系统中，事件主要有鼠标事件、键盘事件、窗口事件、对象事件和操作事件等。

（1）键盘事件

1）KeyPress 事件：每敲击一次键盘激发一次该事件。该事件返回的参数 keyascii 是根据被敲击键的 ASCII 码来决定的。如 A 和 a 的 ASCII 码分别是 65 和 97，则敲击它们时的 keyascii 返回值也不同。

2）KeyDown 事件：每按下一个键激发一次该事件。该事件返回的参数 keycode 是由键盘上的扫描码决定的。如 A 和 a 的 ASCII 码分别是 65 和 97，但是它们在键盘上却是同一个键，因此它们的 keycode 返回值相同。

3）KeyUp 事件：每释放一个键激发一次该事件。该事件的其他方面与 KeyDown 事件类似。

（2）鼠标事件

1）Click 事件：单击事件。每单击一次鼠标激发一次该事件。

2）DblClick 事件：双击事件。每双击一次鼠标激发一次该事件。

3）MouseMove 事件：鼠标移动事件。

4）MouseUp 事件：鼠标释放事件。

5）MouseDown 事件：鼠标按下事件。

（3）窗口事件

1）Open 事件：打开窗口事件。

2）Close 事件：关闭窗口事件。

3）Active 事件：激活窗口事件。

4）Load 事件：加载窗口事件。

（4）对象事件

1）GotFocus 事件：获得焦点事件（某一个控件处于获得光标的激活状态，则称其获得焦点）。

2）LostFocus 事件：失去焦点事件。

3）BeforeUpdate 事件：更新前事件。

4）AfterUpdate 事件：更新后事件。

5）Change 事件：更改事件。

（5）操作事件：

1）Delete 事件：删除事件。

2）BeforeInsert 事件：插入前事件。

3）AfterInsert 事件：插入后事件。

### 8.2.2 VBA 的开发环境 VBE

VBE 是 VBA 程序的开发环境，在 Access 2010 中进入到 VBE 环境下有几种方法。

在窗体或者报表中，进入 VBE 环境有两种方法。

（1）在设计视图中打开窗体或者报表，然后单击功能区“窗体设计工具/设计”选项卡下“工具”组中的 查看代码 按钮。

（2）在设计视图中打开窗体或者报表，然后在某个控件上单击鼠标右键，系统将弹出“选择生成器”对话框，在该对话框中，选择其中的“代码生成器”项，然后单击“确定”按钮即可。

在窗体或者报表之外，进入 VBE 环境的方法是单击功能区“创建”选项卡下“宏与代码”组中的“Visual Basic”（或“模块”、“类模块”）命令。

在第 2 章中对 VBA 的开发环境的使用已经做了相关的介绍，本节不再赘述。

### 8.2.3 VBA 程序的调试

程序的调试是开发数据库系统中必不可少的环节，在完成系统程序开发后，需要对其进行调试，以便找到其中的错误。常用的调试手段有设置断点、单步跟踪和设置监视点。

设置断点的方法有多种，但是没有必要一一掌握。这里介绍一种简便的设置断点的方法。将插入点移动到要设置断点的位置，然后执行“调试”菜单下的“切换断点”命令。若要取消该断点，再次单击“切换断点”命令即可，如图 8.4 所示。

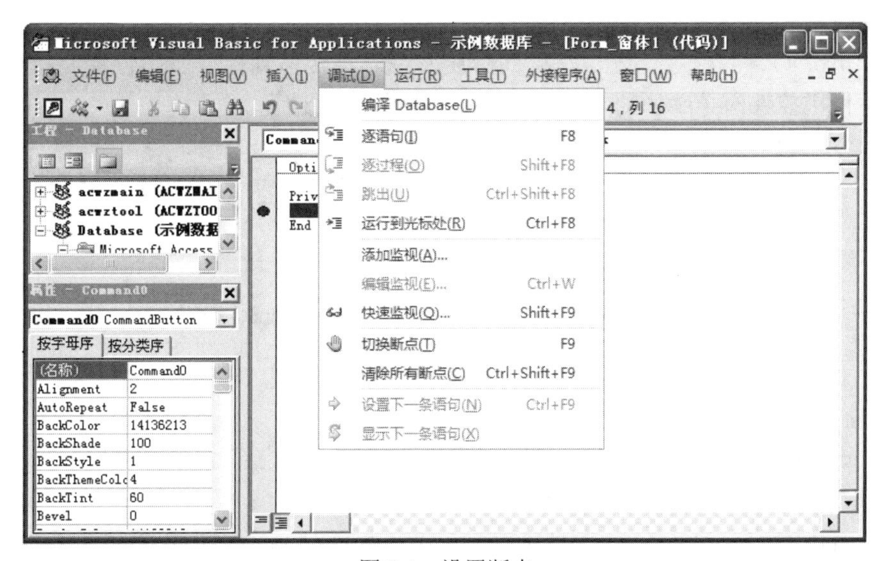

图 8.4 设置断点

如果想彻底地了解程序的执行顺序，需要使用单步跟踪功能。选择“调试”菜单下的“逐语句”命令，使程序运行到下一行，这样逐步检查程序的运行情况。当不想跟踪一个程序时，再次选择“调试”菜单下的“逐语句”命令即可。

监视点用来监视程序的运行，设置监视点的步骤如下：

（1）选择“调试”菜单中的“添加监视”命令，弹出“添加监视”对话框，如图 8.5 所示。

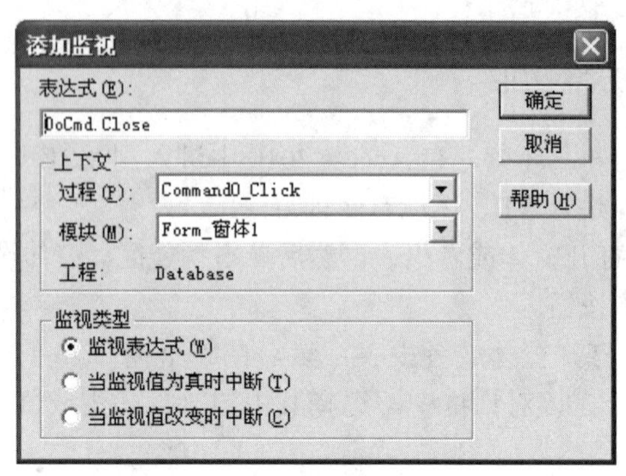


图 8.5 “添加监视”对话框

（2）在“表达式”框中输入表达式或者变量，在“上下文”框中分别选择相应的过程和模块。在“监视类型”中设定监视的方式。

（3）单击“确定”按钮，弹出调试窗口，当程序运行到满足监视条件的位置时，就会暂停运行，并弹出监视窗口。

### 8.2.4 VBA 程序运行错误处理

VBA 中提供 On Error GoTo 语句来控制当有错误发生时程序的处理。其语法结构有以下三种：

- On Error GoTo 标号
- On Error Resume Next
- On Error GoTo 0

“On Error GoTo 标号”语句在遇到错误发生时将转移到标号所指位置并执行其后的代码，下例是使用控件向导添加的关闭窗体命令按钮的事件过程。

```
Private Sub Command0_Click()
On Error GoTo Err_Command0_Click          '错误发生时转移至 Err_Command0_Click
    DoCmd.Close                           '关闭窗体
    Exit_Command0_Click:
    Exit Sub
Err_Command0_Click:                       '标号 Err_Command0_Click
    MsgBox Err.Description                '显示错误提示消息框
    Resume Exit_Command0_Click
End Sub
```

“On Error Rseume Next”语句在遇到错误发生时不会考虑错误，并继续执行下一条语句。

“On Error GoTo 0”语句用于关闭错误处理。

如果没有用 On Error GoTo 语句捕捉错误，或者用 On Error GoTo 0 关闭了错误处理，则在错误发生后会显示一个标有出错信息的对话框。

# 8.3 VBA 编程基础

本节将对 VBA 中的常量、变量、标准函数及表达式、分支选择结构、循环结构、数组、子程序、子函数和数组等内容加以介绍。在本节所引用的实例中无法回避 VBA 的窗体环境，相关内容读者可以先参阅第 9 章。由于本节的内容是 VBA 的编程基础，因此格外重要。可以说没有 Basic 的语法规则，就没有 VBA 程序。

## 8.3.1 常量

在程序运行过程中，其值不可以发生变化的量叫作常量。常量的作用在于以一些固定的、有意义的名字保存一些在程序中始终不会改变的值。

1. 常量的命名规则

常量名必须以字母为首字符，从第二个字符开始可以是数字或字母以及下划线。但是要注意的是不能用 VBA 中的关键字作为常量名。如下面的命名就是错误的：

4NAME　　RS.6D　　if

其中前两个错误很明显，第三个常量名 if 是关键字。

同时，用户应当尽可能地使用有意义的单词或者拼音来对常量进行命名，尽管 VBA 中并未对此做出规定，但为了增强程序的可读性，这无疑是个好的习惯。通常很多人习惯用大写字母来命名常量。

2. 常量的类型

VBA 中常量的类型如表 8.1 所示。

表 8.1 VBA 中常量的类型

| 变量的类型 | 含义 | 类型符 | 有效值范围 |
|---|---|---|---|
| Byte | 字符 | | 0～255 |
| Integer | 短整数 | % | -32768～32767 |
| Long | 长整数 | & | -2147483648～2147483647 |
| Single | 单精度实数 | ! | -3.402823E38～3.402823E38 |
| Double | 双精度实数 | # | -1.79769313486D308～1.79769313486D308 |
| String | 字符串 | $ | |
| Currency | 货币 | @ | -922337203685～922337203685 |
| Boolean | 布尔值（真/假） | | True（非 0）和 False（0） |
| Date | 日期 | | January 1100～December 319999 |
| Object | 对象 | | |
| Variant | 万能 | | |

3. 常量的声明和使用

在初学 VBA 时，经常用到的常量一般都是符号常量。它的作用与变量类似，也是用于存放一些需要编程者自行设置的数据。符号常量的定义语句如下：

Const　符号常量名 = 常量值

如：

```
Const    A = 56.5
Const    B = 90
```

需要注意：在程序中符号常量不能进行二次赋值，这是它与变量不同的地方。如下面的程序是错误的。

```
Const  A = 56.5
A = 56.5
```

在这两个语句中，尽管看上去符号常量 A 的值似乎没有变化，但是却先后两次对符号常量 A 进行了赋值，这是 VBA 所不允许的。

在 VBA 中，除了符号常量外，还有固有常量和系统常量。限于篇幅，本章中就不再加以过多介绍，读者可以根据需要查询相关的开发手册。

### 8.3.2 变量

在程序运行的过程中，其值可以发生变化的量叫作变量。变量用于暂时存储程序运行中所产生的一些中间值。几乎所有的 VBA 程序都离不开变量。同一个程序中，任意两个不同的变量都不能使用相同的名字，这就如同旅馆中任意两个房间都不能使用相同的房间号码；每一个变量中的内容在某一时刻可能被更替，这就如同旅馆的客房中的客人可能会换人一样；变量与变量之间的类型未必完全相同，这就如同旅馆中的客房与客房的档次也未必是一样的。

变量的命名规则与常量的命名规则完全一致，这里不再重复。

1. 变量的类型

变量的类型和常量的类型是一致的，下面对其中常用的几种变量进行说明。

（1）对于单精度实数型和双精度实数型变量，所取的有效值范围并不十分精确。其原因在于计算机的存储空间是有限的，所以计算机所存放的数据的位数也是有限的。这样就不可能表示出无限趋近于 0 的实数。所以，单精度实数型在–1.401298E–45～1.401829E–45 之间的小数是表示不出来的。同样，双精度实数型在–4.94065648E–324～4.94065648E–324 之间的小数也是表示不出来的。

（2）对于布尔型变量，通常用 True 和 False 两个值来表示其结果。但是有时候也用整数来表示。True 值用非 0 的整数（一般是–1）来表示，False 值用 0 来表示。这样，布尔型变量也可以参加数值的运算，但是布尔型变量中非 0 的数据都按–1 取值，请看下面的例子。

例，通过圆的半径求圆的面积。

```
Dim R,S As Single        '定义一个单精度型变量 R
R=5                      '对 R 进行赋值，R 值是 5
S=3.14*R^2               '将圆面积的计算结果赋给变量 S
```

在程序中，撇号后面的文字为注释内容，其作用是为了增加程序的可读性，是给编程人员看的，在运行程序时并不执行。在该例中，程序的运行结果为 78.5。

下面对程序稍做修改，如下：

```
Dim R As Boolean         '定义一个布尔型变量 R
Dim S As Single          '定义一个单精度型变量 S
R=5                      '对 R 进行赋值，R 值是 5
S=3.14 * R ^ 2           '将圆面积的计算结果赋给变量 S
```

但是运行结果有了差别，其结果为 3.14。这中间的差别就在于变量 R 已经变成了布尔型变量，由于初值是 5（非 0），所以在运算中按–1 取值。如果 r 值为 0，则运算结果也为 0。

（3）在 VBA 中，数值型变量和字符串型变量之间是不能直接进行赋值的，但是不同类型的符号常量和变量之间则可以直接赋值。实型常量和整型变量之间的转换按四舍五入的原则进行，而实型常量和字符串型变量之间的转换是一个单纯的赋值过程。

2. 变量的定义

VBA 为弱类型语言，它的变量可以不加定义而直接使用，但是这不利于程序的阅读。因此应该养成一个良好的习惯，在每次使用变量之前，都应该先对它进行定义。定义变量的方法有如下三种：

（1）使用类型符定义。使用类型符定义变量时，只要将类型符放在变量的末尾即可。如下例所示：

```
name$="xiaofeng"
age%=31
grade!=100
```

这里定义了三种变量，分别是字符串型、短整型和单精度实数型。这里需要说明的问题有如下三个。

1）对于字符串型变量来说，还可分为定长字符串型和变长字符串型两种。在上面的例子中定义的是变长型字符串，它的特点是可以将双引号中的内容全部显示出来。定长字符串型变量的定义将在使用语句定义变量中讲到。

2）作为单精度实数型的变量类型符在默认状态下可以省略。也就是说，一个变量如果没有进行任何定义，则该变量是单精度实数型变量。

3）在 QBasic 中，允许进行如下定义：

```
num% = 100
num = 2.55
```

这相当于对两个变量 num%和 num 分别进行了定义和赋值，而在 Access 2000 所带的 VBA 中，这种做法是错误的，系统认为这是对同一个变量进行了两次不同类型的定义。这和从前的 QBasic 不同，读者应该特别注意。

（2）使用 Dim 语句定义。也可以通过 Dim 语句对变量进行定义，Dim 语句的格式如下：

Dim　变量名　AS　变量类型

下面是定义变量的几个例子：

```
Dim  xing  As  Long
Dim  r  As  Integer
Dim  a  As  String
Dim  s  As  String * 4
```

这些例子分别定义了长整型、短整型、变长字符串型和定长字符串型变量。在定义时应该注意以下三点。

1）定长字符串型变量的定义方式。其格式如下：

Dim　变量名　As String * n

其中，n 代表整数，表示该字符串型变量所包含的字符个数。如果 n 值小于字符串的实际长度，则变量中只存放该字符串的前 n 位；如果 n 值等于字符串的实际长度，则该字符串全部存入变量中；如果 n 值大于字符串的实际长度，则将该字符串全部存入变量中后，不足的位数用空格填补。

2）在 Dim 语句中，变量名的后面不能加类型符号。如下面的做法是错误的。

Dim a$ As String

3）一个 Dim 语句中可以声明多个变量，变量名之间用逗号分隔。如：

Dim a,b,c,d As Double

（3）使用 DefType 语句定义的格式如下：

DefType 字母[,字母范围]

该语句主要用在模块级通用声明部分，一般用来声明变量或者用来传送过程和函数的参数的数据类型以及函数的返回值的数据类型。举例如下：

DefInt a,b,c,e-h

这个语句声明的模块中，以字母 a、b、c 以及 e 到 h 开头的变量是整型的。

3. 变量的作用域

在 VBA 编程中，变量定义的位置和方式不同，它存在的时间和作用范围也有所不同，这就是变量的作用域与生命周期。

（1）局部范围。变量定义在模块的过程内部，过程代码执行时才可见。在子过程或函数过程中定义的或不用 Dim…As 关键字定义而直接使用的变量其作用范围都是局部的。

（2）模块范围。变量定义在模块的所有过程之外的起始位置，运行时在模块所包含的所有子过程和函数过程中可见。在模块的变量定义区域，用 Dim…As 关键字定义的变量就是模块范围的。

（3）全局范围。变量定义在标准模块的所有过程之外的起始位置，运行时在所有类模块和标准模块的所有子过程与函数过程中都可见。在标准模块的变量定义区域，用 Public…As 关键字说明的变量就属于全局范围。

变量的生命周期也称为持续时间，它是指从变量定义语句所在的过程第一次运行到程序代码执行完毕并将控制权交回调用它的过程为止的时间。

要在过程的实例间保留局部变量的值，可以用 Static 关键字代替 Dim 以定义静态变量。静态变量的持续时间是整个模块执行的时间，但它的有效作用范围由其定义位置决定。

### 8.3.3 表达式

表达式由运算符、函数和数据等内容组合而成。在 VBA 编程中，表达式是不可缺少的。根据表达式中的运算符的类型，通常将表达式分成算术表达式、关系表达式、逻辑表达式、字符串表达式和对象表达式五种。

1. 运算符和表达式

（1）算术运算符。算术运算符用于数值的计算。常用的算术运算符如表 8.2 所示。由算术运算符和数值构成的表达式称为算术表达式。

表 8.2 算术运算符

| 运算符 | 运算符含义 | 举例 |
| --- | --- | --- |
| + | 加 | 2 + 4 结果为 6 |
| – | 减 | 5–3 结果为 2 |
| * | 乘 | 6 * 3 结果为 18 |
| / | 除 | 5 / 4 结果为 1.25 |

续表

| 运算符 | 运算符含义 | 举例 |
|---|---|---|
| \ | 整除 | 5\3　　结果为 1 |
| MOD | 求余 | 8 MOD 3　结果为 2 |
| ∧ | 乘方 | 2∧4　　结果为 16 |

**注意：**

- 对于整除运算符，如果被除数和除数都是整数，则取商的整数部分。如果被除数和除数有一个是实数，则先将实数四舍五入取其整数部分，再求商，求商的过程与整数之间整除求商相同。
- 对于求余运算符，如果被除数和除数是整数，则直接求两者的余数。如果被除数和除数至少有一个是实数，则先将实数四舍五入取其整数部分，再求余。另外，余数的符号仅取决于被除数的符号。

例如 12 MOD -5 结果为 2，而-12 MOD -5 结果为-2。

算术运算符之间存在优先级，它们之间的优先级是决定算术表达式的运算顺序的原则。其优先级关系如图 8.6 所示。

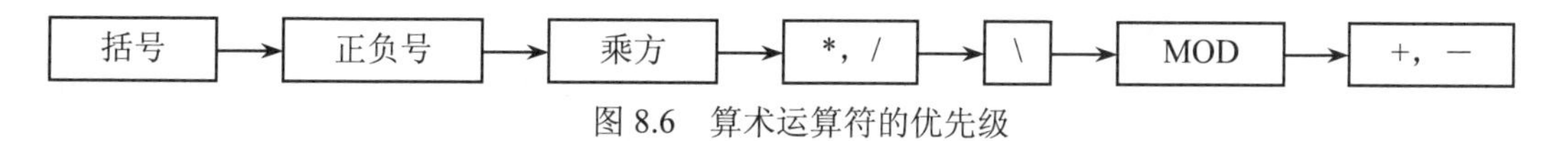


图 8.6　算术运算符的优先级

**例 8.1**　求–4 + 3 * 6 MOD 5∧(2 \ 4)

计算过程如下：

1）求出括号内的算式 2 \ 4 的结果，结果为 0。所以原式化为：

–4 + 3 * 6 MOD 5∧0

2）求算式 5∧0 的结果，结果为 1。原式进一步化为：

–4 + 3 * 6 MOD 1

3）求算式 3 * 6 的结果，结果为 18。原式再进一步化为：

–4 + 18 MOD 1

4）求算式 18 MOD 1 的结果，结果为 0。原式更进一步化为：

–4 + 0

5）求出最终结果为–4。

（2）关系运算符。关系运算符用于在常数以及表达式之间进行比较，从而构成关系表达式。其运算结果只能有真（True）或假（False）两种可能。VBA 中的关系运算符有 6 个，如表 8.3 所示。

**表 8.3　关系运算符**

| 运算符 | 含义 | 举例 |
|---|---|---|
| > | 大于 | 4 + 3>6　（True） |
| < | 小于 | 4 –2<0　（False) |
| = | 等于 | 6 ＝ 0　（False） |
| >= | 大于或等于 | 5 >= 5　（True） |

续表

| 运算符 | 含义 | 举例 |
| --- | --- | --- |
| <= | 小于或等于 | 3 <= 9　（True） |
| <> | 不等于 | 5 <> 8　（True） |

这 6 个关系运算符的优先级是相同的，但是比算术运算符的优先级低。如果它们出现在同一个表达式中，按照从左到右的顺序依次运算。

在这里有一点要说明，VBA 是以 Basic 语言为基础的，所以其赋值号和等于号用的都是“＝”符号。因此初学者要能从“＝”符号所出现的位置来判断其代表的真正含义。大致来说，“＝”作为等号出现时，一般是包含在其他语句中。而“＝”作为赋值号出现时，常作为单独的赋值语句。例如：

```
a = 8
b = 9
c = 15
Print a + b = c
```

在这个程序的前三行中，“＝”均作为赋值号出现，作用是把 8、9 和 15 这三个数值分别赋给变量 a、b 和 c。计算机执行了这三条语句之后，变量 a、b 和 c 的值就都由 0 分别变成了 8、9 和 15（在 Basic 中，数值型变量没有赋值，则使用默认值 0）。在这个程序的第四行，“＝”是作为等号出现的，Print 的作用是打印出表达式 a + b = c 的结果。在这个等式的左端，结果是 17，右端结果是 15。很显然等式不成立，返回一个假值，所以打印的结果为 False。

（3）逻辑运算符。逻辑运算符被称作布尔运算符，用来完成逻辑运算。逻辑运算符和数值组成的表达式称为逻辑表达式。常用的逻辑运算符有“非”运算符（Not）、“与”运算符（And）和“或”运算符（Or）。其运算关系如表 8.4 所示。

表 8.4　逻辑运算符之间的运算关系

| X | Y | X And Y | X Or Y | Not X |
| --- | --- | --- | --- | --- |
| True | True | True | True | False |
| True | False | False | True | False |
| False | True | False | True | True |
| False | False | False | False | True |

逻辑运算符的优先级低于关系运算符，这三个逻辑运算符之间的优先级如下：

Not > And > Or

除此之外还有些不常用的逻辑运算符，例如异或运算符（Xor）、等价运算符（Eqv）和蕴含运算符（Imp）等。如有需要读者可查阅相关手册。

（4）连接运算符。在 VBA 中，连接运算符有两个，分别是“+”和“&”，其中“+”仅用于连接字符串，从而构成字符串表达式，例如：

```
a$ = "123"
b$ = "456"
c$ = a$ + b$
```

则字符串变量 c$所存放的内容是字符串"123456"。

当需要连接的对象不完全是字符串时需要使用连接运算符“&”，例如：

```
a$="张明"
b%=20
c$=a$ & b%
```

则字符串变量 c$所存放的内容是字符串"张明 20"。

又如用文本框在报表每页底部显示页码，格式为“当前页/总页数”，则文本框的控件来源应设置为“=[page]&"/"&[pages]”。

（5）对象运算符。在 VBA 中，对象运算符有两个，分别是“！”和“.”，用于引用对象或对象的属性，从而构成对象表达式。

符号“！”的作用是随后为用户定义的内容，如：

```
Forms![学生成绩单]
```

这里所表示的是“学生成绩单”窗体。

“.”的作用是随后为 Access 定义的内容，如：

```
Cmd1.Caption
```

这里所表示的是命令按钮 Cmd1 的 Caption（标题）属性。

```
Label1.Forecolor
```

这里所表示的是标签 Label1 的 Forecolor（前景色）属性。

2. 标准函数

在 VBA 中，系统提供了一个颇为完善的函数库，函数库中有一些常用的且被定义好的函数供用户直接调用。这些由系统提供的函数称为标准函数。实际上，函数也可以看作是一类特殊的运算符。

标准函数一般用于表达式中，其使用格式为：

函数名（<参数 1><,参数 2>[,参数 3]……）

其中函数名必不可少，函数的参数放在函数名后的圆括号中，参数可以是常量、变量或表达式，可以有一个或多个，少数函数为无参函数。每个函数被调用时，都会返回一个返回值，需要注意的是函数的参数和返回值都有特定的数据类型对应。

（1）数学函数。数学函数能够完成相应的数学计算功能。主要包括：

1）绝对值函数 Abs（<数值表达式>）：返回数值表达式的绝对值。

2）取整函数 Int、Fix。

Int（<数值表达式>）：当数值表达式为正数时，返回其整数部分；当数据表达式为负数时，返回小于等于数值表达式的第一个负整数。

Fix（<数值表达式>）：当数值表达式为正数时，返回其整数部分；当数据表达式为负数时，返回大于等于数值表达式的第一个负整数。

例：

```
Int(3.1)=3        Int(-3.1)=-4
Fix(3.1)=3        Fix(-3.1)=-3
```

3）自然指数函数 Exp（<数值表达式>）：求 e 的数值表达式次幂，其中 e≈2.7182818284590。

4）自然对数函数 Log（<数值表达式>）：求以 e 为底的数值表达式的值的对数。

5）开平方函数 Sqr（<数值表达式>）：求数值表达式的平方根。

6）正弦函数 Sin（<数值表达式>）：求数值表达式的正弦值，数值表达式以弧度为单位。

7）余弦函数 Cos（<数值表达式>）：求数值表达式的余弦值，数值表达式以弧度为单位。

8）正切函数 Tan（<数值表达式>）：求数值表达式的正切值，数值表达式以弧度为单位。

9）产生随机数函数 Rnd（<数值表达式>）：产生一个 0～1 之间的随机数，数据类型为单精度。

例：

```
Int(100*Rnd)            '产生[0,99]的随机数
Int(100+200*Rnd)        '产生[100,299]的随机数
```

产生一个[下限，上限]区间的随机整数的表达为：

Int(下限+(上限-下限+1)*Rnd）

（2）字符串函数。字符串函数用来完成字符串处理功能，主要包括：

1）字符串截取函数

- Left（<字符串表达式>，<数值表达式>）：从字符串表达式的左边起截取数值表达式个字符。
- Right（<字符串表达式>，<数值表达式>）：从字符串表达式的右边起截取数值表达式个字符。
- Mid（<字符串表达式>，<数值表达式 1>，[数值表达式 2]）：从字符串表达式左边数值表达式 1 个字符起截取数值表达式 2 个字符，如果省略数据值表达式 2 则取到字符串末尾。

例：

```
Left("Access 基础教程",6)        '返回“Access”
Right("Access 基础教程",4)       '返回“基础教程”
Mid("Access 基础教程",7,2)       '返回“基础”
Mid("Access 基础教程",7)         '返回“基础教程”
```

2）字符串检索函数

InStr（[Start，]<字符串表达式 1>，<字符串表达式 2>[，Compare]）

检索字符串表达式 2 在字符串表达式 1 中最早出现的位置，返回一个整数。Start 为可选参数，用来设置检索的起始位置，如省略则从第一个字符开始检索。Compare 也为可选参数，用来指定字符串的比较方法，其值可以是 1、2 和 0（缺省），其中 0（缺省）为进行二进制比较，1 为进行不区分大小写的文本比较，2 为进行基于数据库中包含信息的比较。如指定了 Compare 参数，则一定要有 Start 参数。

例：

```
InStr("123456","45")            '返回 4
InStr(3,"ABCabc","A",1)         '返回 4
```

3）字符串长度检测函数

Len（<字符串表达式>）：返回字符串所含字符个数。

例：

```
Len("Access 基础教程")           '返回 10
```

**注意：定长字符串的长度是其定义时的长度，和字符串实际值无关。**

例：

```
Dim str As String*8
str="Access"
Len(str)                        '返回 8
```

4）大小写转换函数

- Ucase（<字符串表达式>）：将字符串中小写字母转成大写字母。

- Lcase（<字符串表达式>）：将字符串中大写字母转成小写字母。

例：

```
Ucase("Access")              '返回 ACCESS
Lcase("Access")              '返回 access
```

5）生成空格函数

Space（<数值表达式>）：返回数值表达式值个空格。

6）删除空格函数

LTrim（<字符串表达式>）：删除字符串的前导空格。

RTrim（<字符串表达式>）：删除字符串的尾部空格。

Trim（<字符串表达式>）：删除字符串的前导和尾部空格。

例：

```
LTrim("   Access  基础教程")        '返回“Access  基础教程   ”
RTrim("Access  基础教程   ")        '返回“   Access  基础教程”
Trim("   Access  基础教程"   )      '返回“Access  基础教程”
```

（3）日期/时间函数

- Date()：返回当前系统日期。
- Time()：返回当前系统时间。
- Now()：返回当前系统日期和时间。

例：假设当前系统日期和时间为 2008-4-7　15:00:00，则：

```
Date()                 '返回 2008-4-7
Time()                 '返回 15:00:00
Now()                  '返回 2008-4-7  15:00:00
```

- Year（<日期表达式>）：返回日期表达式中的年份。
- Month（<日期表达式>）：返回日期表达式中的月份。
- Day（<日期表达式>）：返回日期表达式中的日期。

Weekday（<表达式>，[W]）：返回 1~7 的整数，表示星期几。W 为可选项，用来指定一星期中的第一天是星期几的常数。如省略，默认星期日为一周的第一天。

例：

```
Year(#2008-4-7#)            '返回 2008
Month(#2008-4-7#)           '返回 4
Day(#2008-4-7#)             '返回 7
Weekday(#2008-4-7#)         '返回 2
```

（4）类型转换函数

类型转换函数的功能是将数据转换成指定的数据类型。主要包括：

- 字符串转换为字符代码函数 Asc（<字符串表达式>）：返回字符串首写字符的 ASCII 值。
- 字符代码转换为字符串函数 Chr（<字符代码>）：返回与字符代码对应的字符。

例：

```
Asc("Access")          '返回 65
Chr(97)                '返回 a
Chr(13)                '返回回车符
```

- 数字转换为字符串函数 Str（<数值表达式>）：将数值表达式转换成字符串，注意，正数转换后会保留一位前导空格（表示正号）。

- 字符串转换成数字函数 Val（<字符串表达式>）：将数字字符串转换成数值型数字，注意，转换时可自动将字符串中的空格、制表符和换行符去掉，当遇到不能识别为数字的字符时，停止读入字符串。

例：

```
Str( 100)                  '返回字符串“100”，有一前导空格
Str(-100)                  '返回字符串“-100”
Val("1   00")              '返回数字 100
Val("100Access 2000")      '返回数字 100
```

**说明：**

（1）函数的参数可以是常量、变量或含有常量和变量的表达式。

（2）标准函数不能脱离表达式而独立地作为语句出现。

### 8.3.4 用户定义的数据类型

用户在使用的过程中可以建立包含一个或多个 VBA 标准数据类型的数据类型，这就是用户定义的数据类型，它不仅可以包含 VBA 的标准数据类型，还可以包含其他用户定义的数据类型。在需要用一个变量来保存包含不同数据类型字段的数据表记录时，用户自定义数据类型显得特别有用。其定义格式为：

```
Type [数据类型名称]
    <分量 1> As <数据类型>
    <分量 2> As <数据类型>
……
End Type
```

**例 8.2** 定义一个学生数据类型 Student，由 Sno（学号）、Sname（姓名）、Ssex（性别）和 Sage（年龄）四个分量组成。

```
Type Student
    Sno As String*10           '学号，10 位定长字符串
    Sname As String            '姓名，变长字符串
    Ssex As String*1           '性别，1 位定长字符串
    Sage As Integer            '年龄，整型
End Type
```

用户定义数据类型变量在取值时，需指明变量名及分量名，两者之间用句点分隔。

**例 8.3** 定义一个学生数据类型变量 Stud。

```
Dim Stud As Student            'Student 为数据类型名称，Stud 为变量名称
Stud.Sno="0231124012"
Stud.Sname="张雪"
Stud.Ssex="女"
Stud.Sage=20
```

当然也可以用关键字 With 来简化程序中重复的部分，上例可改为：

```
Dim Stud As Student
With Stud
    .Sno="0231124012"
    .Sname="张雪"
    .Ssex="女"
    .Sage=20
End With
```

### 8.3.5　数组

数组是指若干个相同数据类型元素的集合。

在 VBA 中，按照维数，数组可以分为一维数组和多维数组；按照类型，数组可以分为整型数组、实型数组和字符串型数组等。

（1）对于一维数组，定义格式如下：

- Dim　数组名（数组下限　To 数组上限）As　数组类型
- Dim　数组名［类型符号］(数组下限　To 数组上限)

例：

```
Dim    a(-6 To 8)   As   Integer
```

表示该数组元素为短整型，在–6～8 之间共有 15 个元素。

```
Dim    b$(5 To 15)
```

表示该数组元素为字符串型，在 5～15 之间共有 11 个元素。

（2）对于二维数组，定义格式如下：

- Dim　数组名（一维下限 To 一维上限，二维下限 To 二维上限）As　数组类型
- Dim　数组名［类型符号］（一维下限 To 一维上限，二维下限 To 二维上限）

当然，读者在很多其他的教程中，还会看到如下的简略定义方式：

- Dim　数组名［类型符号］（n）
- Dim　数组名［类型符号］（m,n）

这是对一维数组和二维数组的简略定义。其中 n 和 m 都是整数，表示数组中某一维的上限，其下限默认值为 0。但如果在定义数组之前使用了 Option Base 1 语句，则数组下限为 1。

例：

```
Dim  a(4，2 To 5)      As   Integer
```

表示该数组元素为整型，在 a(0,2)～a(4,5)之间共有 20 个元素。

一般来说，数组通常和循环配合使用，对于数组的操作就是针对数组中的元素进行操作，数组中的元素在程序中的地位和变量是等同的。

### 8.3.6　数据库对象变量

Access 中建立的数据库对象及其属性，均可被看成是 VBA 程序代码中的变量及指定的值来加以引用。

窗体对象的引用格式为“Forms!窗体名称!控件名称[.属性名称]”，报表对象的引用格式为“Reports!报表名称!控件名称[.属性名称]”。

例：

```
Forms!fStudent!bTitle.Forecolor=255
```

表示将窗体对象集合中 fStudent 窗体上名为 bTitle 的控件前景色设置为红色。

另外，还可以使用 Set 关键字建立控件对象的变量，当需要多次引用对象时，处理起来更方便。

例：

```
Dim Sno As Control                '定义控件类型变量
Set Sno=Reports!学生!编号          '指定引用学生报表上名为编号的控件值
Sno="0231124012"                  '操作对象变量表示。
```

**注意：如果对象名称中含有空格或标点符号，就要用方括号把名称括起来。**

# 8.4 VBA 程序流程控制

VBA 程序由大量的语句命令构成，而每一条语句都是指能够完成某项操作的命令。

VBA 程序语句按照功能的不同可以分为如下两类：

- 声明语句：用于给变量、常量或过程定义命名。
- 执行语句：用于执行赋值操作、过程调用和实现各种流程控制。

其中执行语句又分为 3 种结构：

- 顺序结构：按照语句书写的顺序依次执行，如赋值语句、过程调用语句等。
- 选择结构：也称为条件结构，根据条件来选择执行路径。
- 循环结构：重复执行某一段程序语句。

## 8.4.1 程序语句书写

VBA 程序语句在书写时有一定的要求，编写代码前应对其结构有明确的了解。

1. 语句书写规定

通常一条语句写在一行，当语句较长时，可以使用续行符“_”将语句连续写在下一行；也可以使用冒号“:”将多条较短的语句分隔写在同一行中。

在代码书写过程中如果某行语句以红色文本显示（有时伴有错误信息提示），则表明该行语句存在语法错误，需要更正。

2. 注释语句

在代码书写过程适当地添加注释有助于程序的阅读和维护。注释语句可以添加到程序的任意位置，并且默认以绿色文本显示。其实现方式有如下两种：

- 使用 Rem，格式：Rem 注释语句（在其他语句之后要用冒号分隔）
- 使用'，格式：'注释语句

## 8.4.2 选择结构

1. 行 If 语句

这是 VBA 中最常用的语句，它和人们的思维习惯是一致的。其语句格式有如下两种：

（1）If <条件> Then <语句 1> End If

如果条件成立，则执行语句 1；如果条件不成立，则语句 1 不被执行。

（2）If <条件> Then <语句 1> Else <语句 2> End If

如果条件成立，则执行语句 1，否则执行语句 2。

在行 If 语句中，应当注意的是条件语句的嵌套使用。如果程序中有两个或两个以上的 Else，那么每个 Else 应当和哪个 If…Then 进行匹配呢？在 VBA 中规定，每个 Else 与在它前面的、距离最近的且没有被匹配过的 If…Then 配对。例如：

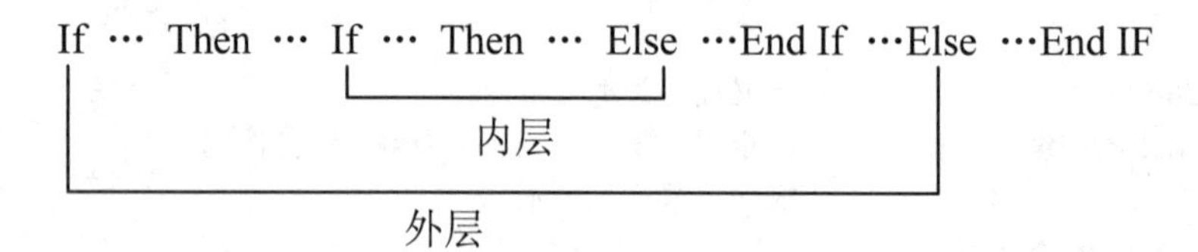

由本例读者可以看到，在外层 If 语句的条件结果中，嵌套了另外一个 If 语句。在该行 If 语句中，第一个 Else 语句和它前面的、距离最近的且没有被匹配过的 If（即第二个 If）相匹配。而第二个 Else，由于第二个 If，也是和它最近的 If 已经匹配过了，所以它只能和第一个 If 相匹配。

例：

```
If Score<60 Then
Result="不及格"
Else
        If Score<85 Then
        Result="及格"
Else
        Result="良好"
    End If
End If
```

上例是根据 Score 的值来决定 Result 的值，如果 Score 的值小于 60，那么 Result 的值为“及格”；如果 Score 的值在[60,85）之间，那么 Result 的值为“及格”；如果 Score 的值大于等于 85，那么 Result 的值为“良好”。

2. 块 If 语句

在行 If 语句中，如果针对于某一个执行条件需要编写多条语句，则需要用块 If 语句来完成。块 If 语句的格式有如下两种。

（1）第一种为常用的、非嵌套的块 If 语句，语法格式为：

```
If  <条件>  then
<语句组 1>
[Else
<语句组 2>]
End If
```

当条件为真时，执行语句组 1；当条件为假时，执行语句组 2。

（2）第二种为嵌套的块 If 语句。其功能和下面将要介绍的多路分支选择结构 Select Case 的功能相同，可以对多个条件进行判断。

```
If  <条件 1>  Then
<语句组 1>
    ElseIf <条件 2> Then
<语句组 2>
……
    ElseIf <条件 n> Then
<语句组 n>
    [Else
<语句组 n+1>]
   End If
```

该语句执行的过程是这样的，按条件出现的顺序依次判断每一个条件，发现第一个成立的条件后，则立即执行与该条件相对应的语句组。然后跳出该条件语句，去执行 End If 之后的第一条语句。即便有多个条件都成立，也只执行与第一个成立的条件相对应的语句组。如果所有的条件都不成立，则看存不存在 Else，要是存在则执行 Else 对应的语句组（即语句组 n + 1），否则直接跳出条件语句，去执行 End If 之后的第一条语句。

例：

```
If Score>=60 Then
    Result="及格"
ElseIf Score>=70 Then
    Result="通过"
ElseIF Score>=85 Then
    Result="良好"
End If
```

上例是根据 Score 的值来决定 Result 的值，如果 Score 的值为 90，那么 Result 的值为"及格"，这是因为虽然 Score 的值满足多个条件，但也只是执行与第一个成立的条件相对应的语句组。

3. Select Case 语句

在 Basic 语言中，还提供了一种专门面向多个条件的选择结构，称为多路分支选择结构。多路分支选择结构采用 Select Case 语句，其语法格式如下：

```
Select Case   <表达式>
    Case 值 1
    语句组 1
    ……
    Case 值 n
    语句组 n
    [Case Else
    语句组 n+1]
End Select
```

该语句的执行过程是首先对表达式的值进行计算，然后将计算的结果和每个分支的值进行比较，一旦发现某个分支的值和表达式的值相匹配，则执行该分支所对应的语句组，执行完成后立即跳出该选择结构，即便在该分支之后还有其他分支的值符合条件，也不再对程序的运行产生影响。如果所有分支后面的值均不与表达式的值相匹配，则看存不存在 Case Else 项，如果存在，则执行 Case Else 项对应的语句组，否则跳出该分支结构。

Case 项后面的值可以有如下三种形式：

（1）可以是单个值或者是几个值。如果是多个值，各值之间用逗号分隔。

（2）可以用关键字 To 来指定范围。如 Case 3 To 5，表示 3～5 之间的整数，即 3、4、5。

（3）可以是连续的一段值。这时要在 Case 后面加 Is。例如 Case Is＞3，表示大于 3 的所有实数。

例：

```
Select Case Score
Case 0 To 59
    Result="不及格"
Case Is<85
    Result="及格"
```

```
    Case Is<100
        Result="良好"
    Case 100
        Result="满分"
    Case Else
        Result="Score 值错误"
    End Select
```

上例是根据 Score 的值来决定 Result 的值，如果 Score 的值在[0，59]区间，那么 Result 的值为“不及格”；如果 Score 的值在[60，85）区间，那么 Result 的值为“及格”；如果 Score 的值在[85，100）区间，那么 Result 的值为“良好”；如果 Score 的值为 100，那么 Result 的值为“满分”；如果以上条件都不满足，那么 Result 的值为“Score 值错误”。

除了以上几种选择结构外，VBA 还提供了如下函数来完成相应的选择操作：

- IIf 函数

调用格式为：IIf（条件式，表达式 1，表达式 2）

该函数是根据“条件式”的值来决定函数的返回值。当“条件式”为真（True）时，函数返回“表达式 1”的值；当“条件式”为假（False）时，函数返回“表达式 2”的值。

例：

```
Result=Iif(Score<60,"不及格","及格")
```

上例是根据 Score 的值来决定 Result 的值，如果 Score 的值小于 60，那么 Result 的值为“不及格”；否则，Result 的值为“及格”。

- Switch 函数

调用格式为：Switch（条件式 1，表达式 1[，条件式 2，表达式 2……[条件式 n，表达式 n]]）

该函数是根据满足哪一条件式的要求来决定返回其后对应表达式的值。条件式由左至右进行计算判断，而表达式则会在第一个对应的条件式为 True 时作为函数返回值返回。如果其中有部分不成对，则会产生一个运行错误。

例：

```
Result=Switch(Score<60,"不及格",Score<85,"及格",Score<=100,"良好")
```

上例是根据 Score 的值来决定 Result 的值，如果 Score 的值小于 60，那么 Result 的值为“不及格”；如果 Score 的值在[60,85）区间，那么 Result 的值为“及格”；如果 Score 的值在[85,100）区间，那么 Result 的值为“良好”。

- Choose 函数

调用格式为：Choose（索引式，选项 1[，选项 2，……[，选项 n]]）

该函数是根据“索引式”的值来决定返回选项列表中的某个值。当“索引式”值为 1 时，函数返回“选项 1”；当“索引式”值为 2 时，函数返回“选项 2”；依次类推。需要说明的是，只有当“索引式”的值界于 1 和可选的项目数之间时，函数才会返回其后所对应的选项值，否则会返回无效值（Null）。

### 8.4.3　循环结构

1．For 循环结构

For 循环结构是一种常用的循环结构，在已知循环次数的前提下，通常使用 For 循环来完成操作。它的格式如下：

For <循环变量>=<初值> to <终值> [Step 步长]
循环体
Next [循环变量]

该循环结构所执行的过程为首先将初值赋给循环变量，然后判断它是否超出了初值与终值之间的范围，如果超出了这个范围，则不执行循环体，直接跳出循环。如果没有超出这个范围，则执行循环体中的内容，执行完循环体后，将初值与步长相加后，结果赋给循环变量，然后再对当前的循环变量值进行判断，看它是否在初值与终值的范围之间。上述过程不断重复，直到循环变量的值超出了初值和终值之间的范围跳出循环为止。

在该循环结构中，需要说明三点。

（1）当步长值为 1 时，可以省略步长的说明。如：

```
S=0
For I=1 to 10
    S=S+I
Next I
```

在此循环中，循环变量 I 每次的增量是 1，所以不需要加步长说明。程序的功能是计算 1+2+3+…+10 的结果，循环次数为 10，当循环结束后 S=55，I=11。

（2）步长既可以是正数，也可以是负数；既可以是整数，也可以是小数。

（3）如果想要提前跳出循环，可以使用 Exit For 语句。该语句通常和 If 语句连用。通过预先设定的条件来判断是否要提前跳出循环。

2. Do 循环结构

Do 循环结构也是一种常用的循环结构，该循环结构可以在不知道循环次数的前提下，通过对循环条件的判定来控制循环的执行。在数据库编程中，在记录集中筛选记录时，一般情况下没有必要获得记录的个数，因此在循环中通常使用 Do 循环结构。

Do 循环结构的格式有如下五种。

（1）格式 1：

Do
循环体
Loop

（2）格式 2：

Do While <条件>
循环体
Loop

（3）格式 3：

Do Until <条件>
循环体
Loop

（4）格式 4：

Do
循环体
Loop While <条件>

（5）格式 5：

```
Do
循环体
Loop Until <条件>
```

在这五种结构中，第一种循环结构是最基本的结构。它的执行过程就是永不间断地执行循环体，这样实际上是进入一个死循环，要想解决这个问题，需要在循环体中加入 Exit Do 语句来跳出循环，这个语句通常和 If 语句联用，通过 If 语句来限定退出循环的条件。其他的四种结构都是在第一种结构上衍生的，它们通过循环自身的判定语句来决定什么时候跳出循环。如格式 2 中，条件为真则执行循环体，条件为假则从循环中跳出。在每次执行循环之前，都需要先对循环条件进行判断，如果条件不成立，那么就有可能一次循环也不执行。而格式 4 中，同样是当条件为真时执行循环体，条件为假则跳出循环，但是在格式 4 中，先执行循环体，后判断条件，这样尽管条件可能一开始并不成立，但至少需要执行一次循环体。格式 3 和格式 5、格式 2 和格式 4 分别类似，区别仅仅在于格式 3 和格式 5 中是判定条件为假则执行循环体，当判定条件为真则跳出循环。

**例 8.4** 用 Do 循环求解 1+2+3+…+10 的结果并保存在变量 S 中。

方法一：

```
S=0:I=1
Do While I<=10                     '当 I<=10 时执行循环
    S=S+I
    I=I+1
Loop
```

方法二：

```
S=0:I=1
Do Until I>10                      '当 I>10 时循环结束
    S=S+I
    I=I+1
Loop
```

**注意**：当循环体中未使用 Exit Do 时，一定要在循环体中对条件变量（I）做变更，通过 I 的值来决定是否继续循环，否则可能会形成死循环。

3. While…Wend 循环结构

While…Wend 循环结构与 Do While…Loop 循环结构类似，但不能在 While…Wend 循环中使用 Exit Do 语句。格式：

```
While <条件>
    循环体
    Wend
```

## 8.5 子过程与函数过程

### 8.5.1 Sub 子过程

Sub 子过程的功能是将某些语句集成在一起，用于完成某个特定的功能，并且没有返回值。一般来说，子过程都要包含参数。通常它是依靠参数的传递来完成相应的功能。当然，也有某些特殊的子程序不加参数，但在这种情况下，它们所得到的结果都是固定的，不具备很强的通用性。子过程的格式如下：

```
[Private|Public] [Static] Sub  过程名([参数[As 类型],…])
        [语句组]
        [Exit Sub]
        [语句组]
End Sub
```

其中 Private 和 Public 用于表示该过程所能应用的范围；Static 用于设置静态变量；Sub 代表当前定义的是一个子程序；过程名后面的参数是虚拟参数，简称为虚参，有时候也称为形式参数，简称为形参。虚参和形参只是叫法不同，但表示的是同一个含义。虚参的作用是用来和实际参数（简称为实参）进行虚实结合。这样，通过参数值的传递来完成子程序与主程序之间的数据传递。

在参数传递过程中，涉及到值传递（ByVal）、地址传递（ByRef）和保护型的地址传递的问题，缺省情况下为地址传递（ByRef）。值传递中实参为常数，实参和虚参各自占用自己的内存单元。因此实参可以影响虚参，但是虚参不能影响实参，也就是说这个过程中数据的传递只有“单向”作用形式。地址传递中，实参是变量，实参和虚参共用同一个内存单元，也就是说实参和虚参可以互相影响，在这个过程中数据的传递具有“双向”作用形式。保护型的地址传递中，实参是变量，但在虚参的定义中加入 ByVal，这样实参仍然可以不受虚参影响。

在 VBA 中，过程分为事件过程和通用过程两种。事件过程只能由用户或系统触发，VBA 的程序运行也就是依靠事件来驱动的，而通用过程则是由应用程序来触发的。

### 8.5.2 Function 函数过程

在 VBA 中，除了系统提供的函数之外，还可以由用户自行定义函数过程。函数过程和子过程在功能上略有不同。主程序调用子过程后是执行了一个过程。主程序调用 Function 函数过程后是得到了一个结果。Function 函数过程的定义格式如下：

```
[Private|Public] [Static] Function  函数名([参数[As 类型],…]) [As 类型]
        [语句组]
函数名 = 表达式
        [Exit Function]
        [语句组]
End Function
```

Function 函数过程的定义格式中，各个关键字的含义与 Sub 子过程中对应的关键字的含义相同。对于初学者要特别注意一点，由于 Function 函数过程有返回值，而 Sub 子过程没有返回值，所以在 Function 函数过程的函数体中，至少要有一次对函数名进行赋值，这是 Function 函数过程和 Sub 子过程的根本区别。

### 8.5.3 Property 过程

Property 过程主要用来创建和控制自定义属性，如对类模块创建只读属性时就可以使用 Property 过程。该过程的定义格式如下：

```
[Private|Public] [Static] Property {Get|Let|Set} 属性名  [参数[As 类型] ]
```

```
    [语句组]
End Property
```

关于 Property 过程的具体使用方法涉及到的内容较多，本书限于篇幅，只在类这一部分中有粗略的介绍，读者如有兴趣深究，可以参阅相关开发手册。

下面通过一个实例来说明如何使用 Sub 子过程和 Function 函数过程。

**例 8.5**　编写一个求解圆周长的函数过程 C()，并在命令按钮 Command1 的单击事件中调用。

```
Public Function C(R As Single) As Single
    '新建函数过程 C，返回值为单精度型；形参 R，数据类型为单精度型
    If R<=0 Then
        Msgbox "圆的半径必须是正数！"            '当 R<=0 时给出错误提示
        C=0
        Exit Function
    Else
        C=2*3.14*R
    End If
End Function

Private Sub Command1_Click()
    Msgbox C(5)                    '调用函数过程 C，实参值为 5，结果显示在消息框中
End Sub
```

在用户单击命令按钮 Command1 后，该子过程将调用函数过程 C(R)，5 为实参值，对应函数过程中的形参 R，由于缺省情况下过程调用为地址传递（ByRef），两者共享内存单元，程序的运行结果会在弹出的消息框中显示 31.4；假设实参值小于等于 0，则弹出的消息框中显示结果为错误提示“圆的半径必须是正数”。

## 8.6　文件

为了有效地存取数据，数据必须以某种特定的方式存放，这种特定的方式称为文件结构。在 VBA 文件中，用字段来表示某一个数据项，由一组相关的字段构成一条记录，若干条记录构成了文件。

划分文件类型的标准很多，如果按照文件的存取方式和结构来划分，文件可以分为顺序文件和随机文件两种类型。

顺序文件的结构很简单，文件中的记录按照写入文件的顺序一个接一个地存放，但是每条记录的长度是不固定的，因此对顺序文件中的某条记录进行操作时，就需要将整个顺序文件都读入内存，修改完再重新写入磁盘。所以说顺序文件的维护过程相当麻烦。

随机文件也叫作直接文件，在随机文件中，每一条记录的长度是固定的，记录中每个字段的长度也是固定的。而且随机文件中每一条记录都具有一个记录号。所以在读取随机文件时就可以直接访问文件中的某一条记录。

在 VBA 中也存在对文件操作的语句。

打开文件的语句如下：

```
Open 文件说明 For 方式  As  文件号  [Len =  记录长度]
```

格式中的 Open、For、As、Len 为关键字。文件说明用于指明所操作的文件的路径以及文件名。方式用于指定对文件的输入及输出方式，可以是下述操作之一。

- Output：指定顺序文件的输出方式，即对顺序文件进行写操作。在该方式下，如果对一个已有文件进行操作，首先将会清空该文件原来的内容，然后再写入新的数据；如果对一个原本不存在的文件进行操作，则系统会自动创建一个新文件。
- Input：指定顺序文件的输入方式，即对顺序文件进行读操作。如果指定的文件名不存在，程序将会出错。
- Append：指定顺序文件的输出方式，即对顺序文件进行写操作。它和 Output 方式有所不同，Append 方式只是在原来的文件末尾追加记录，不会删除该文件中原来已有的内容。
- Random：指定随机存取方式，也是默认方式。在该方式下，如果不加其他限定，既可以对文件进行读操作，也可以对文件进行写操作。
- Binary：指定二进制方式文件。该方式和 Random 方式相似。

关闭文件的语句如下：

```
Close [文件号][,文件号]
```

在关闭语句中，如果要一次关闭所有的文件，Close 后面什么都不加即可。

顺序文件读写语句如下：

- Input：读入数据。
- Print：写入数据。
- Write：写入数据。

随机文件读写语句如下：

- Put：写入数据。
- Get：读入数据。

有关文件方面的内容还有很多，诸如某些判定函数、文件指针等，本书限于篇幅，不再单独加以介绍。读者可以参阅相关书籍加以学习。

## 8.7 API 函数与 ActiveX 数据对象

### 8.7.1 API 函数

首先有必要讲解什么是 API。API 其实就是一种函数，它们包含在一个扩展名为.dll 的动态链接库文件中。用标准的定义来讲，API 就是 Windows 的 32 位应用程序编程接口，是一系列很复杂的函数、消息和结构，它使编程人员可以用不同类型的编程语言编写出运行在 Windows 9x、Windows NT 以及 Windows 2000 操作系统下的应用程序。

打开 Windows 的 System 文件夹，可以发现其中有很多扩展名为.dll 的文件。一个 DLL 文件中包含的 API 函数不止一个，可能是数十个，甚至是数百个，只要重点掌握 Windows 系统本身自带的 API 函数就可以了。本章限于篇幅，给读者讲的 API 内容仅仅是 API 中最初步的内容，但这可以为读者将来自学 API 函数打下基础，而读者一旦了解了常用的 API 函数，那么平时许多看似难以实现的功能将会轻而易举地完成。

## 8.7.2　ActiveX 数据对象（ADO）

ActiveX 数据对象（ADO）是基于组件的数据库编程接口，它是一个与编程语言无关的 COM 组件系统，可以对来自多种数据提供者的数据进行读取和写入操作。

1. ADO 模型结构

ADO 对象模型如图 8.7 所示，它提供了一系列数据对象供使用。使用时需要在程序中创建对象变量，并通过对象变量来调用访问对象的方法、设置访问对象的属性，以此来实现对数据库的访问操作。

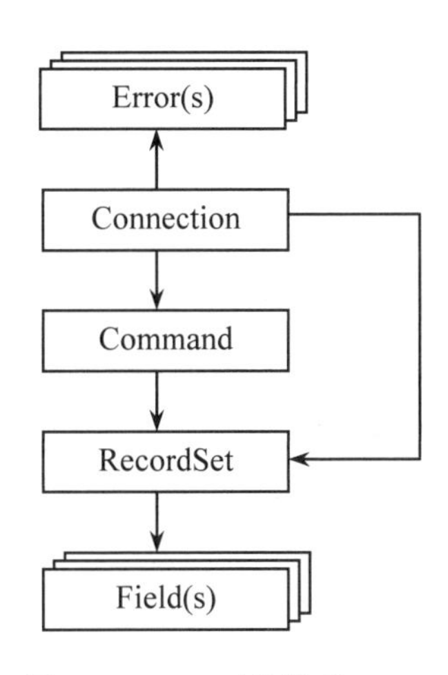


图 8.7　ADO 对象模型

ADO 对象说明：

- Error 对象：表示数据提供程序出错时的扩展信息。
- Connection 对象：用于指定数据提供者，建立到数据源的连接。
- Command 对象：表示命令对象，可用来执行 SQL 存储过程或有参数的查询等。
- RecordSet 对象：表示数据操作返回的记录集，与 Connection 是最重要的对象。
- Field 对象：表示记录集中的字段数据信息。

2. 利用 ADO 访问数据库

利用 ADO 访问数据库时需要先创建对象变量，然后通过对象的方法和属性来进行操作。

**例 8.6**　在 Connection 对象上打开 RecordSet 对象。

```
……
'创建对象引用
Dim cn As ADODB.Connection                    '创建连接对象
Dim rs As ADODB.RecoreSet                     '创建记录集对象
Dim fd As ADODB.Field                         '创建字段对象
Dim strSql As String                          '定义查询字符串变量

Set cn=CurrentProject.Connection              '设置操作本地数据库
strSql=……                                     '给查询字符串赋值

cn.Open <连接字符串等参数>                      '打开一个连接
```

```
rs.Open <查询字符串等参数>               '打开一个记录集
Set fd=……                               '给字段对象赋值

Do While Not rs.EOF                     '利用循环遍历整个记录集
        ……                              '设置对字段数据的操作
        rs.MoveNext                     '记录指针移至下一条
Loop

rs.close                                '关闭记录集
cn.close                                '关闭连接
Set rs=Nothing                          '释放记录集对象所占内存空间
Set cn=Nothing                          '释放连接对象所占内存空间
……
```

### 8.7.3 数据访问和处理的特殊函数

1. DCount 函数、DAvg 函数、DSum 函数

DCount 函数用于返回指定记录集中的记录数，DAvg 函数用于返回指定记录集中某个字段列数据的平均值，DSum 函数用于返回指定记录集中某个字段列数据的总和。三个函数都可以在 VBA、宏、查询表达式或计算控件中直接使用。调用格式：

DCount（表达式，记录集[，条件式]）

DAvg（表达式，记录集[，条件式]）

DSum（表达式，记录集[，条件式]）

其中，“表达式”用于标识统计的字段；“记录集”用来标识数据来源，可以是表或查询的名称；“条件式”作为可选的字符串表达式，用于限制函数执行的数据范围。

例：统计“学生档案表”中的学生总人数，结果显示在文本框中。

设置文本框控件的“控件来源”属性为如下表达式：

```
=DCount("学号","学生档案表")
```

例：统计“学生成绩表”中选修了“1”号课程的学生平均成绩，结果显示在文本框中。

设置文本框控件的“控件来源”属性为如下表达式：

```
=DAvg("成绩","学生成绩表","课程代码='1'")
```

2. DLookup 函数

DLookup 函数用来从指定记录集中检索特定字段的值。它同以上三个函数一样，可以在 VBA、宏、查询表达式或计算控件中直接使用，而且主要用于检索来自非数据源表中字段的数据。如果有多条记录的该字段值满足“条件式”，DLookup 函数将返回第一个匹配条件的记录所对应的字段值。调用格式：

DLookup（表达式，记录集[，条件式]）

例：根据“fScore”窗体中名为“tSno”文本框控件中的值来检索非数据源表“学生档案表”中“姓名”字段的值，结果显示在另一个文本框中。设置该文本框控件的“数据来源”属性为如下表达式：

```
=DLookup("Sname","tStudent","学号='"& Forms!fScore!tSno &"'")
```

# 8.8　常用操作方法

## 8.8.1　消息框

消息框用于在对话框中显示消息，通常用在错误提示、结果显示或等待用户选择执行操作的情况下，当用户单击命令按钮后，系统会返回一个整型值来反馈用户的选择情况（表示单击了哪一个命令按钮），它的功能在 VBA 中以函数的形式调用。调用格式：

MsgBox(prompt[,buttons][,title][,helpfile,context])

常用的参数为 prompt、buttons 和 title，具体说明如下：

- prompt：用于指定显示在对话框中的消息，是必须指定的参数，最大长度为 1024 个字符。多行间可用 Chr(13)回车符、Chr(10)换行符或两者组合来将各行分开。
- buttons：用于指定显示按钮的数目和形式及使用的图标样式，为可选项。缺省情况下，命令按钮为“vbOkonly”，且没有图标。
- title：用于指定对话框标题栏中显示的字符串。缺省情况下标题为“Microsoft Access”。

在调用该函数时，即使中间某些参数省略分隔符“,”也不能省略。

**例 8.7**　显示结果如图 8.8 所示的消息框。

图 8.8　消息框

调用语句：

MsgBox "Access 基础教程",vbOkCancel+vbinformation,"提示"

## 8.8.2　输入框

输入框用于在一个对话框中显示提示信息并接受用户输入，当用户按下相应按钮后返回包含文本框内容的数据信息，同消息框一样，在 VBA 中也以函数的形式调用。调用格式：

InputBox(prompt[,title][,default][,xpos][ypos][,helpfile,context])

常用的参数为 prompt、tiTle 和 default，具体说明如下：

- prompt：用于指定显示在对话框中的消息，是必须指定的参数，最大长度为 1024 个字符。多行间可用 Chr(13)回车符、Chr(10)换行符或两者组合来将各行分开。
- title：用于指定显示在对话框标题栏中的字符串。缺省情况下标题为“Microsoft Access”。
- default：用于指定显示在文本框中的字符串表达式，在没有其他输入时作为缺省值。如果省略 default，则文本框为空。

在调用该函数时，若中间某些参数省略，分隔符“,”也不能省略。

**例 8.8** 显示如图 8.9 所示的输入框。

图 8.9 输入框

调用语句：

```
InputBox "请输入院系","提示","外语学院"
```

### 8.8.3 计时器

VBA 并没有像 VB 一样有直接的 Timer 时间控件，但可通过设置窗体的“计时器间隔（TimerInterval）”属性与添加“计时器触发（Timer）”事件来完成类似“定时”的功能。

其处理过程为 Timer 事件每隔 TimerInterval 时间间隔就会被激发一次，并运行 Timer 事件过程来响应。通过不断重复这样的过程来实现“定时”处理功能。

**注意**：“计时器触发”事件应由用户来编写；“计时器间隔”属性值以毫秒为单位，1000 表示实际时间 1 秒。

**例 8.9** 创建如图 8.10 所示的“计时器示例”窗体以实现自动计数功能，窗体中包含三个控件，名为 time 的标签（显示时间）和名为 bCount（计时）、bPause（暂停）的两个命令按钮。要求窗体打开后从 1 开始计数，单击 bPause 按钮暂停计数，单击 bCount 按钮继续计数。

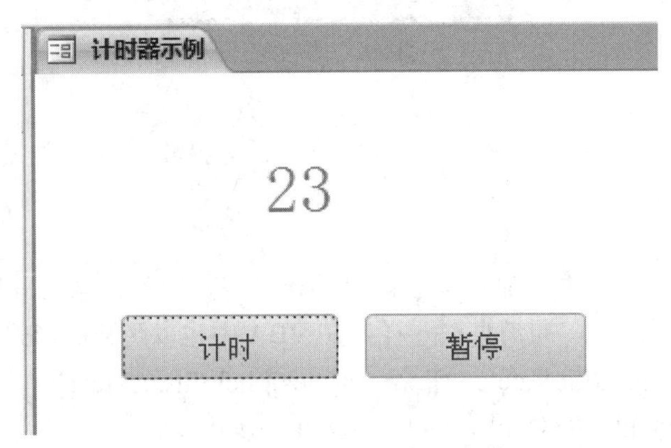


图 8.10 “计时器示例”窗体

步骤如下：

（1）创建如图 8.10 所示的“计时器示例”窗体，窗体中显示时间的为标签控件，其名称为“time”。

（2）打开窗体的“属性表”窗格“事件”选项卡，设置“计时器间隔”属性值为 1000，选择“计时器触发”属性为“[事件过程]”，如图 8.11 所示。单击其后的“…”按钮，进入窗体的 Timer 事件过程编辑环境。

图 8.11　“计时器示例”窗体“属性表”窗格

（3）设计“计时器示例”窗体的 Timer 事件、Open 事件及命令按钮 bCount 和 bPause 的单击事件，事件代码如下，完成后的 VBE 如图 8.12 所示。

```
Option Compare Database
Dim flag As Boolean                                 '定义布尔型变量，用来控制计时和暂停
Private Sub bCount_Click()
      flag = True                                   '单击 bCount 命令按钮，flag 值为真
End Sub
Private Sub bPause_Click()
      flag = False                                  '单击 bCount 命令按钮，flag 值为假
End Sub
Private Sub Form_Open(Cancel As Integer)
      flag = True
      Me!time.Caption = 1                           '为 Time 标签赋初值 1
End Sub
Private Sub Form_Timer()
If flag = True Then                                 '当 flag 值为真时计数
    Me!time.Caption = Val(Me!time.Caption) + 1      '更新 Time 标签，实现计数
End If
End Sub
```

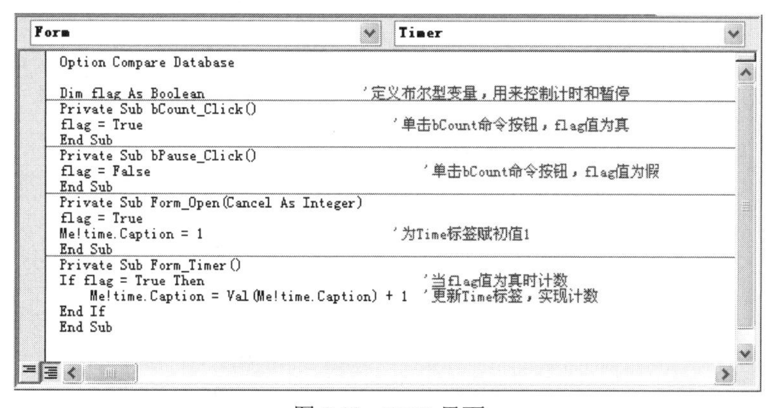

图 8.12　VBE 界面

（4）关闭 VBE 窗口，返回窗体设计视图，单击快速访问工具栏上的“保存”按钮，保存窗体设计，切换到窗体视图，运行效果如图 8.10 所示。

## 本章小结

本章主要讲述了面向对象程序设计的基本概念、VBA 编程基础、程序流程控制和常用的操作方法。其中变量、表达式、数组和数据库对象变量是 VBA 编程的基础，而程序流程控制是重点，所有的应用程序都离不开顺序、选择和循环三种结构，这部分对初学者来说较难理解，因此读者应该格外认真学习。另外，过程调用在实际的应用环境中具有较高的实用性，读者对 Sub 子过程、Function 函数过程和过程调用的方式也应该有一定的理解。

## 习　题

1. 标准模块和类模块的区别？
2. VBA 程序中，变量命名需要遵循哪些规则？
3. 过程和函数的主要区别是什么？
4. Access 中如何实现计时器功能？
5. 数据库对象变量的引用方式？
6. 说明 ADO 对象各自的作用？
7. 编写事件过程代码，求出 1～500 之间所有奇数的平方和。
8. 表达式由哪些内容组成？运算符有哪些？
9. VBA 程序运行错误处理的方法有哪些？

# 第9章　VBA应用实例

本章是对第8章所涉及到的部分基础内容在实际应用中的延伸。把握VBA的语法结构和应用技巧与掌握高级语言的方法大体一致，最重要的一点就是具备程序的分析和设计能力，也就是说针对给定的程序要能够读懂其功能，而针对给定的应用问题要能够运用所掌握的知识予以解决。

本章将VBA的应用问题分为了程序流程控制、文件、过程调用、计时器Timer和ADO数据库编程实例五个部分，从分析和设计两个方面针对具体的实例加以阐述，主要介绍分析的重点和设计的思路，希望能够对读者在进行较为复杂的应用Access数据库分析设计方面给予帮助。

## 9.1　程序流程控制

### 9.1.1　选择结构

**例9.1**　窗体中有一个名为Command1的命令按钮，其单击事件过程如下所示，试分析单击该命令按钮后消息框中的显示内容。

```
Private Sub Command1_Click()
a=75
If a>60 Then
        k=1
Else If a>70 Then
        k=2
Else If a>80 Then
        k=3
Else If a>90 Then
        k=4
End If
MsgBox k
End Sub
```

本例是块If语句的应用，执行的过程是按条件出现的顺序依次判断每一个条件，发现第一个成立的条件后，则立即执行与该条件相对应的语句组，然后跳出该条件语句执行End If后的第一条语句。因为a=75，满足a>60的条件，所以k=1，End If后的第一条语句为MsgBox k，所以消息框中显示的结果为1。

**例9.2**　窗体中有一个名为Command1的命令按钮，其单击事件过程如下所示，试分析单击该命令按钮后消息框中的显示内容。

```
Private Sub Command1_Click()
A=75
If A>60 Then I=1
If A>70 Then I=2
If A>80 Then I=3
```

```
If A>90 Then I=4
MsgBox I
End Sub
```

本例是四个行 If 语句的顺序结构。与标准的 If…Then…End If 结构相比较，缺少了 End If，这在 VBA 中是允许的，所以判断的过程也应该是顺序的，执行过程应该是 A=75，A 大于 60 所以 I=1；A 大于 70 所以 I=2；A 不大于 80，所以 I 值不发生变化；A 值不大于 90，所以 I 值不发生变化；最终消息框中显示的结果应为 I 的最后值 2。

**例 9.3** 分析如下窗体单击事件过程的显示结果。

```
Private Sub Form_Click()
    a=1
    For i=3 To 1 Step -1
        Select Case i
            Case 1,3
                a=a+1
            Case 2,4
                a=a+2
        End Select
    Next i
    MsgBox a
End Sub
```

本例是 Select Case 选择结构和 For 循环结构的组合应用，分析的重点在于 Select Case 的选择分支，分支一 Case 1,3 是说当 i 值为 1 或 3 时执行的操作为 a=a+1；分支二 Case 2,4 是说当 i 值为 2 或 4 时执行的操作为 a=a+2。a 的初值为 1，循环变量 i 的变化过程是由 3 到 1，那么在整个循环过程中，要执行两次 a=a+1 的操作和一次 a=a+2 的操作，所以最终消息框显示的结果为 5。

**例 9.4** 试用 If…Then…End If 选择结构实现三个数由大到小的顺序排列。要求在如图 9.1 所示的“排序”窗体中名为“text1”、“text2”和“text3”的三个文本框中输入三个数，单击“排序”（名为 command1）按钮后，三个数按由大到小的顺序排列；单击“重新输入”（名为 command2）按钮后，清空文本框，以便于重新输入。

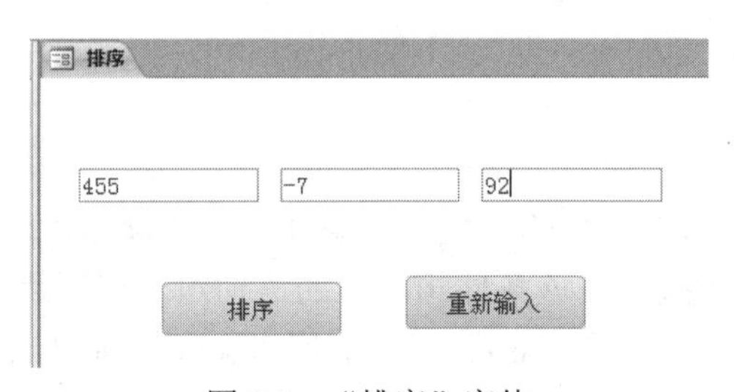


图 9.1 “排序”窗体

解题思路：要想对三个数进行排序，首先要将这三个数中任意两个数进行比较，如果比较过程中较大数在较小数之前，则不需要改变它们的顺序，否则需要将两个数的位置进行交换。对于三个数排序要进行（3×2）/（2×1）次比较。

程序如下：

```
Private Sub command1_Click()
Dim a, b, c, t As Double
```

```
Me.text1.SetFocus
a = Val(Me.text1.Text)
Me.text2.SetFocus
b = Val(Me.text2.Text)
Me.text3.SetFocus
c = Val(Me.text3.Text)
If b < c Then
        t = c
        c = b
        b = t
End If
If a < b Then
        t = b
        b = a
        a = t
End If
If b < c Then
        t = c
        c = b
        b = t
End If
Me.text1.SetFocus
Me.text1.Text = LTrim(Str(a))
Me.text2.SetFocus
Me.text2.Text = LTrim(Str(b))
Me.text3.SetFocus
Me.text3.Text = LTrim(Str(c))
End Sub

Private Sub command2_Click()
Me.text2.SetFocus
Me.text2.Text = ""
Me.text3.SetFocus
Me.text3.Text = ""
Me.text1.SetFocus
Me.text1.Text = ""
End Sub
```

单击“排序”按钮后的结果如图 9.2 所示。

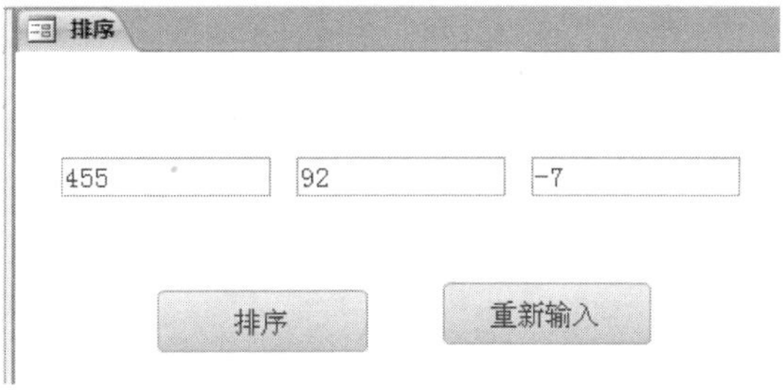

图 9.2　排序结果

本例中使用了去掉前导空格函数 LTrim()、类型转换函数 Val()和 Str()及对象获得焦点的方法 SetFocus；同时在做较大数和较小数的置换过程使用了中间变量 t，这是需要注意的。三个 If…Then…End If 之间是顺序结构，实现了三次比较的过程。

**例 9.5** 使用 Select Case 选择结构实现一个收取货物运费的程序。要求在固定两地之间，收取货物运费的原则是 10 吨以内（不含 10 吨）的货物，每吨收取运费 100 元；10 吨至 50 吨（不含 50 吨）的货物，每吨收取运费 70 元；50 吨以上的货物，每吨收取运费 50 元。在如图 9.3 所示的“计算运输费用”窗体中“Weight”文本框（关联标签为“货物重量”）内输入货物重量后，单击 Command1（标题为“计算”）按钮，在“Cost”文本框（关联标签为“运输费用”）中显示出运输费用；单击 Command2（标题为“清除”）按钮，清空两个文本框。

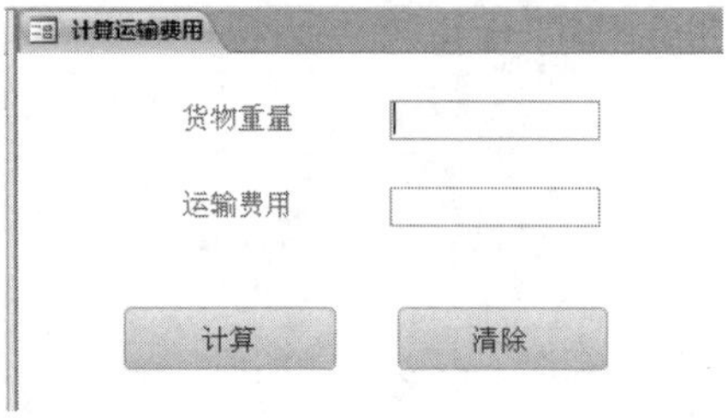

图 9.3 “计算运输费用”窗体

解题思路：这是一个最为简单的多路分支选择结构实例，只需要根据货物重量的不同，选择不同运费计算公式即可。

程序如下：

```
Private Sub Command1_Click()
Dim a As Single
Weight.SetFocus
If Not IsNumeric(Weight.Text) Then          'IsNumeric 为判断是否为数字数据类型函数
    MsgBox "请输入有效数值！"
    Weight.Text = ""
    Exit Sub
End If
a = Val(Weight.Text)
Cost.SetFocus
Select Case a
Case Is >= 50
    Cost.Text = LTrim(Str(a * 50)) + "元"
Case Is >= 10
    Cost.Text = LTrim(Str(a * 70)) + "元"
Case Is >= 0
    Cost.Text = LTrim(Str(a * 100)) + "元"
Case Else
    Cost.Text = "请输入有效数值！"
End Select
End Sub

Private Sub Command2_Click()
    Weight.SetFocus
```

```
        Weight.Text = ""
        Cost.SetFocus
        Cost.Text = ""
    End Sub
```

单击“计算”按钮后的结果如图 9.4 所示。

图 9.4　计算结果

本例中使用了去掉前导空格函数 LTrim()、类型转换函数 Val()和 Str()及对象获得焦点的方法 SetFocus；同时在显示计算结果的过程中使用了连接运算符“+”（实现字符串的连接），这是需要注意的。Select Case 选择结构的执行过程是找到满足条件的第一分支并执行其后的语句组，然后执行 End Select。

### 9.1.2　循环结构

**例 9.6**　窗体中有一个名为 Command1 的命令按钮，其单击事件过程如下所示，试分析单击该命令按钮后 sum 的值。

```
Private Sub Command1_Click()
Dim sum As Double,j As Double
sum=0
n=0
For i=1 To 5
        j=n/i
        n=n+1
        sum=sum+j
    Next i
End Sub
```

本例是 For 循环语句的应用，循环变量 i 的取值为 1 到 5。当 i 值为 1 时，j 的值为 0，n 值为 1，sum 值为 0（注意赋值语句的顺序结构）；当 i 值为 2 时，j 值为 1/2，n 值为 2，sum 值为 1/2；当 i 值为 3 时，j 值为 2/3，n 值为 3，sum 值为 1/2+2/3；以此类推，当循环结束之后 sum 的值为 1/2+2/3+3/4+4/5。

**例 9.7**　窗体中有一个名为 Command1 的命令按钮，其单击事件过程如下所示，试分析单击该命令按钮后消息框中的显示内容。

```
Private Sub Command1_Click()
    Dim M(10) As Integer
    For k=1 to 10
        M(k)=12-k
    Next k
    x=6
```

```
        MsgBox M(2+M(x))
    End Sub
```

本例是 For 循环语句和数组的组合应用，一维数组 M 的下限为 0、上限为 10，循环变量 k 的取值为 1 到 10。For 循环的作用在本例中是为数据 M 中的元素赋值，下标为 k 的元素其值为 12-k，如：M(1)值为 11，M(10)值为 2。消息框中显示的消息为 M(2+M(x))，首先要计算出 M(x)的值，x=6，所以 M(x)=6；因此 M(2+M(x))实际上是 M(8)，所以最终消息框的显示结果为 4。

**例 9.8** 试分析如下程序运行结束之后变量 J 的值。

```
Private Sub Fun()
    Dim J As Integer
    J=10
    Do
        J=J+3
    Loop While J<19
End Sub
```

本例是 Do…Loop While 循环结构的应用，分析的重点在于条件式 J<19 和其位置。当 J<19 时执行循环体中的语句；另外需要注意的是条件式在 Loop 后，循环体至少要执行一次，它决定了是否回到循环体起始处。循环体中的语句为 J=J+3，也就是说每执行一次循环 J 的值要加 3。当执行两次循环体操作后 J=16，仍然满足 J<19 的条件，所以还要执行第三次循环；而当第三次循环结束后 J=19，已经不满足 J<19 的条件，所以循环终止。最终 J 的值为 19。

**例 9.9** 试分析内层 n 循环的执行次数。

```
For m=0 To 7 Step 3
    For n=m-2 To m+2
    Next n
Next m
```

本例是 For 循环的嵌套应用，分析的重点在于内层循环变量 n 的初始值和终止值。无论 m 的值为多少，内层循环变量 n 的值都只有 m-2、m-1、m、m+1 和 m+2 五个，也就是说每执行一次 m 循环就要执行五次 n 循环。而 m=0 To 7 Step 3，外层 m 循环要执行 3 次，所以内层 n 循环的次数为 15。

**例 9.10** 试分析如下程序运行结束之后变量 K 的值。

```
K=0
For I=1 To 3
    For J=1 To I
        K=K+J
    Next J
Next I
```

本例是 For 循环的嵌套应用，分析的重点在于内层 J 循环的终止值为 I，由于外层循环变量 I 值的变化，使得内层 J 循环的次数不固定。当 I=1 时，J=1 To 1，K=K+1=1；当 I=2 时，J=1 To 2，K=K+1+2=4；当 I=3 时，J=1 To 3，K=K+1+2+3=10。所以当程序运行结束之后 K 的值为 10（注意 K 值的累加过程）。

**例 9.11** 试分析如下程序运行结束之后变量 x 的值。

```
x=1
y=1
```

```
z=1
    For k=1 To 3
        If k=1 Then
            x=x+y+z
        Else If k=2 Then
            x=2*x+2*y+2*z
        Else
            x=3*x+3*y+3*z
        End If
    Next k
```

本例是 For 循环结构和块 If 语句的组合应用，分析的重点在于块 If 的选择分支，分支一为当 k=1 时，x=x+y+z；分支二为当 k=2 时，x=2*x+2*y+2*z；分支三为当 k=3 时，x=3*x+3*y+3*z。与选择结构的例 3 相比较，本例中赋值语句右端的变化是在变量参与运算后才进行赋值的。

循环共执行 3 次，当 k=1 时，x=1+1+1=3；当 k=2 时，x=2*3+2*1+2*1=10；当 k=3 时，x=3*10+3*1+3*1=36。所以当程序运行结束之后 x 的值为 36。

**例 9.12**　窗体中有一个名为 Command1 的命令按钮，其单击事件过程如下所示，试分析单击该命令按钮后消息框中的显示内容。

```
Private sub Command1_Click()
    For i=1 To 4
        x=3
        For j=1 To 3
            x=4
            For k=1 To 2
                x=x+5
            Next k
        Next j
    Next i
    MsgBox x
End Sub
```

本例是 For 循环的嵌套应用，分析的重点在于 i 循环中的赋值语句 x=3 和 j 循环中的赋值语句 x=4。它们的位置决定了只要进入 i 循环，那么 x 的值就为 3；而进入 j 循环后，x 又被重新赋值为 4。所以最终的结果由以下语句决定：

```
x=4
    For k=1 To 2
        x=x+5
    Next k
```

当程序运行结束之后，x 的值为 14。

**例 9.13**　试分析如下程序运行结束之后变量 k 的值。

```
Dim i,j,k As Integer
i=1
Do
    For j=1 To i Step 2
        k=k+j
    Next j
```

```
        i=i+2
    Loop Until i>8
```

本例是 Do…Loop Until 循环结构和 For 循环的嵌套应用，分析的重点在于变量 i 值的变化过程，它既是 For 循环的终止值，又控制了 Do…Loop Until 循环的条件。i 值的变化在 Do…Loop Until 循环中由 i=i+2 赋值语句来进行，当 i>8 时程序运行结束，所以 i 可能的值为 1、3、5、7。For 循环中步长为 2，当 i=1 时，k=k+1=1；当 i=3 时，k=k+1+3=5；当 i=5 时，k=k+1+3+5=14；当 i=7 时，k=k+1+3+5+7=30。当循环结束之后 k 的值为 30。

**例 9.14** 试分析如下程序运行结束之后消息框中显示的内容。

```
Dim str1,str2 As String
Dim I As Integer
str1="abcdef"
For i=1 To Len(str1) Step 2
    str2=UCase(Mid(str1,i,1))+str2
Next i
MsgBox str2
```

本例中使用了字符串函数 Len()、Mid()和大小写转换函数 UCase()。由于字符串 str1 的值不发生变化，所以 Len(str1)的值固定为 6。因此 For 循环变量 i 的取值为 1、3 和 5（步长为 2），UCase(Mid(str1,i,1))实际上就是取 str1 中第 i 个字符然后再转换为大写字母，当 i=1 时，str2=A；当 i=3 时，str2=CA；当 i=5 时，str2=ECA。当程序运行结束之后，消息框中显示的内容为 ECA。

**例 9.15** 窗体中有一个名为 Command1 的命令按钮，其单击事件过程如下所示，试分析当单击该命令按钮后消息框中显示的内容。

```
Private Sub Command1_Click()
    Dim a(10,10)
    For m=2 To 4
        For n=4 To 5
            a(m,n)=m*n
        Next n
    Next m
    MsgBox a(2,5)+a(3,4)+a(4,5)
End Sub
```

本例是 For 循环嵌套和二维数组的应用。For 循环的作用在于为数组元素赋值 a(m,n)=m*n，因此需要考虑的是循环过程中，数组元素 a(2,5)、a(3,4)和 a(4,5)是否已经赋值，由于 m 为 2～4，n 为 4～5，三者都在范围内，所以 a(2,5)=10、a(3,4)=12、a(4,5)=20，因此 a(2,5)+a(3,4)+a(4,5)=42。当程序运行结束之后消息框中显示的内容为 42。

**例 9.16** 计算 $s=1+\frac{1}{2!}+\frac{1}{3!}+...+\frac{1}{n!}$

要求：在如图 9.5 所示的“计算”窗体中有一个名为 Text1（关联标签为“请输入 N 值”）的文本框和一个名为 Command1（标题为“计算”）的命令按钮，在文本框中输入一个正整数，单击 Comman1 后在消息框中显示计算结果。

解题思路：该表达式每一项均是一个求 $\frac{1}{n!}$ 的多项式。每个多项式有相同的特点即从 1 不断除到某一个数（或者理解为分母都是从 1 一直累乘到某一个数），这样，表达式中的每一项就都可以通过一个相同的求值过程来完成。需要注意的是终止值是不断变化到 $n$ 的。

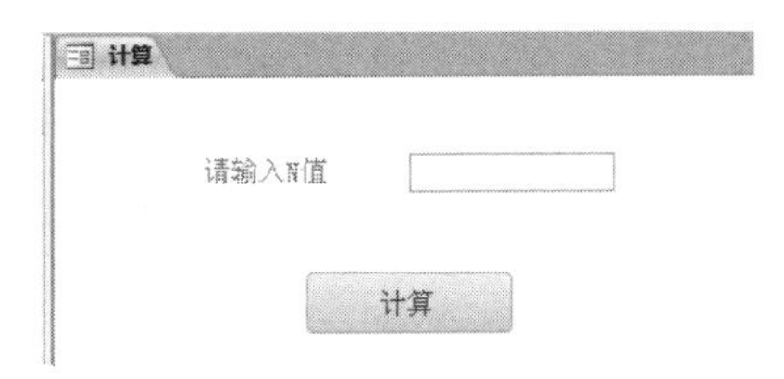


图 9.5　“计算”窗体

程序如下：

```
Private Sub Command1_Click()
    n=Val(Me!Text1)
    f=1
    s=0
    For i=1 To n
        f=f/i
        s=s+f
    Next i
    MsgBox s
End Sub
```

Text1 中输入 5，单击 Command1 命令按钮后的结果如图 9.6 所示。

图 9.6　计算结果

**例 9.17**　在如图 9.7 所示的“质数”窗体中有一个标题为“筛选”的命令按钮（名称为 Command1）和一个名为 Label1 的标签控件。

要求：单击“筛选”按钮后，在标签框中显示出 50～100 之间的所有质数。试用循环结构和 If…Then…Else…End If 选择结构实现。

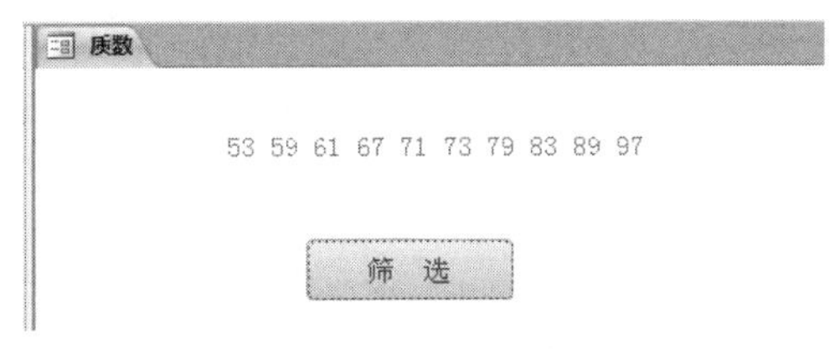


图 9.7　“质数”窗体

解题思路：首先，应该清楚怎样判断一个数是否是质数。作为质数，除了 1 和它本身之外，不能再被其他数整除。那么只需判断该数是否存在 1 和它本身之外的因子，如果存在，这两个因子必然是一个大于或等于该数的平方根，另一个小于或等于该数的平方根，并且这两个因子是成对出现的。所以只要找出其中较小的一个因子即可认为该数不是质数，否则，该数就是质数。然后，依次判断其他的数是否是质数。

程序如下：

```
Private Sub Command1_Click()
Me.Label1.Caption = ""
```

```
Dim i, k, j, flag As Integer
For i = 50 To 100
    k = Int(Sqr(i))
    j = 2
    flag = 0
Do While j <= k And flag = 0
        If i Mod j = 0 Then
            flag = 1
        Else
            j = j + 1
        End If
Loop
    If flag = 0 Then Me.Label1.Caption = Me.Label1.Caption + Str(i)
Next i
End Sub
```

**例 9.18** 试用 For 循环结构实现一个用“*”在消息框中打印矩形的程序。

要求：在如图 9.8 所示的“打印矩形”窗体中关联标签为“个数”（名称为 Text1）的文本框内输入一个数字 N，单击标题为“显示结果”（名称为 Command1）的命令按钮后，在消息框中显示由“*”构成的 N 行 N 列矩形。

图 9.8 “打印矩形”窗体

解题思路：首先应该考虑由“*”组成的矩形是由行和列构成的，行数和列数由用户输入的数字 N（取值于文本框控件 Text1）决定，因此要用 For 循环的嵌套来实现，并且终止值都为 N。其次，结果要在循环结束之后显示，因此在每行结束之后都要加上回车符 Chr(13)和换行符 Chr(10)。

程序如下：

```
Private Sub Command1_Click()
    result=""
    For i=1 To Me!Text1
        For j=1 To Me!Text1
            result=result+"*"
        Next j
        result=result+Chr(13)+Chr(10)
Next i
MsgBox result
End Sub
```

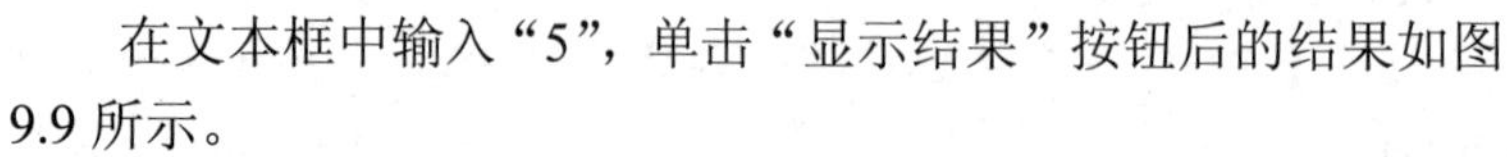

在文本框中输入“5”，单击“显示结果”按钮后的结果如图 9.9 所示。

图 9.9 显示结果

## 9.2　文件

**例 9.19**　通过文件的应用破解 Access 密码（声明：编写这段程序的目的仅仅是为了教学，让读者更加深刻地理解文件的应用）。

解题思路：Access 在加密中引入了该文件的创建日期。所以，第一步，调整系统时间后新建一个 Access 文件，使得新建的文件和要破解密码的文件在创建日期上是相同的。第二步，需要知道 Access 密码存放在文件的什么位置。对一个 Access 文件，它的密码存放的位置的偏移地址是 H43。第三步，需要知道的是 Access 文件的密码在存储中与实际输入的密码字符之间的关系是什么。实际上，Access 密码在存储中是经过异或运算得到的。异或运算具有如下特点：如果 A Xor B = C，那么 A Xor C = B 和 C Xor B = A 都成立。由上述已知条件，就不难编写该解密程序。

```
Private Sub Command1_Click()
Const oft = &H43                         '设定文件偏移地址
Dim a(1 To 2) As Byte                    '定义字符型数组，用于存放要破解的文件密码中的某个字符
Dim b(1 To 2) As Byte                    '定义字符型数组，用于存放空文件中的某个字符
Dim i As Integer
Dim password As String                   '存放密码的字符串
Open "c:\wq.mdb" For Binary As #1        '要破解密码的文件（根据实际情况变更）
Open "c:\Q.mdb" For Binary As #2         '自己新建的空文件（根据实际情况变更）
Seek #1, oft                             '设定破解文件的偏移地址
Seek #2, oft                             '设定空文件的偏移地址
For i = 1 To 20                          'Access 中最多能设 20 位密码
    Get #1, , a
    Get #2, , b
    If (a(1) Xor b(1)) <> 0 Then password = password + Chr$(a(1) Xor b(1))
Next i
Close
Me.Text1.SetFocus
Me.Text1.Text = password
End Sub
```

其中 Command1 和 Text1 为用户新建数据库文件 Q 中某窗体内的命令按钮控件和文本框控件的名称。

## 9.3　过程调用

**例 9.20**　在如图 9.10 所示的窗体“过程调用 1”中有一个名为 Command1 的命令按钮（标题为“显示结果”）和一个名为 Text1 的文本框（关联标签标题为“结果”），命令按钮的单击事件过程如下所示，试分析单击 Command1 命令按钮后文本框 Text1 中的显示内容。

图 9.10　“过程调用 1”窗体

```
Private Sub Command1_Click()
    Dim x As Integer,y As Integer,z As Integer
```

```
        x=5:y=7:z=0
        Me!Text1=""
        Call p1(x,y,z)
        Me!Text1=z
    End Sub
    Sub p1(a As Integer,b As Integer,c As Integer)
        c=a+b
    End Sub
```

本例是过程调用的应用，要求形参和实参的数据类型及数量一致。子过程 pl 定义了整型形参 a、b 和 c，命令按钮 Command1 的单击事件过程中定义了整型实参 x、y 和 z，也就是说 a、b、c 分别对应 x、y、z。缺省的参数传递方式为 ByRef，为“双向作用”，实参和形参可以互相影响。因此，单击 Command1 命令按钮后文本框 Text1 中的显示内容为 12，如图 9.11 所示。

图 9.11　计算结果

**例 9.21**　在如图 9.12 所示的“过程调用 2”窗体中有一个名为 Command1（标题为“显示结果”）的命令按钮，其单击事件过程如下所示，试分析单击 Command1 命令按钮后消息框中的显示内容。

图 9.12　“过程调用 2”窗体

```
    Private Sub s(ByVal p As Integer)
        p=p*3
    End Sub
    Private Sub Command1_Click()
        Dim i As Integer
        i=3
        s(i)
        If i>10 Then
        i=i^3
        End If
        MsgBox i
    End Sub
```

本例是过程调用的应用，分析的重点在于参数的传递方式，ByVal 为“单向作用”，形参的值不会影响实参。因此，调用前实参 i 的值为 3，调用后实参 i 的值仍然为 3，所以单击 Command1 命令按钮后消息框的显示内容为 3，如图 9.13 所示。

图 9.13　消息框

**例 9.22**　在如图 9.14 所示的“过程调用 3”窗体中有一个名为 Command1（标题为“显示结果”）的命令按钮，其单击事件过程如下所示，试分析单击 Command1 命令按钮后消息框中的显示内容。

图 9.14　“过程调用 3”窗体

```
Public x As Integer
Private Sub Command1_Click()
    x=10
    Call s1
    Call s2
    MsgBox x
End Sub
Private Sub s1()
    Dim x As Integer
x=x*2
End Sub
Private Sub s2()
    x=x*3
End Sub
```

本例是过程调用的应用，分析的重点在于变量 x 的作用域。Public x As Integer 声明在所有过程之外的起始位置，作用域为模块范围，运行时在模块所包含的所有子过程和函数过程中可见；而子过程 s1 中的 Dim x As Integer，定义在过程内部，其作用域为局部范围，只有执行该过程时才可见，并且其值不会传回。命令按钮的单击事件过程中调用了子过程 s1 和 s2，实际上影响最终显示结果的只有 s2，所以结果为 30，结果如图 9.15 所示。

图 9.15　消息框

**例 9.23**　求表达式(1+2+3)+(1+2+3+4)+…+(1+2+3+…+n)之和（n≥4）。

要求：编写一个计算 1+2+…+n 的子过程 a，并在命令按钮 Command1 的单击事件过程中调用，根据用户输入的 n 值求解(1+2+3)+(1+2+3+4)+…+(1+2+3+…+n)。

说明：在如图 9.16 所示的“计算结果”窗体中有一个名为 Command1（标题为“计算”）的命令按钮和名为 Text1（关联标签为“请输入 N 值”）、Text2（关联标签为“结果”）的两个文本框控件，要求在 Text1 中输入 n 值，单击“计算”命令按钮后，在 Text2 中显示计算结果。

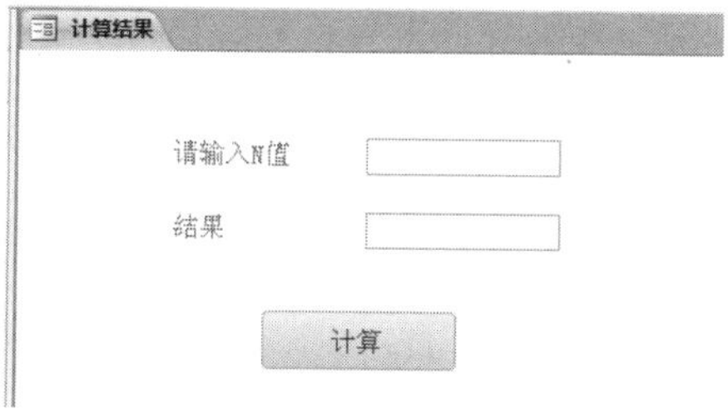

图 9.16　“计算结果”窗体

解题思路：该表达式每一项均是一个完成累加求和的多项式。每个多项式有相同的特点：都是从 1 一直累加到某一个数。这样，表达式中的每一项就都可以通过一个相同的求值过程来完成。通过调用 Sub 子程序可以完成这一过程，当然终止值要考虑是不断变化到 n 的。

主过程如下：

```
Private Sub Command1_Click()
Me.Text1.SetFocus
n = Val(Text1.Text)
For i = 3 To n
    Call a(s, i)                '调用子程序 a
    sum = sum + s
Next i
Me.Text2.SetFocus
Text2.Text = LTrim(Str(sum))
End Sub
```

子过程如下：

```
Private Sub a(s, n)
s = 0
For i = 1 To n
s = s + i
Next i
End Sub
```

在名为“Text1”的文本框中输入“5”，单击“计算”按钮后的结果如图 9.17 所示。

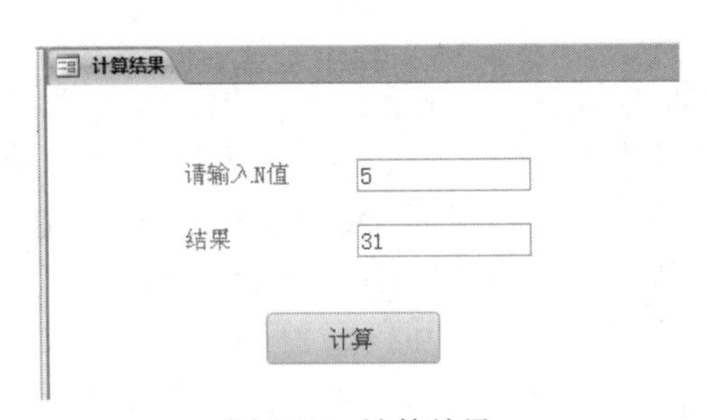


图 9.17　计算结果

**例 9.24**　在如图 9.18 所示的“判定奇偶数”窗体中有一个名为 Command1（标题为“判定”）的命令按钮和一个名为 Text1（关联标签为“请输入一个数字”）的文本框，且文本框的内容为空。

要求：编写一个判定奇偶数的函数过程，并在命令按钮的单击事件过程中作为 IIf 函数的条件式引用，最终在消息框中显示判定结果。

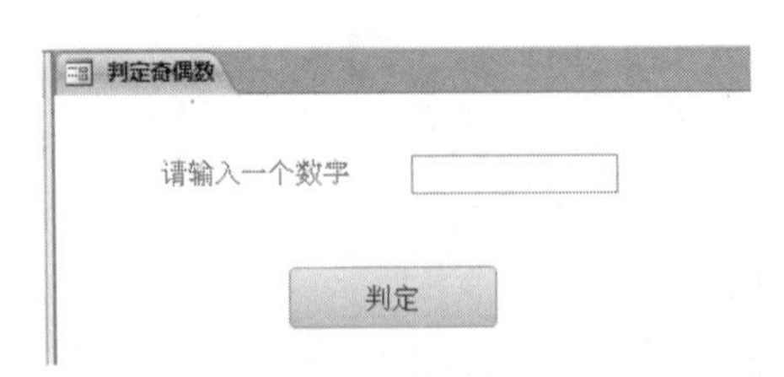


图 9.18　“判定奇偶数”窗体

解题思路：奇偶数的判定可以通过求模（Mod 2）来实现，结果为 0 是偶数，否则是奇数。

IIf 函数有三个参数，第一个参数为条件表达式，第二、三个参数是返回值，如果条件式为真返回第二个参数，条件式为假返回第三个参数。

子函数如下：

```
Private Function f(x As Long) As Boolean
    If x Mod 2=0 Then
        f=True
    Else
        f=False
    End If
End Function
```

主过程如下：

```
Private Sub Command1_Click()
    Dim n As Long
    n=Val(Me!Text1)
    p=IIf(f(n),"偶数","奇数")
    MsgBox n &"是"& p
End Sub
```

在名为“Text1”的文本框中输入“5”，单击“判定”按钮后的结果如图 9.19 所示。

图 9.19　判定结果

## 9.4　计时器 Timer

**例 9.25**　使用窗体的计时器触发事件设计一个如图 9.20 所示的登录窗体。

要求：打开该窗体后输入用户名和密码，登录操作需要在 20 秒内完成（以单击“登录”命令按钮为截止时间），如果在 20 秒内没有完成登录操作则倒计时达到 0 秒时自动关闭登录窗体。

说明：登录窗体中有名为 Text1（关联标签为“用户名”）和 Text2（关联标签为“密码”）的两个文本框，一个名为 Login（标题为“登录”）的命令按钮，一个名为 Label1（用来显示倒计时时间）的标签。

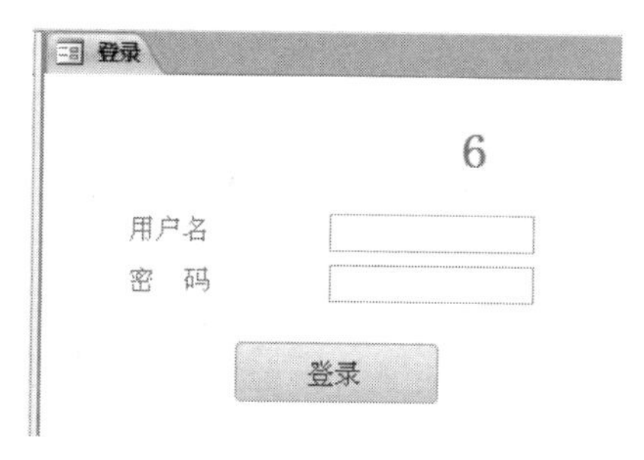


图 9.20　“登录”窗体

解题思路：VBA 中通过设置窗体的“计时器间隔”（TimerInterval）属性与添加“计时器触发”（Timer）事件来完成“定时”功能，“计时器间隔”属性值以毫秒为单位，1000 表示间隔为 1 秒。另外，需要考虑定义一个逻辑变量，用它来控制单击“登录”命令按钮后停止倒计时。

```
Dim flag As Boolean
Dim i As Integer
Private Sub Form_Load()
    flag=True
    Me.TimerInterval=1000
    i=0
End Sub
Private Sub Form_Timer()
    If flag=True And i<20 Then
        Me!Label1.Caption=20-i
        i=i+1
    Else
        DoCmd.Close
    End If
End Sub
Private Sub Login_Click()
flag=false
'代码略
End Sub
```

## 9.5 ADO 数据库编程实例

**例 9.26** 使用 ADO 实现在表中添加记录的应用。

要求：当前工程数据库中表“Stud”用来存储学生的基本信息，包括学号、姓名、性别和院系，在如图 9.21 所示的“学生_添加记录”窗体中有名为 tNo、tName、tSex 和 tDept 四个文本框分别与之相对应。当单击窗体中的“添加”命令按钮（名称为 Command1）时，首先判断学号是否存在，如果不存在则向“Stud”表中添加学生记录。如果学号存在，则给出提示信息。

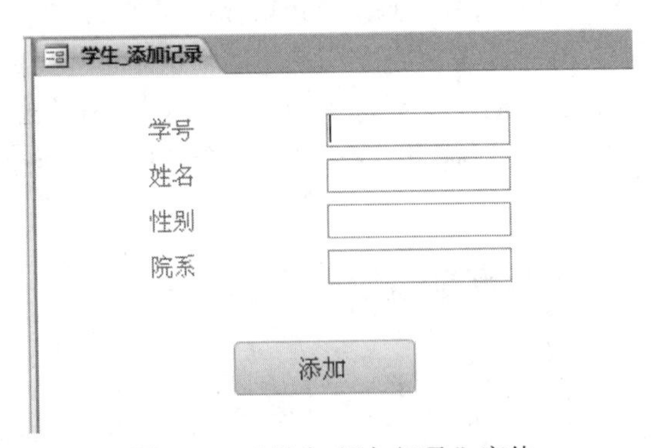


图 9.21 “学生_添加记录”窗体

解题思路：ADO 是基于组件的数据库编程接口，包含了 Connection、Command、RecordSet、Field 和 Error 五个对象，执行 SQL 语句要用到 Connection 对象的 Execute 方法，获取记录集要用到 RecordSet 对象的 Open 方法。本例先以用户输入的学号为条件使用 RecordSet 对象的

Open 方法在数据源表中查找相关记录，如果找到表示学号存在，给出错误提示；否则使用 Connection 对象的 Execute 方法将用户输入的内容添加到 Stud 表中。

```
Private Sub Command1_Click()
    Dim cn As New ADODB.Connection
    Dim rs As New ADODB.RecordSet
Dim strSQL As String
    Set cn=CurrentProject.Connection
    strSQL="Select 学号 From Stud Where 学号='"+tNo+"'"
    rs.Open strSQL,cn,adOpenDynamic,adLockOptimistic,adCmdText
    If Not rs.Eof Then
        MsgBox "学号已存在,请重新输入!"
    Else
        strSQL="Insert Into Stud(学号,姓名,性别,院系)"
        strSQL=strSQL+"Values('"+tNo+"','"+tName+"','"+tSex+"','"+tDept+"')"
        cn.Execute strSQL
        MsgBox "添加成功,请继续!"
    End If
    rs.Close
    cn.Close
    Set rs=Nothing
    Set cn=Nothing
End Sub
```

**例 9.27**　使用 ADO 实现商品打折的应用。

要求：当前工程数据库中“商品”表用来存储商品的基本信息，包括商品编号、名称、规格和销售价格，在如图 9.22 所示的“商品”窗体中有名为 tNo、tName、tType 和 tCost 四个文本框分别与之相对应。当在窗体中名为 Text1（关联标签为“折扣”）的文本框中输入折扣（值为小数）时，单击“计算打折后价格”命令按钮（名称为 Command1）后在窗体中显示商品打折后的价格（注意，打折是对所有商品进行的，可通过导航按钮查看其他商品信息）。

解题思路：ADO 是基于组件的数据库编程接口，包含了 Connection、Command、RecordSet、Field 和 Error 五个对象，执行 SQL 语句要用到 Connection 对象的 Execute 方法，获取记录集要用到 RecordSet 对象的 Open 方法，操作字段数据信息要用到 Field。本例先使用 RecordSet 对象的 Open 方法在数据源表中获取所有商品记录，然后设置 Field 对象的值为“销售价格”。最后使用循环遍历整个记录集，并对每条记录的“销售价格”做调整。

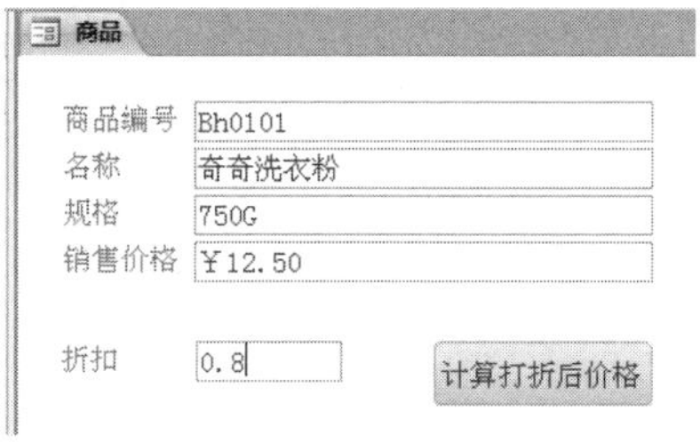

图 9.22　“商品”窗体

```
Private Sub Command1_Click()
    Dim cn As New ADODB.Connection
    Dim rs As New ADODB.RecordSet
```

```
        Dim fd As ADODB.Field
        Dim strSQL As String
        Set cn=CurrentProject.Connection
        strSQL="Select 销售价格 From 商品"
        rs.Open strSQL,cn,adOpenDynamic,adLockOptimistic,adCmdText
        Set fd=rs.Fields("销售价格")
        Do While Not rs.Eof
            fd=fd*val(Me!Text1)
            rs.Update
            rs.MoveNext
        Loop
        rs.Close
        cn.Close
        Set rs=Nothing
        Set cn=Nothing
        Form.Refresh
    End Sub
```

## 本章小结

本章主要通过丰富的实例对 VBA 在应用过程中的难点和重点加以解释说明，针对给定问题详细说明了程序分析的重点和程序设计的思路，这一点读者在今后学习和使用过程可以参考借鉴。通过实例分析和设计是熟练掌握 VBA 程序设计的一种方法，只有日常的不断积累才能够有助于大家实际应用水平的提高。

## 习　题

1. 求 100～200 之间的所有素数。
2. 某设备价值 500 万元，年拆旧率为 5%，试计算多少年后其剩余价值低于 300 万元？
3. 在文本框中输入数字 N，在消息框中打印出 N 行 N 列的平行四边行。
4. 编写一个函数过程求解 N!，并要求在主函数中调用，根据用户输入的 N 求 N!。
5. 求解数列 $\frac{2}{1}\quad\frac{3}{2}\quad\frac{5}{3}\quad\frac{8}{5}\quad\frac{13}{8}$ 前 10 项的和。
6. 在消息框中输出菲波那契数列前 20 项。
7. 求解百钱买百鸡问题。

# 第 10 章　Web 数据库

Access 2010 取消了 Access 2000/2003 中的“页”对象，但新增了“Web 数据库”，在功能方面不仅没有减少，反而增强了 Access 的 Internet 发布性能。通过改进 Access Services 与 SharePoint Server 2010 的集成，允许将 Access 2010 数据库发布到 SharePoint，这使得多个用户可以从任何符合标准的 Web 浏览器与数据库应用程序交互。需要强调的是，Web 数据库是完全独立的对象。

## 10.1　创建 Web 数据库

创建 Web 数据库的方法有使用模板和创建空白 Web 数据库两种。

1. *使用模板创建 Web 数据库*

在 Access 2010 中，模板是可以下载的完整数据库，用户既可以立即使用模板也可以加以更改以适应具体的需求。

用户可以在功能区单击“文件”选项卡进入 BackStage 视图，在左侧“导航”窗格“新建”选项卡下，Access 提供了可用模板和 Office.com 模板两种基本类型的模板，如图 10.1 所示。

图 10.1　可用模板

其中，“空数据库”和“空白 Web 数据库”属于本地模板，随 Access 一起安装。而“Office.com 模板”组下的模板是最新的，如果需要可单击该模板按钮连接至 Internet，在如图 10.2 所示的页面中重命名该模板，单击按钮选择新的存盘路径，单击“下载”按钮可以将模板下载到本地，这些模板附带有使用方法的“帮助”文件及部分视频，可供用户学习参考。

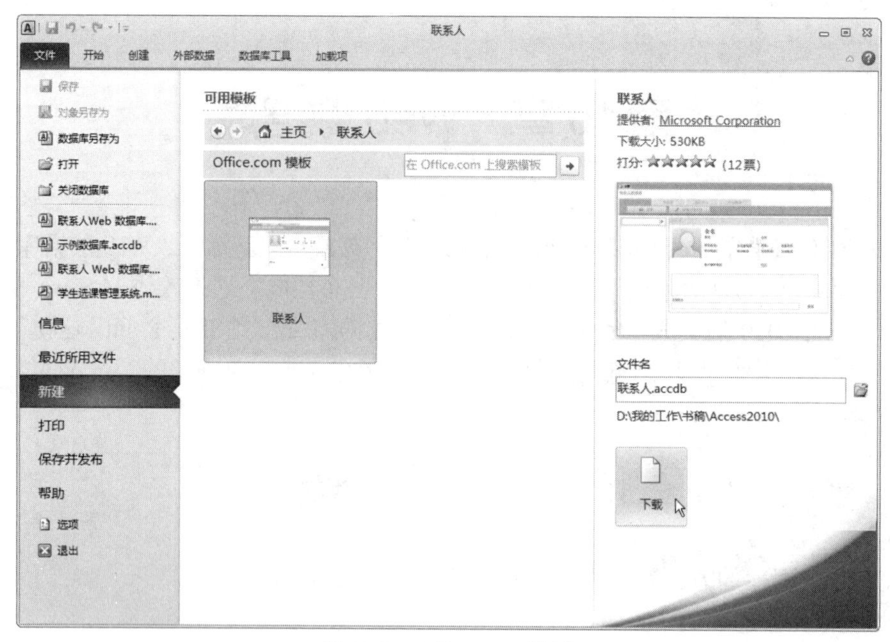

图 10.2　Office.com 模板

单击“主页”组下的“样本模板”后，可看到如图 10.3 所示的“样本模板”窗口，其中部分内容后有“Web 数据库”字样，用户可立即发布数据库也可以先进行更改。

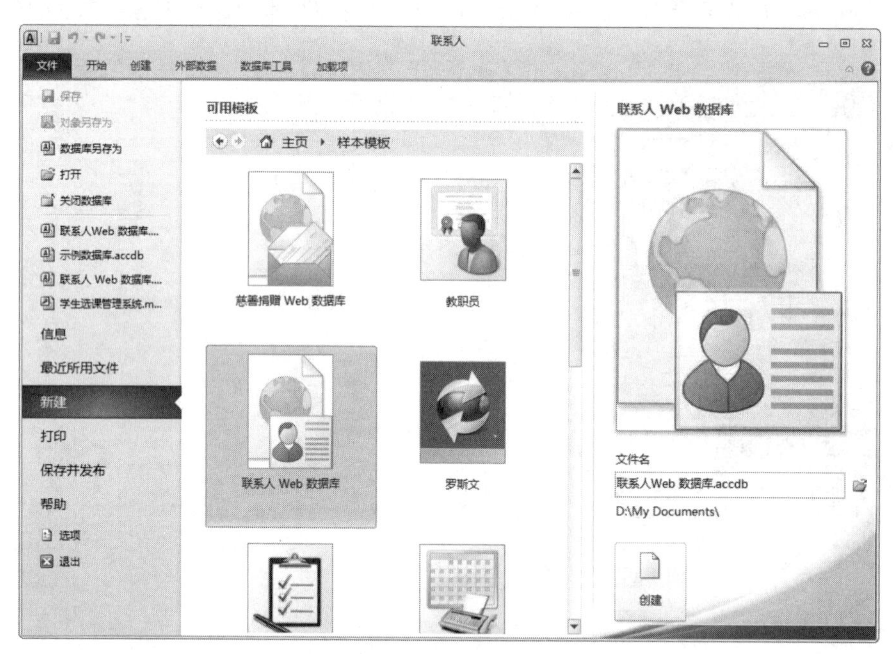

图 10.3　样本模板

使用 Web 数据库可以更轻松地将数据库分发到多个用户，需要注意在使用 Web 数据库时，功能区将突出显示一些与 Web 兼容的命令，如：

（1）只能使用“布局视图”更改表单。

（2）任何对象设计者都会使用一组名为“客户”的菜单，例如“客户端查询”、“客户表单”、“客户报表”和“客户端对象”，如图 10.4 所示。

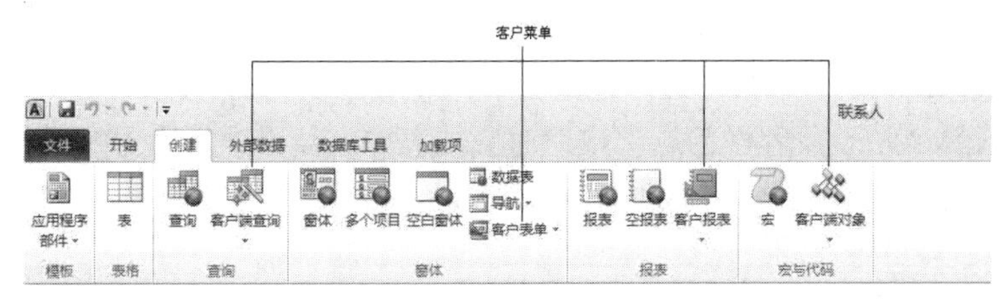


图 10.4　客户菜单

（3）只能使用选择查询，需要关联表时必须使用查阅字段。在 Access 2010 中执行该操作的方法是：

1）在功能区“创建”选项卡下“表格”组中单击“表”按钮。

2）在功能区“表格工具/字段”选项卡下“添加和删除”组中，单击 其他字段 按钮，从下拉列表中选择“查阅和关系”命令执行，如图 10.5 所示。

图 10.5　表格工具

3）启动“查阅向导”，如图 10.6 所示，按照向导提示完成相应设置。Access 进行这些更改的原因是，发布过程将数据转换为 Dynamic HTML 和 ECMAScript，而客户端对象与这些语言不兼容，但生成了 Web 数据库，发布就会变得非常简单。

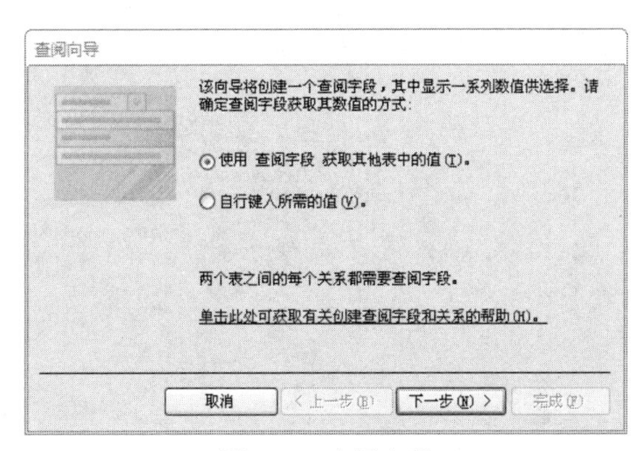


图 10.6　查阅向导

（4）单击功能区“文件”选项卡进入 BackStage 视图，在“保存并发布”选项卡下单击“发布到 Access Services”，然后单击“运行兼容性检查器”，如果发现问题，系统会将问题列在如图 10.7 所示的“Web 兼容性问题”按钮对应的表中。如果数据库无 Web 兼容性问题，那么该按钮呈灰色（不可用）显示，数据库可随时发布。

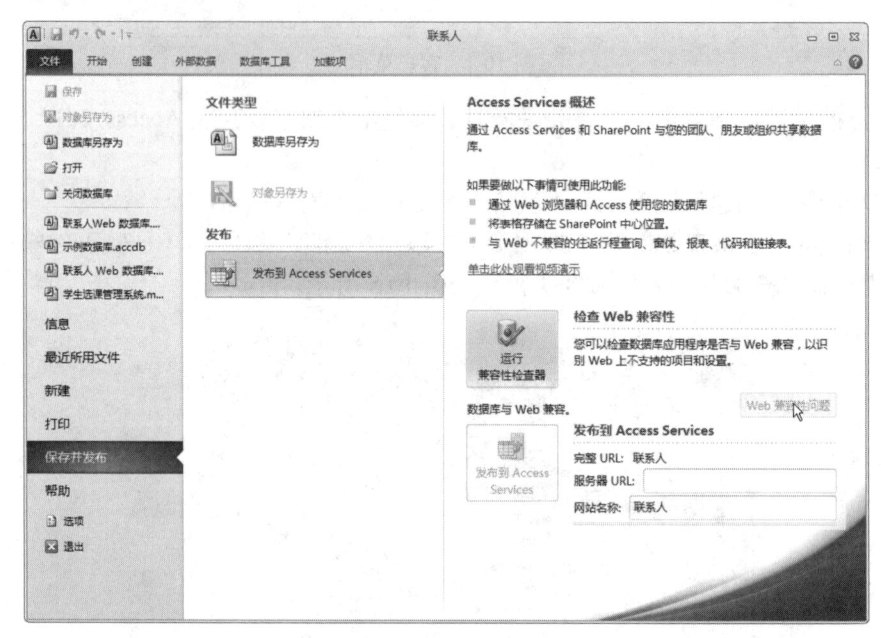


图 10.7 兼容性检查

（5）输入服务器的 URL（根据实际情况而定），确保添写了“网站名称”，然后单击“发布到 Access Services”按钮，如图 10.8 所示。这个过程会需要一定时间，完成后会收到“发布成功”的提示。

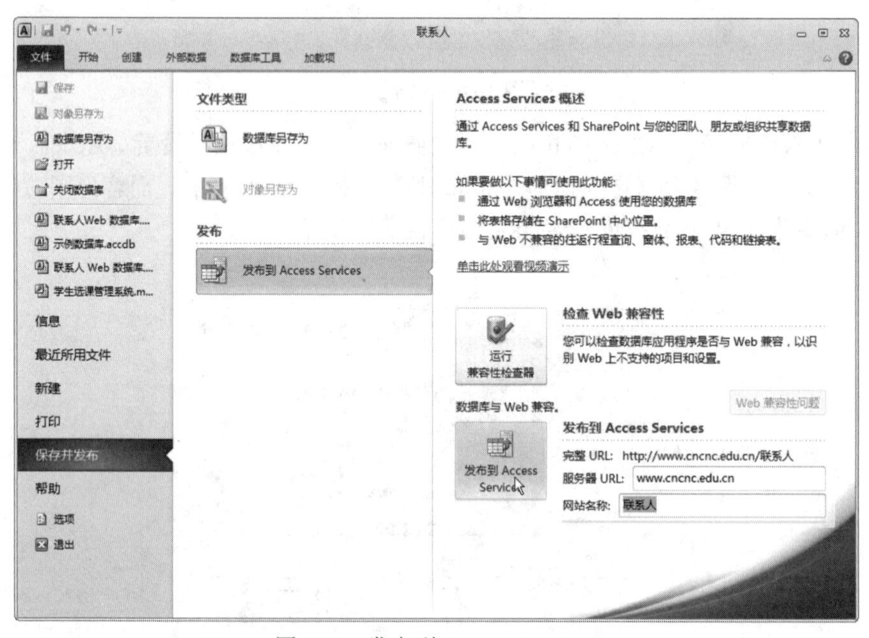


图 10.8 发布到 Access Services

2. 创建空白 Web 数据库

下面以创建名为“学生成绩发布”的 Web 数据库为例，说明创建空白 Web 数据库的过程。

（1）在功能区单击“文件”选项卡进入 BackStage 视图，在左侧“导航”窗格中单击“新建”选项卡，然后单击“主页”组中的“空白 Web 数据库”命令按钮，在如图 10.9 所示的 Access 窗口中修改保存文件名及存盘路径，。

图 10.9　创建空 Web 数据库

（2）单击“创建”按钮，完成空白 Web 数据库的创建。此时 Access 2010 将打开一张名为“表 1”的数据表视图，如图 10.10 所示，用户可根据计划和需要进行后续设计工作。

图 10.10　数据表视图

## 10.2　设计 Web 表

在创建空白 Web 数据库后，首要的工作是设计 Web 表的内容，在 Web 数据库中表的视图只有“数据表视图”一种。下面以创建“Web_院系”和“Web_学生”表为例介绍其创建过程。

1．创建“Web_院系”表

（1）在如图 10.10 所示的“学生成绩发布.accdb”数据库“表 1”的数据表视图中，系统已经设计好了一个名为“ID”的字段”，该字段为“自动编号”数据类型，并且不能更改数据类型，也不能删除。单击“单击以添加”按钮，从快捷菜单中选择数据类型为“文本”，将新加“字段 1”更名为“院系代码”，在功能区“表格工具/字段”选项卡下“属性”组中，将其字段大小改为 6。

（2）单击“单击以添加”按钮，继续添加一个“文本”数据类型字段“院系名称”，字段大小为 40，如图 10.11 所示。

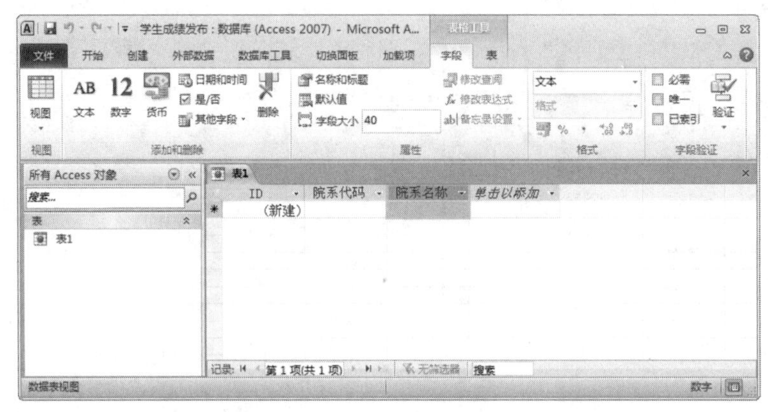


图 10.11　数据表视图

（3）添加“Web_院系”表中记录，如图 10.12 所示。

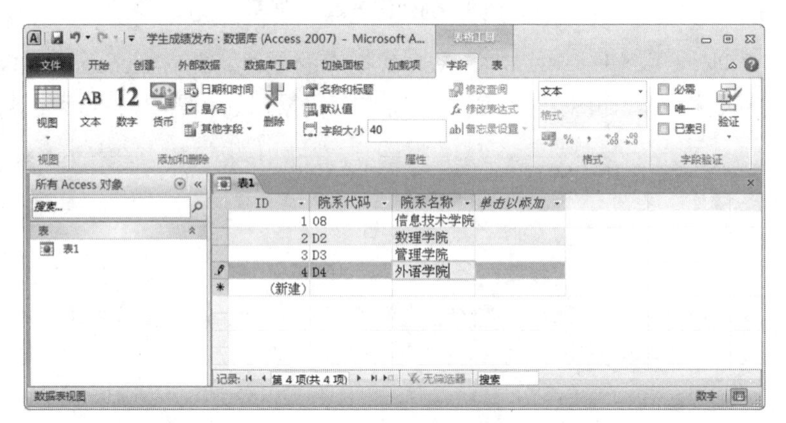


图 10.12　数据表视图

（4）单击快速访问工具栏中的“保存”按钮，在弹出的“另存为”对话框中为表指定名称为“Web_院系”，如图 10.13 所示。单击“确定”按钮，完成“Web_院系”表的设计。

图 10.13　“另存为”对话框

2．创建“Web_学生”表

（1）在功能区“创建”选项卡下“表格”组中，单击“表”按钮，打开名为“表 1”的数据表视图，参照“Web_院系”表的创建方法，完成“学号”、“姓名”和“性别”字段的设计（数据类型均为“文本”，字段大小分别为 12、12 和 2），如图 10.14 所示。

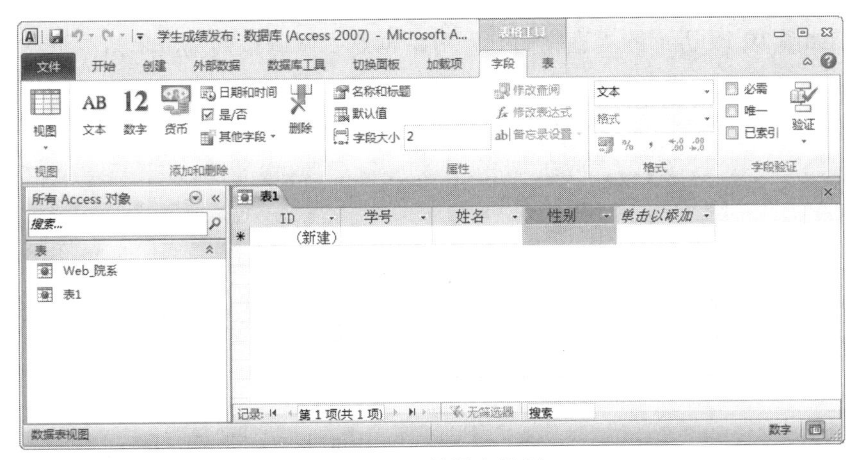


图 10.14 数据表视图

（2）单击功能区“表格工具/字段”选项卡下“添加和删除”组中的其他字段按钮，在打开的下拉列表中选择查阅和关系(L)命令执行，在如图 10.15 所示的“查阅向导”对话框 1 中选择“使用“查阅字段”获取其他表中的值”，单击“下一步”按钮。

（3）在如图 10.16 所示的“查阅向导”对话框 2 中，从列表中选择“表：Web_院系”，单击“下一步”按钮。

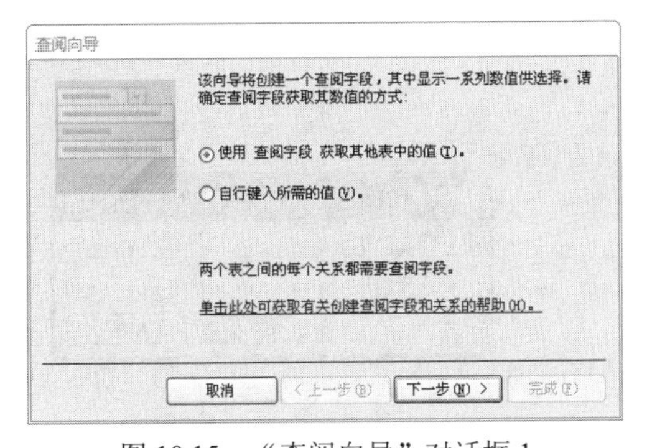


图 10.15 “查阅向导”对话框 1

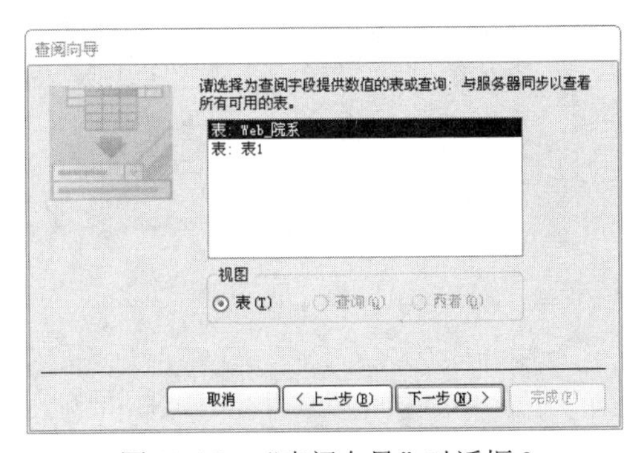


图 10.16 “查阅向导”对话框 2

（4）在如图 10.17 所示的“查阅向导”对话框 3 中，将“可用字段”列表框中的“ID”字段加入到“选定字段”列表框中，单击“下一步”按钮。

（5）在如图 10.18 所示的“查阅向导”对话框 4 中，从组合框中选择“ID”为排序字段，单击“下一步”按钮。

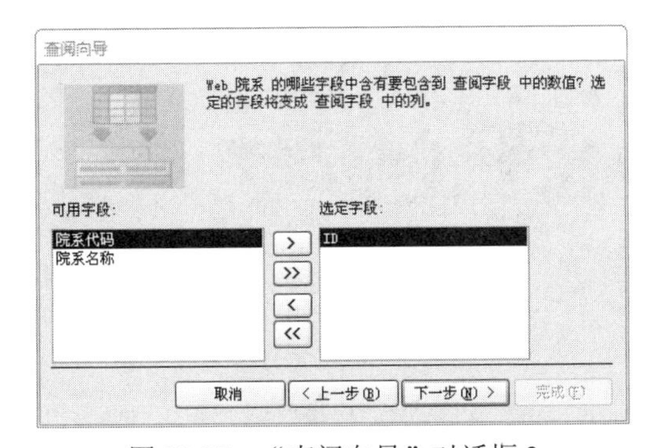


图 10.17 “查阅向导”对话框 3

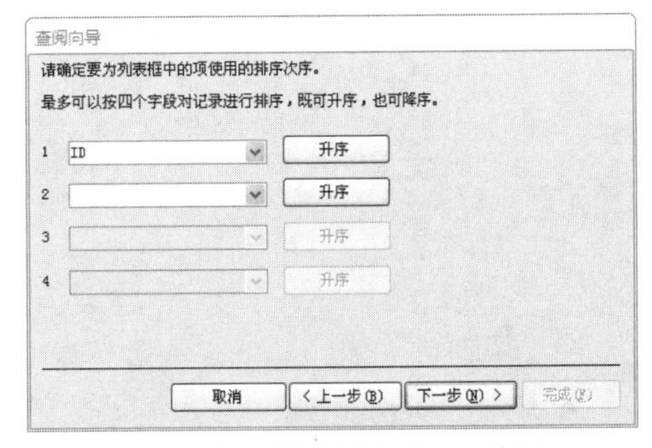


图 10.18 “查阅向导”对话框 4

（6）在如图 10.19 所示的“查阅向导”对话框 5 中，调整列宽，单击“下一步”按钮。

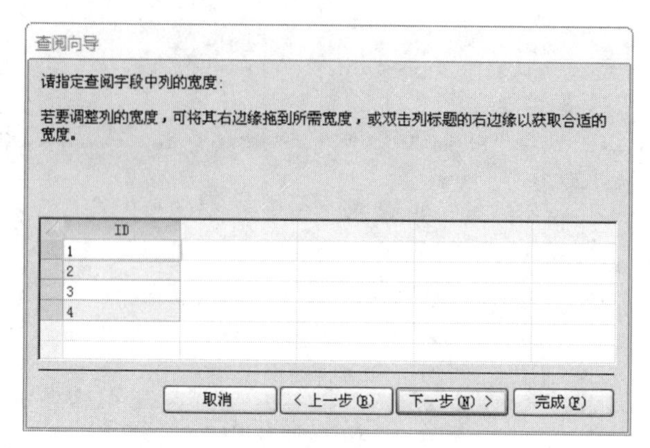


图 10.19 “查阅向导”对话框 5

（7）在如图 10.20 所示的“查阅向导”对话框 6 中，为查阅字段指定标签为“院系 ID”，单击“完成”按钮，在弹出的“另存为”对话框中为新表指定名称为“Web_学生”，如图 10.21 所示。

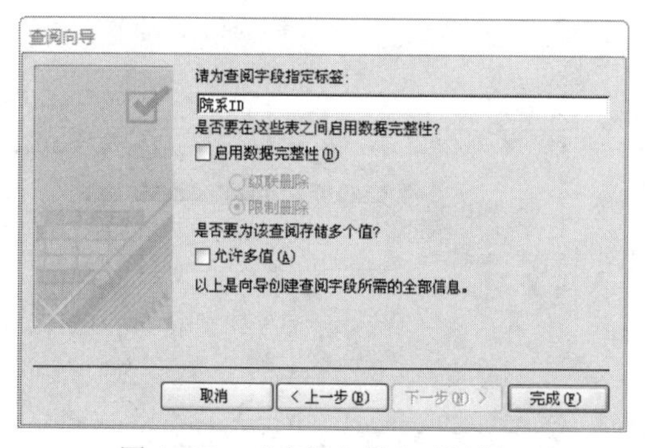


图 10.20 “查阅向导”对话框 6

图 10.21 “另存为”对话框

（8）单击“确定”按钮，返回数据表视图，如图 10.22 所示。用户也可根据实际情况继续设计其他字段，字段设计完成后就可以输入记录（其中“院系 ID”字段设置为“查阅和关系”，其值可从组合框列表中选择），如图 10.23 所示。单击快速访问工具栏中的“保存”，完成“Web_学生”表的设计。

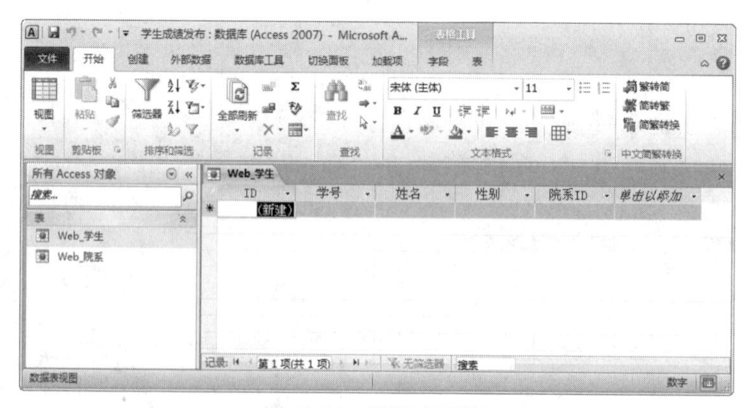


图 10.22 数据表视图

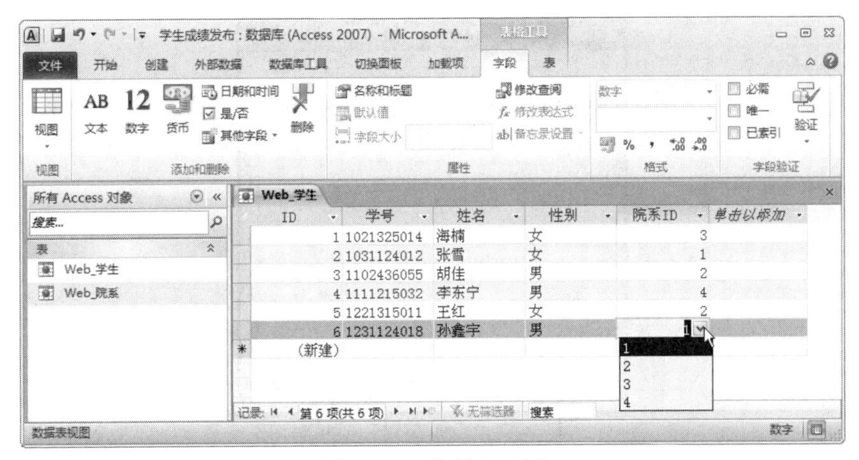


图 10.23 数据表视图

用户如果需要设计其他的 Web 表，可在功能区“创建”选项卡下“表格”组中，单击“表”按钮，在打开的数据表视图中进行设计（注意，Web 数据库中的表视图只有“数据表视图”一种）。

## 10.3 创建 Web 查询

在 10.1 节中介绍过 Web 数据库中只能使用选择查询，需要关联表时必须使用查阅字段（当数据源为多张表时，建立关联关系的字段之一必须为查阅字段，如 10.2 节“Web_学生”表中的“院系 ID”字段），且 Web 查询只有“数据表视图”和“设计视图”。在 Web 数据库中创建 Web 查询的过程基本上同第 4 章中所介绍的选择查询一致。

在如图 10.24 所示的数据库功能区“创建”选项卡下“查询”组中，有“查询”和“客户端查询”两个命令按钮，其中通过“查询”按钮创建的查询才是真正的 Web 查询，而通过“客户端查询”按钮创建的查询等同于在本地数据库中查询，这一点需用户特别注意。

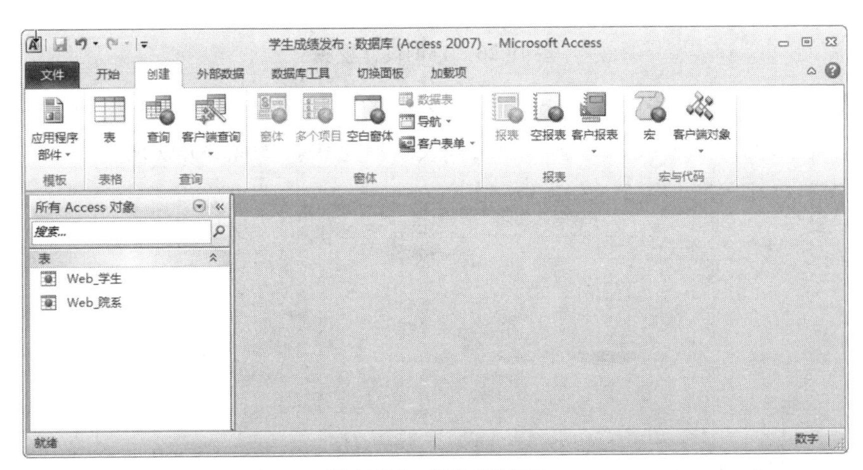


图 10.24 数据库窗口

下面以“Web_学生查询”为例说明 Web 查询的创建过程。

（1）在如图 10.24 所示的功能区“创建”选项卡下“查询”组中，单击按钮，打开查询设计视图和如图 10.25 所示的“显示表”对话框。

图 10.25 “显示表”对话框

（2）在“显示表”对话框中，依次双击“Web_学生”和“Web_院系”将它们加入到查询设计视图的字段列表区中，关闭“显示表”对话框，如图 10.26 所示。用户可以发现，在 10.3 节创建 Web 表的过程中并没有创建两张表间的关联关系，而在图中“Web_学生”和“Web_院系”两张表已通过“院系 ID”和“ID”字段建立了联系，其过程是系统自动完成的，这也反映了 Web 数据库中“查阅和关系”字段重要的智能作用。

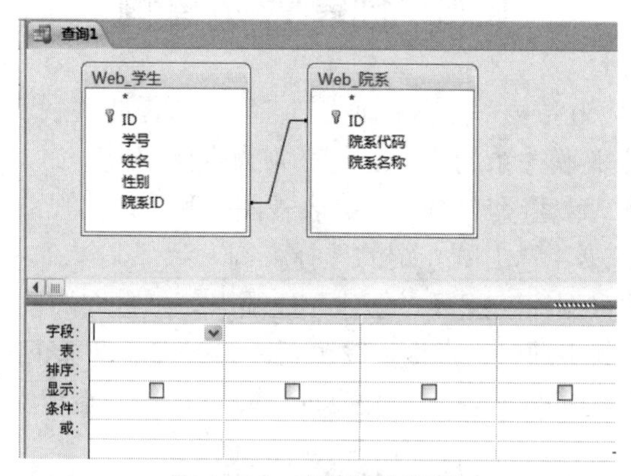


图 10.26 查询设计视图

（3）依次双击字段列表区“Web_学生”表中的“学号”、“姓名”、“性别”和“Web_院系”表中的“院系名称”字段，将它们加入到设计网格中，如图 10.27 所示。

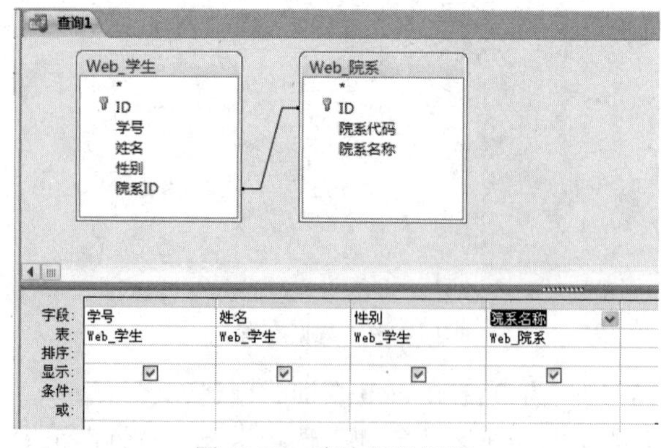


图 10.27 查询设计视图

（4）单击快速访问工具栏中的“保存”按钮，在“另存为”对话框中将新建 Web 查询命名为“Web_学生查询”，运行该查询后的结果如图 10.28 所示。

Web_学生 查询

| 学号 | 姓名 | 性别 | 院系名称 |
|---|---|---|---|
| 1021325014 | 海楠 | 女 | 管理学院 |
| 1031124012 | 张雪 | 女 | 信息技术学院 |
| 1102436055 | 胡佳 | 男 | 数理学院 |
| 1111215032 | 李东宁 | 男 | 外语学院 |
| 1221315011 | 王红 | 女 | 数理学院 |
| 1231124018 | 孙鑫宇 | 男 | 信息技术学院 |
| * | | | |

图 10.28　查询结果

## 10.4　创建 Web 窗体

在 Web 数据库中 Web 窗体有“窗体视图”、“布局视图”和“数据表视图”三种视图方式，其中“布局视图”是用户创建和修改 Web 窗体设计的工具，而“数据表视图”类似于 Web 表的“数据表视图”，只有在使用“数据表”命令按钮创建的“数据表”式窗体中才能看到（而且只有这一种视图）。

在如图 10.29 所示的功能区“创建”选项卡下“窗体”组中，有“窗体”、“多个项目”、“空白窗体”、“数据表”、“导航”和“客户表单”按钮。其中“窗体”、“多个项目”和“空白窗体”和“导航”是用户设计 Web 窗体时的常用工具，而使用“客户表单”创建的窗体等同于本地数据库中的窗体。

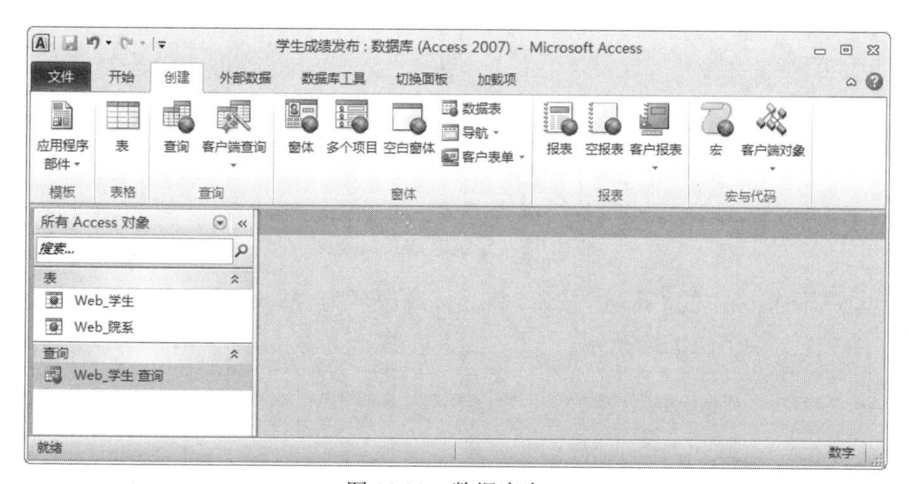


图 10.29　数据库窗口

下面以使用“窗体”按钮创建“Web_学生窗体”为例说明 Web 窗体的创建过程。

（1）在如图 10.29 所示的“导航”窗格下“表”组中选中“Web_学生”。

（2）单击功能区“创建”选项卡下“窗体”组中的按钮，打开窗体的布局视图，如图 10.30 所示。

（3）在布局视图中用户可修改窗体设计，完成后单击快速访问工具栏中的“保存”按钮，在“另存为”对话框中将新建 Web 窗体命名为“Web_学生窗体”。

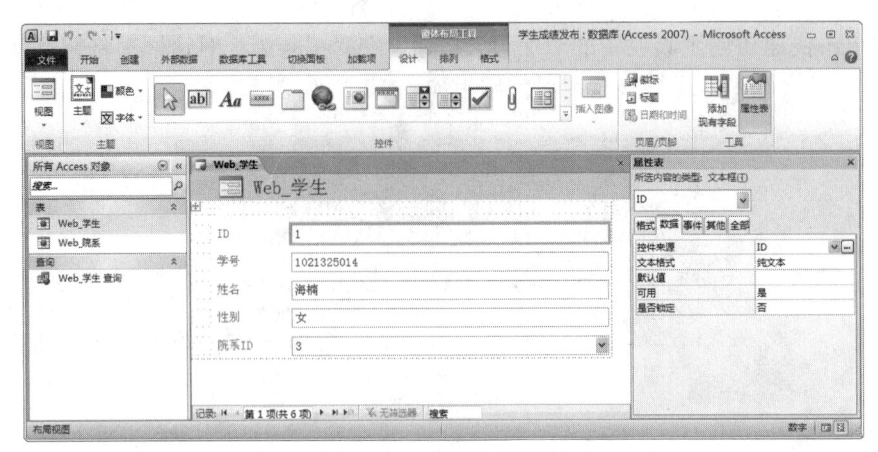


图 10.30　窗体布局视图

Web 数据库中通常都设计有“导航”窗体以引导用户的操作，下面以创建“学生成绩发布导航”窗体为例说明其创建过程。

（1）在功能区“创建”选项卡下“窗体”组中，单击“导航”按钮，打开如图 10.31 所示的导航窗体布局视图。

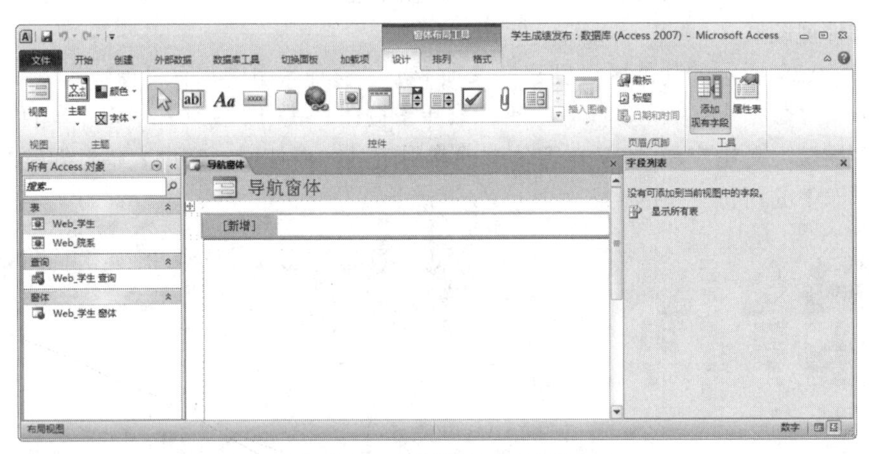


图 10.31　导航窗体布局视图

（2）单击布局视图中的“新增”按钮，将其标题改名为“Web_学生窗体”，以实现与“Web_学生窗体”的关联，如图 10.32 所示。

图 10.32　导航窗体布局视图

（3）采用步骤（2）同样的方法新增“Web_院系窗体”按钮，如图 10.33 所示。

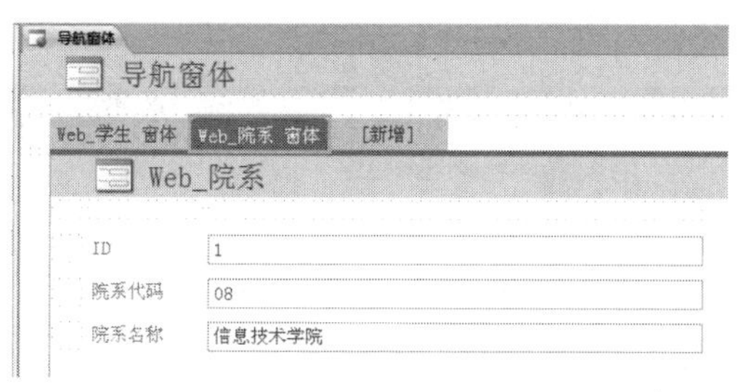


图 10.33　导航窗体布局视图

（4）单击快速访问工具栏中的“保存”按钮，在“另存为”对话框中将窗体命名为“学生成绩发布导航”，单击“确定”按钮。该窗体的窗体视图如图 10.34 所示，用户可单击“Web_学生窗体”和“Web_院系窗体”在不同选项卡间进行切换。

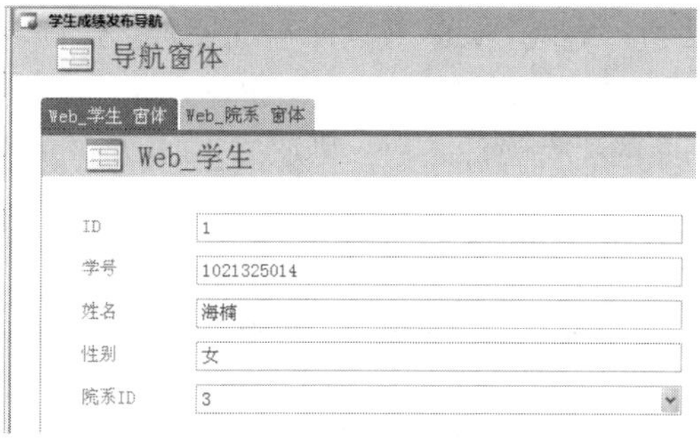

图 10.34　窗体视图

“导航”窗体通常都设置为 Web 数据库的首页（即默认窗体），用户可通过如下方法完成其设置。

（1）在功能区“文件”选项卡下单击“选项”按钮，打开如图 10.35 所示的“Access 选项”对话框。

图 10.35　“Access 选项”对话框

（2）在“Access 选项”对话框左侧窗格中，选择“当前数据库”，然后在右侧窗格中，将“Web 显示窗体”设置为“学生成绩发布导航”，如图 10.36 所示。

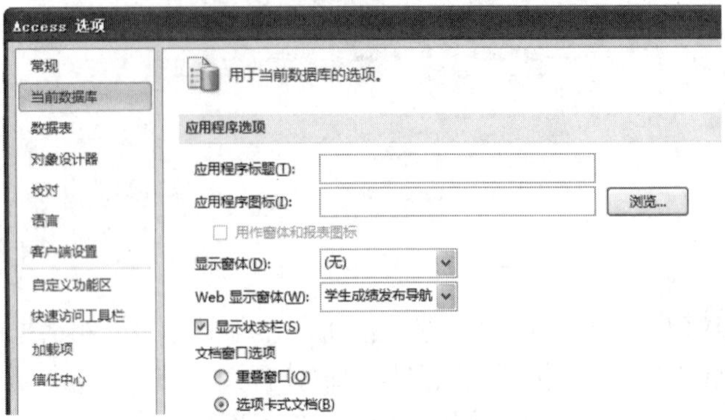

图 10.36　Access 选项

（3）单击“确定”按钮，完成 Web 数据库启动设置。这样，当用户从服务器上访问该 Web 数据库时，将直接显示“学生成绩发布导航”窗体。

在用户完成 Web 数据库的所有设计之后，可通过 10.1 节中介绍的内容进行兼容性检查及发布工作，本节不再重复。

## 10.5　Web 数据库设计说明

尽管 Web 数据库的发布性能强大，但与本地数据库相比在设计过程中还是有一定的差异，本节仅就一些注意事项进行简要说明，以提醒用户在使用时注意。

1. Web 表的数据类型

并非所有字段数据类型都与 Web 兼容，约有 220 个以上字段的表与 Web 不兼容。Web 表支持的字段数据类型如下所示：

- 文本
- 数字
- 货币
- 是/否
- 日期/时间
- 计算字段
- 附件
- 超链接
- 备注
- 查阅向导

2. 控件事件

Web 数据库并不支持窗体（报表）的所有控件事件，其支持的控件事件如下所示：

- AfterUpdate
- OnApplyFilt
- OnChange

- OnClick
- OnCurrent
- OnDblClick
- OnDirty
- OnLoad

3. 查阅字段数据类型

包含查阅字段的表必须具有一个主键，并且该主键必须是 Long 数据类型。查阅的源字段和目标字段都必须是长整数。

并非所有列数据类型都与 Web 查阅兼容。查阅字段必须是下列受支持的数据类型之一：

- 单行文本
- 日期/时间
- 数字
- 返回单行文本的计算字段

4. 命名规则

属性值中使用的某些字符与 Web 不兼容，若要使对象或控件名称兼容，则它不得违反下列任一规则：

- 名称不得包含句点（.）、感叹号（!）、一组方括号（[ ]）、前导空格或不可打印的字符（如回车）。
- 名称不得包含以下字符：/、\、:、*、?、"、'、<、>、|、#、<TAB>、{、}、%、~、&。
- 名称不得以等号（=）开头。
- 名称的长度必须介于 1～64 个字符之间。

## 本章小结

本章介绍了 Access 2010 的新增功能——Web 数据库的创建及发布过程，包括创建 Web 数据库、创建 Web 表、创建 Web 查询和创建 Web 窗体等内容。Web 数据库是 Access 2010 对外发布的工具，其性能远远超过老版本中的数据访问页，熟练掌握这些知识有助于用户在 Internet 飞速发展的现在，更好地利用网络来完成数据库的远程管理和使用。

## 习　题

1. 什么是 Web 数据库？它和 Access 2003 中的数据库访问页有何异同？
2. 简述创建 Web 数据库的过程？
3. 导航窗体的作用是什么？如何创建？如何将其设置为 Web 数据库的首页？
4. 什么是客户菜单？内容有哪些？
5. 简述对 Web 表中“查阅和关系”字段的理解。
6. Web 表的视图有哪些？在该视图中如何创建 Web 表？
7. Web 窗体的视图有哪些？用来设计和修改 Web 窗体的视图是什么？

# 第 11 章　Access 应用程序设计

通过前面几章的学习，读者对 Access 2010 的功能和操作有了一定了解，本章将以高校教学管理系统为例，介绍如何利用 Access 2010 进行应用程序设计。

## 11.1　系统分析与设计

高校教学管理系统需要完成以下功能：

（1）院系管理：包括院系的设置及相关资料查询。

（2）专业管理：包括专业的设置及相关资料查询。

（3）教师档案：包括教师档案的建立、修改及查询。

（4）学生档案：包括学生档案的建立、修改及查询。

（5）课程管理：包括课程设置及相关资料查询。

（6）选课管理：包括学生选课系统及选课资料查询。

（7）成绩管理：包括学生成绩的录入、修改及查询。

（8）系统管理：包括系统使用权限的设置、系统的说明、退出系统等。

根据上述系统的要求，可以将系统的主要功能分解成几个模块，基本设计结构如图 11.1 所示。

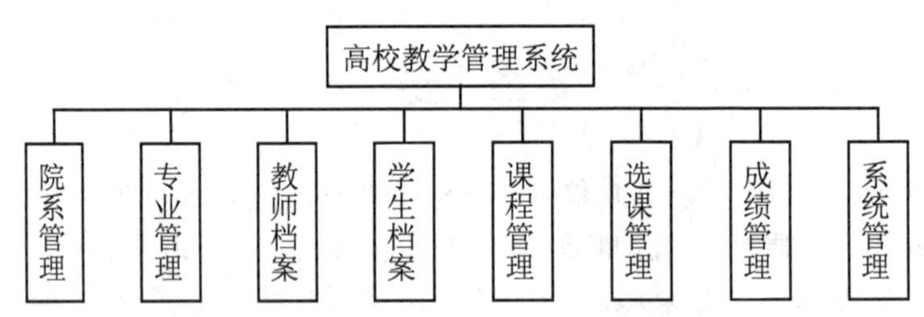


图 11.1　高校教学管理系统功能模块图

系统的数据流程图如图 11.2 所示，数据由教务处、人事处和学生处管理人员共同输入。

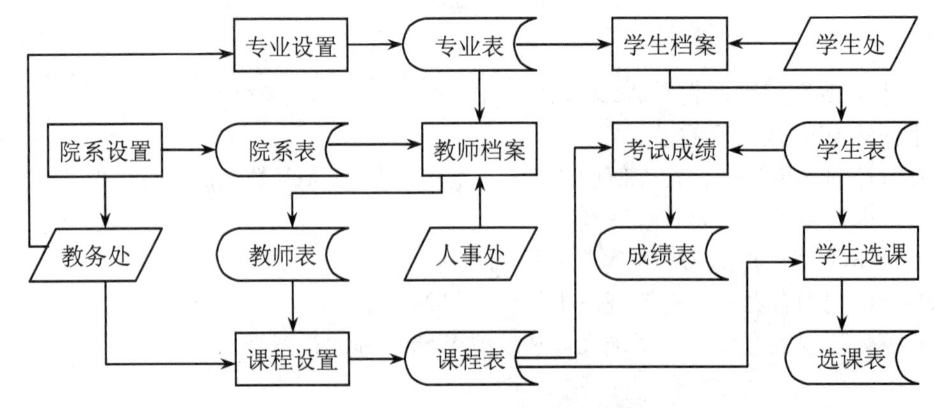


图 11.2　高校教学管理系统数据流程图

# 11.2　数据库的设计

## 11.2.1　数据库的需求分析

根据系统的数据流程图，需要设计如下数据信息。

（1）院系信息：包括院系代码和院系名称。

（2）专业信息：包括专业代码、专业名称、所属院系代码和所属院系名称。

（3）教师档案：包括教师编号、教师姓名、所属院系名称和所属专业名称。

（4）学生档案：包括学号、姓名、性别、出生日期、民族、政治面貌、职务、院系、专业、班级、籍贯、电话、不及格门数和备注。

（5）课程信息：包括课程代码、课程名称、学时、学分、类别、教师编号、教师姓名、开课单位、开课时间、选课范围、内容简介、备注。

（6）选课记录：包括学号、姓名、课程代码、课程名称和学分。

（7）成绩记录：包括学号、姓名、课程代码、课程名称、学分和成绩。

（8）操作员信息：包括操作员编号、操作员姓名、密码和权限。

## 11.2.2　数据库的结构设计

如图 11.3 所示是高校教学管理系统的 E-R 图（属性略）。

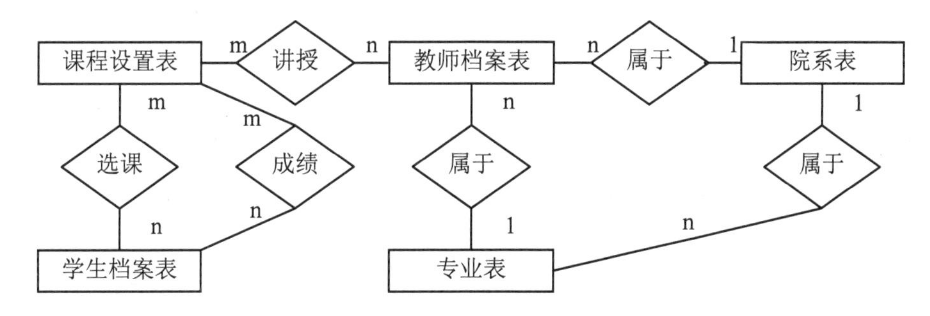


图 11.3　高校教学管理系统 E-R 图

根据系统 E-R 图，本系统需要有五个数据表，分别为院系表、专业表、教师档案表、学生档案表、课程设置表。同时还需要把选课记录和成绩记录保存下来，所以要将选课关系和成绩关系转换为学生选课表和学生成绩表。最后还应设立一个操作员档案表用于对系统使用权限进行控制。

这些数据表的构成如表 11.1 至表 11.8 所示。

表 11.1　院系表

| 字段名称 | 数据类型 | 字段大小 | 说明 |
|---|---|---|---|
| 院系代码 | 文本 | 6 | 主键 |
| 院系名称 | 文本 | 40 | |

表 11.2　专业表

| 字段名称 | 数据类型 | 字段大小 | 说明 |
|---|---|---|---|
| 专业代码 | 文本 | 6 | 主键 |
| 专业名称 | 文本 | 40 | |
| 所属院系代码 | 文本 | 6 | |
| 所属院系名称 | 文本 | 40 | |

表 11.3　教师档案表

| 字段名称 | 数据类型 | 字段大小 | 说明 |
|---|---|---|---|
| 教师编号 | 文本 | 6 | 主键 |
| 教师姓名 | 文本 | 12 | |
| 所属院系名称 | 文本 | 40 | |
| 所属专业名称 | 文本 | 40 | |

表 11.4　学生档案表

| 字段名称 | 数据类型 | 字段大小 | 说明 |
|---|---|---|---|
| 学号 | 文本 | 12 | 主键 |
| 姓名 | 文本 | 12 | |
| 性别 | 文本 | 2 | |
| 出生日期 | 日期/时间 | | |
| 民族 | 文本 | 10 | |
| 政治面貌 | 文本 | 10 | |
| 职务 | 文本 | 10 | |
| 院系 | 文本 | 40 | |
| 专业 | 文本 | 40 | |
| 班级 | 文本 | 4 | |
| 籍贯 | 文本 | 20 | |
| 电话 | 文本 | 20 | |
| 不及格门数 | 数字 | 整型 | |
| 备注 | 文本 | 30 | |

表 11.5　课程设置表

| 字段名称 | 数据类型 | 字段大小 | 说明 |
|---|---|---|---|
| 课程代码 | 文本 | 6 | 主键 |
| 课程名称 | 文本 | 40 | |
| 学时 | 数字 | 整型 | |
| 学分 | 数字 | 整型 | |
| 类别 | 文本 | 6 | |

续表

| 字段名称 | 数据类型 | 字段大小 | 说明 |
| --- | --- | --- | --- |
| 教师编号 | 文本 | 6 | |
| 教师姓名 | 文本 | 12 | |
| 开课单位 | 文本 | 40 | |
| 开课时间 | 文本 | 6 | |
| 选课范围 | 文本 | 20 | |
| 内容简介 | 文本 | 40 | |
| 备注 | 文本 | 30 | |

表 11.6　学生选课表

| 字段名称 | 数据类型 | 字段大小 | 说明 |
| --- | --- | --- | --- |
| 学号 | 文本 | 12 | 主键 |
| 姓名 | 文本 | 12 | |
| 课程代码 | 文本 | 6 | 主键 |
| 课程名称 | 文本 | 40 | |
| 学分 | 数字 | 整型 | |

表 11.7　学生成绩表

| 字段名称 | 数据类型 | 字段大小 | 说明 |
| --- | --- | --- | --- |
| 学号 | 文本 | 12 | 主键 |
| 姓名 | 文本 | 12 | |
| 课程代码 | 文本 | 6 | 主键 |
| 课程名称 | 文本 | 40 | |
| 学分 | 数字 | 整型 | |
| 成绩 | 数字 | 单精度型 | 小数位数 1 |

表 11.8　操作员档案表

| 字段名称 | 数据类型 | 字段大小 | 说明 |
| --- | --- | --- | --- |
| 操作员编号 | 文本 | 4 | 主键 |
| 操作员姓名 | 文本 | 12 | |
| 密码 | 文本 | 10 | |
| 权限 | 文本 | 20 | |

## 11.3　系统功能概述

首先快速浏览一下这个系统的大致功能，然后按照这个目标进行设计。启动 Access 2010 数据库应用系统，首先出现的是登录窗体，如图 11.4 所示。

图 11.4 登录窗体

启动系统后填写操作员编号和密码，单击“确定”按钮，登录进系统，出现如图 11.5 所示的窗口。

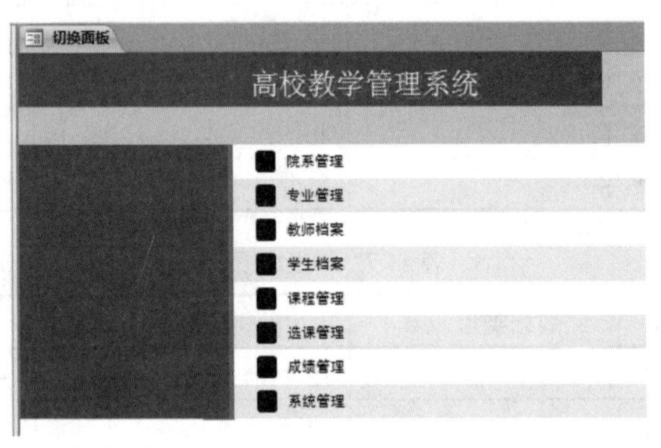


图 11.5 高校教学管理系统

在切换面板中包含院系管理（院系设置、院系查询）、专业管理（专业设置、专业查询）、教师档案（新建档案、档案查询）、学生档案（新建档案、档案查询）、课程管理（课程设置、课程查询）、选课管理（学生选课、选课查询）、成绩管理（成绩录入、成绩查询）、系统管理（管理员设置、退出）。其中各查询修改窗体中显示的是数据库中的第一个记录，这样可以提供一个示例，以防止输入错误。

## 11.4 创建数据表和索引

### 11.4.1 创建表格

前面已经介绍了整个系统，而且介绍了这个系统中需要设计的表格。下面详细讲述如何在 Access 2010 中建立这些表格。

首先运行 Access 2010，在如图 11.6 所示的窗口中，选择可用模板中的“空数据库”，确定保存位置及文件名，单击“创建”按钮，会出现如图 11.7 所示的新建空白数据库界面，同时在数据表视图中打开一张空表。按照 11.2 节中所做的设计规划，利用第 3 章介绍过的表的设计方法完成表格设计。本节仅以“院系表”为例说明表的创建过程。

图 11.6　新建数据库

（1）在如图 11.7 所示的数据表视图中，双击“ID”列将其改名为“院系代码”。

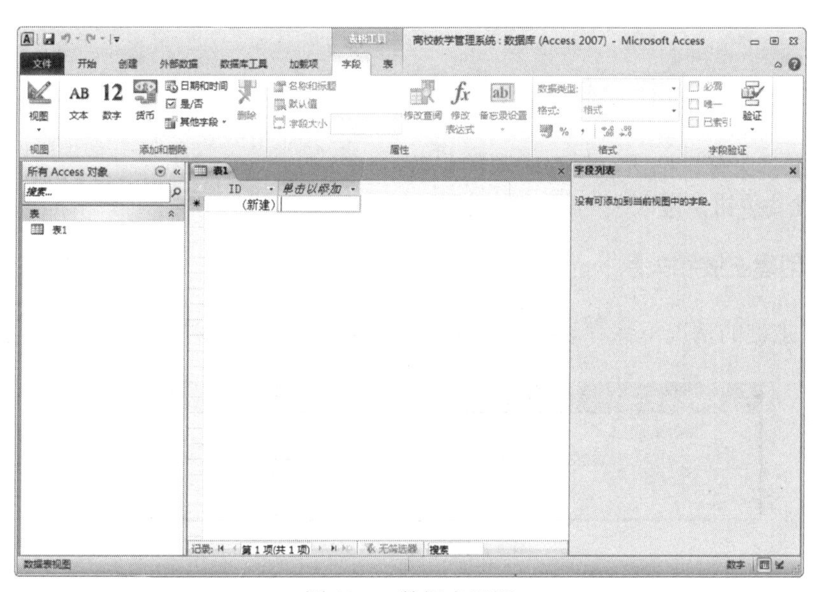


图 11.7　数据表视图

（2）单击“单击以添加”按钮，弹出如图 11.8 所示的快捷菜单，选择数据类型为“文本”，指定字段名称为“院系名称”，如图 11.9 所示。

（3）单击快速访问工具栏中的“保存”按钮，在“另存为”对话框中指定表的名称为“院系表”。

（4）在功能区“表格工具/字段”选项卡下“视图”组中，单击按钮，进入表的设计视图。

（5）调整字段的数据类型和字段属性，将院系代码设为主键，如图 11.10 所示。

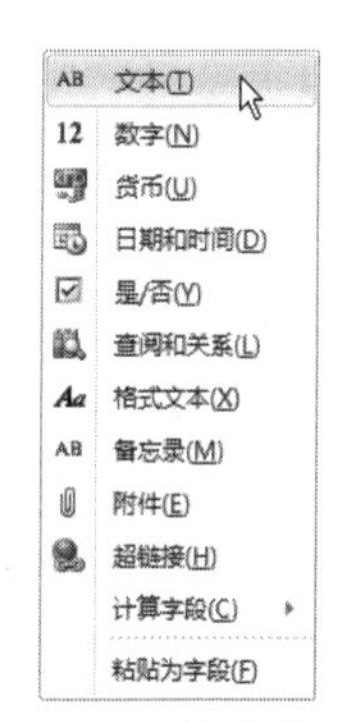


图 11.8　快捷菜单

图 11.9　数据表视图

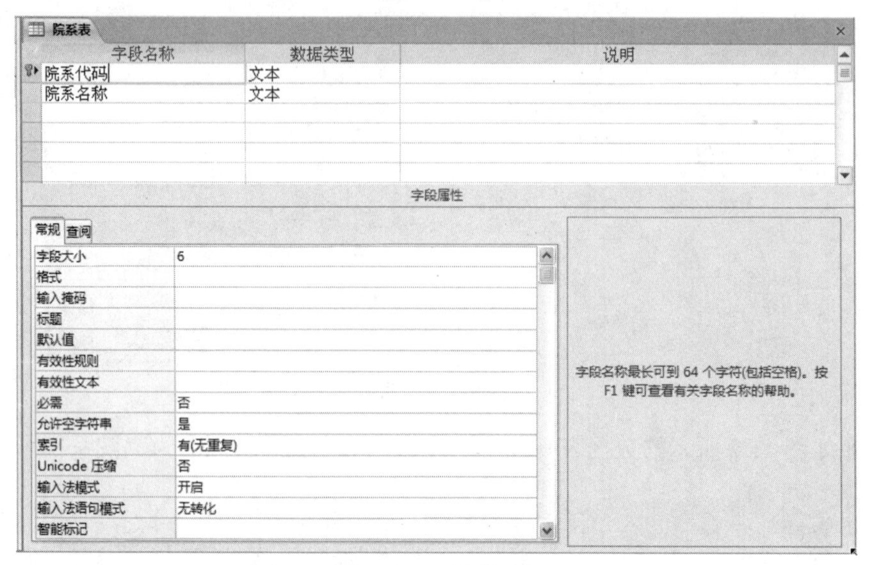


图 11.10　设计视图

（6）单击“保存”按钮，保存对表的修改。

（7）单击按钮，进入表的数据表视图，输入记录。

## 11.4.2　创建主键和关系

在未设置主键的情况下保存表格，会出现如图 11.11 所示的对话框，要求设定主键。

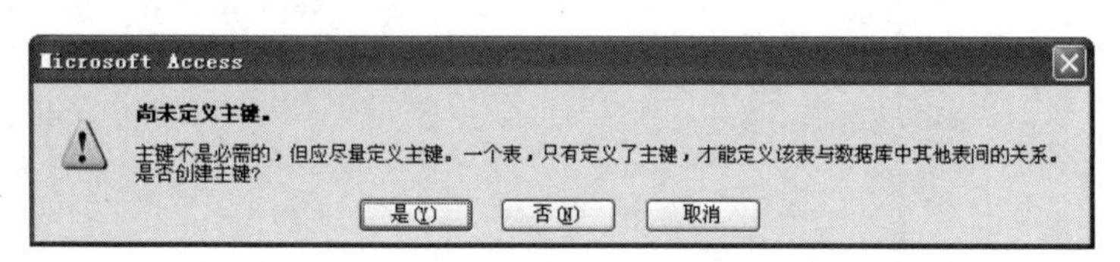


图 11.11　提示定义主键

单击“是”按钮，系统就会自动为这个表格添加一个字段，并且把这个字段定义为主键。

单击“否”按钮，就会关闭对话框，而且系统不会为这个表格自动添加主键，这时就需要手动为表格添加主键。添加主键主要是为了保证表中的所有记录都能够被唯一识别。主键可以是一个字段，也可以包含多个字段。当主键是多个字段时，需在单击字段选择按钮的同时按住 Ctrl 键，然后再选择其他主键。

在表中定义主键除了可以保证每条记录可以被唯一识别外，更重要的是可以实现多个表的连接。当数据库中包含多个表时，需要通过主键的连接来建立表间的关系，使各个表能够协同工作。

下面以“院系表”和“专业表”为例，介绍如何创建两个表之间的关系。

（1）打开表所在的“高校教学管理系统”数据库。

（2）在功能区“数据库工具”选项卡下“关系”组中，单击关系按钮，打开关系窗口，并弹出“显示表”对话框，如图 11.12 所示。

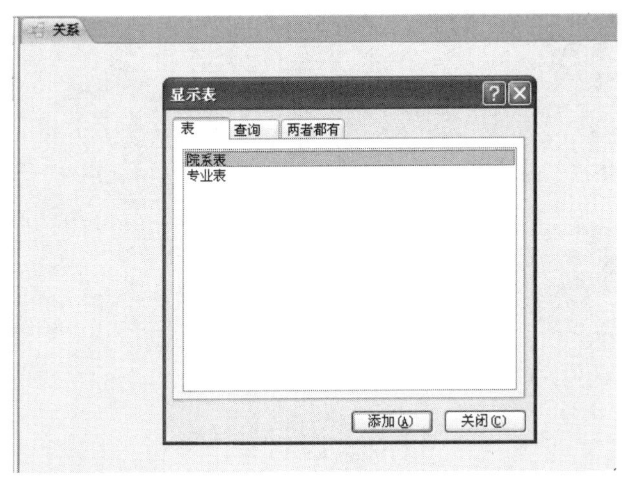


图 11.12　关系窗口

（3）依次双击“院系表”和“专业表”将它们加入到关系窗口中，单击“关闭”按钮关闭“显示表”对话框。

（4）将“专业表”中的“所属院系代码”字段拖拽到“院系表”的“院系代码”字段上，弹出如图 11.13 所示的“编辑关系”对话框。

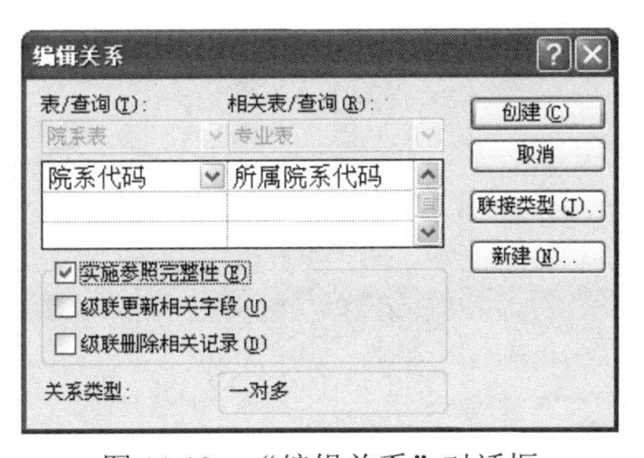


图 11.13　“编辑关系”对话框

（5）选中“实施参照完整性”复选框，单击“创建”按钮，完成后的效果如图 11.14 所示。单击“保存”按钮，保存关系的设计及布局。

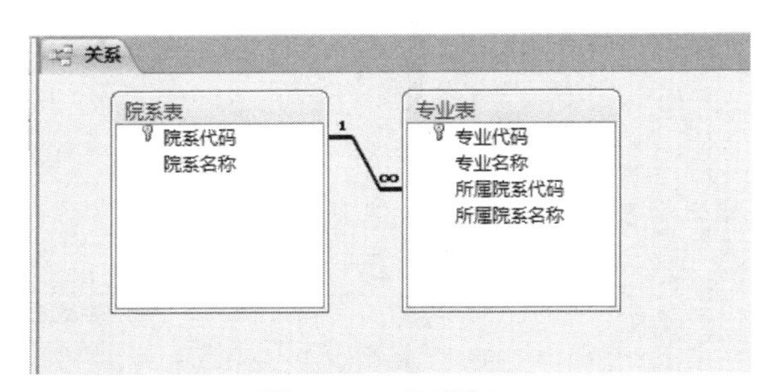


图 11.14　关系窗口

整个“高校教学管理系统”的表间关系如图 11.15 所示。

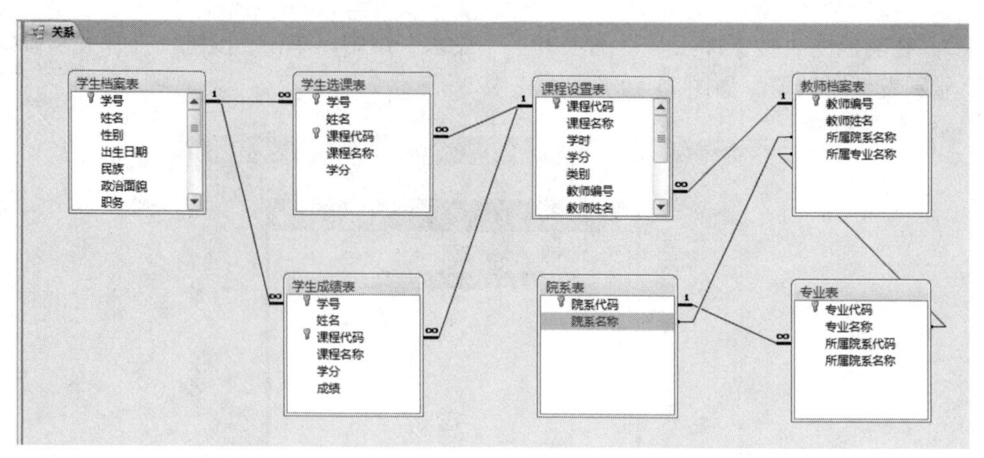


图 11.15　关系窗口

## 11.5　设计窗体

本章创建了一个多层次的切换面板窗体，通过切换面板来组织管理系统的功能和内容，以方便地在各个窗口之间进行切换。

### 11.5.1　创建切换面板

建立好数据库后，接下来开始创建这个实例中所需要的主界面，即如图 11.5 所示的切换面板。

1. 添加切换面板工具

（1）在功能区“文件”选项卡下，单击“选项”按钮，打开如图 11.16 所示的“Access 选项”对话框。

图 11.16　“Access 选项”对话框

（2）在左侧窗格中单击“自定义功能区”，在右侧窗格中单击“新建选项卡”按钮，在“主选项卡”列表中出现“新建选项卡”，如图 11.17 所示。

图 11.17　添加“新建选项卡”后的“Access 选项”对话框

（3）选中“新建选项卡”，单击“重命名”按钮，在打开的“重命名”对话框中，把新建选项卡的名称修改为“切换面板”，如图 11.18 所示。

图 11.18　“重命名”对话框

（4）选中“新建组”，单击“重命名”按钮，在如图 11.19 所示的“重命名”对话框中把“新建组”的名称修改为“工具”，选择一个合适的图标，单击“确定”按钮，结果如图 11.20 所示。

图 11.19　“重命名”对话框

图 11.20　“Access 选项”对话框

（5）单击“从下列位置选择命令”组合框右侧的下拉箭头，从列表中选择“所有命令”。在其下方的列表框中，选中“切换面板管理器”，单击“添加”按钮，如图 11.21 所示。

图 11.21　添加了“切换面板管理器”的“Access 选项”对话框

（6）单击“确定”按钮关闭“Access 选项”对话框。此时在功能区出现“切换面板”选项卡，该选项卡下有“工具”组，组中有“切换面板管理器”按钮，如图 11.22 所示。

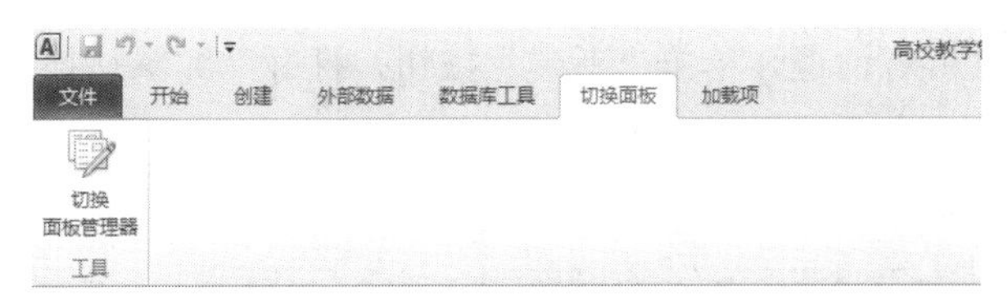


图 11.22　“切换面板”选项卡

2. 创建切换面板

（1）打开“高校教学管理系统”数据库，在功能区“切换面板”选项卡下“工具”组中，单击“切换面板管理器”按钮。由于系统中从未创建过切换面板，因此弹出如图 11.23 所示的“切换面板管理器”提示框，单击“是”按钮。

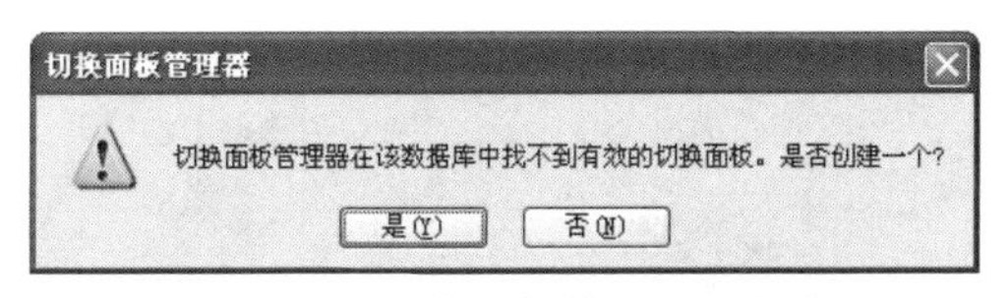


图 11.23　“切换面板管理器”提示框

（2）在如图 11.24 所示的“切换面板管理器”对话框中，单击“编辑”按钮，打开如图 11.25 所示的“编辑切换面板页”对话框，将切换面板名称改为“高校教学管理系统”，单击“关闭”按钮，返回到“切换面板管理器”对话框。

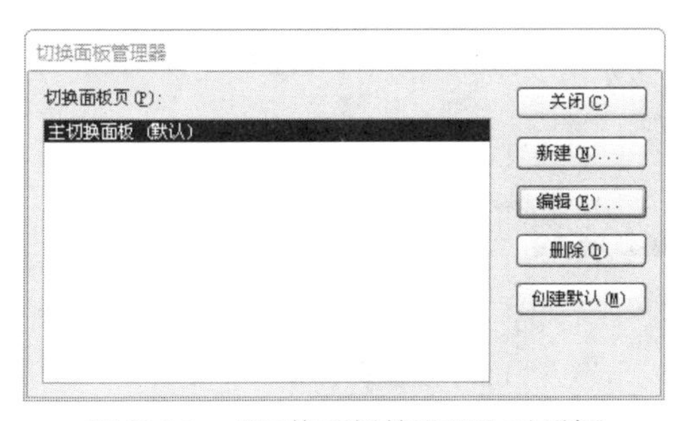


图 11.24　“切换面板管理器”对话框

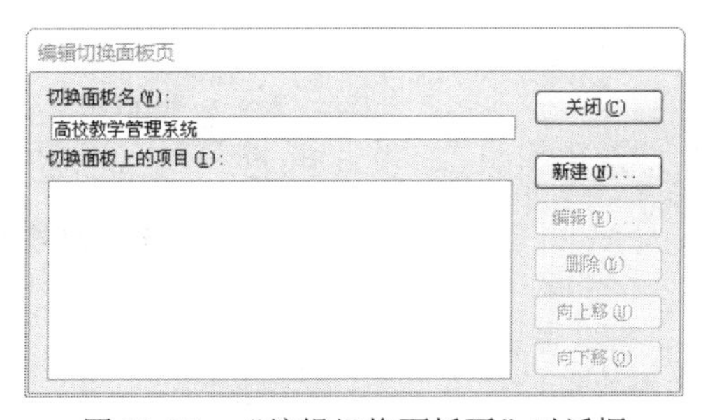


图 11.25　“编辑切换面板页”对话框

（3）单击“新建”按钮，打开如图 11.26 所示的“新建”对话框，将新建切换面板页命名为“院系管理”，单击“确定”按钮，返回到“切换面板管理器”对话框。

（4）重复步骤（3）继续新建切换面板页“专业管理”、“教师档案”、“学生档案”、“课程管理”、“选课管理”、“成绩管理”和“系统管理”，如图 11.27 所示。

图 11.26　“新建”对话框

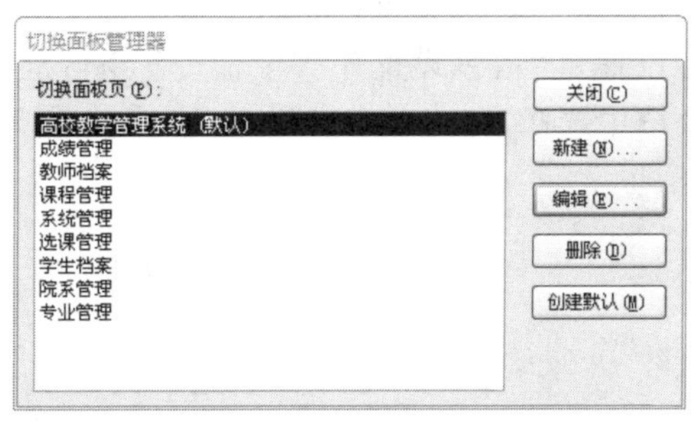


图 11.27　“切换面板管理器”对话框

（5）在“切换面板管理器”对话框中选中“高校教学管理系统”，单击“编辑”按钮，打开“编辑切换面板页”对话框，单击“新建”按钮，打开“编辑切换面板项目”对话框，如图 11.28 所示。

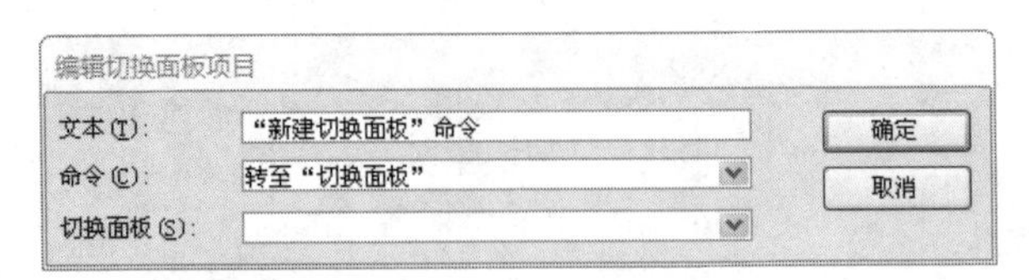


图 11.28 “编辑切换面板项目”对话框

（6）在“编辑切换面板项目”对话框中，将“文本”属性框中的内容改为“院系管理”，从“命令”组合框中选择“转至‘切换面板’”，从“切换面板”组合框中选择“院系管理”，如图 11.29 所示。单击“确定”按钮，返回到“编辑切换面板页”对话框。

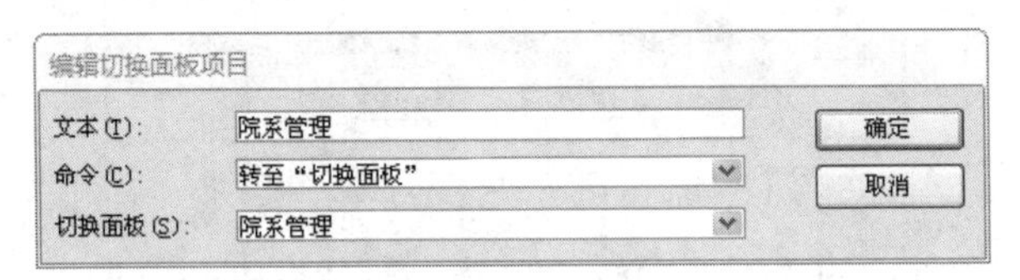


图 11.29 “编辑切换面板项目”对话框

（7）重复步骤（6）继续新建切换面板项目“专业管理”、“教师档案”、“学生档案”、“课程管理”、“选课管理”、“成绩管理”和“系统管理”，如图 11.30 所示。

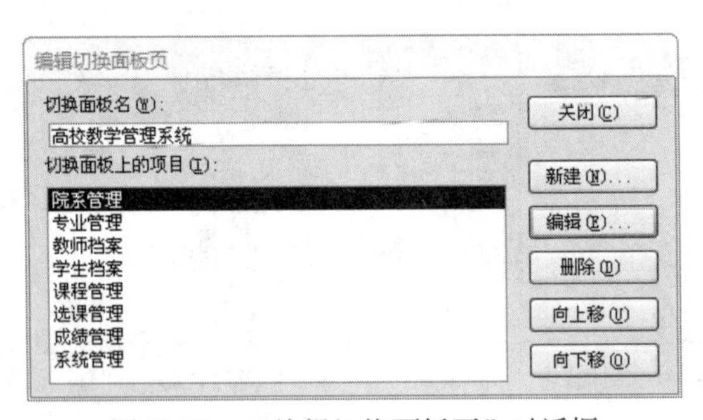


图 11.30 “编辑切换面板页”对话框

（8）在“编辑切换面板页”对话框中，单击“关闭”按钮，返回到“切换面板管理器”对话框。

（9）在“切换面板管理器”对话框中，选中“院系管理”，单击“编辑”按钮，打开“编辑切换面板页”对话框；单击“新建”按钮，打开“编辑切换面板项目”对话框，将“文本”属性设置为“院系设置”，从“命令”组合框中选择“在‘编辑’模式下打开窗体”，从“窗体”组合框中选择“department”，如图 11.31 所示。

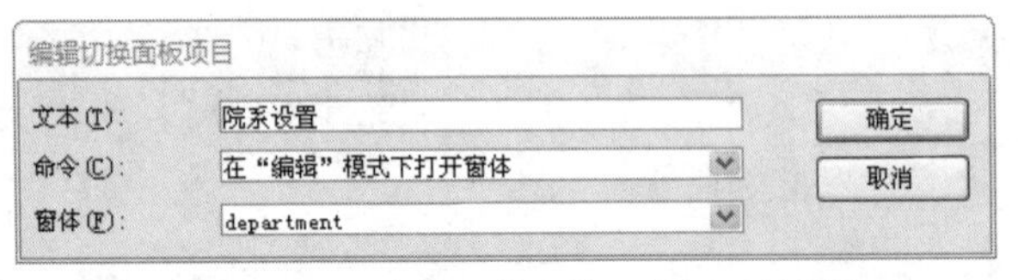


图 11.31 “编辑切换面板项目”对话框

（10）重复步骤（9）继续新建项目“院系查询”和“返回”，如图 11.32 至图 11.34 所示。

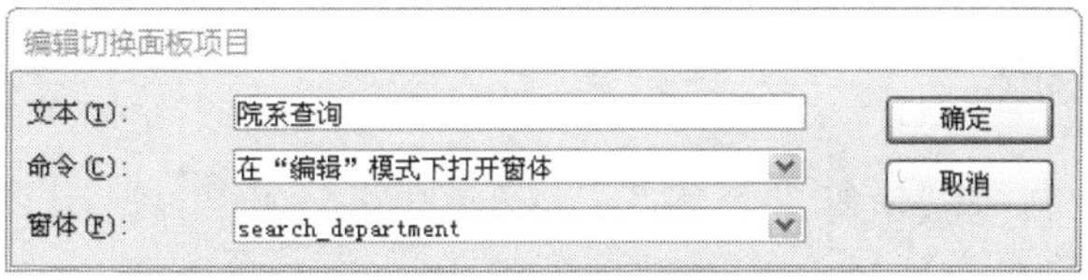

编辑切换面板项目

文本(T): 院系查询

命令(C): 在“编辑”模式下打开窗体

窗体(F): search_department

确定　取消

图 11.32　“编辑切换面板项目”对话框

编辑切换面板项目

文本(T): 返回

命令(C): 转至“切换面板”

切换面板(S): 高校教学管理系统

确定　取消

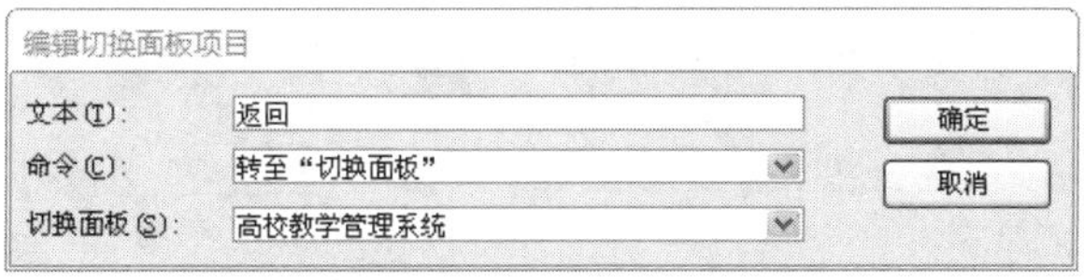

图 11.33　“编辑切换面板项目”对话框

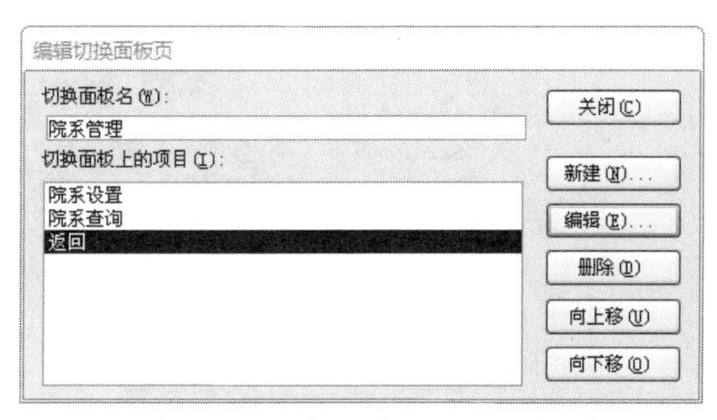


图 11.34　“编辑切换面板页”对话框

（11）重复步骤（9）～（10），完成其他切换面板页的设计。

设计好的切换面板主界面“高校教学管理系统”和“院系管理”切换面板页如图 11.35 和图 11.36 所示。注意，在切换面板设计完成后，系统会自动生成名为“SwitchboardItems”的表和名为“切换面板”的窗体。

图 11.35　切换面板“高校教学管理系统”

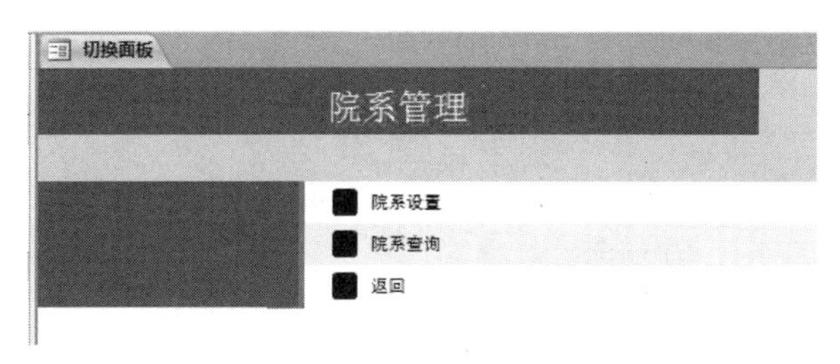


图 11.36　切换面板页“院系管理”

### 11.5.2 创建登录窗体

登录窗体是启动“高校教学管理系统”后出现的第一个窗体，用来检测用户的使用权限。

（1）在功能区“创建”选项卡下“窗体”组中，单击窗体设计按钮，打开如图 11.37 所示的窗体设计视图。

图 11.37　窗体设计视图

（2）在“属性表”窗格中，将窗体的“记录选择器”和“导航按钮”属性均设为“否”。

（3）在功能区“窗体设计工具/设计”选项卡下“控件”组中，选择“标签”控件，在窗体的主体节中单击鼠标，将标签的标题设置为“教学管理系统”，“前景色”属性设置为“自动”，“字号”设置为 20，“特殊效果”设置为“阴影”，调整控件大小及位置，如图 11.38 所示。

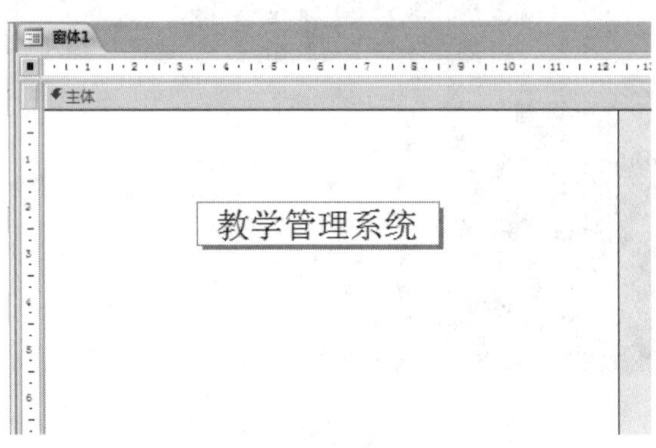


图 11.38　窗体设计视图

（4）在窗体中添加两个文本框控件，名称分别为“操作员编号”和“密码”，关联标签的标题也同样为“操作员编号：”和“密码：”，如图 11.39 所示。

（5）在窗体中添加两个命令按钮控件，名称分别为“确定”和“取消”，标题也同样为“确定”和“取消”，如图 11.40 所示。

（6）单击快速访问工具栏中的“保存”按钮，在“另存为”对话框中为窗体指定名称为“登录窗体”，设计好的窗体视图如图 11.40 所示。

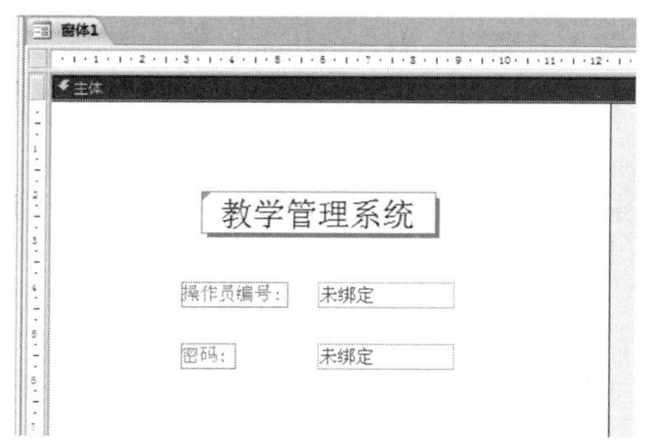


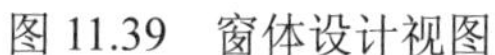
图 11.39　窗体设计视图

图 11.40　窗体设计视图

## 11.5.3　创建数据录入窗体

以“学生档案表”为数据源创建“student”窗体的过程如下所示：

（1）在功能区“创建”选项卡下“窗体”组中，单击 窗体向导 按钮，打开“窗体向导”对话框 1，在“表/查询”组合框中选择“表：学生档案表”，在“可用字段”列表中列出了“学生档案表”的所有字段，本例单击“>>”按钮，将所有字段加入到“选定字段”列表中，如图 11.41 所示。

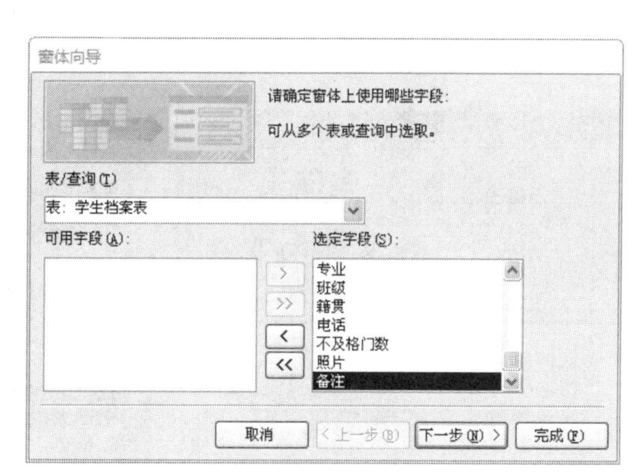


图 11.41　“窗体向导”对话框 1

（2）单击“下一步”按钮，打开如图 11.42 所示的“窗体向导”对话框 2，确定窗体使用的布局，本例选择“纵栏表”。

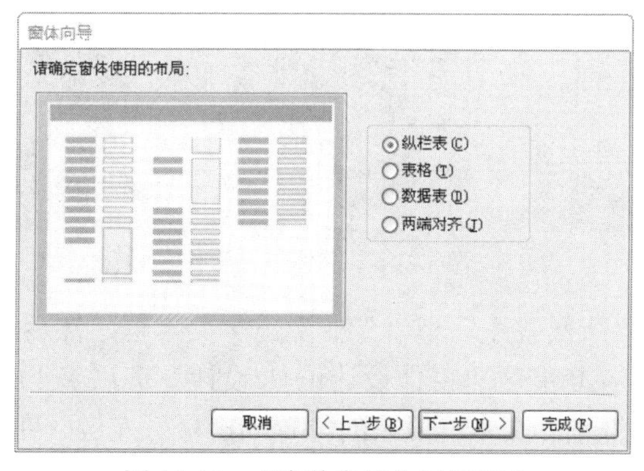


图 11.42　“窗体向导”对话框 2

（3）单击“下一步”按钮，打开“窗体向导”对话框 3，为窗体指定标题为“student”，在“请确定是要打开窗体还是要修改窗体设计”下方选择“修改窗体设计”单选按钮，如图 11.43 所示。

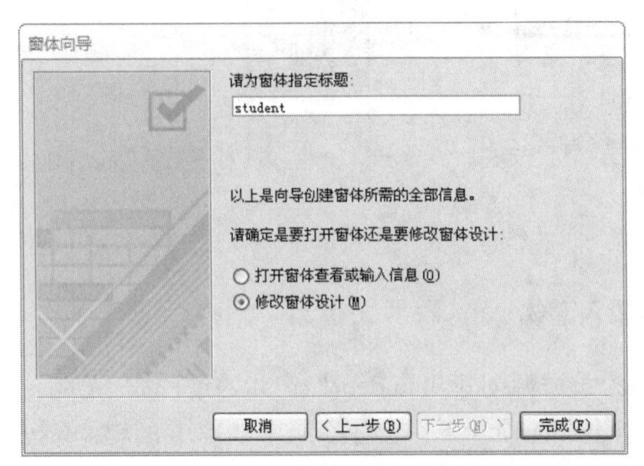


图 11.43　“窗体向导”对话框 3

（4）单击“完成”按钮，打开如图 11.44 所示的窗体设计视图，在窗体的“属性表”窗格中，将“记录选择器”和“导航按钮”属性均设为“否”。本例中“性别”是选择给定的值（男或女），“所属院系”、“专业”是参照“院系表”和“专业表”中的值，所以这里使用组合框。

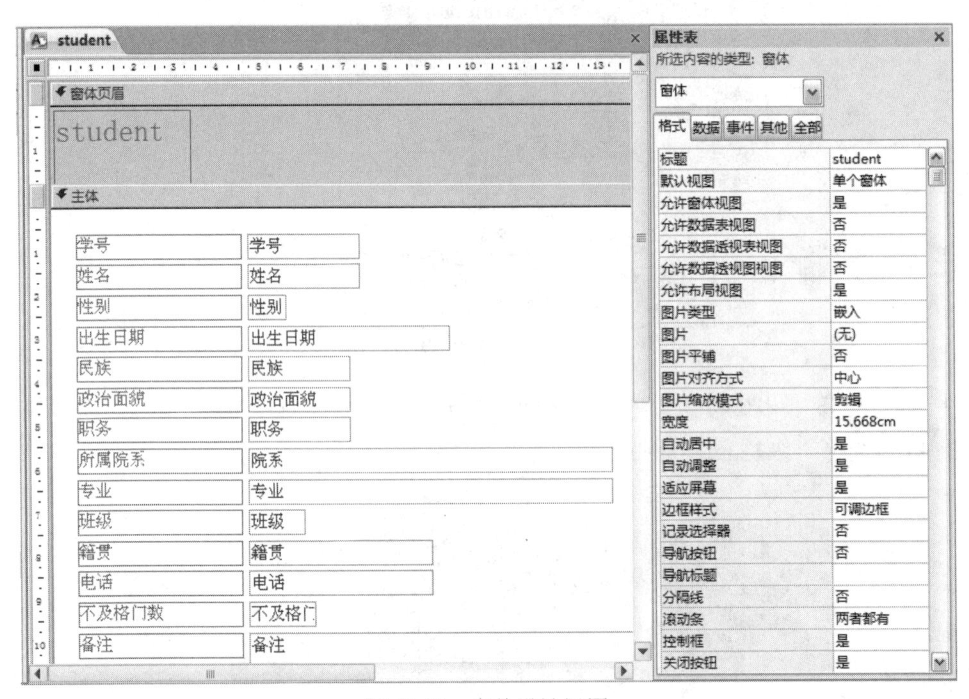


图 11.44　窗体设计视图

（5）删除“性别”、“所属院系”和“专业”三个文本框，然后添加三个组合框控件。首先添加“性别”组合框，在功能区“窗体设计工具/设计”选项卡下“控件”组中，单击“组合框”控件，在窗体中“性别”文本框原来的位置单击鼠标左键，在如图 11.45 所示的“组合框向导”对话框 1 中选择“自行键入所需的值”。

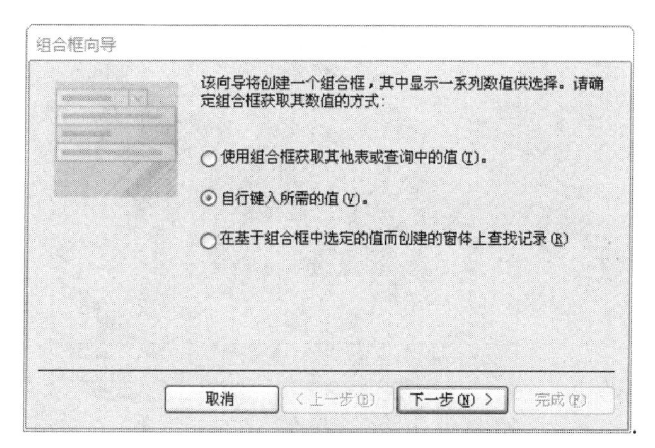


图 11.45　“组合框向导”对话框 1

（6）单击“下一步”按钮，打开“组合框向导”对话框 2，键入所需的值“男”和“女”，如图 11.46 所示。

图 11.46　“组合框向导”对话框 2

（7）单击“下一步”按钮，打开“组合框向导”对话框 3，选择“记忆该数值供以后使用”，如图 11.47 所示。

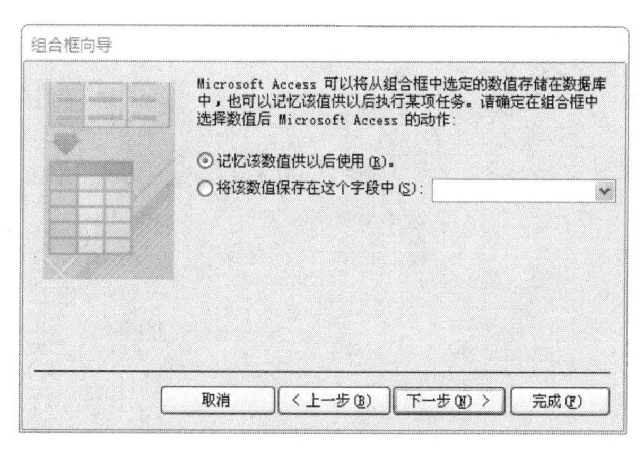


图 11.47　“组合框向导”对话框 3

（8）单击“下一步”按钮，打开“组合框向导”对话框 4，为组合框指定标签为“性别”，如图 11.48 所示。

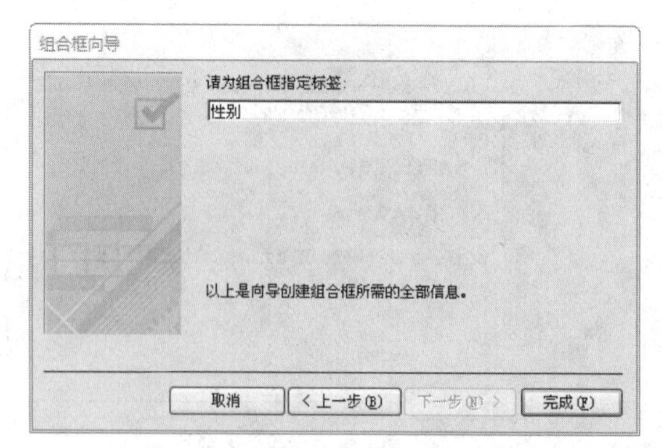


图 11.48 “组合框向导”对话框 4

（9）单击“完成”按钮，返回窗体设计视图，调整控件的布局。选中新添加的组合框，在“属性表”窗格中，将其名称改为“性别”，如图 11.49 所示。单击快速访问工具栏中的“保存”按钮，保存窗体设计。

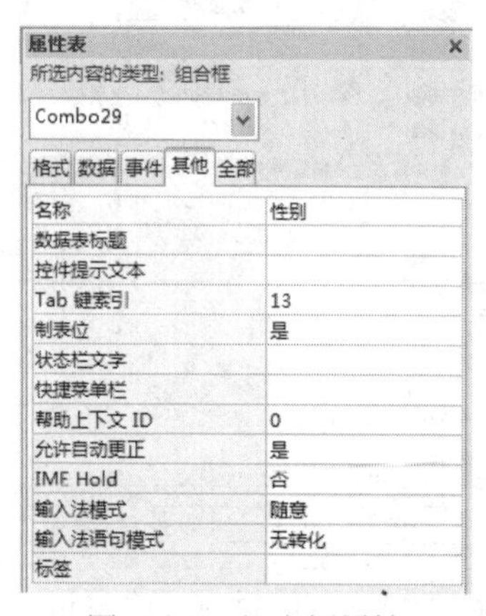


图 11.49 组合框属性

（10）继续添加“院系”组合框，在如图 11.50 所示的“组合框向导”对话框 1 中，选择“使用组合框获取其他表或查询中的值”。

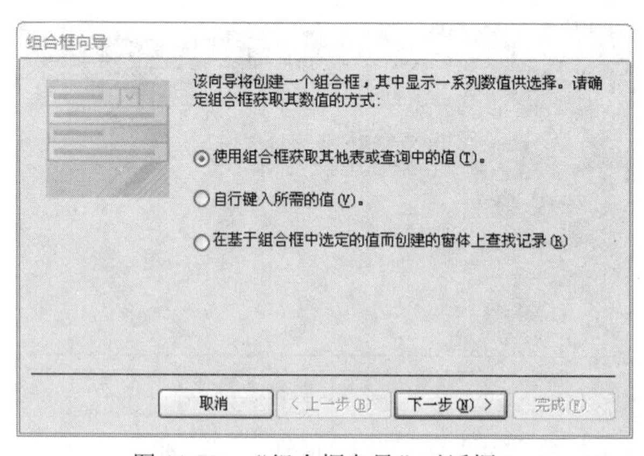


图 11.50 “组合框向导”对话框 1

（11）单击“下一步”按钮，在如图 11.51 所示的“组合框向导”对话框 2 中，选择“表：院系表”为组合框提供数值。

图 11.51 “组合框向导”对话框 2

（12）单击“下一步”按钮，在如图 11.52 所示的“组合框向导”对话框 3 中，选择“院系名称”字段为“选定字段”。

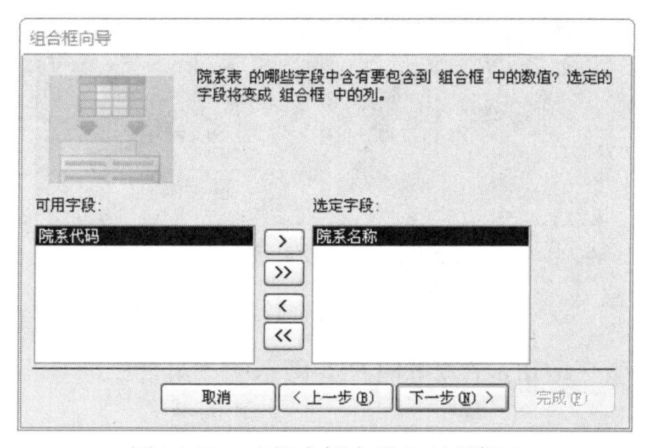


图 11.52 “组合框向导”对话框 3

（13）单击“下一步”按钮，在如图 11.53 所示的“组合框向导”对话框 4 中，选择“院系代码”为排序字段。

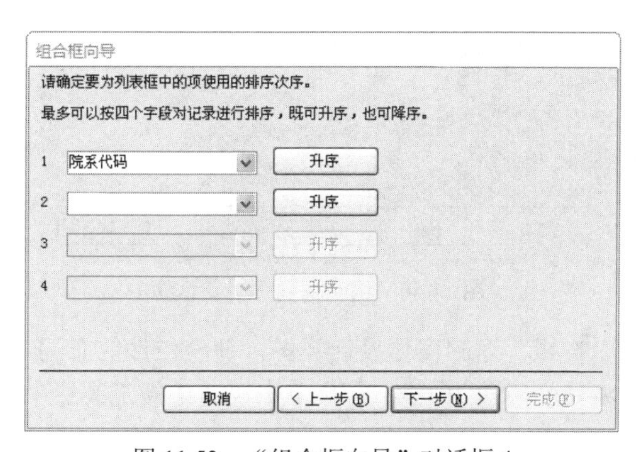


图 11.53 “组合框向导”对话框 4

（14）单击“下一步”按钮，在如图 11.54 所示的“组合框向导”对话框 5 中调整列宽。

（15）单击“下一步”按钮，在如图 11.55 所示的“组合框向导”对话框 6 中，选择“记忆该数值供以后使用”。

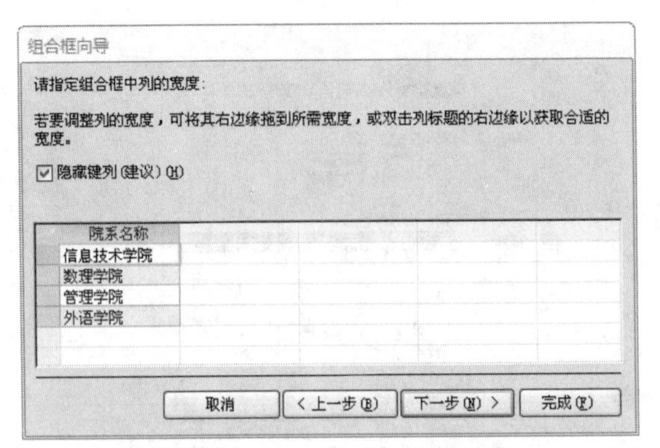


图 11.54 “组合框向导”对话框 5

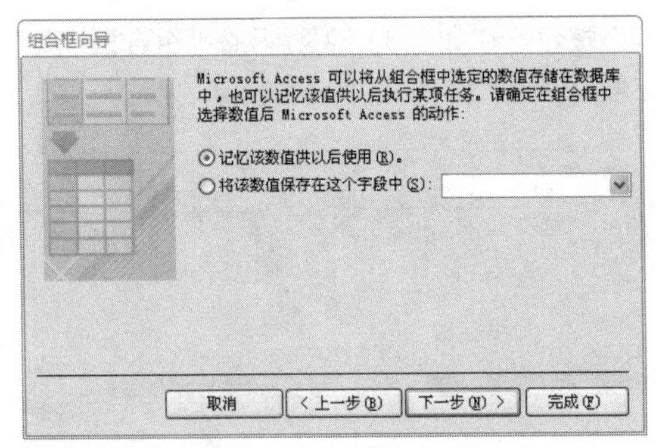


图 11.55 “组合框向导”对话框 6

（16）单击“下一步”按钮，在如图 11.56 所示的“组合框向导”对话框 7 中，为组合框指定标签为“所属院系”。

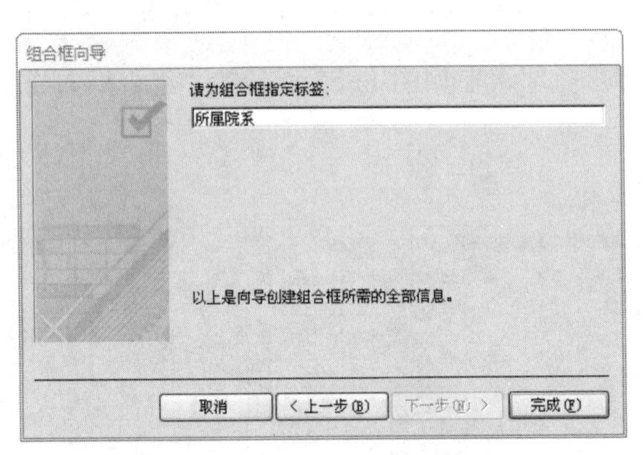


图 11.56 组合框向导对话框 7

（17）单击“完成”按钮，返回窗体设计视图，调整控件的布局。选中新添加的组合框，在“属性表”窗格中，将其名称改为“院系”，单击快速访问工具栏中的“保存”按钮，保存窗体设计。

（18）继续添加“专业”组合框，过程参考步骤（10）～（17）。

（19）将窗体中“学号”、“姓名”等每一个有数据绑定的文本框控件全部取消绑定，方法是在其“属性表”窗格“数据”选项卡下将“控件来源”属性框中的内容清空。

（20）在窗体的“窗体页脚”节中添加“添加记录”命令按钮控件，其名称和标题均为

“添加记录”，这一过程需通过 VBA 编码来实现其功能，而不使用命令按钮向导，所以在弹出“命令按钮向导”对话框时，直接单击“取消”按钮关闭向导，在命令按钮的“属性表”窗格“全部”选项卡下将其“名称”和“标题”属性均修改为“添加记录”，如图 11.57 所示。

图 11.57　“属性表”窗格

（21）在窗体的“窗体页脚”节中添加“取消”命令按钮控件，其名称和标题均为“取消”，这一过程使用命令按钮向导，在如图 11.58 所示的“命令按钮向导”对话框 1 中，“类别”选择“窗体操作”，“操作”选择“关闭窗体”。单击“下一步”按钮，在如图 11.59 所示的“命令按钮向导”对话框 2 中，选择命令按钮样式为“文本”，并在其后的属性框中输入“取消”。单击“下一步”按钮，在如图 11.60 所示的“命令按钮向导”对话框 3 中，为命令按钮指定名称为“取消”。单击“完成”按钮，返回窗体设计视图，调整控件尺寸及布局。

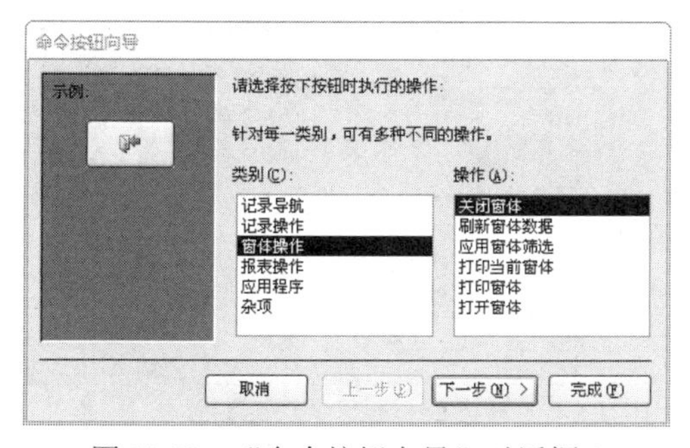


图 11.58　“命令按钮向导”对话框 1

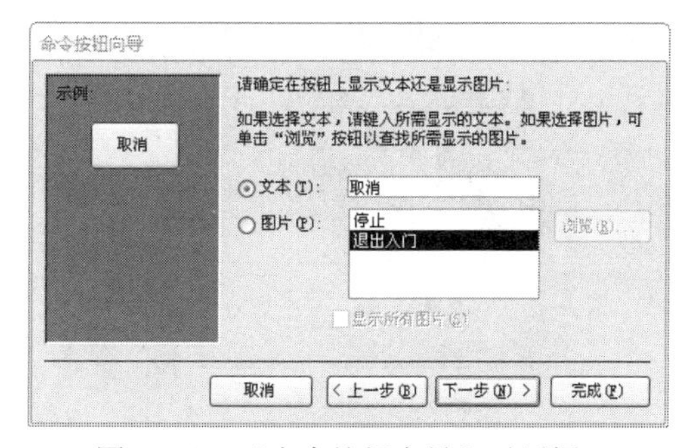


图 11.59　“命令按钮向导”对话框 2

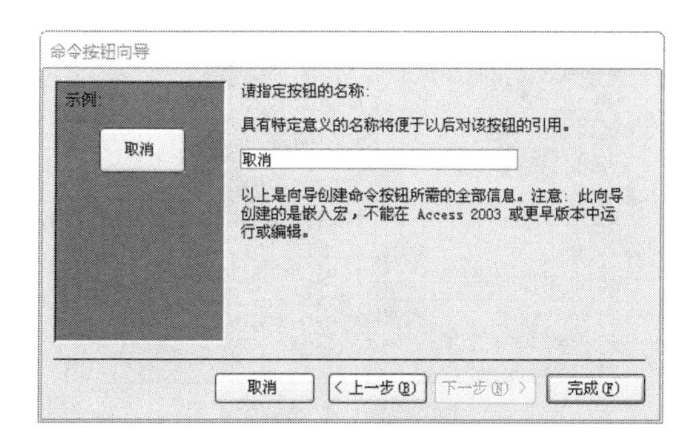


图 11.60　“命令按钮向导”对话框 3

（22）调整后的窗体设计视图如图 11.61 所示，单击快速访问工具栏中的“保存”按钮。

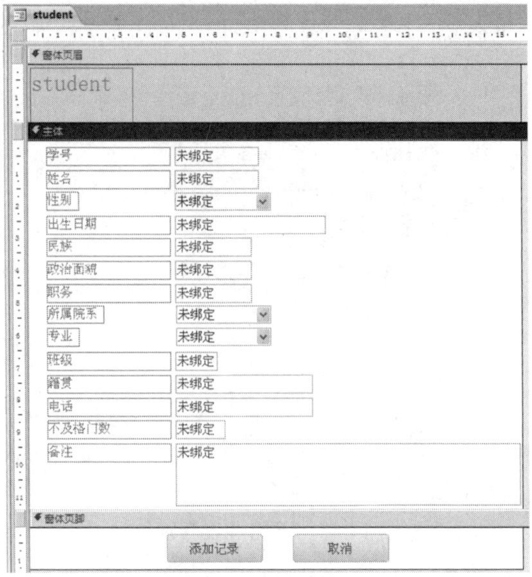

图 11.61 窗体设计视图

用同样的方法可以创建其他数据录入窗体，包括院系表窗体（department）、专业表窗体（major）、教师档案表窗体（teacher）、课程设置表窗体（course）、学生成绩表窗体（score）、学生选课表窗体（student_sel）、操作员档案表窗体（operator）。设计好的窗体如图 11.62 至图 11.68 所示，具体的情况用户可自行调整。

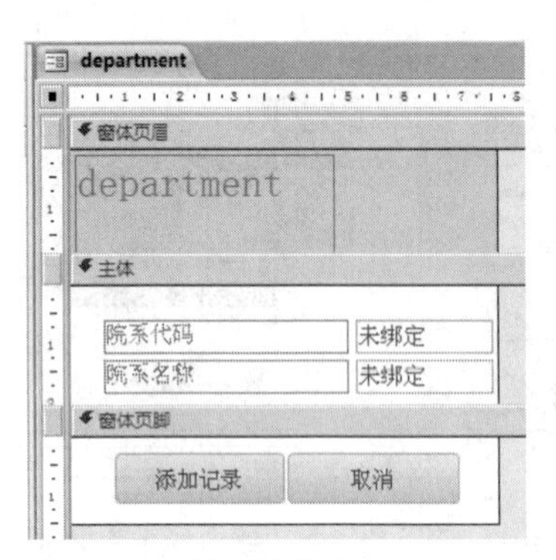


图 11.62 院系表窗体 department

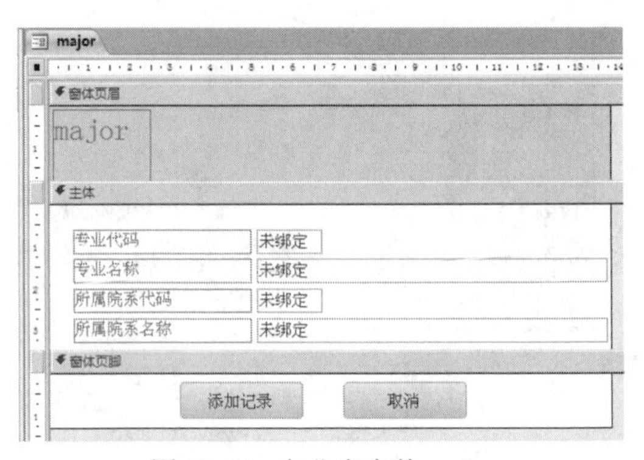


图 11.63 专业表窗体 major

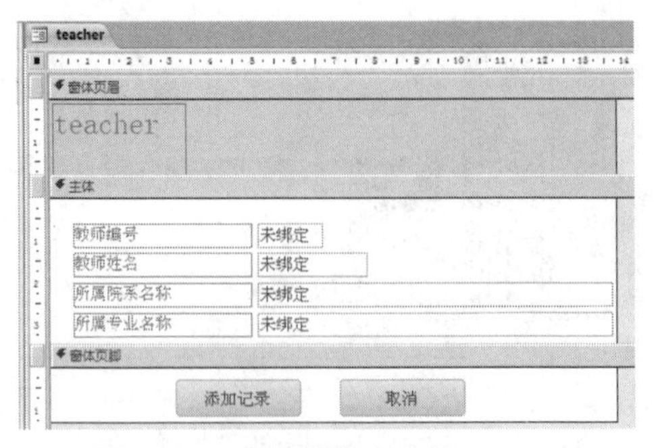


图 11.64 教师档案表窗体 teacher

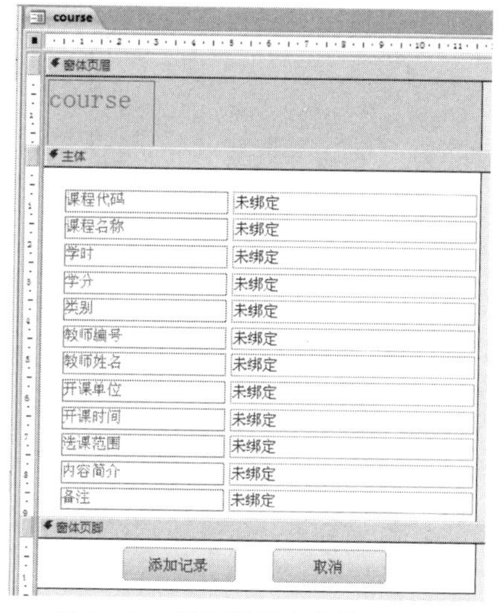


图 11.65　课程设置表窗体 course

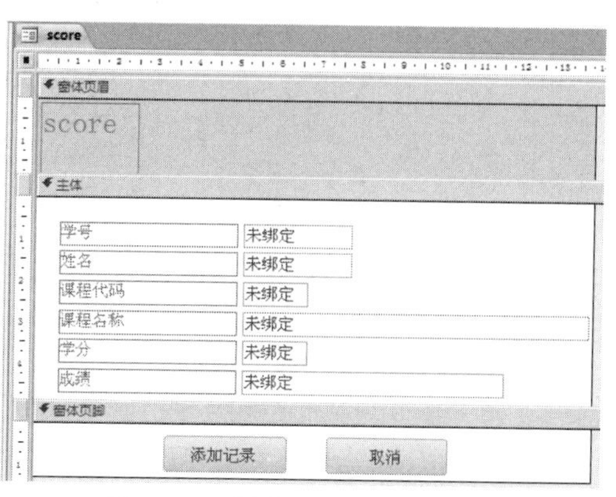


图 11.66　学生成绩表窗体 score

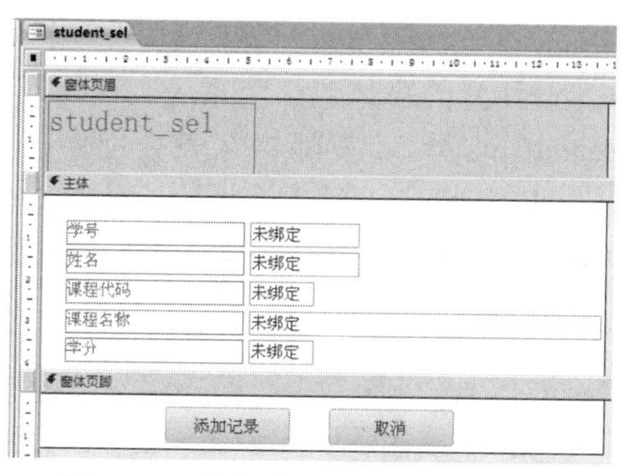


图 11.67　学生选课表窗体 student_sel

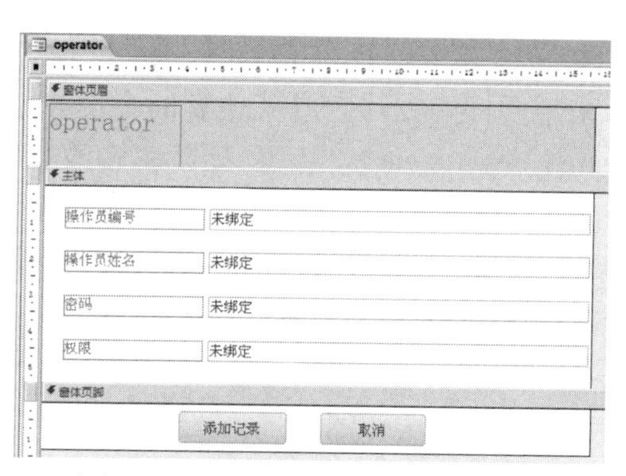


图 11.68　操作员档案表窗体 operator

### 11.5.4　创建查询修改窗体

设计查询修改窗体的目标是在关键字段文本框中输入数据，按回车键后系统自动查询并显示相应的信息。例如在显示的文本框中修改信息后单击“修改信息”按钮，系统自动完成修改任务。这里先介绍窗体的设计，功能的实现要通过 11.6 节的编码设计完成。

在功能区“创建”选项卡下“窗体”组中，单击“窗体向导”按钮，打开“窗体向导”对话框 1，后续过程用户可参考 11.5.3 节，本节不再赘述。下面仍然以“学生档案表”为数据源，创建名为 search_student 的窗体，过程与 11.5.3 节中 student 窗体的创建过程相同，在窗体设计视图中将“性别”、“院系”和“专业”文本框改为组合框，所有修改的方法和创建 student 窗体时相同（注意：不要删除控件来源），调整控件的尺寸和布局。“窗体页脚”节中有两个命令按钮，其中“取消”按钮的作用系统可提供，在“命令按钮向导”的“类别”中选择“窗体操作”，“操作”中选择“关闭窗体”，然后单击“下一步”按钮，选择“文本”，给出按钮的显示文本信息为“取消”，单击“下一步”按钮，将按钮命名为“取消”。另一个命令按钮“修改信息”的功能系统没有提供，在“命令按钮向导”对话框中，单击“取消”按钮，退出“命令按钮向导”。修改命令按钮的属性，设置标题和名称为“修改信息”。修改后的窗体设计视图如图 11.69 所示。

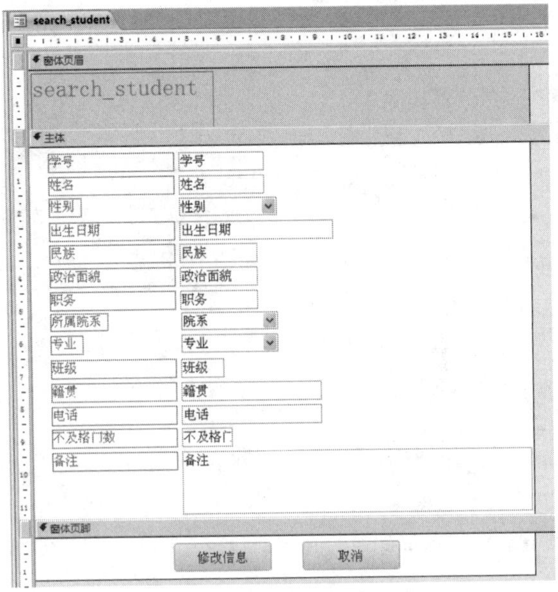

图 11.69 search_student 窗体

采用同样的方法完成其他表的查询修改窗体，设计好的窗体包括院系表查询修改窗体（search_department）、专业表查询修改窗体（search_major）、教师档案表查询修改窗体（search_teacher）、课程设置表查询修改窗体（search_course）、学生选课表查询修改窗体（search_student_sel）、学生成绩表查询修改窗体（search_score）、操作员档案表查询修改窗体（search_operator），如图 11.70 至图 11.76 所示。

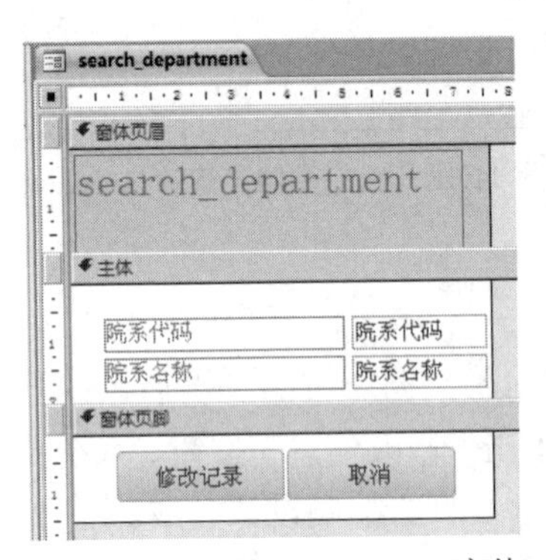


图 11.70 search_department 窗体

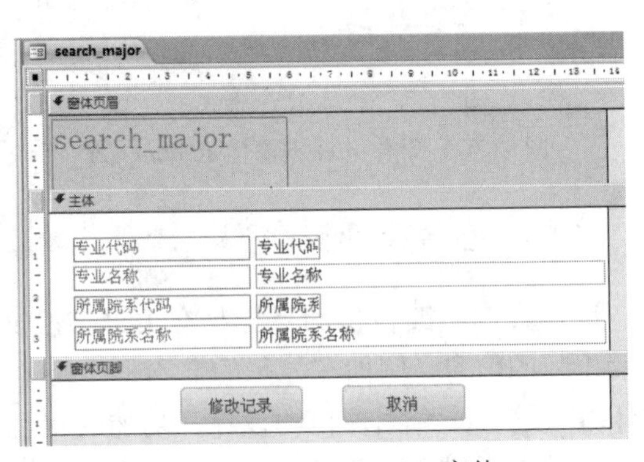


图 11.71 search_major 窗体

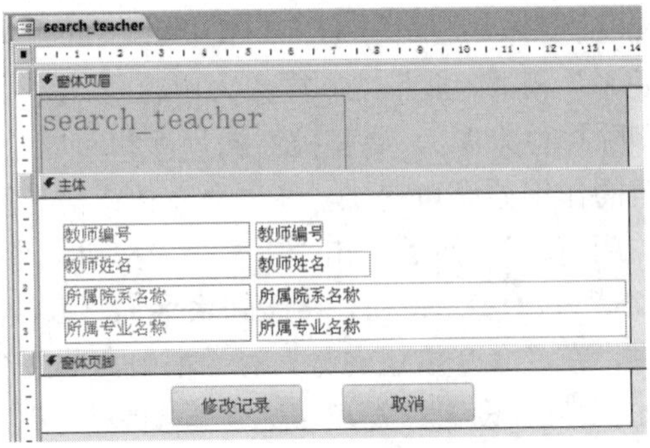

图 11.72 search_teacher 窗体

图 11.73　search_course 窗体

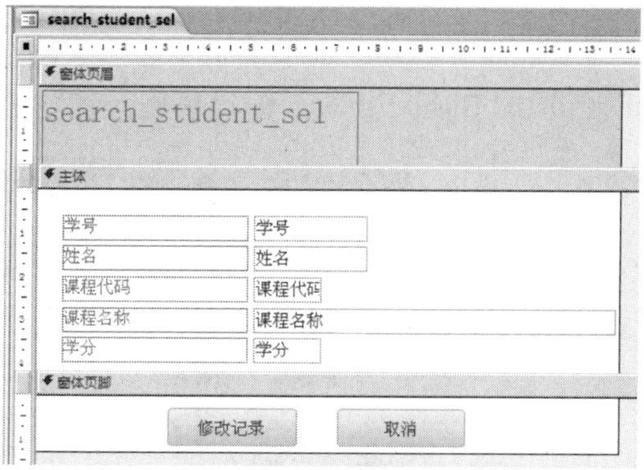

图 11.74　search_student_sel 窗体

图 11.75　search_score 窗体

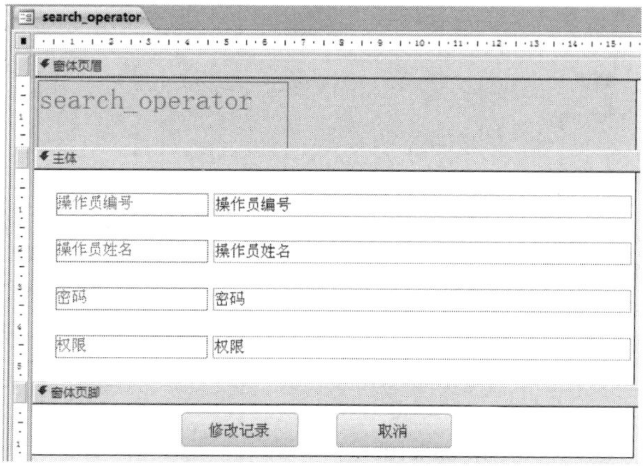

图 11.76　search_operator 窗体

# 11.6 编码实现

## 11.6.1 公用模块

在功能区“创建”选项卡下“宏与代码”组中，单击模块按钮，出现如图 11.77 所示的 VBE（Visual Basic Editer）编辑环境。在这里可以进行 VBA 编码。

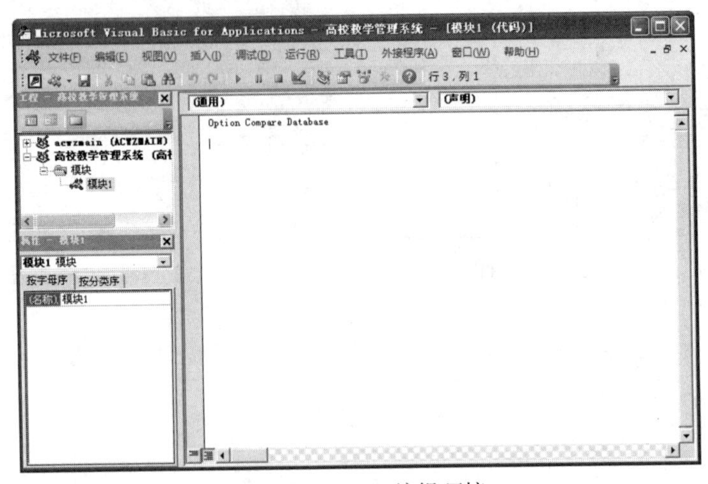

图 11.77 VBA 编辑环境

前面已设计了数据库方面的操作，所以把有关数据库方面的操作都放置到一个模块中。添加代码如下：

```
Public Function GetJL(ByVal strQuery As String) As ADODB.RecordSet
                                                        '获得记录集
    Dim jl As New ADODB.RecordSet
    Dim conn As New ADODB.Connection
    On Error GoTo GetJL_Error
    Set conn = CurrentProject.Connection                '打开当前连接
jl.Open Trim$(strQuery), conn, adOpenKeyset, adLockOptimistic
    Set GetJL = jl
GetJL_Exit:
    Set jl = Nothing
    Set conn = Nothing
    Exit Function
GetJL_Error:
    MsgBox (Err.Description)
    Resume GetJL_Exit
End Function
Public Sub ExecuteSQL(ByVal strCmd As String)           '执行 SQL 语句
    Dim conn As New ADODB.Connection
    On Error GoTo ExecuteSQL_Error
    Set conn = CurrentProject.Connection                '打开当前连接
conn.Execute Trim$(strCmd)
```

```
ExecuteSQL_Exit:
    Set conn = Nothing
    Exit Sub
ExecuteSQL_Error:
    MsgBox (Err.Description)
    Resume ExecuteSQL_Exit
End Sub
```

单击“保存”按钮，在如图 11.78 所示的对话框中输入该模块的名称为 DBControl，单击“确定”按钮。

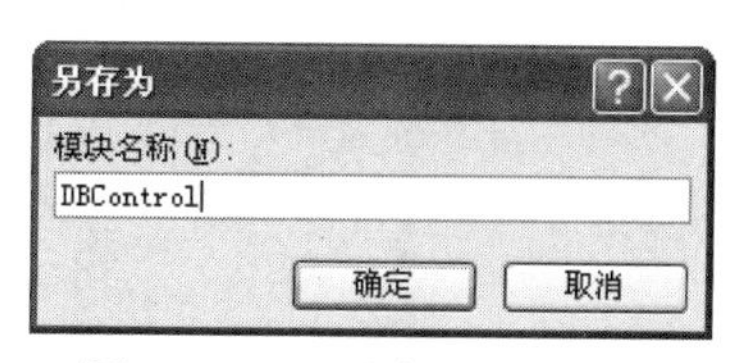

图 11.78　“另存为”对话框

还需要一些公共窗体的操作以及初始值的设置，所以还需要建立一个模块。新建一个模块，添加如下代码：

```
Public check As Boolean
Public flag As Boolean
Public Function openwindow(formname As String)       '打开其他窗体
    If check = True Then
        DoCmd.OpenForm (formname)
    Else
        MsgBox ("请先登录系统!")
    End If
End Function
Public Sub entertotab(keyasc As String)              '回车代替 Tab 键
    If keyasc = 13 Then
        SendKeys "{TAB}"
    End If
End Sub
```

单击“保存”按钮，将模块命名为 FmControl。

### 11.6.2　登录窗体的代码

在窗体设计视图中打开“登录窗体”，右键单击“确定”按钮，从弹出的快捷菜单中选择“事件生成器”命令，打开如图 11.79 所示的“选择生成器”对话框，从列表中选择“代码生成器”，单击“确定”按钮，进入如图 11.80 所示的 VBE 界面，系统自动生成一个过程“确定_Click()”，在这个过程中添加如下代码：

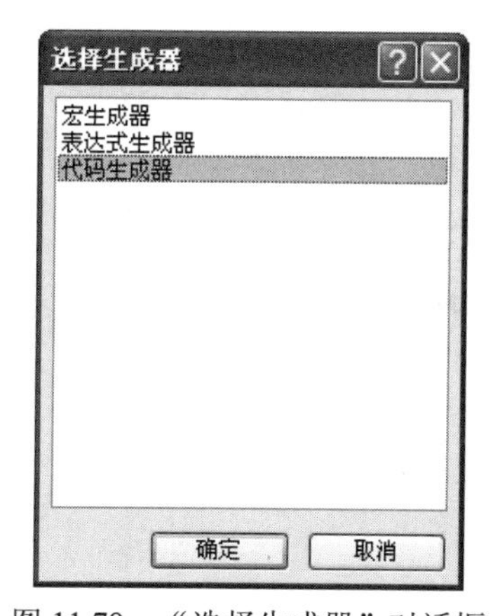

图 11.79　“选择生成器”对话框

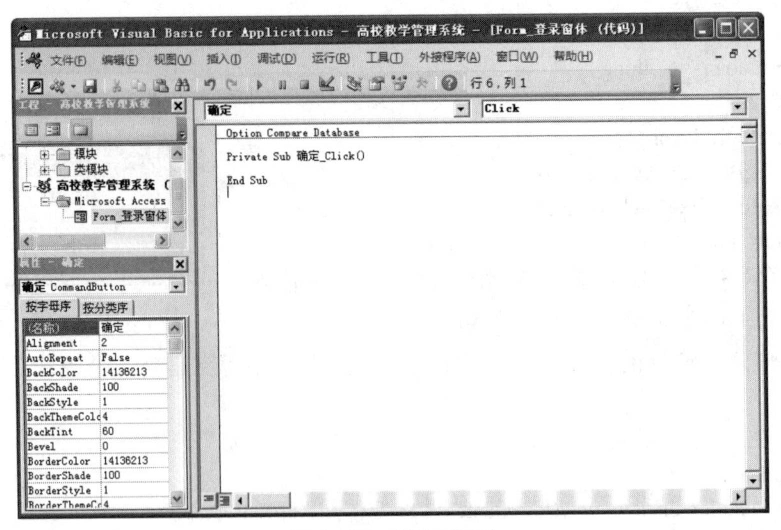


图 11.80 VBE 界面

```
Private Sub 确定_Click()
On Error GoTo Err_OK_Click
Dim str As String
Dim jl As New ADODB.RecordSet
logid = Trim(Me.操作员编号)
pwd = Trim(Me.密码)
If IsNull(logid) Then
    DoCmd.Beep
    MsgBox ("请输入操作员代码！")
ElseIf IsNull(pwd) Then
    DoCmd.Beep
    MsgBox ("请输入密码！")
Else
    str = "select * from 操作员档案表 where 操作员编号='" & logid & "' and 密码='" & pwd & "'"
    Set jl = GetJL(str)
If jl.EOF Then
    DoCmd.Beep
    MsgBox ("没有这个用户，请重新输入！")
    Me.操作员编号 = ""
    Me.密码 = ""
    Me.操作员编号.SetFocus
Exit Sub
Else
    DoCmd.Close
    MsgBox ("欢迎使用高校教学管理系统！")
    check = True
    DoCmd.OpenForm "切换面板"
End If
End If
Set jl = Nothing
Set conn = Nothing
End Sub
```

### 11.6.3　数据录入窗体代码

这里涉及到多个数据录入窗体的代码添加，有 department、major、teacher、student、course、student_sel、score、operator 八个窗体，本节仅以 student 窗体为例加以介绍。

在设计视图中打开“student”窗体，右键单击“添加记录”按钮，从弹出的快捷菜单中选择“事件生成器”命令，打开“选择生成器”对话框，从列表中选择“代码生成器”，单击“确定”按钮，进入 VBE 界面，系统自动生成“添加记录_Click()”过程，在这个过程中添加如下代码：

```
Private Sub 添加记录_Click()
On Error GoTo Err_添加记录_Click
Dim jl As New ADODB.RecordSet
Dim day As Date
If IsNull(Me.学号) Then
      MsgBox ("请输入学号!")
      Me.学号.SetFocus
ElseIf IsNull(Me.姓名) Then
      MsgBox ("请输入学生姓名!")
Else
      day = Me.出生日期
str = "select * from 学生档案表"
Set jl = GetJL(str)
With jl
     .AddNew
     !学号 = Trim(Me.学号)
     !姓名 = Trim(Me.姓名)
     !性别 = Trim(Me.性别)
     !出生日期 = day
     !民族 = Trim(Me.民族)
     !政治面貌 = Trim(Me.政治面貌)
     !职务 = Trim(Me.职务)
     !院系 = Trim(Me.院系)
     !专业 = Trim(Me.专业)
     !班级 = Trim(Me.班级)
     !籍贯 = Trim(Me.籍贯)
     !电话 = Trim(Me.电话)
     !不及格门数 = Trim(Me.不及格门数)
     !备注 = Trim(Me.备注)
     .Update
End With
jl.Close
MsgBox ("添加成功!")
With Me
     .学号 = ""
     .姓名 = ""
     .性别 = ""
```

```
        .出生日期 = ""
        .民族 = ""
        .政治面貌 = ""
        .职务 = ""
        .院系 = ""
        .专业 = ""
        .班级 = ""
        .籍贯 = ""
        .电话 = ""
        .不及格门数 = ""
        .备注 = ""
    End With
    End If
    Exit_添加记录_Click:
    Exit Sub
    Err_添加记录_Click:
    MsgBox Err.Description
    Resume Exit_添加记录_Click
    End Sub
```

在“对象”组合框中选择 Form，系统会自动添加 Form_Load()过程，在这个过程中设置初始值，添加如下代码：

```
Private Sub Form_Load()
Dim jl As New ADODB.RecordSet
    With Me
        .学号 = ""
        .姓名 = ""
        .性别 = ""
        .出生日期 = ""
        .民族 = ""
        .政治面貌 = ""
        .职务 = ""
        .院系 = ""
        .专业 = ""
        .班级 = ""
        .籍贯 = ""
        .电话 = ""
        .不及格门数 = ""
        .备注 = ""
    End With
End Sub
```

其他数据录入窗体的代码可参照此代码进行相应的改动来实现。

### 11.6.4 查询修改窗体的代码

这里涉及到多个查询修改窗体的代码添加，仅以 search_student 窗体为例进行介绍。选中 search_student 窗体，然后添加如下代码，添加的方法和上面讲解的一样。

```
Private Sub 学号_LostFocus()
    Dim jl As New ADODB.RecordSet
    Dim str As String
    str = "select * from 学生档案表 where 学号='" & Me.学号& "'"
    Set jl = GetJL(str)
    If Not jl.EOF Then
    With Me
        .姓名 = Trim(jl(1))
        .性别 = Trim(jl(2))
        .出生日期 = Trim(jl(3))
        .民族 = Trim(jl(4))
        .政治面貌 = Trim(jl(5))
        .职务 = Trim(jl(6))
        .院系 = Trim(jl(7))
        .专业 = Trim(jl(8))
        .班级 = Trim(jl(9))
        .籍贯 = Trim(jl(10))
        .电话 = Trim(jl(11))
        .不及格门数 = Trim(jl(12))
        .备注 = Trim(jl(13))
    End With
    Me.学号.SetFocus
    End If
End Sub

Private Sub 修改信息_Click()
    Dim str As String
    Dim birthday As Date
    birthday = Me.出生日期
    If IsNull(Me.学号) Then
        MsgBox ("请输入学号")
    ElseIf IsNull(Me.姓名) Then
        MsgBox ("请输入学生姓名")
    Else
        str = "update 学生档案表 set 学号='" & Me.学号& "',姓名='" & Me.姓名
        str = str & "',性别='" & Me.性别& "',出生日期='" & birthday & "',民族='"
        str = str & Me.民族& "',政治面貌='" & Me.政治面貌& "',职务='" & Me.职务
        str = str& "',院系='" & Me.院系& "',专业='" & Me.专业& "',班级='"
        str = str& Me.class & "',籍贯='" & Me.籍贯& "',电话='" & Me.电话
        str = str & "',不及格门数='" & Me.不及格门数& "',备注='" & Me.备注
        str = str& "' where 学号='" & Me.学号& "'"
    ExecuteSQL (str)
    MsgBox ("信息已经修改!")
    End If
End Sub
```

其他查询修改窗体的代码可参照此代码进行相应的改动来实现。

# 11.7 系统的调试及发布

## 11.7.1 系统分析与调试

完成数据库的设计后，需要对它进行性能分析，并且根据分析结果对数据库进行优化。在功能区“数据库工具”选项卡下“分析”组中，系统提供了“数据库文档”管理器、“分析性能”和“分析表”三个工具，用户可以根据需要进行选择。本例仅以“分析性能”为例说明分析过程。

（1）在功能区“数据库工具”选项卡下“分析”组中，单击“分析性能”按钮，打开如图 11.81 所示的“性能分析器”对话框。

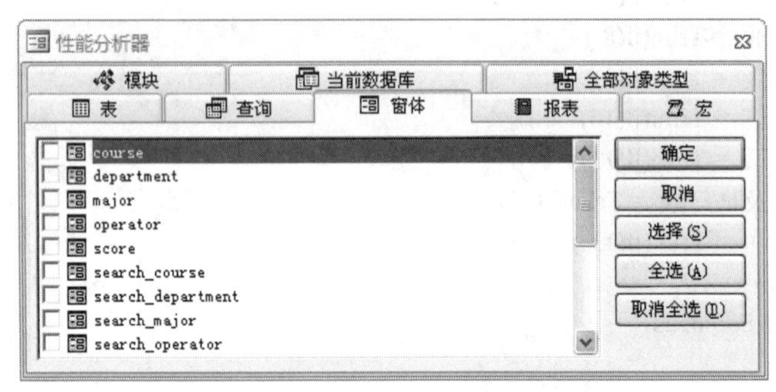


图 11.81　性能分析器

（2）可以选择某个表、查询或者其他对象，也可单击“全部对象类型”选项卡，然后单击“全选”按钮选定所有的对象，单击“确定”按钮进行性能分析。最后系统会返回性能分析的结果，如图 11.82 所示。

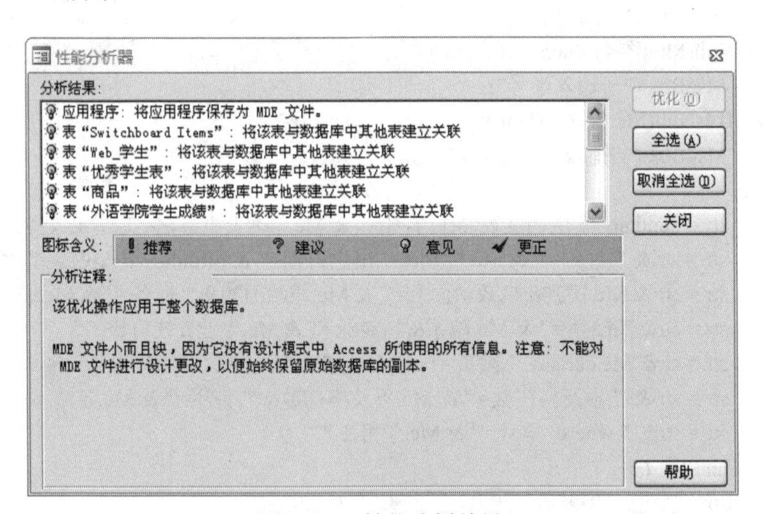


图 11.82　性能分析结果

性能分析器将列出推荐、建议和意见三种分析结果。当单击“分析结果”列表中的任何一个项目时，在列表下的“分析注释”框中会显示建议优化的相关信息。在执行建议优化之前，应该先考虑潜在的权衡。要查看关于权衡的说明，单击列表中的“建议”，然后阅读“分析注释”框中的相关信息。Microsoft Access 能执行“推荐”和“建议”的优化，但“意见”优化必须要用户自己执行。

最后再进行一次全部编译，确保所有的程序无误。在 VBE 中选择“调试”菜单下的“编译高校教学管理系统”命令，就会编译所有代码。

### 11.7.2　数据库启动选项设置

为防止错误操作而导致数据和对象损坏，在数据库创建完成后，通常开发者都是把数据库窗口、系统内置的菜单栏和工具栏隐藏起来。另外，在启动“高校教学管理系统”后，要求自动启动“登录窗体”。要完成以上设置，可以使用“Access 选项”设置。

（1）在功能区“文件”选项卡下，单击“选项”按钮，打开“Access 选项”对话框，在左侧窗格中选择“当前数据库”，如图 11.83 所示。

图 11.83　“Access 选项”对话框

（2）在“应用程序标题”属性框中输入“高校教学管理系统”，在“应用程序图标”属性框的右侧，单击“浏览”按钮，打开“图标浏览器”对话框，选择预先准备好的图标文件，然后单击“确定”按钮。

（3）选中“用作窗体和报表图标”复选框，在“显示窗体”组合框中，选择“登录窗体”；选中“关闭时压缩”复选框，如图 11.84 所示。

（4）在“导航”组中，取消“显示导航窗格”复选框的选中。在“功能区和工具栏选项”组中，取消“允许全部菜单”和“允许默认快捷菜单”复选框的选中，如图 11.85 所示。

（5）单击“确定”按钮，弹出如图 11.86 所示的消息框，提示用户必须关闭并重新打开当前数据，指定选项才能生效，单击“确定”按钮。

图 11.84　Access 选项对话框

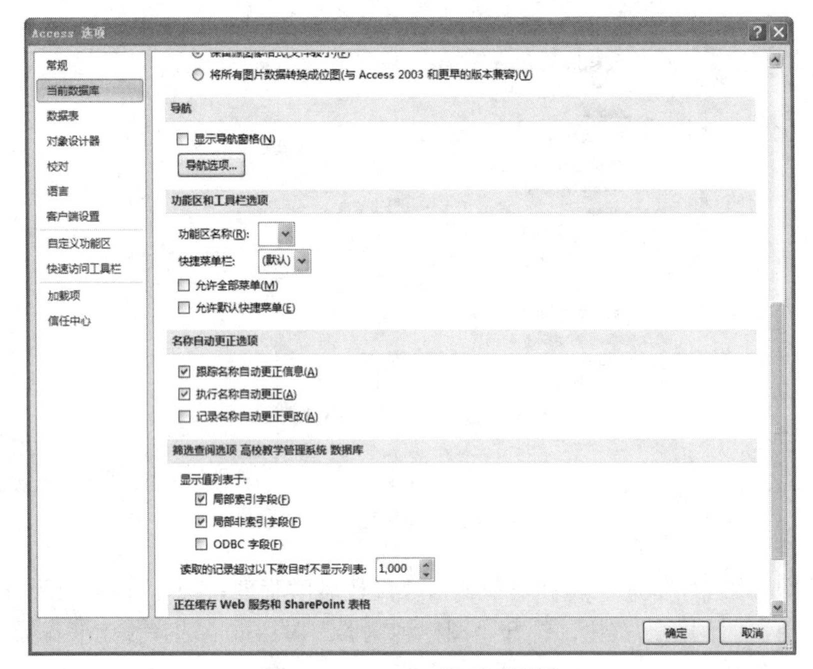


图 11.85　Access 选项对话框

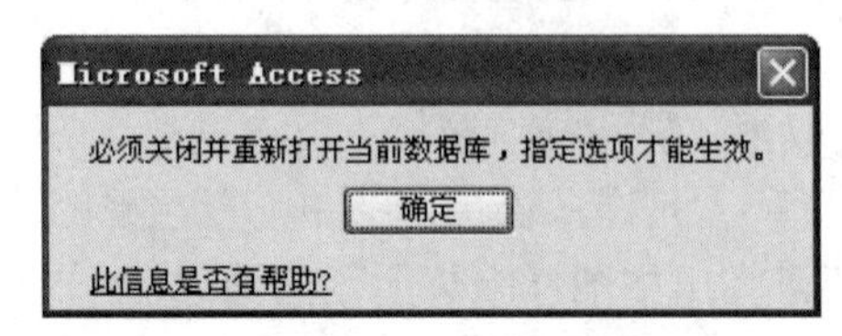


图 11.86　消息框

（6）在“自定义功能区”窗格中，删除掉自定义的“切换面板”选项卡，“切换面板”选项卡已经完成了自己的工作，现在没有必要保留了。

（7）关闭数据库后，重新打开“高校教学管理系统”数据库，系统设置生效。

### 11.7.3 生成 ACCDE 文件

为保护 Access 数据库系统中所创建的各类对象，可以把设计好并完成测试的 Access 数据库转换成 ACCDE 格式，以提高数据库系统的安全性。生成 ACCDE 文件的操作也称为数据库打包。注意，生成 ACCDE 文件的操作应当在 11.7.2 节中介绍的“Access 选项”设置之前进行，否则因用户调整设置，“文件”选项卡下的内容会有变化。

（1）在功能区“文件”选项卡下，单击左侧窗格中的“保存并发布”，打开“保存并发布”窗格，如图 11.87 所示。

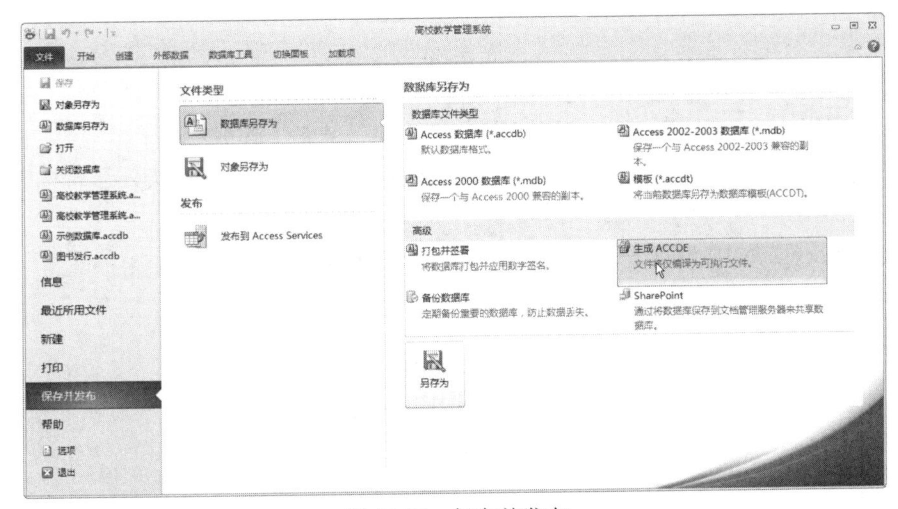


图 11.87 保存并发布

（2）在右侧窗格中，双击“生成 ACCDE”按钮，打开如图 11.88 所示的“另存为”对话框，指定存盘位置及文件名。

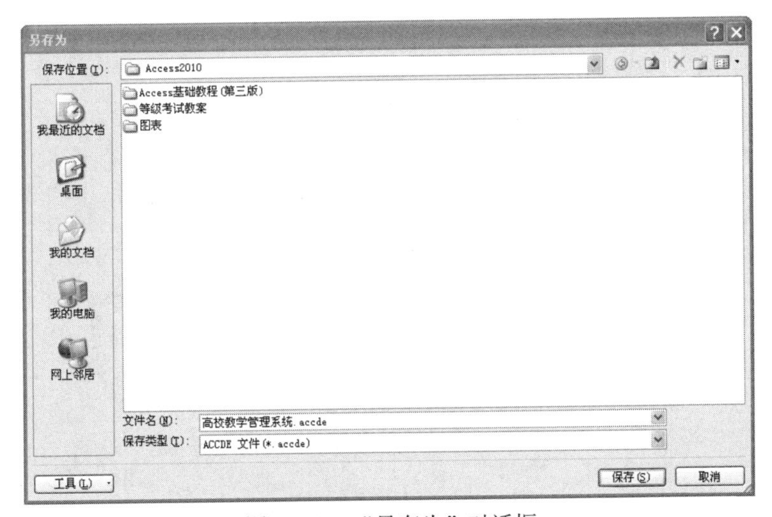


图 11.88 “另存为”对话框

（3）单击“保存”按钮，完成生成 ACCDE 文件的过程。注意，在生成 ACCDE 文件的过程中，Access 2010 将原来的 ACCDB 文件保持不变。另外，在这一过程中也可能会弹出消息框，原因是“无法从被禁用的（不受信任的）数据库创建.accde 或.mde 文件”，单击“确定”按钮即可。然后在“消息栏”中，单击“启用内容”按钮。

## 本章小结

本章讲述了如何使用 Access 2010 实现一个高校教学管理系统的设计。使用 Access 2010 编写数据库处理方面的应用程序十分简单，但是也要求编程人员做好编程的准备工作，只有在编写程序之前做好详细的分析工作，才能在编写程序的过程中有的放矢，避免反复修改。

## 习　题

1．试述 Access 2010 应用程序设计的一般流程。

2．试述利用 Access 2010 进行应用程序设计的编程准备工作有哪些？

3．试用 Access 2010 设计个人通讯录的应用系统，要求具有数据录入、查询、修改和删除等功能。

4．试用 Access 2010 设计一个人事管理系统，要求完成如下功能：

（1）新员工资料的输入。

（2）自动分配员工号，并且设置初始的用户密码。

（3）人事变动的详细记录，包括岗位和部门的调整。

（4）员工信息的查询和修改，包括员工个人信息和密码等。

5．试用 Access 开发一个工资管理系统，要求具有如下功能：

（1）员工基本工资的设定。

（2）奖金以及福利补贴的设定。

（3）各种扣款计算公式的设定和调整，如个人所得税、公积金和医疗保险等。

（4）实发工资的计算公式的设定和调整。

# 参考文献

[1] 王诚君．中文 Access 2000 培训教程．北京：清华大学出版社，2001．
[2] 毛一心等．中文版 Access 2000 应用及实例集锦．北京：人民邮电出版社，2000．
[3] 谭浩强．Access 及其应用系统开发．北京：清华大学出版社，2002．
[4] 希望图书创作室．Access 2000 教程．北京：北京希望电子出版社，2001．
[5] 范国平，陈晓鹏．Access 2002 数据库系统开发实例导航．北京：人民邮电出版社，2003．
[6] [美]Perspection 公司．北京博彦科技发展有限公司译．Microsoft Access 2000 即学即会．北京：北京大学出版社，1999．
[7] 马龙．中文 Access 2000 技巧与实例．北京：中国水利水电出版社，1999．
[8] 廖疆星，张艳钗，肖捷．中文 Access 2002 数据库开发指南．北京：冶金工业出版社，2001．
[9] 李禹生，向云柱等．数据库应用技术——Access 及其应用系统开发．北京：中国水利水电出版社，2002．
[10] 李昭原．数据库技术新进展．北京：清华大学出版社，1997．
[11] 王珊，萨师煊．数据库系统概论（第四版）．北京：高等教育出版社，2006．
[12] 李雁翎．数据库技术及应用——Access．北京：高等教育出版社，2005．
[13] 张迎新．数据库及其应用系统开发．北京：清华大学出版社，2006．
[14] 张强，杨玉明．Access 2010 中文版入门及实例教程．北京：电子工业出版社，2011．
[15] 科教工作室．Access 2010 数据库应用（第二版）．北京：清华大学出版社，2011．